美学艺术论集

朱存明　著

首都师范大学出版社
CAPITAL NORMAL UNIVERSITY PRESS

图书在版编目(CIP)数据

美学艺术论集 / 朱存明著. —北京：首都师范大学出版社，2016.12

ISBN 978-7-5656-3260-0

Ⅰ. ①美… Ⅱ. ①朱… Ⅲ. ①美学—文集 ②艺术学—文集 Ⅳ. ①B83—53 ②J0—53

中国版本图书馆 CIP 数据核字(2016)第 284421 号

MEIXUE YISHU LUNJI

美学艺术论集

朱存明 著

责任编辑 董良敏 罗 菁

首都师范大学出版社出版发行

地 址 北京西三环北路 105 号

邮 编 100048

电 话 68418523(总编室) 68982468(发行部)

网 址 www.cnupn.com.cn

印 刷 三河市博文印刷有限公司

经 销 全国新华书店

版 次 2016 年 12 月第 1 版

印 次 2016 年 12 月第 1 次印刷

开 本 710mm×1000mm 1/16

印 张 26.75

字 数 408 千

定 价 56.00 元

前　言

美与艺术是最容易理解同时又是最令人困惑的观念。说其最容易理解是指每一个普通人对什么是美，什么是艺术几乎都有自己的见解；说其最令人困惑是因为今天人们建立了一门美学学科与艺术学学科，企图对其进行深入研究。但美是什么？艺术是什么？仍然没有一个被完全接受的普遍概念与理论。那些学习了美学理论与艺术理论的人，有时反而失去了艺术直觉的本真性。在现代学派众多、山头林立的学科中，讨论愈深入，其意义愈消解在无谓争论的见解中。在审美日常生活化或者日常生活审美化的现代生活中，美与艺术随处可见，但其形而上学的本体意义愈发显得隐蔽。美学，不过是历史上一部分人思索什么是美的看法而已；艺术，也只是我们讨论什么是人的创造本性的最初行程。

美与艺术都是人类最重要的价值所在。美与人类的存在共始终，正是人类对美的追求冲动，才使人建立了一个有序的社会与一个理想的王国；艺术正是人类创造性本性的形象体现，艺术中存在着人类永恒的创造性精神与生命自由的本质。艺术有时候被政治家玩弄于股掌之中，他们希望艺术成为歌舞升平的工具，建立个人权威的载体，但是艺术真正的自由精神与创造性却是人类精神解放的源泉，是人类摆脱体制桎梏与精神枷锁的救赎之路。

正因如此，18世纪以来人们建立了一门美学，企图来探讨这个问题。

美既有感性认识的根源，又有价值论的意义；艺术是有意味的形式感的愉悦，又是道德谱系的象征。正是因为审美的混融性，有人把美置于艺术哲学的名义下，有人把艺术置于美学的框架中，有人企图把美学与艺术学截然分开，又有人把美与艺术合二为一。于是就有了不同体系的美学与艺术的诸种理论。

中国美学与艺术学科的产生，是历史机缘的巧合，是西学东渐的痕迹，是中国情感与启蒙的双重合奏，其发展轨迹与历史前进的方向相向而行。虽经一个多世纪的发展，其学科建设，至今还在行路中。

这本论文集，就是笔者从个人的兴趣爱好出发，紧跟着历史的脚步，踩着时代的鼓点，对美学与艺术的独自寻踪。这个追寻沿着时代的轨迹，执着于阅读中外古典名著，与古代哲人对话，在个人的审美直觉中进行反思。

活着的人是一切问题的出发点，但学科的分类却把人的整体活动分类化；整体的人已经消解，碎片化的学科体制则成为历史的境遇。但长期以来，寻觅的触角却超越了当代学科的设限藩篱，在区域的边缘渗透扩张，在不同学科的缝隙中建立一种联系，在看上去没有任何相似的地方寻找共同点。因此，美和艺术都应回到其历史的形成与情景中加以讨论。

论文是工作过的轨迹，是思想的抛物线。世界上没有绝对的真理与错误，说出你的新鲜想法，与其他哲人对话，在古迹中寻找蛛丝马迹，编织出古人造物的神秘体验，揭示古人制造“艺术”的秘密，这就是我们不断寻觅的东西。美学与艺术就是一场创造者的盛宴。

美学与艺术就像一对夫妻，有时相亲相爱，难分彼此；有时恶目相向，视若仇敌；有时彼此背叛，相视无语。美有时包含艺术，有时超越艺术；艺术有时包含美，有时也超越美。艺术的本性是姓美的，可是有时候却生下了变异的怪胎。怪诞艺术、丑的艺术、色情的艺术、精神病人的艺术、莫名其妙的艺术等都曾经在艺术的花园中绽放。为什么非要把美学与艺术学划清界限呢？我们能把美与艺术截然分开吗？即使我们在理论上分清了美与艺术的界限，在现实中又有什么意义呢？

研究美学，就是思考人生。

欣赏艺术，就是赞扬创造。

喜爱美与艺术，你必定是一个心灵自由的人。

目　录

艺术篇

美学篇

康德的人类学美学思想

1798年，年迈的康德出版了他最后一部著作《实用人类学》。然而这部康德积二十多年“人类学”教学经验写成的著作在当时并没有什么反响，哲学界都在埋头阐发他的“批判哲学”，以致康德哲学就等于“批判哲学”的公式得到了哲学界的公认。其影响也在于此。康德美学思想的阐发正是从这个前提出发，分析康德以判断力作为桥梁来连接自然与自由两大领域。

康德哲学博大精深，是古典哲学向现代哲学过渡的桥梁。其哲学思想中的任何一个领域，都足够20世纪哲学家们阐发出一个庞大的哲学体系。随着20世纪文化人类学、哲学人类学思想的兴起，近几十年来，康德思想中的“人类学”思想逐渐受到重视，批判哲学的建立不过是其整个人类学思想的一部分。苏联哲学家T. И. 奥依则尔曼在为《实用人类学》写的说明中说：“康德学说的主要方向是人本主义的倾向，其次才是着重于其‘批判哲学’的认识论目标。”美国康德研究专家L. M. 贝克曾以确定无疑的口气说：“几乎他（康德）所有著作都是这个唯一主题的变体，这个主题就是作为一个能动的创造者的人的精神。”

作为康德哲学体系一部分的美学思想，也就必然带有了人类学的色彩。康德不仅在《实用人类学》中，阐述了他的人类学思想，而且在从研究自然转到研究人文之初时，便从美学入手，运用了人类学方法，正像马克思曾一度转向人类学一样。[①] 因此，分析康德的人类学美学思想，在文化人类学已经普遍被接受的情况下是很有必要的。这一笔遗产对我们建立人类学美学很有益处。

人类学无疑是研究人的科学，它不仅要研究自然的人，更重要的是要研究文化的人。什么是人的本质？人与动物有什么区别？人之所以为人究竟为何？人又是怎样获得人的本质的？这永远是困惑人的哲学问题。人类学的出现，正是对上述问题进行反思并企图来说明这一点的结果。据英国学者 A. C. 哈登的《人类学史》的结论，“人类学家”一词的创造者是亚里士多德。到了 1655 年，在英文中才出现了一本没署名的著作《抽象的人类学》。[②] 这本书当时主要从自然体质和心理类型来说明人的特征。康德一生博览群书，对人类学的研究方法不仅熟悉而且处处运用于自己的研究中。他不仅运用了体质人类学的研究方法和文化人类学的研究方法，而且最早开拓了哲学人类学方法(超验的)。而 20 世纪 20 年代以后在西方兴起的哲学人类学，在某种意义上不过是一种复归。[③]

我们先看伦敦大学人类学研究所在 20 世纪初划分的人类学分类表，才能更好地理解康德美学研究中的人类学方法。

(一)体质人类学(人类地理分布学，某些作者所认为的人类学)

(1)动物学的(人类躯体的，包括头盖学)——通过解剖学和生理学的比较，尤其是对类人猿的研究为人类在自然中的位置提供证据。

(2)古生物学的——通过化石和半化石化的遗物以及地质学的证据来证明人的历史悠久。

(3)生物学和心理学的——身体官能和身体过程的比较研究。

(4)人类文化学的——把人的各种种族及亚种族相区别开来的种种生理特征的比较研究。根据生理和心理的特征对人种做出分类，提

① 参见[英]莫里斯·布洛克著，冯利等译：《马克思主义与人类学》，北京：华夏出版社，1988 年版。

② A. C. Haddon, *History of Anthropology*, 1980.

③ 参见［德]蓝德曼著，彭富春译：《哲学人类学》美国版前言，北京：工人出版社，1988 年版。

出各人种的地理分布、环境对体格的影响。

(二)文化人类学(某些作者的人类文化学)

(1)考古学的——通过人类早期的手工遗留物揭示人类历史的悠久，包括他们的特征、顺序、早期的文化条件在后代中的残存(民俗学)。

(2)技术的——艺术和工业的比较研究，它们的起源、发展及地理分布。

(3)社会学的——社会现象和组织的比较研究，包括出生、教育、婚姻、死亡风俗及其组织系统，以及社会和宗教的联系，政府和法律、道德观念的准则，巫术和宗教的观念和实践。

(4)语言的——对语言的比较研究。

(5)民族学的——以文化条件和特点为基础，对人们进行比较研究和分类，包括环境对文化的影响。

从康德的早期著作《对美感和崇高感的观察》(简称《观察》)和最后的著作《实用人类学》来看，康德的美学思想一直都采用了人类学的方法。如在《观察》一书中，他从人的特性出发研究了“人的崇高和美的特征”，从两性的自然差异分析了男人和女人在崇高和美上的区别，进而从民族特性上论述了“分别建立在崇高感和美感之上的民族特性”。而且这种方法，一直保留到其晚年出版的《实用人类学》中。他不仅进一步论述了《观察》中开始的思想，而且还扩大到了“种族”的及“类”的特征。当然，《实用人类学》更大的篇幅是论述一种哲学方法上的人类学。

康德的论述开辟了一个人类学的新领域，如关于男女两性的美学及世界各民族不同审美特征的比较。迄今为止，这两门美学都还没有真正建立起来。

从阶段上来划分，康德的人类学美学思想可以分为三个时期，这就是前批判期、批判期和实用人类学期。这不仅是时间发展的顺序，也是他的美学思想发展的内在逻辑。

前批判期以《观察》一书为主。这是康德由头上灿烂的星空，转到心中的道德律令，也就是研究人的问题的第一本书。康德的这一转变受了启蒙运动的推动，特别是受卢梭和休谟的影响。卢梭的学说有广阔的人类学背景，其《论人类不平等的起源和基础》一书开头便说：“我觉得人类各种知识中最有用而又最不完备的，就是‘人的知识’——如果我们不从认识人类本身开始，怎么能够认识人与人之间不平等的起源呢?”这对康德的人类学思想无疑起到一定的影响，这个影响是从总的倾向上来看的。在具体方法上，康德则利用了人类学的观察法。虽然我们可以找到许多理由来说明康德受英国经验派的影响，但他也具有极大的思辨性。尽管如此，我们看到康德最初的美学著作却是更相信自己的感性观察，并从一开始就对“人是什么”的问题很有兴趣。

批判期以批判哲学为主。康德是一个伟大的哲学家，当他一旦从观察中走出，去思索纯粹的人类学命题时，人类学在康德的理解中便成了纯粹的哲学问题。可见康德是把人类学作为自己所有学说的归宿，也是自己哲学最终要解决的问题。康德在《逻辑学讲义》中进一步指出：“归根到底，所有这些都可看作是人类学，因为前三问都与最后一问有关。康德哲学的人类学倾向表面上看是越来越强，但其实从‘批判时期’一开始就作为其哲学研究的基础或背景而建立起来的。”如果从美学上看，早在前批判期，也就在康德从自然转向人文科学时，就已从人类学观点出发并奠定了其人类学的基础，批判期的先验的探讨，只是其逻辑的必然展开。

实用人类学期以《实用人类学》一书为代表。这一时期康德使先验的探讨又落到实用的观点上去。因为在先验的范畴探讨的问题，必须有“实用”的观点为中介才能与经验世界相联系，以完成最终“人是什么”的问题，这是康德哲学必然要走的一步。

康德哲学人类学的思想来源不仅有卢梭，还有休谟。康德曾自述，正是休谟在《人性论》中第一个把哲学建立为人的知识、情感和道德性质相统一的人学体系，对他产生了影响，惊醒了他“独断论的迷梦”，从而将他引到了“批判哲学”的道路。而康德的认识论和一切形而上学恰好是要建立一种体现出人的自由能动性的人性论或人类学。康德在《实用人类学》前言中自述道：

在人用来形成他的学问的文化中，一切进步都有一个目标，即把这些得到的知识和技能用于人世间；但在他能够把它们用于其间的那些对象中，最重要的对象是人：因为人是他自己的最终目的。[①]

这样，康德的哲学和美学就不得不再回到“实用性”上来。李泽厚在《批判哲学的批判——康德述评》中分析说：“整个康德哲学的真正核心、出发点和基础是社会性的‘人’。”[②]“人是什么？它实际上是整个康德哲学的真正内涵。”[③]因此他提出：“从人类学本体论的实践哲学看……”[④]这一问题，“这是要求在社会历史总体的人类学的基础上来建立认识论，来解释生理—心理结构。”[⑤]李泽厚正是从实践的观点上得到来自康德哲学的灵感照耀。而这一切，中经马克思《1844 年经济学—哲学手稿》“自然的人化”“人的本质力量的对象化”的理论阐发，构成了中国当代美学得以建立的雄厚的哲学基础。

康德在《实用人类学》的前言中，曾系统表明自己的人类学的内容及方法。康德说：“一种系统地把握人类知识的学说（人类学），只能要么存在于生理学观点之中，要么存在于实用的观点之中。”[⑥]这表明康德认为存在着两种人类学：生理观点的（体质的、自然地理的）人类学；实用观点的（文化的）人类学。

康德说：“生理学的人类知识研究的是自然从人身上产生的东西，而实用的人类知识研究的是人作为自由行动的生物由自身作出的东西，或能够和应该作出的东西。”[⑦]康德分析男女在审美性上的差别和各民族、种族的审美差别是从体质的和地理的生物观点出发的。康德使用“实用”一词决不是“实用主义”式的。康德解释实用人类学时说：“这样一种人类学，作为人的学问的必然结果的世界知识来看，……而只有当它包含作为世界公

---

① [德]康德著，邓晓芒译：《实用人类学》，上海：上海人民出版社，2005 年版，第 1 页。
② 李泽厚：《批判哲学的批判——康德述评》，北京：人民出版社，1979 年版，第 367 页。
③ 李泽厚：《批判哲学的批判——康德述评》，北京：人民出版社，1979 年版，第 8 页。
④ 李泽厚：《批判哲学的批判——康德述评》，北京：人民出版社，1979 年版，第 431 页。
⑤ 李泽厚：《批判哲学的批判——康德述评》，北京：人民出版社，1979 年版，第 427 页。
⑥ [德]康德著，邓晓芒译：《实用人类学》，上海：上海人民出版社，2005 年版，第 1 页。
⑦ [德]康德著，邓晓芒译：《实用人类学》，上海：上海人民出版社，2005 年版，第 1 页。

民的人的知识时才能如此。”[①]因此，康德的所谓实用的，并不仅是经验世界的，而是一种适用全人类的理论。其实用的人类学，不过是连接他的超验人类学和现实之间的一个中介。作为一个职业哲学家，康德认为：“没有哲学，一切获得的知识就只能当作零碎的摸索，而不能认为是科学。”[②]所以康德又暗示我们，除了他划分的以上两种人类学外，还有第三种人类学，这就是哲学的人类学(或称超验的人类学)。正是这一部分，构成了康德三大批判的核心。

“超验的人类学”一词是对康德学说的概括，而不是他自己的名词。[③]在康德的前两大批判中，他曾企图通过“自然向人生成”的推进来建立一种“先验的人类学”，以便不但确定人类道德行为的一般规律，而且使一切人类知识摆脱传统唯科学的影响，从本身的内在原则上趋向于某种价值理论。但在前两大批判中，尽管康德实际上把人作为哲学研究的中心，却没有“直接探讨”人是什么，人实际上是分裂的；感性自然和超验的自由只不过是互不相干地“共存于”人之中，两方面的过渡没有感性经验做媒介，还完全是抽象的，因此在《实践理性批判》刚定稿尚未出版时，他就迫不及待地投身“过渡”的专门研究。他说：

> 我现正忙于鉴赏力的批判，在这里将发现另一种以前没有发现的先天原则，心灵具有三种能力：认识能力，感觉快乐和不快的能力和欲望能力。我在对纯粹的(理性的)理性的批判里发现了第一种能力的先天原则，在对实践理性的批判里发现了第三种能力的先天原则，我现在试图发现第二种能力的先天原则。[④]

第二种能力的先天原则就是康德1790年出版的《判断力批判》。康德发

---

① [德]康德著，邓晓芒译：《实用人类学》，上海：上海人民出版社，2005年版，第2页。

② [德]康德著，邓晓芒译：《实用人类学》，上海：上海人民出版社，2005年版，第3页。

③ 参见邓晓芒：《批判哲学的归宿——康德〈实用人类学〉的意义》，载《德国哲学》第2辑，北京：北京大学出版社，1986年版。

④ 康德1787年12月致赖因霍尔的信，参见李秋零编译：《康德书信百封》，上海：上海人民出版社，2006年版，第111页。

现可以从两种特殊规定现象上找到从人的认识到人的道德本体的过渡。一种是人的心理经验，即审判或鉴赏力，另一种是物理经验，即对自然目的论的观点。康德在审美体验中发现了人的先天自由原则，即通过人的诸认识能力无目的而合目的性的自由协调活动，向人暗示了独立于自然界的自由存在，并通过这一自由活动所激发的人类共同的愉快感情共通感而成为“道德的象征”。

康德又在自然界有机体以至于整个自然体系中发现了某种纯粹内在的目的性原则，从整个自然界无不趋向于人，为人所用，而人又无不趋向于人的最高本体即实践理性的自由这一“事实”来说明“人是目的”。这一道德原则在自然界中有它的“副本”，而这种自然目的论就必将引导人们去建立一种道德的神学。

初看康德的美学是先验的，但又是从人出发的，特别是从人的心意机能出发的。下面是康德《判断力批判》上卷导论中列出的一个心意机能表：

心意机能表：——	先验诸原理：——
认识的机能	规律性
愉快或不快的情感机能	合目的性
欲求的机能	最后目的

认识的机能：——	应用：——
悟性	自然
判断力	艺术
理性	自由[1]

从上表可以看出，在人的心意机能中，愉快或不快的情感机能是沟通认识的机能和欲求机能的中介；在认识的机能中，判断力构成了悟性和理性的桥梁；在先验诸原理的范畴中，合目的性则一头连着规律性，一头连着最后的目的，具体表现为由愉快或不快的机能构成的判断力；在无目的

① ［德］康德著，宗白华译：《判断力批判》，北京：商务印书馆，1985年版，第36页。

的合目的性下产生了艺术，艺术一头连着自然，一头连着自由。这是康德超验人类学中美学的特殊地位。由这种审美判断，康德提出了审美的四个悖论。

在质的方面，鉴赏判断是审美的，其快感与一切利害无关；在量和语态方面，美是普遍必然的，但又是没有受到反思性观念的干预的一种快感的对象，因此普遍性和必然性本身是主观的，而不是客观的；在鉴赏判断中所包含的关系方面，美是一个对象合目的性的形式。

黑格尔说：康德在《判断力批判》的导论中找到了"关于美的第一个合理的字眼"。他又说："给古代最伟大的思想家带来极大困难的审美兴趣的特殊性，自经康德深刻阐发以后，就永远不再被严肃的思想家所误解了。"[①]在康德对美学的考察中，我们明确地看到他把"自然的人"（主体）与文化联系在一起考察。他的美学特别突出一种人类本体论的特征，他不满足于仅仅对审美做个别现象的考察，而是将整个文化领域作为人的创造力的显现加以理解。他对美的分析、崇高的分析及关于天才和艺术的论述，都是站在人的文化及一定的文化背景人的能力的生成上来理解的。其核心在于：审美是人的属性，现实的美就是人的力量的显现。文化中的审美从本质上讲是一种促进人们更加自由选择的确定并推动目的实现的力量。正因为人类具有了审美的能力，人才超出动物之上并配称自然的"最终目的"。只有人才独能具有审美的理想，像人类尽在他的人格里面那样，他作为睿智，能在世界一切事物中独具完满性的理想。"美只适用于人类。"

因此，康德的美学，与其说是形式的美学，不如说是透过形式而触及人类学的本体论的美学，是一种感性表现和理想观念相统一的美学。贝克认为，贯穿于康德哲学的主要观念就是："人类的精神乃是一个自主的创造者，因此看来，人是创造者。"康德美学启示后世：不了解人的本质，就不能了解什么是美；反之，只有懂得了什么是美，才有助于对于人的本质的把握和理解。

康德尽管较早运用了人类学的方法来建构他的哲学大厦与美学大厦，但人类学在当时还是初创阶段，而且康德的研究方法还带有他的先验哲学

---

① [英]鲍桑葵著，张今译：《美学史》，北京：商务印书馆，1985年版，第344页。

影响的痕迹。到了20世纪初，人类学已是一门普遍的学问了。我们看到，这时的人类学已不是仅从体质的、民族的、实用的观点上来研究人了，更重要的是从文化上来研究人，企图建立一门文化人类学。康德人类学的巨大价值就在于他对当代人类学带来的启示。例如：康德人类学中所一度忽视了的对原始民族文化遗物、民俗学及神话仪式的研究，便被恩斯特·卡西尔所补充。他把康德所重视的“纯粹理性”转移到了“文化哲学”上来，因此“理性的批判变成了文化的批判”。[①] 过去不被重视的神话思维、宗教思维、艺术直观、象征符号等受到前所未有的重视，他们找到了人类智慧的起点——语言与神话。因为他们认为，人类的全部知识和全部文化从根本上说并不是建立在逻辑概念和逻辑思维的基础之上，而是建立在隐喻思维这种“先于逻辑的”(prelogical)概念和表达方式之上。这样迫使哲学家们去寻找“先于逻辑的东西”便使20世纪的哲学、美学有一股重返原始社会的思潮。正是在此基础上，卡西尔的美国弟子苏珊·朗格才建立起她的象征主义美学。

对康德的人类学美学，尽管可以指责，但我们更要研究。可能没有读过康德著作的人，却仍然受他的影响。遗憾的是，一个更高层次上的人类学的美学还没有真正的建立起来，因为那需要许多代人的不懈努力。

（原载《学术月刊》1992年第10期）

---

① ［德］恩斯特·卡西尔：《符号形式的哲学》第一卷，纽黑文：耶鲁大学出版社，1953年版，第69页。

审美与文化的人类学还原

传统上的美学研究与文化研究属于两个不同的学科，有着不同的研究内容和研究方法，两者基本上是分离的，至少从学科划分上是如此的。但是，从审美的深层以及文化的本质来看，传统上的这种分离又是一种表面现象，实质上它们应该是统一的，不过过去的研究者并没有这种自觉的文化观念。审美文化概念的提出，就是要打通审美与文化的人为划分的界限，而在一个新的高度上进行综合。这种综合是从美学思想发展史上必然表现出来的一种历史的趋向，也是审美与文化研究的一种必然要求。

一、 审美的文化表征

美学学科的形成经历了一个长期的历史发展过程。在美学还没形成一门独立的学科以前，它只是文化整合的一部分，随着文化的发展而发展，并以文化现象的表征而存在于不同民族的历史中。美学作为人类审美意识的理论形态，正是在审美文化有了相当的发展以后，在人类审美意识和理论思维有了相当发展之后逐步形成的。美学理论形成以后，由于以一种抽象的理论形态而存在，往往成了哲学家驰骋思辨的场所，或者成了心理学家进行实证试验的场地，但审美仍以更加精细的理论方式和实践方式表现出一种文化的征候。美学家们已经看到，审美最初是在文化中形成并将回归到文化之中。

在美学还没有形成一门独立的学科以前，人类的审美意识往往散见于哲学、文艺理论或某些文化论述的著作中，这表明美学与人类文化之间深刻的血缘关系。到了18世纪，由于实践和理论的发展，美学作为一门独立的学科才建立起来。在美学史上，通常把德国理性学派的鲍姆嘉通1750年出版以“Aesthetica”命名的著作作为美学产生的里程碑。Aesthetica这个词，意思是“感性学”或“感觉学”，依据鲍姆嘉通对这个源于希腊文的词的阐释，它的汉译似应为“审美学”(汉语的“美学”一词最早是从日语转译而来)。鲍姆嘉通从建立完善的人类知识体系出发，认为人类心理活动分为知、情、意三个方面，应有三种对应的学科来分别进行研究。知是理性认识，已由逻辑学来研究；意是道德活动，已由伦理学来研究；而情属于感性认识的活动，却一直没有一门相应的独立的科学来研究。于是，鲍姆嘉通主张建立一门“感性学”来研究人类的“情感”。① 由于鲍姆嘉通比较系统地阐释了美学的研究对象，建构了这门学科的体系，一般认为这标志着美学学科的形成。

意大利哲学家克罗齐在其《美学史》中，则把美学学科的形成归于意大利18世纪的维柯，认为维柯的《新科学》，事实上就是美学，美学这门新科学的真正奠基人并不是鲍姆嘉通而是维柯。实际上，美学不可能是哪一个人建立的，而是许多世代的人们共同努力的结果。维柯的《新科学》可以看成真正从文化上研究美学的著作。它以古希腊、罗马的历史发展为研究对象，力图证明人类从神的时代，经过英雄的时代，进入到人的时代。作者从共同的人性出发，认为各民族在起源和处境上尽管不同，但在社会发展上必有某些共同的规律。维柯从人类文化史的角度考察了人类心理功能的发展，认为人类是由诗的时代进到哲学的时代，由形象思维进到抽象思维，原始民族作为人类的儿童，其思维活动主要是想象活动；原始文化，包括宗教、神话、语言、文字等都可看作形象思维的产品，带有诗的性质。基于人类本性的共同性，形象思维具有原始性和普遍性。维柯首次把诗的逻辑与理智的逻辑区分开来，表述了形象思维的两条基本规律：一是

---

① ［德］鲍姆嘉通著，简明、王旭晓译：《美学》，北京：文化艺术出版社，1987年版，第18页。

以己度物的隐喻；二是形象思维怎样形成类概念或典型人物。今天一些美学家把维柯的《新科学》归为一种历史主义的，实际上它是一种从人类社会历史发展上探讨审美文化起源的巨著。但由于该书语言晦涩，很难读懂，在18世纪没有引起人们的重视，19世纪以后才引起注意。克罗齐、歌德、黑格尔、马克思和恩格斯都受到过该书的影响。朱光潜先生晚年致力于把这部著作译成中文，是因为这部著作包含了马克思主义历史唯物主义的萌芽状态的闪光点，并且将成为审美文化研究的一块基石。

美学虽然形成在18世纪，但人类的美学思想则古已有之。由于人类的审美活动本来就是整个文化的一部分，古代的美学思想也无不表现出一种审美的文化表征。古希腊的美学思想就是在文化艺术和哲学的发展基础之上产生的。如哲学家柏拉图在寻找"美本身"时，把其归为"理念"，在他幻想的"理想国"中，逐出了诗人，原因是文学戏剧(包括诗歌)挑动情欲，败坏人心。无疑他已看到审美文化对情感和社会的作用。在艺术创作上，他主张"灵感"论，把诗人的创作和文艺的欣赏与巫师通神的行为相提并论，实际上，也是原始审美文化在其理论中的表现。亚里士多德的《诗学》在西方美学史上有举足轻重的地位，但这本著作也是建立在古希腊审美文化、文学艺术的理论和实践的总结之上的，亚里士多德关于悲剧、喜剧的美学探讨，实质上是对古希腊文化的探讨。古希腊也好，古罗马也好，在美学还没形成独立的学科时，都是审美文化表征的一部分。在漫长的中世纪，基督教神学在思想文化领域占据绝对的统治地位，这必然引起美学思想的神学化，上帝就成了美的最后根源。这看上去是一种宗教的观点，实质上是中世纪文化观念的表现。文艺复兴打破了中世纪的宗教神学观念，在复兴古希腊、罗马文化的文化氛围中，产生了新的审美观，使西方的美学走向了一条新的道路。

18世纪末至19世纪初，西方美学的中心转到了德国，真正的美学在德国古典哲学中产生了。一般认为，康德和黑格尔是德国古典美学最优秀的代表。研究者大多把他们视为哲学家，把他们的研究方法视为"自上而下"的，注重他们美学思想里思辨的哲学部分。笔者认为，哲学的美论在他们的思想中是重要的，但我们也不能忽视他们对审美文化的研究。他们的哲学的美论，都是在具体审美文化研究基础上概括出来的。他们都不只是哲学家、美学家，而且是人类文化的辛勤的研究者。比如在对康德的研究中，过去人们注重的是他在“批判期”写的三大部著作：《纯粹理性批判》属认识论，试图解决“先天综合判断如何成为可能”的问题；《实践理性批判》属伦理学，试图解决人的意志能力以及伦理道德如何成为可能的问题；《判断力批判》属美学，试图用美学把认识论和伦理学结合成一个统一的整体。现在看来，康德“批判期”的哲学、美学思想的确是重要的，但它只是康德整个人类学美学思想的一部分。康德在二十多年(一说三十多年)的教学活动中，连续讲授过人类学的课程，[①] 他要解决的核心问题首先是人的问题、人类文化的问题，其次才是认识论和判断力的问题。这不仅在“批判期”是如此，在“前批判期”，当康德由头上灿烂的星空转到心中的道德律令也就是人的问题的时候，他在最初的美学著作《对美感和崇高感的观察》中，已采用了人类学的方法，并且把对美和崇高的分析建立在对男人和女人的审美文化的差异上，建立在各民族不同审美文化的差异上。黑格尔的《美学》是一部宏大的著作，他在这部著作中建立了一个几乎无所不包的美学大厦。由于黑格尔认为所谓的美学就是艺术哲学，因此，他更重视对人类审美文化的研究。由于黑格尔成功地运用了辩证法，并采用理论和实践相结合、历史与逻辑相统一的方法论原则，使得他的研究充满了实践性、辩证性、系统性以及文化感、历史感，成了亚里士多德以来整个西方美学优秀传统的集大成者，对马克思主义审美文化学的建立也有着重要的启示。

黑格尔以后，西方美学渐渐步入现代阶段。现代西方美学被归为经验派、表现形式派也好，归为科学派、分析派也好，或者归为“人本主义美学与科学主义美学两大思潮的流变更迭”[②]也好，现代西方美学都只是整个西方文化的一翼。现代西方美学的产生、发展与流变，都有着深刻的文化原因。美学不过是西方文化精神、审美趣味流变或艺术精神的一种理论概括形式，分析、研究、概括的着眼点不同，便有了不同流派的美学，不过

---

① 参见[德]康德著，邓晓芒译：《实用人类学》中译本再版序言，上海：上海人民出版社，2005年版，第1页。

② 朱立元主编：《现代西方美学史》导论，上海：上海文艺出版社，1993年版，第3页。

有些理论文化观念比较自觉，有些则不那么自觉罢了。像泰勒、弗雷泽建立在人类学对原始文化研究上的美学；希尔恩的艺术起源理论和沃尔夫林的艺术史理论；卡西尔的人类文化符号论的艺术哲学和他的弟子苏珊·朗格的艺术符号论美学；列维-斯特劳斯的结构主义美学和迪基的"习俗"论美学到布洛克的原始艺术理论……都表现了十分明显的文化意识。像分析美学这样看上去哲学意味十分浓厚的美学流派，十分重视语义分析，如果说语言本身就是一种最常见的文化现象，语义分析必然是文化学的，那么分析美学与文化的关系也就好理解了。分析哲学家维特根斯坦认为："为了明白审美表达，必须描述生活形式。"①"我们用来作为审美判断的那些词语，在我们称之为一个时期的文化的东西中有一种复杂的、但当然也很确定的作用。为了描述它们，或者为了描述人们所指的教养趣味的东西，便必须描述一种文化。"②因此，怀疑论的美学家们认为根本不存在什么美学，存在的只是艺术史和文艺批判的原则。美学是存在的，当然不能否定，但美学正是在与文艺、艺术史、文化的关系中形成的，这也是不可否定的。

美学与文化的这种血缘关系，还表现在美学学科的形成和学科的构架中。尽管迄今为止，关于美学的对象、范围、内容还存在着许多不同的看法，但从历史看，近代作为独立学科的美学则是由德国的哲学、英国的心理学、法国的文艺批评三者构成的。有人认为，美学应该包括三大部分：美的哲学、审美心理学、艺术社会学，所谓的美学，就是这三部分以某种形式的结合。实际上，这三大块可以在文化的背景上得到统一。美的哲学是一定时代精神的理论化和系统化，是文化的核心；审美心理学是一定民族、时代在特定的文化模式中形成和积淀成的文化—心理结构的一部分；艺术社会学则是在一定的历史文化中剖析艺术的产生和作用。因此，审美必然是一定文化中的审美，美学是建立在一定文化基础之上的美学，美学研究也就必然是一种文化的研究。不仅历史上的美学家往往就是人类历史文化的研究者，而且未来的美学家，也必然是人类文化的辛勤探索者。从美学学科的构架来看，没有美学学科的时候，人类就有了审美文化，美学

① [英]维特根斯坦：《美学、心理学和宗教的讲演与谈话》I，牛津，1966年版，第35页。
② [英]维特根斯坦：《美学、心理学和宗教的讲演与谈话》I，牛津，1966年版，第25页。

本身的探讨，必然是一种历史的探讨和文化的探讨。构成历史美学的部分便是人类的美学思想史和审美实践史，而人类的审美实践被归为艺术风格史、趣味流变史和审美意识发展史，这实质上也是一个文化学的问题。因此，审美必然带有文化的表征，美学的许多命题可以被置换为文化学的命题。当然这并不是要取消美学，而是要把美学还原到它的文化系统中，以便从更深的层次上来说明美学问题。

二、 文化的审美视野

审美的本质必然是文化的，这只是审美文化研究的一个方面；文化的本质也必然是审美的，这又构成了审美文化研究的另一个方面。

文化的概念就像美的概念一样，是一个充满歧义和需要探讨的问题。文化学作为一门独立学科的形成，甚至比美学还要晚一个世纪。就像没有美学的时候，就有了审美现象一样，人类文化的存在，也早在文化学形成前很远的时代就存在了。在英语中，文化学亦称为“文化科学”(The Science of Culture)，是研究文化现象或文化体系的新兴学科，主要探讨各种文化现象的起源、演变、传播、结构、功能、本质以及文化的个性与共性、特殊规律与一般规律。文化学的研究最早始于德国，19 世纪中叶，德国学者列维·皮格亨于 1838 年首次提出“文化科学”一词，主张进行文化研究，建立专门的学科。此后，德国的另一位学者 C. E. 克莱姆在《普通文化史》(1843 年)和(普通文化学)(1854 年)中，首先使用了“文化学”一词。1871 年，英国著名学者泰勒的名著《原始文化》问世，使“文化学”一词进入英语世界。各国的百科全书告诉我们，文化学中的文化概念是在 19 世纪中叶形成的，《美利坚百科全书》说：“文化作为专用术语，于 19 世纪中才出现在人类学家的著述中。”自 19 世纪以来，由于文化人类学从一开始便把文化作为自己的研究对象，承担了对文化学理论与方法论的建设，因而 20 世纪中叶以前很少有人对“文化学”的理论体系做系统研究。当代一些西方学者认为，文化学与文化人类学在本质上是一致的，只是名称不同而已。现代文化学兴起于 20 世纪 50 年代，最早从事现代文化学理论建设的，首推美国学者 A. 克罗伯(1876—1960 年)。他对文化进行了独到的分析，为现代文化学提供了一组概念工具，如文化架构、行为模式、符号系统、原型文化、文化价值观、文化系统、文化动力学、文化工程学、文化心理学，等等。其后，L. 怀特进一步发展了文化学的基本理论和研究方法，为现代文化学的建设做出了杰出的贡献。20 世纪 60 和 70 年代之交，苏联从西方引进"文化学"的概念，并展开了热烈的讨论，到 20 世纪 80 年代"文化学"作为一门独立学科已得到苏联学术界的公认。和美国文化学是从文化人类学开始，注重经验性研究不同，苏联文化学是从哲学领域中产生出来，其他学科如人类学、考古学、民族学、文艺学、语言学等，只对它起提供营养和促进生长的作用。在中国，20 世纪二三十年代部分学者开始研究文化学，台湾学者黄文山是较早对文化学展开研究的，1932 年他就发表了《文化学建设》等文，1968 年写成《文化学体系》一书。钱穆 1979 年有《文化学大义》一书，对学术界有一定的影响。在中国大陆，文化学的重新研究是 20 世纪 80 年代以后才兴起的，这是随着中国的改革开放，在对传统文化的反思和民族新文化建设的需要中形成的。中国在 20 世纪 90 年代审美文化研究的兴盛，就是以此作为背景的。

文化是文化学的关键和基本的概念，它的现代含义广泛而复杂，很难下一个简单的定义。我们要进行审美文化的研究，就不得不对文化概念本身进行探讨，以便从文化概念的演绎中，揭露出文化概念本身所包含的审美的本质。对文化审美特质的研究，无论是在传统的美学中，还是在传统的文化学中，都研究得极不够充分。"文化"一词源自拉丁语，是动词"Colere"的派生词，其原意是指人在改造外部自然界使之适应于满足食住等需要的过程中，对土地、土壤的耕耘、加工和改良。文化一词的本义，甚至到了 17 世纪末仍存在，法国的安托万·菲雷蒂埃 1690 年编纂的《通用词典》中只收有它的本义："Culture：人类为使土地肥沃、种植和栽培植物所采取的耕耘和改良措施。"作者还加上一条注解："耕种土地是人类所从事的一切活动中最诚实、最纯洁的活动。"[①]这个定义看上去离今人所理解的文化的概念有些距离，但如果我们知道，农耕文化是人类摆脱游牧生活而定居，从而产生现代文明的基础的话，文化概念的本义仍具有深刻的美

① ［法］安托万·菲雷蒂埃编：《通用词典》第 1 卷，巴黎，1978 年版。

学内涵。正是在精耕细作的农业文明中产生了城镇，使人可以聚集在一起，从而产生出真正的文化与科学。农耕可以看作人按照美的规律来建造的最初的领域，是“人化自然”的最早的类型。因此，文化的本义就注定了这个词所蕴含的审美的内涵。

在古希腊、罗马时代，文化的内涵产生了转义，古罗马著名演说家西塞罗在他的“智慧文化即哲学”这句名言中把文化的转义确切地表达出来了。智慧文化变成指改造、完善人的内在世界，使人具有理想公民素质的过程，其内容实质上是指培养公民具有社会生活和政治生活所具有的能力，这已包含审美教育的内容，是席勒美育思想的先导。可见，“Culture”所包含的“培养”和“教育”的词义也是起源极早的。利特雷 1878 年编纂的《法语词典》列举了文化的各种词义：“Culture：文学、科学和美术的修养。”

在德语中，表达文化概念的有两个词：Bildung 和 Kultur。前一个词可译为教育或教化，指作为人类智力、美学和道德的培养；后者则可译为文化。但在译成法语时则成了一个词：文化。在德国古典哲学时代，康德、黑格尔、费希特，还有歌德和席勒，都对 Bildung 进行了探讨。黑格尔的名著《精神现象学》就有整整三个章节来探讨这种文化。

在中国，文化一词出现较早，它与古希腊、罗马时代这个词的含义有同有异。《周礼》说的“观乎人文以化成天下”，就含有文化之义。汉刘向《说苑》曰：“凡武之兴，谓不服也，文化不改，然后加诛。”晋束皙《补亡诗》曰：“文化内辑，武功外悠。”在中国古代，文化一般指统治者所施的文治和教化，其内涵与德语的教化有相通的地方。当然汉语中文化一词是比较晚起的，文化一词的本义存在于汉字“文”的内涵中。《说文解字》曰：“文，错画也。象交文。”汉字“文”的原始意义，即含有美、善、德之义。《礼记·乐记》曰：“礼减而进，以进为文；乐盈而反，以反为文。”郑玄注：“文，犹美也，善也。”《尚书·周书·文侯之命》：“追孝于前文人”，孔传：“使追孝于前文德之人。”《国语·周语下》：“夫敬，文之恭也。”韦昭注：“文者，德之总名也。”在中国“文”字的含义中，已包含中国古代“美善不分”“美即是善”的文化伦理本体性的美学内涵。

在西方漫长的中世纪，文化概念的含义被神学观念所压倒，到了 17 世纪才被作为独立概念提出并使用。据学者的研究，最早这样做的是德国的法学家萨穆埃尔普芬道夫(1632—1694 年)[①]，他的著作确定了政治思想和文化概念的关系，并认为文化是社会人的活动所创造的东西和有赖于人和社会生活而存在的东西及其总和。

18 世纪启蒙时代的理论家，如伏尔泰、A. 杜尔哥、孔多塞等，把“文化”概念进一步从神学体系中解放出来。他们把文化看成不断向前发展的、社会生活的物质要素和精神要素的统一。认为一个民族的或一个国家的“文化水平”在于他们的社会秩序和政治设施的合理性，并可用科学和艺术领域中的全部成就来衡量。与理性的更高使命相符合的文化的目的，是使人人都能幸福，都能根据自己的自然本性的要求和需要而生活。卢梭与众不同，他认为文化与文明并不是人类理性发展的理想的东西，“有文化”并不能敦风化俗。他用“风俗、习惯，尤其是舆论”来描述出文化的一个基本领域的特征。启蒙运动的文化理论继承了文艺复兴的传统，并把文化与审美结合起来。启蒙运动的理论家把全部希望寄托在教育上，他们想通过道德教育和审美教育，达到以理性和公正原则来改造社会的目的。洛克、爱尔维修、温克尔曼、狄德罗都推崇艺术所具有的教育作用，他们从建立新文化的目的出发，揭示了美、崇高、和谐、优雅、趣味等美学范畴的内涵。

德国的思想家们，则从哲学、美学的更丰富的智慧出发来论述“文化”概念。卜基德尔把文化看成是人类智慧力量的不断开发。他用这个观点来规定人类历史发展所经历的不同阶段，并用它来说明启蒙的价值。康德从他的实用观点的人类学出发，在《判断力批判》中给文化下了定义：“有理性的实体为了一定的目的而进行的能力之创造。”这种“创造”就是人类在精神、心灵和肉体上的“自然力”从人受自然力统治的“原始状态”向人统治自然力状态的逐步发展。因此，康德认为，文化是一种过程或者是一种作为过程结果的状态；文化是在公民社会形成过程中产生并形成的，它标志着人类从自然状态向社会状态的转变。文化的含义还包括人类历史上发展的

---

① 参见［法］维克多·埃尔著，康新文、晓文译：《文化概念》，上海：上海人民出版社，1988 年版，第 17—18 页。

民族生活方式，以及这种生活方式中的人类道德(理性和公理)。审美文化的概念，在康德的文化和美学研究中就已隐约地表现出来了。正如维克多·埃尔在《文化概念》一书中分析的：

> 我们恐怕更应该强调美学对文化概念的演变所产生过的影响作用……应该从两个方面解释。美的感受和美学评论涉及人类与世界的关系和人类个性的培养。人类个性的培养，也就是人类与自身的关系，是通过当时的各方面经验而实现的自我形成。而这两种系列的关系也是文化概念的主要组成部分。①

这个分析是很中肯的，说明了美学和文化的关系。启蒙运动思想家对公众进行引导，是通过审美教育来完成的，法国启蒙运动思想家是这一文化实践的引导者，康德则从哲学、美学上，对文化的创造性本质进行了理性的规定。因此，从德国古典哲学看，文化就是对人进行智力、美学和道德方面的培养。这种观点，集中反映在席勒的审美文化的原则中。席勒的思想和启蒙运动思想家的思想是一致的，他在撰写美学论文时，主要参考了康德，但他的一些见解又超出了康德哲学的范围。他的《审美教育书简》把对政治的关心，用审美的理论加以置换，建立了审美文化的原则。席勒认为，当时的所谓文明人表现出令人作呕的懒散和性格腐化的景象，这些毛病正起源于文化本身，要通过审美教育恢复被割裂的人性和失去的和谐。他认为："因为正是通过美，人们才可走向自由"。② 他发现了人的游戏冲动，认为美作为游戏冲动的客体，是表现人的自由的领域。审美自由是政治自由的条件，他幻想通过审美教育来改造人、改造社会，建立理想的文化模式，这在当时或在以后，当然都是不可能真正实现的，但席勒的审美文化的模式，仍具有重要理论意义和现实意义。它表现了文化应具有

---

① [法]维克多·埃尔著，康新文、晓文译：《文化概念》，上海：上海人民出版社，1988年版，第47页。

② [德]席勒著，冯至、范大灿译：《审美教育书简》，上海：上海人民出版社，2003年版，第21页。

的审美本质的特征，对我们分析历史上优秀的文化和建构未来的文化模式都有参考价值。

19 世纪中叶以后，“文化”概念成为人类学家和社会学家们热心讨论的题目。这时，英国著名人类学家泰勒提出了他著名的文化定义：“文化，或文明，就其广泛的民族学意义来说，是包括全部的知识、信仰、艺术、道德、法律、风俗以及作为社会成员的人所掌握和接受的任何其他的才能和习惯的复合体。”[①]这一定义影响深远，以后的许多学者从不同的角度，用不同的方法对文化这一综合体进行了探讨。由于这种研究是随着资本主义的对外扩张，想了解世界上还处在原始阶段的人的文化特征而形成的人类学而展开的，因此，文化研究便逐渐远离启蒙运动开辟的道路，中断了德国哲学的思辨传统，而走向一种社会的实证调查，并对原始文化产生前所未有的兴趣。由此产生了文化进化学派、文化传播学派、文化功能学派、文化历史学派、文化生态学派、文化模式学派、文化结构学派等。[②]正是这种转移，才标志着真正的文化学独立学科的形成。乍一看文化学研究的领域广泛而复杂，并不局限于所谓的“审美”上，但正是这种对原始文化全面而深刻的研究，奠定了人们对审美发生的认识。审美意识发生的历史奥秘，就隐藏在原始文化的发生之中。从这个意义上讲，泰勒的《原始文化》、弗雷泽的《金枝》是真正的美学著作。朱狄先生的《原始文化研究》一书，其副标题就是“对审美发生问题的思考”，表明他已经开始从文化人类学家的著作中，剥离出审美文化的独特部分了。这将使美学研究产生人类学的还原，使我们窥视人类审美之维的历史之根。

20 世纪 50 年代，A. 克罗伯在前人研究的基础上，提出一个影响深远的“文化”定义。他认为现代意义上的文化概念，应包括五种含义：(一)文化包括行为的模式和指导行为的模式。(二)模式不论外观或内涵，皆由后天学习而得，学习的方式是通过人工构造的“符号”系统。(三)行为模式和指导行为的模式，物化体现于人工制品中，因而这些制品也属于文化。

---

① [英]泰勒著，连树声译：《原始文化》，上海：上海文艺出版社，1992 年版，第 1 页。

② [日]凌部恒雄著，周星等译：《文化人类学的十五种理论》，贵阳：贵州人民出版社，1988 年版；庄锡昌、孙志民编著：《文化人类学的理论构架》，杭州：浙江人民出版社，1998 年版。

(四)历史上形成的价值观念是文化的核心。不同质的文化，可根据价值观的不同进行区别。(五)文化系统既是限制人类活动方式的原因，又是人类活动的产物和结果。苏联在20世纪50至60年代也曾广泛讨论了“文化”概念的定义，占主导观点的看法是，文化是人们在社会发展过程中所创造的物质财富和精神财富的总和。又有人补充说，文化不仅是业已创造的物质财富和精神财富，而且是创造、分配和消费这些财富的过程本身。在中国，20世纪二三十年代曾有一批学者注重研究文化学，新中国成立之初的30年里，一般是不注重“文化学”研究的。《辞海》给文化下的定义是：“从广义上来说，指人类社会历史实践过程中所创造的物质财富和精神财富的总和。从狭义来说，指社会的意识形态，以及与之相适应的制度和组织结构。”

根据以上探讨可以归纳如下：文化概念是极其古老的，在中国是指对人体的美饰，以后则用来指对人智力、道德、科学与艺术的教化。在西方，文化的原始意义是对土地的精耕细作。在文艺复兴、启蒙运动时期这个词具有了政治的含义，它指政治上的自由，道德上的自律，科学、艺术、文学语言上的一种鉴赏；文化就是创造的结晶，是对人进行审美教育的原则。到文化人类学兴起后，它又有了更多的内涵。文化的概念，伴随着人类社会的发展而发展。文化的概念从诞生之日起，就包含审美的内容，但历史上很少有人提出审美文化的概念。我们提出审美文化，就必须对这个概念的本质特征做出规定。

审美文化是整个文化的一部分，是文化中最能体现文化本质的那一部分。因为文化在本质上是人所创造的，是人创造本质的形象体现，而人的创造是在掌握了客观规律的基础上，为了实现人类的生存的目的性而进行的，因此体现了一种人类自觉自愿的按美的规律来造型的人的本质。正因为有了文化，有了美的创造，人类才从动物中走出来获得了人的本质。人创造了审美文化，又用审美文化来培养人、教育人，使人类在和谐的社会中得以生存，并以美好的蓝图来展示未来。

审美文化是一种自由的形象象征，其内涵是真与善的统一，表现形式上则是美，它既是人类本性的必然表现，又标志着人类本性解放所达到的历史尺度。审美文化应具有如下特征：

其一是形象性。客观世界首先以它的可视的形象而存在，人的智力的基础也在于对外界形象的感知。审美文化必然寄托于人的这种最基本的特征之中。在形象的基础上，人类建造了一整套的象征符号系统，它既表现为人的基本信仰的表意象征，又构成了独立存在的客观世界。人类只有在这种表意象征中，才能进行审美文化的传播和理解，其中文学艺术就是最好的体现。

其二是情感性。人是情感的动物。在德国古典哲学中，美学最初就被定义为研究情感的学问；整个艺术史何尝不是一部人类情感的发生发展史，人类的审美文化也是人类情感物化、符号化的过程及沉淀物，又是为满足人类情感需要的感性鉴赏物。

其三是愉悦性。审美文化在本质上是对人类发展有利的，是人的本质力量的形象显现，当人类面对自身创造的审美文化时，必然产生审美的愉悦感。由于人是感性的情感性生物，追求感官的快适是人性的要求，因此就产生了审美文化，表现了人类向往自由的精神。

其四是社会性。由于人不仅以个体的生命而存在，还要以社会的整体而存在。为了社会整体的生存，人类有时甚至要以牺牲个体的自由为代价。人类为了自身的生存和集体的生存，从而创造了一些审美文化，这种审美文化对个体可能是一种压抑，但对整个民族或集体精神却是必需的。审美文化既受一定时代的社会环境及生活条件诸方面的制约，又对建立和谐美好的社会起到积极的推动作用，因此审美文化又带有明显的目的性。

（原载《学术月刊》1995 年第 12 期；
人大复印《美学》1996 年第 2 期）

百年文学人类学研究范式的审美视阈

百年来中国文学研究的嬗变是在中西文化交流的大背景下进行的。文学人类学作为一种研究范式的变革，是随着西方人类学与文学研究不断互动，在全球一体化背景下形成的一种新的文学研究范式的转型。这种研究不同于中国传统的文学研究的模式，其研究视野更加开阔，表现了一种现代性的人文精神，是文学研究现代性的一部分。本文追溯了百年来文学人类学观念的转变及运用这种方法所取得的实绩，从而推动21世纪文学研究的进一步发展。

一、 文学人类学的形成与流派

百年来中国文学研究的人类学转型经历了两次变革，分别在20世纪初和20世纪80年代以后。20世纪初的变革是中西文化全面碰撞，中国人自觉引进西方文化的结果。其特点是结束了中国传统古典文学的点评研究和注释研究，走向了一种寻根的和理论的研究，形成了神话学研究、民俗学研究、民间文艺学研究等不同的研究方向。在具体操作上，结合考古学发现的新资料，形成了一种“三重证据法”的研究方法。20世纪80年代以后的变革在上一次变革基础上又有所发展，西方人类学的介绍，新的文学研究方法的不断引进，使得文学研究的视野更加开阔。此研究的特征表现为，在比较文学的大思路下展开文学人类学的研究以及对神话的研究和阐释，使我们可以更接近地理解民族的集体无意识领域。对中国古典艺术的新阐释，使我们对传统的理解不同于古人。对民俗和民间文艺的重视已克服了权力话语下单一的精英文化而走向生命的底层。对文化他者、边缘文化、少数民族文学的重视和阐释，使它们不断获得一定的地位。对中国文学主题的重新探讨，已使传统文学的点评式、感悟式研究走向一种结构模式的原型。这种研究方法把文学研究中的作品研究、作家研究、一个时代的文学现象的研究，都看成文学研究的一个过程，都是为最终揭示文学艺术的本质所做的努力。文学人类学研究的最终目的是在全人类的视野下，揭示人类为什么要有文学以及文学的意义何在。

文学人类学是文学和人类学的边缘交叉性学科，它包含“文学”和“人类学”两个义项。一是从文学角度做人类学研究，就是用文学来充实和“诗化”人类学研究；二是从人类学角度做文学研究，就是用人类学方法研究和“讲述”文学。20世纪七八十年代以后，随着全球化的进程和文艺研究的“文化转向”，凡是从文化整体背景入手，考察文学的功能、定义和社会作用，或从文学考察文化现象的都可归入文学人类学研究的范畴。因而从界定上看，文学人类学有两个角度和立场：人类学的和文学的。应该说学界对此尚无定论，以致加拿大学者萨加尼干脆提出“文学人类学”(Literary Anthropology)和“文学的人类学”(Anthropology of Literature)两个概念，以便加以区分。他认为前者关注的是文学文本中的社会文化状况，而后者则关注作者、读者在符号活动中的不同作用。

可以说，文学人类学的诞生有其必然性。从表面看，它取决于人类学的迅猛发展和知识全球化的高歌猛进；但往深处追究的话，可以说它是现代性主体哲学的一个必然产物。

客观地看，没有人类学的兴起和发展，就没有文学人类学的诞生；没有全球化进程的日新月异，就没有如今文学人类学的局面。人类学的兴起，是“全球意识”深化的反映，是世界性文化隔离转变为文化交流的必然产物。人类学实际上提供了一种研究人文科学(包括文学)的新方法。这种方法以地球共同体和人类意识为本位，强调在时间纵轴和空间横轴上都做充分拓展前提下的宏观、整体和比较的研究。[①]在20世纪得到极大发展的文化人类学给现代文学创作带来的影响是有目共睹的，而它对文学批评和研究的巨大影响则直接催生了文学人类学这一全新的学科。当然，文学人类学的产生还离不开文学与人类学的有机互动以及东西方文化之间的交流互动。

20世纪也是人类蒙受前所未有的灾难的世纪，人们的自然观、宇宙观、社会观、人生观、伦理观乃至生活、行为、思维方式都发生了深刻的变化，发达的理性工具使人愈加成为一个个高速旋转的陀螺。在这种背景下，人本主义思潮成为一面耀眼的旗帜，引导人们开展对现代性主体的哲学思考。它强调人的主体决定作用，追求审美的自由和超越，用非理性因素来揭示艺术创造和鉴赏的本质，对整个20世纪各个学科都形成了强有力的冲击，其影响将延续下去。

人本主义思潮在文学领域也得到了相应的反映，文学批评和研究的“文化转向”就是对此做出的最为生动的诠释。现在，“全球化”在世界各地已成了生活中最流行的话语之一。全球化在给文学的未来发展提供了良好契机与丰富资源的同时，它所隐含的“一体化”“同一化”性质，也使得诸多知识分子(尤其是第三世界的知识分子)对自己的民族文化身份和民族文学的出路产生了巨大的焦虑，并展开了激烈的讨论。正如约翰·汤姆林森所言：“我们这个时代所经历的、由全球化所描绘的巨大的转型式进程，除非从文化的概念性词汇去着手，否则就很难得到恰如其分的理解；同样，这些转型所改变的恰恰就是文化体验的构造，而且，它的的确确影响了我们的感觉。”[②]将整个现代文学置于比较文化和比较文学的背景之下，去发现各个民族的文化和文学中的相似和相异之处，去寻求人类文化中共通的先于逻辑的概念和表达方式，是文学研究一个不容回避的重要话题。毫无疑问，人类对理性压抑的反抗而引发的对自身主体性的思索是文学人类学诞生的极其重要的内在原因。

---

① 方克强：《文学人类学批评》，上海：上海社会科学院出版社，1992年版，第4页。

② [英]约翰·汤姆林森著，郭英剑译：《全球化与文化》，南京：南京大学出版社，2002年版，第1页。

19 世纪后期人类学形成以来就与文学紧密相连，到 20 世纪后半叶，已经形成了不同的理论流派。这些流派有：(1)文学研究领域的文学人类学研究，以探讨文学原型为理论的旨归，代表人物有加拿大的弗莱，最终形成了一种文学原型批评的理论模式。(2)人类学家的人类学诗学研究，即用人类学家的眼光和视野，去创造和解读文学的本质。他们注重的是文学的神话的意义、讲故事的功能、人类想象和虚构的本质。(3)民族志诗学研究，开拓出民间文艺学和民俗学研究的领域，注重研究口传文学和民间文艺的分类及文化功能等。(4)文化诗学研究，即把文化作为统领概念来审视人类的文学现象，把文学还原到更广阔的文化背景上来探讨，如新历史主义的文化批评理论。

二、 文学人类学的疆域

从广义上看，文学人类学的批评原则并不是一种完全新的理论，古往今来许多文艺家评论文学和文化时往往都会从人情、人道、人性出发。无需说东西方古代灿烂文化艺术当中的可贵思想，就在近人当中把文学和人类学思想结合起来的例子也是随处可见。我国近代国学大师王国维就曾说过：“诗人对宇宙人生，须入乎其内，又须出乎其外：入乎其内，故能写之；出乎其外，故能观之。入乎其内，故有生气；出乎其外，故有高致。美成(周邦彦)能入而不能出。白石(姜夔)以降，于此二事皆未梦见。”稍加思索，我们就不难发现这是论述人与自然关系、写景诗与自然美关系的“人类学文学”文章。西方主流学术，历来是把逻辑思维当作人类最基本、最原始的思维方式以致生存方式来看待、来研究的，西方文化的一般传统也正是以此根基为主导的。但当 20 世纪的哲学家们把理性的批判变成文化的批判之后，情况就大不一样了，人们发现哲学、美学以及认识论的研究之起点不应该是“纯粹科学认识”这种人类智慧的最后成就，而应是人类的原始文化以及与之相适应的思维形式。这引起了西方学术精神的一场革命。泰勒早在《原始文化》一书中就提出著名的“万物有灵观”；弗雷泽在他的《金枝》中对巫术进行了研究；列维-布留尔在《原始思维》一书中提出了原始人受“互渗律”支配的原逻辑的神秘思维；列维-斯特劳斯提出原始人的一种“野性的思维”；卡西尔则把研究转向语言与神话；另外，像海德格尔、伽达默尔、胡塞尔等也纷纷抛开纯逻辑的研究，去探求其下或其后的那些先于逻辑的概念和表达方式。[①] 这些大师的研究或已经把文学和人类学结合起来，或为文学人类学的研究提供了极其重要的方法论。

但严格来讲，尽管英国学者泰勒的《原始文化》和弗雷泽的巨著《金枝》已经奠定了这门学科的基础，但文学人类学作为一门真正意义上的学科应该滥觞于加拿大著名学者弗莱。在《批评的剖析》这一具有里程碑意义的著作中，深受弗雷泽和斯宾格勒影响的弗莱向我们展示了从神话到传奇，再到高模仿、低模仿及反讽，最后回归神话的文学模式发展观。《批评的剖析》一书眼界开阔、气势恢宏，既是20世纪50年代以前西方文艺批评的系统总结，又是20世纪50年代以后西方文艺批评新动向的明确宣言，同时也标志着“原型批评”的崛起。由于弗莱把“原型”视为“典型的或重复出现的意象”，它“指一种象征，它把一首诗和别的诗联系起来从而有助于统一和整合我们的文学经验”。[②] 他所倡导的原型批评也就格外突出了通过原型及其置换变形来把握文学整体的方法论特色。由于文学原型大都产生于神话与仪式，对原型的追溯就构成了一种“文学的人类学”。[③] 弗莱以其特有的领悟能力，把人类学家从文化进化中、历史学家从民族兴衰中、文学家从诗歌传统中所归纳出的演进规则看成某种总的原则的不同表现方式，并且他还确信各民族古老的神话经典早已向人们昭示了这种原则。弗莱曾借杂交授粉这一农学术语来比喻文学影响的积极作用，他说：“愈是生动有力的文学，就愈要依靠杂交授粉使自己繁茂地成长。我们不由地想起了叶芝，他依靠了一种凯尔特兼爱尔兰的神话传统，然而他却几乎没有对这一传统的第一手知识。另有一种杂交授粉，那是发生在当一个加拿大作家具有日本，或加勒比，或捷克，或斯里兰卡文化背景的时候。”[④]

① 参见朱存明：《灵感思维与原始文化》，上海：学林出版社，1995年版，第8—9页。

② [加拿大]弗莱著，陈慧等译：《批评的剖析》，天津：百花文艺出版社，1998年版，第99页。

③ 叶舒宪：《文学与人类学——知识全球化时代的文学研究》，北京：社会科学文献出版社，2003年版，第134页。

④ 转引自叶舒宪：《文学与人类学——知识全球化时代的文学研究》，北京：社会科学文献出版社，2003年版，第145页。

弗莱一直强调从整体上来把握文学类型的共性及演变规律，强调对各类作品的分析研究都应着眼于其中相关联的因素，因为它们体现了人类集体的文学想象，所以就不能把每部作品孤立起来看，而要把它置于整个文学关系之中，从宏观上把文学视为一体，加以总体考察。我们不难发现，若要在弗莱的文学观中找一个与文化人类学最为契合之处的话，这一点毫无疑问就是整体进化的思想。弗莱的这种整体观照的思想在他的后期作品中得到了进一步的反映，像《创造与再创造》(1980年)、《伟大的代码——圣经与文学》(1981年)、《神力的语言——圣经与文学研究续编》(1990年)、《双重视野：宗教中的语言与意义》(1991年)等均是如此。

在弗莱的号召之下，格尔德、威尔莱特、鲍特金、威克里、约翰·怀特等一大批学者所进行的研究体现了文化人类学视角在文学研究方面的特有价值。在他们看来，对神话原型的发掘充分利用了人类语言的潜在能力，把本体论的意义带入了日常生活。

20世纪后期在文学人类学研究领域出现了百花齐放、百家争鸣的局面，其中取得令人瞩目的成就的是接受美学的开山鼻祖之一沃尔夫冈·伊瑟尔。早在1978年他出版的论文集《从读者反应到文学人类学》的压卷之作《走向文学人类学》便是一篇极具号召力和影响力的宣言式论文。在1991年，他更是推出极具理论意义的、洋洋数十万言的《虚构与想象——文学人类学疆界》，标志着他对作者、作品和读者的新型关系的认识又上了一个台阶。

伊瑟尔认为，长期以来人们一直把文学文本看成与现实截然对立的虚构之物的看法是片面的，应以一种“三元合一”的观点来取代这种“二元对立”的传统观念。他说的“三元”即现实、虚构与想象。文学中的虚构和想象与现实生活中的虚构和想象不同，在文学之中它们无须服从具体事物的实际需要，所以可以更加天马行空，但在论述虚构与想象的主要特性时应该将它们置于具体文本中进行考察。虚构化行为实质上是一种疆界的跨越，从人类学的角度看，文学虚构使人超越自身、自由驰骋。因为虚构意味着补偿或实现未被遮蔽的成分，入乎其内与出乎其外不仅仅是一个短暂的阶段，更是人性的一个基本特点。

对于想象，伊瑟尔也展开了生动的论述：“如果我们要深入了解文学媒介的历史性需要……我们就必须打破前面的界定而使用一个被广泛接受的合法形式……于是，我们的焦点就集中到了人类学的特征上，我们知道，人类生活是离不开'想象'支撑的。"[①]他又说："作为一种媒介，文学所显示的所有固定形态都只能是一种想象。文学甚至能将人类所有特性具体化为一种非真实性的幻象，这种幻象是文学呈现千变万化的相关事物特征的惟一途径。"[②]而且，他认为想象并不是一种自我激活的现实力量，必须借助外在力量才能得以展现。

如果说弗莱更多的是从文化人类学的角度切入的话，那么很显然，伊瑟尔则是从一个更为宏阔的社会人类学的视阈展开他的论证的。

随着后现代主义大潮的涌起，人文研究的一个重要倾向就是要冲破传统中心与边缘、雅文化与俗文化之间的鸿沟，这就给民间文艺学(或称民俗学)的重新定位和蓬勃发展提供了一个黄金契机。于是，对民族志诗学和口传文化的研究便逐渐成为文学人类学研究的一块新的阵地。民族志诗学研究的主要代表人物是美国的邓尼斯·泰德洛克和戴尔·海姆斯，他们认为传统的文学研究者总把目光集中在书面文学上，这是一种极大的失误。他们倡导民族志诗学就是提供了一个在文学中贯穿文化人类学或民族学研究的模式，以此测定文学作品中民族的文化内涵。他们希望文学批评家能够借鉴人类学家的研究方法，到田野中去，到原住民的现实生活中去体验文学，从内部去认识文化，力求"田野/文本""书面文化/口传文化"的互动，并借此把简化为文本的僵死的文学还原为具体传播情境中丰富多彩的鲜活文学。在重新审视原始与文明的同时，应该去思考"书面文学和文本的出现究竟是智慧的飞跃还是遮蔽的开始""文学如何包含完成或反驳有关文化内容的设计""通过对民族文学进行人类学式的研究可以发展什么样的跨文化观点"这样一些问题，从而在文学研究中不仅仅关注传统的研究对象——写成的具体文本，更要去探讨文学作品的形成过程。这对文学的

① [德]沃尔夫冈·伊瑟尔著，陈定家等译：《虚构与想象——文学人类学疆界》，长春：吉林人民出版社，2003年版，第3页。

② [德]沃尔夫冈·伊瑟尔著，陈定家等译：《虚构与想象——文学人类学疆界》，长春：吉林人民出版社，2003年版，第4页。

全方位研究无疑是一个新的角度。

从文学审美视阈观照的话，文化诗学是20世纪文学人类学的重要理论流派。它和原型批评在恢复文学的外部关系方面方向一致，是新历史主义者所发展起来的一种阐释文学文本历史内涵的批评方法。他们致力于“将一部作品从孤零零的文本分析中解放出来，将其置于与同时代的社会惯例和非话语实践的关系之中。这样，文学作品、作品的社会文化语境、作品与其他文本的关系、作品与文学史的联系，就成为文学研究的重要因素和整体策略，并进而构成新文学研究范型”[①]。他们认为，文学是人类历史中最容易被激活的思想元素；文学不仅参与了历史的进展，而且参与了对当代人类社会的文化思想塑造。

文化诗学研究的领袖人物是美国著名学者斯蒂芬·格林布拉特。他认为，文学并非游离于文化话语系统之外，相反，文学是其中坚力量，并以三种关联的方式在整个文化系统中发挥着重要的作用：一是作为特定作者的特定行为的体现，二是作为文学自身对构成行为的编码的表现，三是作为对这种行为编码的反省观照。显然，格林布拉特试图在扩大“文学”观念的基础上整合文化经验。他进一步认为，文学永远是人性重塑的心灵史，是对文化极为敏感的记录，而文学阐释则是一种人性的共鸣。因此，对任何个别文本的进入，都不可能仅仅停留在文词语言层面，而是要不断返回个人经验与具体环境中去，回到人性之根，也就是回到个体与群体所能达到的统一心境的层面。

尽管文化诗学仍然“在路上”，但它的跨学科研究的开放性、历史意识形态性和文化的政治学属性对拓展文学人类学的研究领域无疑产生了极其重要的作用。

三、 中国文学人类学的学科建构

人类学对中国美学和文艺的影响早在20世纪初就开始了，蔡元培在引进美学的同时也引进了人类学。王国维利用人类学的方法研究中国戏曲

---

① 朱立元主编：《当代西方文艺理论》，上海：华东师范大学出版社，1997年版，第396页。

史，闻一多利用这种方法研究古典文学，郑振铎利用这种方法研究俗文学，鲁迅利用此方法研究中国小说史，茅盾用此方法研究神话，都取得了丰硕的成果。[①] 诸多学者借鉴西方的文化人类学理论与方法从事古典文学研究，成就最为突出。如闻一多的《高唐神女传说之分析》、郑振铎的《汤祷篇》、茅盾的《神话研究》等，都是运用文化人类学研究古典文学的范例。但长期以来，由于种种原因，这种研究方法中断了。到了20世纪七八十年代以后，才逐渐兴盛，以至成为热潮。

朱光潜晚年做的一件重大的工作就是翻译维柯的《新科学》。《新科学》并不是一本严格意义上的美学著作，而是一本人类学著作。它讲述的主要是古代文化史和人类思维发生的理论。他认为原始文化，包括宗教、神话、语言、文字等都是原始人形象思维的产物，表现了原始人诗性的智慧。文明世界就是由原始人的诗性智慧所创造的。朱光潜译此书，是为他后期"实践观点"的主客观论美学找历史的根据，实际上却走向了文学人类学的道路。朱光潜美学向人类学的转变，实际上透露出中国当代文学批评与研究的人类学派兴起的曙光。

李泽厚把自己的哲学称为"人类学本体论"，后来又在人类学后加上"历史"二字，称之为"人类学历史本体论"。[②] 李泽厚的美学就是建立在此基础之上的。实际上，这里的人类学并不是随便用的，其观点受到最早从"实用人类学"的观点来看问题的康德的影响。在《批判哲学的批判——康德述评》中，李泽厚已明确提到"人类学本体"。

蒋孔阳的美学思想的发展，也渐渐走向人类学。他认为美的本质是由人的本质决定的，不了解人的本质就不能了解美的本质。从人类学立论，美就是在人的不断创造中生成的。

朱狄先生也是比较早的运用人类学方法研究美学的。他在1982年就出版了《艺术的起源》一书，开始从人类学的角度探讨艺术起源问题。他研究了世界文化背景中对这个问题的探讨资料，介绍了艺术起源于巫术、劳

① 参见朱存明：《情感与启蒙——20世纪中国美学精神》，北京：西苑出版社，2000年版，第303—304页。

② 李泽厚：《世纪新梦》，合肥：安徽文艺出版社，1998年版，第10页。

动、情感交流、游戏、季节变换的符号等理论，从而显出理论的多元价值取向和开放的态度。1988年，朱狄又出版了60多万字的《原始文化研究》的大部头著作，广泛介绍了西方19世纪以来人类学家对原始思维的特征的论述，分析了史前的艺术和现代原始部族的艺术，并对神话和神话学的各种理论进行了评述。这虽然是一部介绍原始文化研究的著作，却是真正对文艺的审美发生问题的严肃思考。它不再囿于经典作家的论述，而是在开放的视野下、在广阔的学术背景上重新审视文艺的审美发生问题，从而摆脱了文艺学的形而上学的认识论研究，使文艺与美学的研究走向实证、走向科学、走向历史、走向人类，其理论和方法对美学研究的冲击是极其巨大的。

尽管人们自觉地建立当代人类学美学的意识还比较淡薄，但这却代表了未来美学的一个方向。当然，更多的人是把人类学美学作为一种批评方法，用来进行文学艺术的文本分析，这也就是文学审美视阈中的文学人类学。1997年11月在厦门大学成立了"中国文学人类学学会"，就是这种研究形成规模的一个重要标志。

作为中华传统瑰宝的古典文学怎样研究、怎样创新、怎样与时俱进，是一个非常值得深思的课题。而文学人类学，正可以为中国古典文学研究提供宏观视阈和有力武器，有助于学科的创新和与时俱进。于是和"五四"时期一样，20世纪七八十年代以后许多人用人类学的方法来审视古典文学作品，以通过文本的破译，去寻觅人类失却的民俗和心灵历程。

在这方面取得重大成果并产生广泛影响的是叶舒宪和萧兵等。叶舒宪编译的《神话—原型批评》较早地打开了中国文学研究通向文学人类学的路径，使一大批不满足于社会学和其他批评方法的学者走向"神话—原型批评"，寻觅中国文学永恒的意象和不变的主题，这和寻根文学与寻根意识正好相辅相成。叶舒宪自始至终在这个领域开拓，《结构主义神话学》《探索非理性的世界》《符号：语言与艺术》《英雄与太阳——中国上古史诗的原型重构》《中国神话哲学》《高唐神女与维纳斯》等著作，展示了他在这方面研究的成绩。20世纪90年代后，他又开始对中国古代典籍进行文化人类学的破译，出版了《诗经的文化阐释》《老子的文化解读》《庄子的文化解析》等著作。叶舒宪的博士论文《文学和人类学》则从文学和人类学两大学科的关系与互动着眼，系统地研讨了文学与人类学的跨学科关联，对我国各种文学危机论和比较文学危机论进行了回应，对促进我国文学人类学研究同国际学术潮流的接轨，起着积极的作用。

萧兵是另一位在文学人类学领域辛勤开拓并取得重大成就的著名学者。他从研究、破译《楚辞》的文化精神、密码开始了他的文学人类学研究的道路，先后出版《楚辞与神话》《楚辞新探》《楚辞文化》《楚辞的文化破译》《楚文化与美学》《楚辞与美学》《中国文化的精英：太阳英雄神话比较研究》《古代神话与小说》《傩蜡之风：长江流域宗教戏剧文化》《老子的文化解读——性与神话学之研究》(与叶舒宪合著)《中庸的文化省察——一个字的思想史》《黑马：中国民俗神话学文集》《避邪趣谈》等著作。他无心建设一个系统性的美学观，而是从古籍、文物、文字、民俗中去发现审美意识。

叶舒宪和萧兵的原则是对文学持一种远古与现代相联系、中外民族相比较的宏观研究态度；共时性方法与历时性方法并重；文化方法、心理方法与文学本体方法融合。他们要在远古和现代之间架起一座桥梁，使文学在远古图腾、巫术、神话、宗教信仰的仪式活动参照下，还原为人与宇宙观照的基本关系。他们打破了种族和文化的疆域，在人与自然的关系中，确立起文学的原型框架，并在人与宇宙、自然的关系中，发掘主体性对自然人化的文化价值，以及在宇宙的循环、四季的交替、生命的过程、神话故事的结构模式中，去发现人类的共同的人性和相同的感知方式及其形而上学的内容。他们出版的系列著作，已引起中国、日本、美国、韩国等国学者的广泛兴趣。

受叶舒宪和萧兵两位学者成绩的鼓舞与影响，国内自觉运用文学人类学来研究古典文学已经逐渐成为一种风气。尽管还有些学者对此另眼相看，但壁垒森严的学院派内部已有所分化，一些老的古典文学专家也开始对文学人类学产生兴趣。特别是一些博士也加入到文学人类学研究的行列。如傅道彬、王力等，他们自觉地学习借鉴文学人类学，并应用于中国古典文学的研究。傅道彬从原型角度研究唐诗的意象，所著《晚唐钟声》的副标题即为“中国文化的精神原型”；另外2000年出版的《中国文学的文化批评》亦是他的一部自觉运用原型批评对中国文化进行考察的力作。可以说，文学人类学介入古典文学研究已在所难免，学科重组与知识整合已是时代大势所趋，是不可能以某个学者个人的好恶为转移的。

与这种侧重文学文本的研究不同，另一些学者则侧重人类学美学的哲学探讨。他们不是以某一文本或某种原始意象、原始母题作为研究文本，而是从某一原始文化的范畴、类型出发，来探讨其中的美学意义、美学和艺术的文化结构，建构新的美学理论。他们或把图腾崇拜与现代人失落的家园意识相融合，或通过原始文化来探讨原始人的思维模式和特征，或去寻觅艺术起源的本体论之根，或去剖析神话结构社会的心理的根源，或去发掘审美意识发生的生物进化、劳动实践、原始宗教的基础等，从而显示了人类学美学的强大的生命力、广阔的生存空间和较高的学术价值。

在这方面进行辛勤探索并取得一定成就的有学者郑元者。围绕艺术起源和图腾美学等问题，他把美学的研究视界和理论内涵都做了开拓。1992年他出版的《图腾美学与现代人类》一书，立足于“史前美学”，提出了艺术起源和审美起源的一些见解，同时把远古图腾文化与现代人类结合在一起进行研究。此后，他又思考了图腾美学与艺术起源之间的关系，完成并出版了《艺术之根：艺术起源学引论》，把实证性的科学研究和理论建设结合在一起，并放在整个人类学美学的框架下，寻觅艺术之根，重新批判历史，通过不断地寻查和回溯来审视和思考人类的艺术及审美意识的发生、发展、消亡；分析有着不同生存境遇、文化背景和民族心理的人类艺术活动、审美意识的同质性和异质性问题，从而在本源上对艺术和美的本质问题做出反思。此外，郑元者及其同仁对人类学美学已有了明确的学科建设的追求。

文学人类学既包括哲学的抽象，又包括实证的探索，领域广阔，难度很大，但从国内的情况看，也取得了不少的成就。王杰的《审美幻象与审美人类学》、方克强的《文学人类学批评》、易中天的《艺术人类学》、陈勤建的《文艺民俗学导论》、邓启耀的《中国神话的思维结构》、张晓凌的《中国原始艺术精神》、刘锡诚的《中国原始艺术》、程金城的《原型批判与重释》以及笔者的《灵感思维与原始文化》《中国的丑怪》等专著，都展示了这方面研究的成绩。另外，梅新林对《红楼梦》神话原型的哲学分析，张德明

《人类学诗学》的出版，盖山林、宋耀良、陈兆复对原始岩画的研究等[1]，都显示出文学研究和批评中运用人类学的方法和视野越来越受到人们的重视。

但正如有的学者指出的那样，中国文学人类学的范式还未被普遍认同，还有许多方面值得探讨，虽然在一些局部的研究上取得了可观的成绩，但总体理论上还有待建构和突破。中国的文学人类学研究所取得的成果，有一些还是实证性的、现象性的，一些理论的概括还比较陈旧，不够完善，但文学人类学的新的学术曙光正在孕育和生成中，我们完全有理由相信文学人类学将在21世纪结出硕果。我们认为，文学人类学应与美学、诗学联姻，深入挖掘文学人类学的审美内涵和表现人类的诗性智慧。目前，我们一方面应继续加强文学人类学的批评实践，另一方面应加强文学人类学的理论探讨，把文学的个案研究与审美人类学的理论探讨结合起来，在更高的层次上阐释人类的艺术、诗性、神话、想象、虚构、叙事、原型、故事、审美的本质内涵。

（原载《江苏行政学院学报》2003年第5期）

---

① 一些具体论文目录可以参见叶舒宪主编：《文化与文本》附录，北京：中央编译出版社，1998年版。

梦与文学的比较研究

精神分析学说是20世纪最有影响的学说之一，它对哲学、心理学、文学艺术等的影响无论怎样强调也不过分。精神分析学的心理无意识动力理论认为，在人类意识之下存在着潜意识和无意识，人类的精神、意识、自我和行为都要受其制约。文学艺术作为人类意识形态的表现之一，当然也必然受其制约。

梦在意识和无意识之间，有着特殊的地位。弗洛伊德认为："梦是通向潜意识的捷径。"荣格认为："梦是潜意识的一种特殊的表现方式。"①20世纪文学艺术的理论和实践的发展证明，精神分析学说及有关梦的理论的探讨，有助于我们从更深的层次来认识文学的本质、特征和思维方式。弗洛伊德生前就此问题发表过著名的论文《创作家与白日梦》，以后经过荣格等人的发展，使进一步探讨梦与文学的关系成为可能。本文在此基础上，对梦与文学的关系、释梦与文学批评的关系等问题进行一些探讨。

---

① [瑞士]卡尔·荣格等著，张举文、荣文库译：《人类及其象征》，沈阳：辽宁教育出版社，1988年版，第12页。

一、 梦与文学创作

梦是人类最古老的难解之谜之一。

自从人类诞生的那一天起，他就会做梦了。每个人大约有三分之一的生命是在睡眠中度过的。如果一个人活了70岁，那么他处在睡眠状态的时间就有27年，用于做梦的时间，至少也有五六年之久。[①] 自古人们总是把梦放在一个特殊的地位上。人们相信，梦是未来的预兆，对梦的反思还深深影响了人类的文化创造。

原始人也许正是从对梦的反思中，产生了他们最初的文化观念的。西方的一些理论家如恩格斯都讲到远古时代人们由于对梦中景象的不理解而产生了“灵魂”的观念[②]，从而产生灵魂不死、万物有灵观。这组成了原始人的世界观及神话思维的基础。

神话是最早的文学作品，它记录了人类最早的心灵历程，是原始人非理性的隐喻和象征思维的表现。宗教正是从神话世界中分化出来的。过去对神话和宗教的研究，采用了理性主义的方式，到精神分析学盛行以后，对神话的研究上升到“集体无意识”的领域。荣格在对梦与神话做了深刻研究后写道：“在梦中，正如在精神变态的产物中一样，存在着许多结合体，人们只能在神话的观念联想中发现类似于这些结合体的东西……。我们必须探讨独立于一切传统的‘土著’的信仰复兴，因此，‘形成神话的’各种结构性成分必定存在于无意识的心灵之中，……神话是对前意识的心灵的最初揭示，是对无意识的心理事件的不自觉的陈述。”[③]荣格在另一本著作《人类及其象征》中又说：“人只有了解并接受潜意识后，才能把握自己的完整，而此种了解只有从梦与它们的象征里才能获得。”无论东方还是西方，古代的原始人都认为梦、神力和灵魂是相联通的。他们把梦看作神明的预

① 参见万文鹏、阮芳赋编著：《睡眠与梦》，北京：科学出版社，1985年版，第1页。

② 参见［德］恩格斯：《路德维希·费尔巴哈和德国古典哲学的终结》，北京：人民出版社，1972年版。

③ 转引自［英］埃里克·J. 夏普著，吕大吉等译：《比较宗教学史》，上海：上海人民出版社，1988年版，第271页。

言和命运的前兆。因此，梦与他们的命运是紧密相连的，而且很早就出现的释梦术，则是为了了解它的意义和方法。史学家普鲁塔克记载，在希腊时有个叫莱西马古斯的人，就常坐在靠近爱雅克邱母的地方，摆着一张桌子替人解梦。[①] 在我国殷墟卜辞中也有许多梦兆的记载，周代还设有圆梦的官。《诗经·斯干》说："大人占之：维熊维罴，男子之祥，维虺维蛇，女子之祥"，意思就是梦熊生男，梦蛇生女之兆。

神话与人的梦境关系更近一些。"许多梦表现的意象和联想与原始人的观念、神话和仪式相类似。"[②]"神话是民族集体的梦。"[③]随着人类理性思维能力的提高，从神话中产生的文学则沿着另一条道路发展。原始神话思维模式便积淀到艺术思维之中。因此可以说，原始人的思维和儿童思维与艺术思维之间，有许多相同、相似和相通的地方，艺术思维也可以看成人类原始思维在现代的复活。虽然人类已远离神话时代，但仍可在现代艺术家身上复现。所以弗洛伊德才把作家的思维与白日梦联系起来分析。在他看来，作家创作时对自己童年经历的回忆，无异于白日梦。

在中国的正史、野史、笔记、小说、诗词、戏曲中，关于梦与艺术的记述不可胜数。唐朝沈既济的《枕中记》记载的"黄粱梦"，李公佐《南柯太守传》中的"南柯梦"都是比较有名的。汤显祖《牡丹亭》描写的也是由梦生情，由情而死，死而复生的故事。李白的著名诗歌《梦游天姥吟留别》也是梦境的记录。《红楼梦》更是以写梦著称于世，不但以梦名篇，而且描写了大小三十多个梦。文学家不但写梦，而且许多艺术的灵感就是在梦中得到的，因此梦与人的创造性是密不可分的。

在西方，20世纪是神话复兴的时代，对理性的失望使人们又去探索非理性的世界，想以此获得人性的解放。如果说但丁的《神曲》、歌德的《浮士德》等欧洲文学史上最伟大的作品都有些类似梦境的内容的话，那么，

---

① 参见［美］约瑟夫·洛斯奈著，郑泰安译：《精神分析入门——150个问题的解说与释疑》，天津：百花文艺出版社，1987年版，第55页。

② ［瑞士］卡尔·荣格等著，张举文、荣文库译：《人类及其象征》，沈阳：辽宁教育出版社，1988年版，第25页。

③ ［苏联］M. M. 巴赫金、B. H. 沃洛希诺夫著，张杰、樊锦鑫译：《弗洛伊德主义批判》，北京：中国文联出版公司，1987年版，第69页。

在20世纪的文艺中，这种传统又得到极大的发扬。在毕加索、达利的造型艺术中，在斯特拉文斯基的原始性音乐语言中，在叶芝、艾略特、庞德的诗歌王国里，在乔伊斯、劳伦斯、福克纳、萨特、加缪、戈尔丁、加西亚·马尔克斯和艾特玛托夫的小说世界里，我们又看到神话幻想境界的再造。西方现代派文学中的象征主义、神秘主义、超现实主义、表现主义、意识流小说、意象派诗歌、荒诞派戏剧等，都对梦境给予极大的重视。

荒诞派戏剧代表作家、法国的尤金·尤涅斯库甚至认为："真理只存在于梦境和幻想之中。"①布列东在他的《何谓超现实主义?》一文中写道："文学就是无意识写作和梦境的记录"，"做梦和无意识是心灵的产物"。在这种观念影响下，整个现代派艺术，从绘画到小说，从戏剧到诗歌，处处都充满了原始的野蛮气息、梦幻的色彩和荒诞的意象。疯癫、梦魇、残暴、扭曲、色情、怪诞、荒唐、悖理、恐惧、刺激、神秘、模糊、朦胧、孤独、忧愁、厌恶、破碎等成了现代派艺术所力图表现的东西。

二、 梦的本质与文学的本质

什么是梦？自古以来这就是一个令人感兴趣的问题。古人认为梦可以预卜吉凶，战争、农事、出门、建房前都要释梦师占梦，他们对梦的兴趣已转化为迷信。在弗洛伊德以前有人认为，梦境内容是精神生活的无意义废料，不存在规律性。巴甫洛夫认为，大脑抑制的扩散产生了睡眠，但由于睡眠时尚有部分大脑皮层未完全抑制，在外界刺激下大脑皮层中残留痕迹的重新活跃再现就产生了梦。弗洛伊德经过研究认为，梦"完全是有意义的精神现象。实际上，是一种愿望的达成"②，欲望的满足乃梦的本质特点。欲望主要指无意识的性欲。在睡眠时，自我本能检查松弛，道德束缚力降低，被抑制的欲望经过"化妆"，躲过"稽查"而"闯入"意识形成梦。因此，梦可分为显梦和隐梦，而将隐梦解释为显梦就是释梦。

---

① 伍蠡甫主编：《现代西方文论选》，上海：上海译文出版社，1983年版，第349页。

② [奥]弗洛伊德著，赖其万、符传孝译：《梦的解析》，台北：志文出版社，1985年版，第55页。

另一个精神分析学大师荣格认为，梦是一种自然现象。他不认为梦可分为显梦和隐梦。他认为，梦的表达方式植根于人类的洪荒远古和人的幼小童年。梦是幻想的、形象的、比喻性的、内省的、华美然而缺乏逻辑的。原始人和儿童的思维方式也是这样，它自然产生，无须自我的努力。① 荣格用“集体潜意识”来概括他这一思想。他“不仅把梦看成是‘个人潜意识’的体现和创造，同时也认为它是‘集体潜意识’起作用的结果”②。他认为，梦能起补偿调节作用，对意识态度中的偏颇倾向起稳态反应或平衡作用。

有些精神分析学家，不同意弗洛伊德和荣格把梦搞得这么复杂。英国的查尔斯·莱格夫特认为：“做梦就是一种想象活动”，“做梦是想象活动在睡眠时的一种形式。”因此，“梦是一首无意的诗”。《简明牛津英语词典》对梦下定义说：“梦就是睡觉时流过头脑的一系列思想、形象或幻觉。”“做梦”就是“在睡觉时产生幻想以及各种虚构的感官感觉的过程”。

如果把梦看成是一种想象或幻觉，那么，我们便可以清楚地看到文学与梦的关系了，它与文学的本质也就没有什么太大的区别了。因为，想象同样是文学的最本质的特征之一。尽管如此，我们也不能忽视弗洛伊德和荣格的看法。因为文学创作的根源，在深层结构上仍然与人的欲望相关，当人的某种欲望得不到满足，受到某种压抑，而又想摆脱它时，人才会去创作。而一个人的创作是要从民族的神话、传说、宗教、文化等的集体无意识中汲取营养的。因此，文学既是个体的，又是属于整个民族及全人类的。但是与其把集体无意识看作生物种属的遗传记忆，还不如把它看作后天社会化过程中学习影响的结果。在深层上，文学要表现人类的欲望(不仅是性欲)，表现人类的“集体无意识”。弗洛伊德把文艺创作曾归结为一个公式：“目前的强烈的经验，唤起了创作家对早先经验的回忆(通常是孩提时代的经验)，这种回忆在现在产生了一种愿望，这愿望在作品中得到实现。作品本身包含两种成分：最近的诱发性的事件和对旧事的回忆。”他根据这一公式得出结论：“一篇作品就像一场白日梦一样，是幼年时曾做

---

① 参见万文鹏、阮芳赋编著：《睡眠与梦》，北京：科学出版社，1985年版，第55页。

② [英]查尔斯·莱格夫特著，斯榕译：《梦的真谛》，上海：学林出版社，1987年版，第31页。

过的游戏的继续，也是它的代替物。”①

虽然梦与文学都可以看成是一种想象或幻想，但两者又是有区别的。一个人做梦时很少能自我感知他是在做梦，梦中的意象是自我的、自省的、象征的；而文学的想象则是被作者自我所感知的，它在深层上是隐喻象征的，但知道怎样从幻想走回现实，它需要外在的符号以客观化。

三、 梦的方式与文学的方式

弗洛伊德认为，梦要化妆、检查和象征，因为潜意识中的欲望多半是遵循唯乐原则行事的性本能冲动，化妆是要逃避“检查员”的注意。引起化妆的另一个原因是梦的象征，隐意中被压抑的冲动化为一组感觉和视觉形象，以象征代替，使梦变得奇幻复杂而难解。那么，梦中隐含的思想是怎样变为梦的外显的内容呢？弗洛伊德概括有四个工作方式或手续，即缩合、移换、象征及继发修整。

缩合(Condensation)是指显梦的内容是对隐梦思想的浓缩、删节，犹如合成的影像，外貌像甲，表情像乙，穿着丙的衣服，又住在丁的家里。在梦中一切都能缩合，人物、处所、时间、事件、话语及别的具体的事物、抽象的概念都能缩合起来。这种缩合就如文学中靠想象把各种本来不相干的东西结合在一起，从而创造一个艺术形象的艺术手法。高尔基、鲁迅在论典型人物时，往往也称他们是一个杂取种种人，合成的“一个”，是为了表现一定的主题通过缩合创造出来的。在象征派、意象派及朦胧诗的创作中，这种缩合表现得更为明显，作家的情感及思想是通过想象力所驱动的各种形象的缩合而表现出来。

移换(Displacement)指隐梦内容中，对某个人或某件事的意念和感情到显梦中可能移换到别的客体或象征物上去。在文学创作中，这种现象是屡见不鲜的。爱伦坡认为，没有一个作家敢真正写出他心中全部的思想和情感，怕纸张会被这些思想和情感烧毁。他的意思是，即使最勇敢的作家，也会压抑他们本性中涉及不道德、不正经、颓废、病态和残酷的潜意

---

① 转引自伍蠡甫主编：《现代西方文论选》，上海：上海译文出版社，1983年版。

识成分。[1] 人性中恶的那一部分，作者往往要经过移换才能表现出来。我们从莫达尔对济慈、雪莱、爱伦坡的情诗的分析中看到了这一切。[2] 情欲可以升华为诗，它要靠转移到对春天、太阳、鲜花、云雀等的歌颂来得到宣泄。

象征(Symbolization)。弗洛伊德把性本能的冲动看成梦的元素，他必须经过隐意的象征才能实现。既然"所有的梦，均含有性的成分"，那么梦中的许多元素都成了生殖器或性交的象征。这些象征许多来源于神话传说、民歌民谣、谚语警句。象征的研究在20世纪受到前所未有的重视。荣格十八卷文集中有五卷是专门研究宗教和炼金术中的象征的。[3] 荣格到了晚年，对自己的全部学说做总结时，写了《人类及其象征》(*Man and His Symbols*)一书，他认为，人类的全部活动，如果从心理根源上考察和挖掘的话，都具有象征的意义。卡西尔也通过对人类文化的各种不同的表现形式进行考察后得出结论说，人主要是通过他的象征活动而表现其特点的。作为文学，其象征性是极明显的。整个文学都是人类潜意识的象征，具体到一首诗歌，也是诗人潜意识的象征。诗人的原始欲望正是通过诗的象征语言而表现出来的。

继发修整(Secondary Elaboration)也称再度校正。这一步工作是在睡眠将醒时发生的，即把那一堆经过缩合、移换、象征以后变成的一堆面目全非的材料串联起来，修饰整理一番，形成比较像样子的显梦内容，凡是伪装得不够妥善、变形得不够彻底的地方便是继发修整的重点所在。就像文学在构思中，要用道德、社会效果等来约束自己的原始冲动，把各种素材、象征意象组成一个可以被社会接受的作品一样。这种继发修整在文学家的"白日梦"中也是普遍存在的。例如，列夫·托尔斯泰在写作《安娜·卡列尼娜》时，最初的情节带有私生活的色彩，初稿中安娜是一个"失了足的女人"，在外貌和行动上充满着感官的成分，其整个气质含有品行不端

---

① 参见[法]莫达尔著，郑秋水译：《爱与文学》，长沙：湖南文艺出版社，1987年版，第8页。

② 参见[法]莫达尔著，郑秋水译：《爱与文学》，长沙：湖南文艺出版社，1987年版，第186—229页。

③ [美]霍尔等著，冯川译：《荣格心理学入门》，北京：生活·读书·新知三联书店，1987年版，第161页。

的因素，是一个没有心肝的卖弄风情的女人，但在写作过程中作者对她进行了调整，写成了现在这个样子。安娜成了作者笔下追求真实生活，追求自由爱情生活的社会叛逆者。

梦的过程还有一个重要的形式，即用视觉形象表现抽象思维。这一工作是将梦隐意中的抽象思想观念及其相互间的逻辑关系变为具体形象。这样梦就像演戏一样表现为看得见的行动。弗洛伊德认为，梦的从抽象到形象的过程，是一种倒退行为，因为人类的认识来源是从感觉到知觉的，最后以语词概念来表现。而梦的工作方式显然是将隐意变成知觉的形式，特别是视觉影像。在文学思维中，也存在类似的过程。文学思维方式是形象思维，抽象思维也要靠具体的形象才能表现出来；或者说文学的思想内容，是寓于形象之中的。而人类的形象思维，正是原始人感性认识在现代的孑遗。由于人类存在着"集体无意识"，所以人类的文学思维，正是寓思想于形象之中。如一首诗，总要运用描述鲜明的形象来表现思想和感情。黑格尔"美是理念的感性显现"的命题，就包含这方面的内容。中国古代的"寓情于景""情景交融"及"意境"的美学原则，其内涵表现的也是这种认识。

四、 梦像的来源及文学形象材料的来源

弗洛伊德指出，组成梦像的材料至少要来自三个方面：一是日间生活的残迹；其次是躯体内外的感知觉刺激；第三是被压抑于潜意识中的本能欲望、情感和意念，特别是指早已遗忘的童年体验。[①] 拿这种观点来看文学，去探讨构成文学形象的材料来源，大体上也来源于这三个方面。

首先是日间生活的残迹。常言道"日有所思，夜有所梦"，就是说梦是人白日思维残迹的表现。梦中常支离破碎地出现日间之所感，梦者甚至在白日不曾注意的情节，也会出现在梦中，这些日间生活残迹进入梦境，大多是有所寄托，有所寓意的。一个文学家，无论写小说还是诗歌，都要创

① 参见［奥］弗洛伊德著，高觉敷译：《精神分析引论》，北京：商务印书馆，1986年版，第67、98页。

造大量的形象，这些形象的一个重要来源就是日常生活。过去我们讲文学来源于社会生活，这是没问题的。不但主题、情节源于生活，组成形象的一切都应从生活中找根源。但生活又总是经过作家主观创造而进入作品的，它又必然与作家的意识及无意识相联系。钱锺书在《管锥编》第二册《列子·张湛注·周穆王》中，对我国古代释梦之论讨论甚详。他引用《全后汉文》卷四十六《政论》所说“昼则思之，夜则梦焉”也即此理。

其次，躯体内外的感知觉刺激能够入梦也是众所周知的现象。我国中医典籍《黄帝内经》就说：“阴盛则梦大水恐惧，阳盛则梦大火燔灼，阴阳俱盛则梦相毁杀伤，上盛则梦飞，下盛则梦堕，甚饱则梦予，甚饥则梦取，肝气盛则梦怒，肺气盛则梦哭，短虫多则梦聚众，长虫多则梦相击毁伤。”又说：“肺气盛虚则使人梦见白物，见人斩，血藉藉，得其时则梦见兵战。肾气虚则梦见舟船溺人，得其时则梦秋水中若有畏恐。肝气虚则梦见菌香生草，得其时则梦伏树下不敢起。心气虚则梦救火阳物，得其时则梦燔灼。脾气虚则梦饮食不足，得其时则梦筑垣盖屋。”这些讲的都是“体气之梦”，试图以人体的生理、病理现象来释梦。现代科学对梦的研究证明，大凡饥、渴、消化不良、膀胱膨胀、性兴奋、手压前胸、光照眼帘、外界的声音等，都可能被象征性地编入梦境。譬如，鼾声在梦中化为拉风箱，膀胱膨胀梦见找厕所，头痛梦见天花板上爬满可怕的蜘蛛之类。

在文学创作中，许多作品是源于作者体内外的感知觉刺激的。比如我们常说“愤怒出诗人”，意思即诗人由于内心的愤怒无处发泄，便使他写出充满激情的诗歌。又有人说，折磨你的情人吧，这样他才能写出优美的情诗。真正优美的爱情诗篇，不是写在饱尝爱情幸福之时，而是作于爱情萌发或单相思、失恋、丧偶以后，激烈的愿望得不到满足而化为了诗。这些诗本身就如白日梦，使作者的愿望得到变相的满足，以防精神分裂症的发生。

再次，早已“遗忘”的童年体验，被压抑于潜意识中的本能欲望、情感和意念作为梦的思想，乔装打扮、伪装变形进入梦境，这是做梦的普遍规律。弗洛伊德认为，早已“遗忘”的童年体验并未消逝，而是作为印痕保存在潜意识中，它常在梦中浮现。

对文学家生活经验与文学创作关系的研究证明，童年时期的体验对文学创作具有极其重要的作用。有些人的创作的基础，就是在幼年及青少年时期的生活中奠定的。幼年及童年的生活，不仅在梦中浮现，而且常常是文学题材的来源之一。我们只要看看狄更斯的《大卫·科波菲尔》、夏洛蒂·勃朗特的《简·爱》、列夫·托尔斯泰的《童年》《少年》《青年》，普鲁斯特的《追忆似水年华》，就可得出这样的结论。从儿童生活体验中取材创作，不是浅层次的，许多作家年轻时的爱情生活，足可以使他的作品产生独特的东西。但丁年轻时对邻家少女贝阿特丽采爱的破灭，使他把她幻想为生命、精神、理想和美的象征。在《神曲》里，正是她缘引但丁步入天堂。青年歌德因爱上朋友的未婚妻而不能得到爱情的满足，从而创作了《少年维特之烦恼》。

五、 释梦与文学批评

我们的祖先以至今天的许多人，往往认为梦带有一些奇迹性的启示。荣格甚至也认为，梦有预示未来的功能，了解梦便可预测许多事情。

弗洛伊德从原因论的立场研究梦，认为梦与神经症同样根植于童年事件，通过释梦可以了解受压抑的本能冲突，唤醒童年时期遗忘的记忆和压抑的感情，释梦的目的在于了解过去，缓解心灵的压抑感。

荣格认为，梦可以分为个体层和原始意象层，在一个梦中，往往个体的及集体无意识两个水平的潜意识心理活动交织在一起。因为梦是潜意识与意识之间进行联系的桥梁，通过释梦可以了解潜意识中的象征性活动，以帮助病人重建心理平衡。为了领悟集体无意识的心理活动，释梦者应当熟悉宗教、神话、民间故事、童话、戏剧和艺术，弗洛伊德就有很高的文化艺术修养。荣格对此也极有研究，他甚至深入到非洲的一些未开化原始人群中去进行现场考察。

把神话看成民族集体的梦，并认为还可以存在于现代人的梦境及文学作品中，这一观点影响到20世纪的文学批评。在文学人类学兴起及象征形式哲学形成以后，演化出神话-原型批评学派。魏尔弗雷德·居因(Wilfred L. Guerin)等人将它列为当代文学研究的四大方法之一；魏伯、司各特则把它归入文学批评的五种模式之一；美国文论界权威人士韦勒克

(L. Wellek)认为，从影响和普及程度上看，神话-原型批评同马克思主义批评、精神分析批评鼎足而立。[①]

精神分析学的释梦是为了了解无意识心理的压抑，以便使其转化升华。古人释梦是想通过梦来获得预测未来的能力。释梦是通过分析显梦梦像，去了解人潜在的部分。我们进行文学批评，是通过对人类文学艺术的解释，去了解人类的整个精神过程，了解整个民族的集体无意识，了解人的真正的本性，使文学艺术成为整个民族精神的升华物，以消除人类本性中的粗暴、残忍等精神症性格，使整个人类在更加统一和谐的社会中生存。

（原载《外国美学》第11辑）

① 叶舒宪选编：《神话-原型批评》，西安：陕西师范大学出版社，1987年版，第2—3页。

象征的理论建构

象征是人类思维的共同特征，是不同民族文化共有的现象，我们的研究要建立在象征理论的普遍性上。我们首先碰到的一个理论问题是，什么是象征？尽管象征现象无处不在，人类的象征艺术随处可见，象征的表现源远流长，但象征仍然是一个有待进一步言说的问题。我们的研究将从一些与象征有关的概念入手，分析象征理论的不同类型，以便走进象征的世界。

象征问题不应该是一个僵死的规定，而应该是一个动态的活动模式。在这个模式中，既有实践的行为，又有理论的反思。行动总在前，反思随其后，但有时思维的形式却决定了行动的方向。象征也是如此，总在行为和理论的交互影响中前进。我们从象征的历史和理论的互文性中选出几种模式略加论述，以展示象征之维。象征本来就是一个多面体，不同时代会呈现不同的意蕴；不同的理论家有不同的研究领域和研究方法，在论象征时便表现为不同的结论；从主体的理论构架入手或从个体的解释学传统进入象征的阐释，就会有不同的理论特色。理论并不是真理，尽管它可以表现真理和接近真理。理论只是一个合理的虚构，关于存在关系的合理的构造。理论也像艺术一样，是一个精心创造的结果。不过，艺术呈现的是形象的感性，理论则是抽象的概要，因此理论更具有普遍的意义。

在象征的理论视域，我们可以看到许多概念，如象征型、象征主义、原型象征、文化象征、象征文化，等等。每一个概念和范畴，都是一个经验的归纳，或是一个理论的概括。理论只是研究者工作的构架。象征型的概念是黑格尔创立的，他开辟了象征研究的方向；象征主义则是对19世纪后期西方的一个文学流派创作特征的概括。尽管两者有联系，却是有较大的差异性。原型象征是一个心理学的术语，后成为文学批评的命题，指民族的集体无意识不断呈现的结构。文化象征主要指一些文化现象、文化符号所具有的象征内涵或象征意义。象征文化则是指一种象征型的文化类型，以别于其他形式的文化。在世界上的许多文化类型中，中国的汉文化是一种“象征文化”。① 美国的 W. 爱伯哈德就编写了一部《中国文化象征词典》②，来说明中国古代一些物品、图像或符号的象征意义。其中，象征符号是指含有深层意义的文化中的实物、图像或符号。

一、 象征型

象征型是美学中的象征论，主要在黑格尔的《美学》中得到全面探讨。最古老的艺术是一种象征艺术。象征是艺术的本质特征，又是艺术最重要的表现方式，因此，象征在美学中受到多方面的研究就是合情合理的。在美学没有成为一门独立的学科以前，美学是哲学的一部分，所以美学的探讨，往往就是哲学的探讨，或者说是一种艺术哲学的探讨。在黑格尔意义上的象征型艺术解体以后，象征成为一种艺术的形式得到弘扬，美学领域中对此的不倦探讨仍在进行，且没有终止的迹象。象征在艺术学、心理学、文学批评、符号学和文化人类学中不断生长并开花结果。

鲍桑葵在论述希腊人关于美的理论时，提出了三个原则，其中首先就是模仿和象征主义的对比。他说：“我们发现象征主义的观念，即用感官形式体现看不见的实在的观念。”③这说出了象征的本质。象征包括两部分：

---

① 参见居阅时、瞿明安主编：《中国象征文化》，上海：上海人民出版社，2001年版。

② ［美］W. 爱伯哈德著，陈建宪译：《中国文化象征词典》，长沙：湖南文艺出版社，1990年版。

③ ［英］鲍桑葵著，张今译：《美学史》，北京：商务印书馆，1985年版，第63—64页。

一是观念，二是感觉形式的体现。按此说法，他认为毕达哥拉斯学派把数看成是世界的本源，万物都是这个本源的模仿品。因此万物是数的象征表现。在柏拉图的美学中，“整个可以知觉的宇宙成了种理念的象征”。这是中世纪把美看成来源于神性的象征主义的根源。尽管可能以后的新的象征艺术诞生的那种观念与柏拉图的理论无直接联系，但“没有人怀疑伟大的希腊艺术在事实上包含着象征因素”[①]。鲍桑葵认为，在亚里士多德的模仿论中，“模仿”一词，也偏到“象征主义”方面去了。[②] 鲍桑葵关于象征的规定，来源于黑格尔，但对希腊艺术的评论却有别于黑格尔。

黑格尔在他的《美学》中，讨论了艺术发展的历史类型，提出人类艺术史的第一种类型就是象征型的。黑格尔是从他的理念论出发展开自己的划分的。他认为“美是理念的感性显现”，理念在自身的发展中派生出三种类型。象征型、古典型、浪漫型三种艺术类型是从美的理念“内容发展出来的”，代表了艺术美发展的三个历史阶段。当“物质表现形式压倒精神内容”时，必然表现为一种象征型的艺术。关于象征，黑格尔说：

> 象征一般是直接呈现于感性观照的一种现成的外在事物，对这种外在事物并不直接就它本身来看，而是就它所暗示的一种较广泛较普遍的意义来看。因此，我们在象征里应该分出两个因素，第一是意义，其次是这意义的表现。意义就是一种观念或对象，不管它的内容是什么，表现是一种感性存在或一种形象。[③]

在黑格尔这里，象征是把外界存在的某种具体的事物，当作标记或符号，用来表现某种抽象的思想内容，即意蕴。例如狮子象征刚强，狐狸象征狡猾，圆形象征永恒，三角形象征神的三位一体。前者是一个物的符号，后者是其象征意义。在这些符号里，现成的感性事物本身就已具有它们所要表达出来的那种意义了。

---

① ［英］鲍桑葵著，张今译：《美学史》，北京：商务印书馆，1985 年版，第 64 页。

② 参见［英］鲍桑葵著，张今译：《美学史》，北京：商务印书馆，1985 年版，第 64 页。

③ ［德］黑格尔著，朱光潜译：《美学》第二卷，北京：商务印书馆，1979 年版，第 10 页。

黑格尔认为，象征无论从其来源来看，还是它在历史上出现的次序来看，“都是艺术的开始”，但“只应看作艺术前的艺术”，这一阶段，形象和意义之间还有部分的不协调，因为象征的形象和意义毕竟不相干，因此，“象征在本质上是双关的或模棱两可的”[①]。例如鸽子象征和平，但鸽子无论如何不是和平。当我们看到鸽子时，其“本义和暗寓意”是不清晰的，具有暧昧性，所以表示出的事物就是比喻性的。正因为如此，我们才称之为象征。“因为一个具有意义的形象之所以称为象征，主要只是由于这个意义不像在比喻里那样明白表出，显而易见。”[②]东方艺术就是这种象征型的，神话是这种艺术的典型代表。黑格尔说到东方图像的象征艺术时说：“当我们初次走进古代波斯、印度和埃及的形象和图形的世界里，就不免茫然不知所措，好像闯进一个到处都是难题的领域。这些图形单从直接使我们观照到的方面看并不能满足我们，还迫使我们越过这方面向更远的方向去看，去探索它的意义，而这意义比起图形本身是较深远的。”[③]尽管那些充满神秘感的图形只隐约暗示出它们的意义，但要猜出它们的意义往往很难。因此，从艺术方面看，神话所描绘的形象、图形、神及其事迹等方面，都是独立自主、无待外求的，或者说，它们本身自有意义，本身就是解释。

黑格尔反对克洛伊佐(Creuzer，1771—1858 年)在他的著作《古代各民族的象征与神话》中硬去“探索神话中的意义所含的内在的理性”，因为古人在创造神话的时代，就生活在诗的气氛里，他们凭想象而不是抽象思考来创造形象。黑格尔的这个看法，吸收了维柯《新科学》中的观点，并进行了详细的论证。黑格尔论图像与象征的关系，则在图像学的理论中得以运用。黑格尔还较早地把象征看成一种符号的行为，对符号学的分析也产生很大影响。黑格尔还论述了宗教、神话和象征的关系，他说：“从客体或对象方面来看，艺术的起源与宗教的联系最密切。最早的艺术作品都属于

① [德]黑格尔著，朱光潜译：《美学》第二卷，北京：商务印书馆，1979 年版，第 12 页。
② [德]黑格尔著，朱光潜译：《美学》第二卷，北京：商务印书馆，1979 年版，第 14 页。
③ [德]黑格尔著，朱光潜译：《美学》第二卷，北京：商务印书馆，1979 年版，第 15 页。

神话一类。"[1]黑格尔接着说："只有艺术才是最早的对宗教观念的形象翻译。"[2]20世纪的象征哲学的研究，在处理神话题材时，大都与黑格尔的观点类似，或是其观点的展开论述。

构成象征艺术发展的内在动力是意义与形象的矛盾斗争，随着矛盾的变化，可以把象征艺术分成三种：不自觉的象征方式、崇高的象征方式和自觉的象征方式。

(一)不自觉的象征方式

这是象征艺术的起点，是一种地道的、不自觉的、原始的象征方式，对于象征的事物与它所象征的意蕴的方向还缺乏自觉的意识。这一阶段经历了意义与形象的直接统一、幻想的象征和真正的象征三个阶段。(1)意义与形式的直接统一。精神内容与物质形式同为一个东西，看不出其不同。如古代波斯的拜火教，光即是神，没有看到光只是神的象征，类似于自然崇拜。(2)幻想的象征型艺术。在古印度精神与物质形式有了区别，但只是一种幻想的形式，还不是很清晰。如印度的"梵天"，是精神抽象的结果，已从物质中剥离出来，是幻想出来的。有时精神内容与物质形式又混为一体，以至把蛇、牛、猴都直接作为神来崇拜。这一情况反映到艺术中，一方面认识到神不是感觉对象，另一方面又把感觉对象当成神，为了克服这一对立，他们就把感觉对象加以夸张、歪曲，用来象征。一头六臂、千手佛、千眼佛，就是这样产生的。在中国汉画像艺术中出现的九头兽、三足鸟、九尾狐也是这种幻想象征的产物。(3)真正的象征型艺术。这是黑格尔的理想的象征型艺术，以古埃及的艺术为代表，精神内容与物质形式有了较清楚的区分，感性材料又依附于精神的理念，作为其象征而存在。神虽没有渗透到物质形式中去，但通过物质形式，我们却又可以感觉到神，例如埃及的金字塔。这是个"隐藏了内在意蕴的巨大结晶体，是帝王和神的坟墓。有人说，埃及人的住宅只是旅馆，坟墓才是他们真正的住宅。所以金字塔充满象征的意味，如金字塔的曲折通道和巨大的结构，

---

① [德]黑格尔著，朱光潜译：《美学》第二卷，北京：商务印书馆，1979年版，第24页。

② [德]黑格尔著，朱光潜译：《美学》第二卷，北京：商务印书馆，1979年版，第24页。

象征人生的奥秘，金字塔的尖顶象征日光。在埃及的各地有无数的狮身人面像，是“埃及精神所特有的意义的象征，它就是象征方式本身的象征”[①]。

(二)崇高的象征方式

这是象征型艺术的发展阶段。这时，无限的绝对精神已经摆脱了个别事物的形式，与整个现象界对立，它不能在有限的现象中直接找到表现自己的形象，就形成了崇高的象征。黑格尔不同意康德《判断力批判》中对崇高的论述——崇高并不在自然事物上，而只在我们的心情里，而认为“它来源于它所要表现的内容即绝对实体”[②]。黑格尔说：“崇高一般是一种表达无限的企图，而在现象领域里又找不到一个恰好能表达无限的对象。”[③]“因此，用来表现的形象就被所表现的内容消灭掉了，内容的表现同时也就是对表现的否定，这就是崇高的特征。”[④]崇高的象征包含肯定的和否定的两个方面。第一种肯定的掌握方式是泛神主义的艺术。实体在泛神主义阶段被看作内在于它所创造的一切偶然事物之中，诗人在一切事物里只观照和惊赞这个“太一”，并沉没在这一观照里。第二种否定的歌颂才是真正的崇高。它否定了绝对内在于被创造的现象界事物这种肯定的关系，把唯一实体看作造物主，使一切世间物显得只是些隶属的偶然事物，只是一种消逝的幻相，这样神的崇高才表现为可观照的。黑格尔的宗教思想使他把崇高的意义完全归为了神，他说：“涉及人方面的崇高是和人自身有限以及神高不可攀的感觉联系在一起的。”[⑤]正是因为这种宗教的背景，黑格尔关于崇高的象征方式，一直没有得到中国美学界的重视，对此缺乏深刻的探讨。

(三)自觉的象征方式

这种象征是一种比喻的艺术形式。自觉的象征表现的特点是：“意义

---

① [德]黑格尔著，朱光潜译：《美学》第二卷，北京：商务印书馆，1979年版，第77页。
② [德]黑格尔著，朱光潜译：《美学》第二卷，北京：商务印书馆，1979年版，第80页。
③ [德]黑格尔著，朱光潜译：《美学》第二卷，北京：商务印书馆，1979年版，第79页。
④ [德]黑格尔著，朱光潜译：《美学》第二卷，北京：商务印书馆，1979年版，第80页。
⑤ [德]黑格尔著，朱光潜译：《美学》第二卷，北京：商务印书馆，1979年版，第96页。

不只是就它本身而被意识到，而是明确地看作是要和用来表达它那个外在形式区别开来的。”它的意义和形象的联系，不再是不自觉的象征方式和崇高象征方式的一种必然联系，而是“取决于诗人的主体性，取决于他的精神渗透到一种外在事物里的情况，以及他的聪明和创造才能”。这里，艺术家对他选作内容的那个意义的内在本质，以及他用来以比喻的方式去表达这个内容的外在显现形式的性质，都认识得很清楚，而且自觉地把所发现的二者之间的类似点摆在一起来比较。同时，意义也不是“绝对”“太一”“无限”本身，而是艺术家自己选择的有限内容。这类象征艺术就是比喻。这种主体有意识的比喻的自觉的象征，是前两种象征的统一，但这种统一也不能形成一种较高级的艺术形式。在比喻的象征中，意义本身总是前提，和其相关联的是一个感性形象。有时也会形象在先，但一般情况总是意义放在前面。

自觉的象征型艺术与不自觉的象征型艺术相比，其基本特点是它意识到精神意蕴的内容与物质的表现形式不是一个东西，从而把后者只当成前者的一个装饰。这种自觉的象征型艺术就不完全适合于“美是理念的感性显现”的命题了，因此，这种艺术只是一种附属的艺术。其形式上充满偶然性，内容上也不能包括绝对理念。这种象征型艺术的代表是寓言、讽喻、故事等。例如寓言，它所写的是某种抽象的道德观念，形式则是某一特殊的偶然事件，二者并不相互契合，因此，内容不能得到完美的表现，而只能通过象征的手段来加以暗示和比喻。这样，象征型艺术就走向了解体，旧的艺术终结了，被一种新的“自由的艺术”①所代替。

黑格尔所论及的象征型艺术，内容丰富，视野开阔。他提出人类的最早的艺术就是象征的，给我们的研究以理论的根据。他提出东方的艺术，如埃及、印度、古波斯等就是这种象征型的。黑格尔很少提到中国艺术，在他那个时代，由于语言等原因，他对中国艺术是不熟悉的，偶尔发表一

---

① 关于“自由的艺术”的论述，参见蒋孔阳、朱立元主编，曹俊峰、朱立元、张玉能著：《西方美学通史》第四卷，“德国古典美学”，上海：上海文艺出版社，1999 年版，第 761 页。

些简要的评论,[①] 但往往不得要领。黑格尔的时代考古学还不发达,他不知道以后考古学发现的原始洞穴壁画,对史前艺术也一无所知,对中国的古代艺术也不了解。所以他的"美的艺术哲学"讲座只能从埃及的金字塔开始。但在理论上,他提出了象征的本质就在于观念和形象表现之间的关系上,抓住了象征的核心。他提出的"符号"问题、图像的象征问题、原始象征型艺术的非理性问题、神话和象征的关系问题,都有深刻的理论意义。但黑格尔哲学的唯理性论以及他建立的庞大的历史进化的模式则是主观的臆造。如他把象征型艺术看成是理念发展的最初的一个阶段,到希腊时就走向了解体,是不符合艺术现实的。19 世纪后期兴起的象征主义的文学运动,以及象征人类学的实践都说明,象征不应该限于古代艺术,尽管古代的艺术是象征型的,但现代艺术也可以是象征型的,20 世纪艺术中的象征并不比古代东方艺术少。因此,在文学领域中"象征主义"的流行本身就是一个具有象征性的运动,它标志黑格尔关于象征型艺术阶段的论述,只能是一个理论的虚构。

与黑格尔同时代的另一个哲学家谢林,对艺术也给予极大的重视,他把艺术视为克服人类分裂的同一以后复归的同一。在《艺术哲学》中,他分析了象征的作用和意义。谢林认为,神话是一切艺术的必要条件和最初的材料,希腊诸神按其起源来说是自然本质,希腊神话乃是诗的世界的最高本质,那些人形的诸神就是艺术形象的原型。艺术要表现普遍观念或神话,要使无限和绝对的东西呈现于直观,艺术家就要采取三种方式:图式化、比喻和象征。图式化指建构一种普遍性和构架性的模式,我们用类影像来思考个别对象就是一种图式化的方法。比喻的表达方式是"其中特殊意味着普遍,或者其中普遍通过特殊而被直观"。图式化和比喻都不是完

---

① 黑格尔在《哲学史讲谈录》第一卷中,讲到"中国哲学",涉及孔子、易经哲学、老子等。他说:"中国人想象力的表现没有能力给思想创造一个范畴(规定)的王国。"(商务印书馆,1995 年版,第 118 页)在《历史哲学》中,他论述到中国精神是绝对精神自我认识的直接阶段,缺乏主体和客体的分离,缺乏内在性与主观性。因为精神缺乏与自身的自由联系,中国哲学停滞在一种宗教哲学的阶段。在科学上,中国的科学以实用为特征,缺乏对理论的兴趣。凡是属于"精神"的一切,真正的"艺术",一概都离他们很远。(参见王造时译:《历史哲学》,北京:生活·读书·新知三联书店,1956 年版,第 150—151、160—161、181 页)

善的艺术表现方式，于是就有了第三种方式——象征。象征是图式化与比喻的结合或统一，代表意义的物象与被代表的观念完全融合为一。谢林认为，并不是先有图式化和比喻，再有象征，相反，他认为象征在前，图式化和比喻是从象征中分化出来的；突出象征就是不要这种分化，而使艺术通过其形象直接表达其观念。一切成熟的艺术作品都应该是象征的，例如神话原型就是象征的，图式化和比喻是其中潜在的要素。各门艺术也按其表达方式来划分，如音乐是比喻的、绘画是图式化的、雕塑是象征的。[①]

从中我们可以看出，黑格尔的象征论与谢林有许多相同的地方，但黑格尔仅把象征规定在古代艺术领域，谢林则把它视为整个艺术的表现。

二、象征主义

黑格尔把象征局限在古代艺术缩小了象征所具有的内涵，但他对象征的美学阐释则产生了巨大的影响，虽然他已宣布象征型艺术早已成为过去，但一些文学艺术家则从象征中受到启发，掀起了一场象征主义的运动，以至形成了一场广泛影响的文艺思潮。

新的时代的发展总从早已逝去的岁月中发现新的东西并加以发扬光大。后现代性中的原始主义是个有待展开的学术话题。[②] 文艺复兴从古希腊罗马的古典文化中发现了新义；卢梭的理想是人的原始状态；尼采从古希腊神话发现了“日神精神”和“酒神精神”的美学理想；海德格尔则倡导回到前苏格拉底哲学的存在之思；马克思的理想社会也是以原始的共产主义为参照系。文艺中象征主义者倡导回归古代的象征型文艺的传统也是一种顺应这种潮流的行为。未来的理想，只是一个幻想的未知数，对过去的记忆，总是一个现实性的阐释。

19 世纪末 20 世纪初，欧洲发起了一场象征主义的文艺运动。象征主

---

① ［德］弗·威·约·封·谢林著，魏庆征译：《艺术哲学》，北京：中国社会出版社，1996 年版。

② 俄罗斯文艺批评家维·库利岑认为：“后现代主义是一种新型的元文化，即‘新的原始文化’”。（参见《后现代主义：一种新的原始文化》，俄国《新世界》月刊，1992 年第 2 期。）

义最初形成于法国，而后波及其他国家，如德国、比利时、奥地利、挪威、俄国，直到远东地区。象征主义的产生与资本主义文化发展有一定的关系，也与一批文艺家不满足于实证主义和自然主义的表达有关。作为一种世界性的文艺运动，象征主义的理论根源发端于德国的古典哲学，黑格尔论象征型艺术起到决定作用。象征主义作家马拉美，就深受黑格尔思想的影响。此外，康德哲学中不可知的物自体和先验论、叔本华的著作《作为意志和表象的世界》、哈特曼《无意识的哲学》、伯格森的生命绵延的时间观以及爱伦坡和瓦格纳的文艺作品和尼采的思想都对象征主义产生极大的影响。

象征主义的美学于 19 世纪六七十年代在波德莱尔、魏尔伦、马拉美、洛特雷亚蒙、兰波等人的创作中得以形成。法国的象征主义在 1898 年马拉美逝世后解体，进而蔓延到国外。其后象征主义的代表作家有瓦莱里、叶芝、艾略特，还有意象派的庞德、休姆等。波德莱尔的十四行诗《应和》，被视为“象征主义的宪章”。他认为自然界事物应互为象征，组成“象征的森林”，而人的感官之间也应互相沟通，心灵与自然界也就互为应和、交流，诗就是这种象征、应和的产物。不过“象征主义”这一术语却是在莫雷亚斯《短歌集》(1886 年)序言里首次出现，并在他的《象征主义宣言》(1886 年 9 月)得到说明。他宣称要以象征主义流派来取代自然主义，象征主义与“教谕、华美的词藻、虚假的感情、客观的摹写”完全绝缘。

象征主义者在其理论和批评著作中阐述的理论是这样的：诗人把现实世界视为可鄙的、不真实的，人只有超越现实而进入超验的心灵世界，才能达到生命和大自然的某种真实面貌，孕育出象征的诗作(瓦莱里：《象征主义的存在》)。诗的最重要的特征是神秘的感觉(马拉美：《诗的奥秘》。诗是认识、理解世界的最高形式。它类似于宗教，其创造者具有无所不在的神力。“整个世界的类比”，现实的完美统一的最充分的表现就是象征：它是诗歌形象性的顶峰，是理念的最完美的体现。诗的写作是一种隐喻式的写作，不过最好称之为象征的隐喻，在纯粹声音外面的最微妙之处，才能更好地发现什么是象征。美丽的诗句能使一个人如痴如醉(叶芝：《诗歌的象征主义》)它应该具有形而上学的概括性的特点，并含有超时间的、永恒的意义，在这方面“象征”与具有社会历史具体性的“典型”概念相对立。

诗与宗教的象征相似。乔·伐努尔认为世界是象征性的，好似天主教的大教堂，而诗人的任务就是揭示隐藏在一切生活现象中的象征（伐努尔：《象征的艺术》）。有的诗人不从宗教神秘主义的角度解释象征，但仍把象征视为不可领悟的。逻辑的不可理解是象征主义的美学原则。象征主义——“这是一个复杂的代数，解它的钥匙已经丢失了”（维尔哈伦：《象征主义》）。

象征主义的出现是那个危机时代的一种表现。象征主义者把世界当作一个整体，在抒情体验的魔镜中反映世界，使得西方象征主义艺术本身具有了重大的审美意义。俄国诗人仍把象征主义作为创造新的艺术思维形式的手段。梅列日柯夫斯基指出：“象征，只有当它在自己的意义中是无穷无尽、无边无际的时候，当它用自己深藏在内心的（祭司式的和魔术式的）暗示性的语言说出某种外在语言不可言传的东西的时候，它才是真正的象征。它是多面的、多义的，而在最深处则永远是朦胧的。”索洛古勃写道：“对于高级艺术而言，现实世界的形象只是通向无限的窗口”，正因为如此，“在高级艺术中形象总是力图成为象征，即自身能容纳意境深远的内容的象征。”①

象征主义强调的是现象界背后的超验世界或观念世界，要求诗人凭个人的想象、韵律、直觉、灵感来把握世界，采用隐喻、象征、烘托、对比、联想的手法，通过神秘的、扑朔迷离的景象描写，来暗示、透露日常经验深处的心灵的隐秘和理念。象征主义因过分修饰的艺术形式和日益颓废的精神支柱而日益衰落，但其创作技法上的革新却有重大意义，产生了广泛的影响。

除了文学领域外，象征问题还成为图像学、文艺批评史学者特别感兴趣的问题。在法国，象征主义的使用除诗歌外，很快扩展到绘画和戏剧领域。象征主义艺术从当时科学的理论和心理学的发现中找到创作的表现技巧，追求表现生活中潜在因素的奥秘，抛弃描述性的形象，采取一种隐喻的、未完成的、朦胧的方式，赋予艺术品更大的启示。早期象征主义画家

---

① 参见苏联《简明文学百科》，“象征主义”条，莫斯科：苏联百科出版社，1971 年版，第 735 页；黄晋凯等主编：《象征主义·意象派》，北京：中国人民大学出版社，1998 年版。

保罗·高更认为，色彩能表达到思想中心，综合的色彩和线条能表现思想。他还找到了探索“聆听”色彩、“观看”声音、“品尝”香味以及所有这类不同感觉混合的新天地。夏凡纳的大型装饰壁画象征人内心宁静而忧郁的情感。毕加索的作品《格尔尼卡》中破碎的牛头马面象征了善良与邪恶，这可以找到西方神话学的渊源。在古希腊，对于病者来说，梦见一匹马是死亡的先兆。在《圣经》中，牛象征劳动和自我牺牲的力量。毕加索显然采用了象征的手法，借此痛斥法西斯对西班牙村庄格尔尼卡施行的野蛮的杀戮。挪威画家蒙克的作品是象征主义绘画的典型代表，美国艺术史家威廉·弗莱明分析了其创作说：“蒙克的作品中的意象更为暗淡，体现了画家的一种对心理学的探索。蒙克在1889年至1891年间居住于巴黎，在那里他吸收了高更、凡·高和图卢兹-洛特雷克等后期印象派和象征派艺术家的语汇。在诸如《呼喊》等作品中充满了极度的恐惧和噩梦般的惊骇。从歇斯底里的人物的头部向外辐射的线条似乎将沁人心脾的呼喊声延伸进了晃动着的冲击波中。”[①]象征主义的后期发展产生了分化，表现主义、超现实主义和荒诞派戏剧，都是象征主义的实践，特别是荒诞派戏剧，是建立在象征的基础之上的。

象征主义的艺术创作，遵循的是象征的方法，他们也自述创作的原则，构成了象征型艺术的创作论。创作是一回事，对创作的论述又是另一回事。文学批评便是一种对文学理性的研究。加拿大文学批评家弗莱的象征理论是文学批判领域最有影响的理论之一。在他的那本影响深远的著作《批评的剖析》中，他专门论述到“象征理论”。另外他还发表过《四重象征的由来》《象征是交流的媒介》《叶芝与象征性语言》等论文。学术界对他的“原型理论”，给予了极大的关注，但对其“象征理论”的研究就不够了。弗莱的象征论是从语言作为象征的媒介方面展开的，借此，他详细分析了语音、词汇、修辞、短语等与象征的关系，把原来笼统提到的观念和形象的表达具体化。按弗莱的看法，象征是文学作品中任何可以被孤立考察的结构单位。一个词、一个短语或一个意象，只要它有所指称，就是象征。甚

① [美]威廉·弗莱明著，吴江译：《艺术和思想》，上海：上海人民美术出版社，2000年版，第549页。

至作家用来拼写的字母，也是构成象征机制的部分。如有些音是表示韵或表示方言，这就有了象征关系。我们阅读文学作品时，从词意到它们所指的东西，所接触的就是象征。“每个词语都是一种具有两重背景的文字象征。”[①]首先它是筹码的一半，其次又是一个征兆，可以为我们提供另一条线索，帮助我们了解整体的文字设计。句法的功能(隐喻与其他修辞格)达到一种语境以及与词语世界以外的世界的联系，然后产生出意义，这点类似于新批评对语言的重视。但字面的表达以外仍然存在着象征，有时掩盖象征的意义，因为“在文字的层面上，那些象征是一些母题，无论什么单位，直到字母，都可能与我们的理解有关系”[②]。弗莱对象征主义作家布莱克的研究，对象征主义诗人叶芝象征语言的解读，都使他的研究接近象征主义文学的具体创作实际。

弗莱对象征的研究从两方面展开，一方面是从语言入手，另一方面他走向符号的隐喻，他认为这一隐喻又是与人类从对自然的进化模式的划分的规定上得到的。梦中的境像、心理的压抑、生活的经验与大自然的循环往复、人生的不同阶段以及文学的不同类型、人类的理想追求都要经过语言的意象传达出来。弗莱说：“象征主义的伟大力量在于它成功地把文学的假设的萌芽剥离出来，虽然在其早期阶段它曾被这种分离工作与整个创作过程相等的倾向所限制。象征主义的所有特征是稳固地建立在诗歌是与意义的向心方面相联系的这样一个观念的基础上的。这样，批评之所以获得一种可接受的关于文字意义的理论，是借助于相对近期的文学的发展。”[③]弗莱的神话原型象征的文艺批评模式，是在荣格的心理象征类型以及弗雷泽在《金枝》等著作中所描述的神话观念上发展起来的。在研究文学及文艺批评中的象征主义后，我们将走向心理学中的象征论，研究一下原型象征问题。

---

① 吴持哲编：《诺思洛普·弗莱文论选集》，北京：中国社会科学出版社，1997年版，第212页。

② [加拿大]诺思罗普·弗莱著，陈慧等译：《批评的剖析》，天津：百花文艺出版社，1998年版，第71页。

③ [加拿大]诺思罗普·弗莱著，陈慧等译：《批评的剖析》，天津：百花文艺出版社，1998年版，第73页。

三、原型象征

不仅人类古老的神话、宗教和文化中充满着象征，人类内心的心理活动和精神世界也充满各种象征。20 世纪，象征在心理学中得到最鲜明的解释并产生极大的影响已是一个历史事实。象征不仅是人类传达信息、沟通交流的手段，还保留着人类最古老的思维方式，是情感特征、信仰基础的不变的原型。心理学揭示了象征的纯粹个体的精神因素和“集体无意识”表现的根源。人类对古老的象征达到这样深刻的认识并建立知识体系，是与弗洛伊德和荣格的开拓性论述分不开的。弗洛伊德的精神分析学，从人类的笔误、口误、梦境、精神分裂、癔症等表现形式上发现了个体的无意识的结构及其象征性的表现形式。荣格的分析心理学则从人类的宗教、神话、仪式、炼金术以及人格类型上发现了人类集体无意识的结构及其象征性的表现形式。心理学中其他形式的象征理论，都是基于这两个方面的修补而产生的变异。

鉴于弗洛伊德的理论已产生了持续的影响，对其介绍随处可见，为了节省篇幅，我们仅对其象征理论做一概要的介绍。弗洛伊德认为，组成人的无意识的主要是“力必多”(一种性的力量)，它遵循快乐原则行事，但社会的超我(代表道德和法律)要对这种原始的本能进行压抑，以适应人类已社会化了的文化的需要，于是无意识中的性的力量便以一种改装了的象征形式表现出来。夜幕降临，在人类的梦境中，人的潜意识的欲望要靠翻译成具有象征意义的图像呈现在心理中，以便人的压抑得到释放。弗洛伊德认为，人类的文学艺术的创造与梦相类似，如果梦表达的是人的被压抑的欲望，文艺也是人被压抑的欲望的升华，具有梦境的象征意义。因此，象征是人潜意识表现的必然的方式。弗洛伊德在《精神分析引论》中论述了这种象征：

> 我们可以把梦的元素与对梦的解释的固定关系，称之为一种象征的关系，而梦的元素本身就是梦的隐意的象征。你们当记得我们以前研究梦的元素与其隐意的关系时，我曾举出三种关系：(1)以部分代

> 替全体，(2)暗喻，(3)意象。我又说过还有第四种可能的关系，那时却未曾明确说出。这第四种关系就是刚才所说的象征关系了；……象征作用或许便是我们梦的理论中最引人注目的部分。①

弗洛伊德不仅指出了潜意识象征表现，而且分析了这种象征表现。他认为象征作用并非梦所特有，也不是梦的独特性质；精神分析虽不乏独创之见，然而梦的象征作用并非创自精神分析。象征的关系实际上是一种比拟，近似于暗喻，至于其性质如何，则我们尚未充分了解。由于弗洛伊德的泛性主义，他认为“梦中大多数的象征都是性的象征”，和性有关的事物很少，而其用以象征的数目则多得不可胜数。于是他列出了许许多多梦中性的象征的物象。那么，他是怎么知道这些物象的象征意义的呢？弗洛伊德认为，我们的知识来源广泛：有神仙故事和神话，有笑话和戏语，有民间故事，有关于各民族习惯、风俗、格言和歌曲的传闻，还有诗歌和惯用的俗语。这些方面到处都有相同的象征，有些意义不言而喻，可见它与梦的象征有许多相同之处。弗洛伊德在此实际上提出了从民族文化中寻求梦的象征的来源，这一点影响到了荣格，他一生都在从世界各民族的神话、故事、宗教、风俗、文艺中去寻找不变的“原型象征”。虽然弗洛伊德的泛性论让一些人难以认同，但此点正是他最深刻的地方，也是他的理论最具特色之处。我们从汉画像石的伏羲女娲交尾图、日月相交图、西王母与东王公的两神对峙图、交龙图等两元对立和阴阳哲学的象征中，看到了弗洛伊德象征论的原型。

现在我们对象征意象的理解以及其重要性的认识，主要得益于荣格。他关于象征的理论是具有开创性的。他不同意弗洛伊德把潜意识的内容归结为“力必多”，而把它规定为一种普遍的先天的生命力。他认为，构成人的深层心理结构的除了个体的无意识之外，还有深层的集体无意识。所谓集体无意识，是指在生物进化和文明的历史发展过程中，所获得的心理上的沉淀物，是祖先遗留下来的气质，是原始的思维模式在现代人身上的呈

---

① ［奥］弗洛伊德著，高觉敷译：《精神分析引论》，北京：商务印书馆，1986年版，第112—113页。

现。在梦的分析中，他反对弗洛伊德的自由联想法，而是分析其神话意象的性质。荣格特别强调了象征与无意识关系的重要性。他认为无意识不仅表现在精神病症患者身上，体现在正常者的梦境中，而且还表现在神话、宗教、艺术甚至科学等其他人类活动中。进一步讲，人类的所有活动，如果从心理根源考察和挖掘，都具有象征意义。从神话的叙述、仪式的结构、精神分析学家的治疗分析到儿童的涂鸦，生活中象征意象随处可见。在他看来，世世代代的所有人，都有共同承传的种族特征、思维方式和情感特性，构成了不变的隐蔽的"原型"，这种原型的表现方式必然是象征性的。因此，象征不但是自然的产物，而且也体现了文化的价值。这样，荣格的学说中就容纳了神话、艺术、哲学甚至过去被认为迷信的图腾仪式、巫术魔法、占卜算命、炼金术、宗教教义等神秘主义的因素。

荣格认为，象征意象有别于人们日常生活中有意识地创造出来的那些符号。[①] 符号的含义总是比它代表的概念的含义更少，而象征总是代表其自身明显和直接含义的东西。他给象征下定义为："所谓象征，是指术语、名称、甚至是人们日常生活中常见的意象。但是，除了传统的明显的意义之外，象征还有特殊的内涵。它意味着某种对我们来说是模糊未知和遮蔽的东西。"[②]也就是说，如果一个东西只是具有通用性的、约定俗成的，可识别的意义就是符号而不是象征。如铁路工人佩戴的翼轮，它仅是个标志而非象征。象征总是以被选择的表达方式是相交的、未知事实的、最恰当的描述或公式为先决条件的，这个事实可以是被推测的。如希腊克里特岛上的许多纪念碑都有用手斧砍下的图案，可人们却不了解它们的象征意义。当一个意象所隐含的东西超过明显的和直接的意义时，就具有了象征性。如原始文化中的轮子和十字，它们是象征性的，但它们所象征的东西还是有争议的，有待思考的。象征意象的产生，有时是人们内心无意识地自然生成的表达方式，而这种方式又不能完全用文字来表达。所以，人类之所以用象征，乃是因为有无数事情人类还难以认识。这正是所有宗教运

---

① [瑞士]荣格著，吴康等译：《心理类型学》，西安：华岳文艺出版社，1989年版，第574页。

② [瑞士]荣格等著，张举文等译：《人类及其象征》，沈阳：辽宁教育出版社，1988年版，第1页。

用象征语言或意象的原因之一。这种有意识的使用象征，只是人心理表现的一个重要方面，人类仍在潜意识地、本能地以梦的形式创造象征。人之所以在潜意识的层面上创造象征，是因为人类还没有充分认识和彻底理解任何事物。虽然人有五官的感觉，可以通过看、听、触等去了解外在世界，人类创造了科学的仪器去观看宏观的宇宙和微观的世界，但当这些现实进入人的精神世界时，就转变成了心灵，是人的经验事实。但人的心灵无法知道自身的心灵本质，每一经验都包含着无数未知因素，因此人类意识的表达只能是象征性的。象征很自然地出现，它不是发明的，而是偶然的产物。因此，梦是所有有关象征知识的源泉。荣格说："当我们试图探索人类是如何产生象征的能力时，梦被证明是最基本和最容易获取的材料。研究梦的最基本的两点是：第一，对于梦，除非确有意义，否则我们不应预先做出假设，而必须把它当作一个事实；第二，梦是潜意识的一种特殊的表现方式。"①然而，象征并不仅仅出现在梦中，它也在所有的心灵表象中显示出来。许多象征(其中最重要的)并不是个体存在的，而是有集体性质和起源的。这主要是宗教的意象，它们的起源深深埋藏在神秘的过去，它们是集体表象，从最早期的梦和有创造性的幻想中表现出来。构成梦中元素的，正是弗洛伊德所说的"古代残存物"，这种精神形式似乎是人类心灵原始的、先天的遗传形式，不能以个人的生活来证明。"当人们给一些象征符号冠以一定的结构、图形和含义就形成了一种世界语，这种世界语跨越了时代与不同文化差异的鸿沟，是人类内在心理需求的自然表达方式。"②人类的每一个器官都有一部长期进化的历史，潜意识的欲望，都会在现代人的心灵上表现出来，远古的心灵结构，组成了我们现代人精神的基础，所以我们深入研究就会发现，集体无意识的神话主题，能在现代人的梦境中出现。这种"古代残存物"，就被荣格称之为"原型"或"原始意象"，即先天所具有的倾向。

荣格运用分析心理学的理论，企图给失去精神家园的现代人予以灵魂

---

① [瑞士]荣格等著，张举文等译：《人类及其象征》，沈阳：辽宁教育出版社，1988年版，第12页。

② David Fontana, *The Secret Language of Symbols*, Duncan Baird Publishers, 1993, p. 3.

的拯救。他认为古代人把自然看成有灵性的，所以在自然的象征中可以得到精神的安慰。启蒙运动以来，人类理性的发展，已使自然“祛魅”。荣格说：“打雷不再是愤怒的神的声音；闪电也不再是他复仇的发射物；河流不再有精灵；树林不再是人的生命本源；蛇不再是智慧的再现；山穴不再是恶魔的室窟。石头、树木、动物再不能与人类说话，人类也不再相信它们能听懂他的话。他与自然的联系消失了，象征的联系所提供的深奥的感情力量也消失了。这一巨大损失被我们的梦的象征所补偿。它们带来了我们原始的本性——本能和奇特的思维。”[①]另一方面，世界表面上清除了一切迷信和非理性的元素，然而，那些原始的神秘主义的东西仍在潜意识中存在着。人根本没有从原始的灵感文化中解放出来，如西方人不少人仍忌讳13这个数字。在中国，人们不能确信鬼魂的存在，却在清明和一些节日去祭祀。事实上，现代人是他长期的头脑发展所获得的特征的奇怪的混合。这种混合物制造了人类及其象征。心理治疗的医生如古代的巫师，把人的灵魂加以拯救。[②] 荣格以其对人类心理原型象征模式的挖掘，成了时代的预言家。

荣格认为，如果一个人有意识与无意识的心理活动能保持动态平衡，他就能保持心理健康，反之人就会出现心理疾病。如果通过象征分析能找到患者头脑中的象征意象实行分析心理疗法，就会打开一扇通向无意识象征意象的大门，这样就会使患者认识自己心理潜在的力量而走向健康的道路。

荣格竭尽毕生精力研究自己与其患者在梦境中与幻想中的无意识状态，并分析了不同文化中的许多神话传说与象征意象系统，找出了影响人类的思想与行为的主要原型。他用拉丁文中的“anima”(原意为灵魂、精神)表示“女性原型”，意指男性心理的“无意识女性倾向”，也即男性精神心理的女性化本性。荣格还用“anima”的男性型“animus”来表示女性心理

---

① ［瑞士］荣格等著，张举文等译：《人类及其象征》，沈阳：辽宁教育出版社，1988年版，第75页。

② ［瑞士］荣格著，黄奇铭译：《探索心灵奥秘的现代人》，北京：社会科学文献出版社，1987年版，第187页。

的“无意识男性倾向”。这两种倾向，代表了男女两性精神心理的不同原型，但在个体经验中又经常互相包容，对立统一。

荣格揭示了人类心理中的二元对立结构。二元对立是原始文化中的一个法则，如白天与黑夜、太阳与月亮、男性与女性、东方与西方、好人与坏人、圣人与凡俗，等等。中国的太极图是其象征性的表现，互为阴阳的太极中你中有我、我中有你、互为表里、相互依存、相互转化，是宇宙中两元法则的永恒象征。在中国汉画像中，二元对立有多种形式的表现，如伏羲女娲、西王母与东王公、牛郎与织女等。对其的分析，的确可以揭示人类原型象征的秘密。

荣格在晚年又提出“自然”象征，以区别于“文化”象征的概念。前者代表个体的潜意识的内容，是基本原型意象的无数变体。“文化”的象征则是表示“永恒”的真理的东西，它是文化发展的结果，在许多宗教中被反复运用，经历过无数次转化，成为一种集体意象，并被文明社会所接受。比如中国人把自己称为“龙的传人”，对龙有极大的民族认同感，但“龙”是什么，似乎并没有弄清楚。但理性上的不了解，并不能阻止其象征意义发挥功能。

从个体的自然象征走向民族的文化象征，是荣格由分析心理医生走向心理学家和文化研究者的生命历程的表现。不仅荣格，还有弗洛伊德，都不仅仅是医生，他们是人类文化的最深入的探讨者。他们所开辟的事业广泛影响到20世纪的美学、文艺学、文学批评等众多人文学科就是一个最好的说明。

四、文化象征

弗洛伊德和荣格都是以医生身份来从事象征研究的，但弗洛伊德通过梦的精神分析而走向了一条文化象征分析的道路。他的著作《图腾与禁忌》，今天仍值得一读。荣格的象征学说，引进了神话、原型等概念，使他的象征论成了一种文化象征论。这两位大师，不仅是疾病的诊断者，而且成为人类文化之谜的诊断者。古代的医生正是从巫师中分化出来的，荣格又回到职业的起点，以医生兼“巫师”的身份，给人类指点迷津。荣格不仅研究原始的巫术、神话、宗教，而且对东方的文化有强烈的研究兴趣，研究涉及从印度佛教、瑜伽到西藏的《度亡经》，从中国的老子、《易经》到禅的精神，从中世纪的占星术、炼丹术到现代的精神分析与心理结构。[①]他是从西方的心理分析的基础上，来对东方文化象征进行比较研究和对比研究的。他对东方的研究，也启发我们要对我们的文化象征进行反思。实际上，弗洛伊德和荣格的理论对文化学、美学、文艺学等的广泛影响，已经说明其学说的重要性。荣格在晚年，把人的本质与象征表现结合在一起，为神话-原型批评开辟了一条道路，成了原型理论的来源之一。弗莱在《批评的剖析》中，建立了神话-原型批评的象征模式，从荣格象征研究中汲取灵感。在《四重象征的由来》一文中，弗莱交代了他是怎样从荣格的象征研究中获益的。[②]

荣格在《人类及其象征》中，区分了自然的象征和文化的象征两种类型，明确提出"文化象征"的观念。"原型"是单一的，但表现形式可以多种多样。那种具有永恒真理的原型表现就是文化象征。

从哲学的高度建立象征(形式)哲学的则是恩斯特·卡西尔。他在《象征形式的哲学》[③]《人论》等著作中，开辟了对符号美学的研究。卡西尔认为，人与动物的主要区别是人能运用符号(象征)来创造文化。他的理论从迪尔凯姆、列维-布留尔的理论中汲取营养，他的探讨更加深入。他的文化哲学，实际上就是"文化象征"的哲学，他通过对原始人类创造的符号世界的象征分析，来确定人之为人的本质。卡西尔把神话、宗教、语言、艺术、历史、科学等，都看作一种文化符号的象征形态。

卡西尔把文化象征追溯到神话意识，由此建立了一门神话的哲学，他把神话的这种特征称之为"神话思维"。他说："一旦我们考虑到文化生存

---

① [瑞士]荣格著，杨儒宾译：《东洋冥想的心理学——从易经到禅》，北京：社会科学文献出版社，2000年版；[美]拉·莫阿卡宁著，江亦丽、罗照辉译：《荣格心理学与西藏佛教——东西方精神的对话》，北京：商务印书馆，1994年版。

② [加拿大]弗莱：《四重象征的由来》，载《诺思洛普·弗莱文论选集》，北京：中国社会科学出版社，1997年版，第97页。

③ 三卷本，柏林，1923—1929年。该书在卡西尔去世后由拉尔夫·曼海姆(Ralph Manheim)译成英文，并于1953—1957年由耶鲁大学出版社分三卷出版。

的基本形式起源于神话意识，神话在这个整体中以及这个整体的重要意义就显而易见了。这些形式都不是始于独立的存在，也没有明确规定自己的原则；相反，在发轫之时，它们每一个都掩映于某种神话形式。”①他认为，神话表达了人类最初的取向，是人类意识的一种独立建构，象征最古老的类型是神话创作。在早期，神话和语言与艺术是独立的文化象征形态。谁要是意在研究综合性的人类文化系统，都必须追溯到神话。语言、艺术、神话三者是合一的，其具有特殊的程式性，诉诸象征使感性材料、情感具体化手段也别具一格。卡西尔的神话哲学，受到谢林《神话哲学引论》的影响，谢林认为：

> 在神话过程中，人必须应付的不是物，而是那些源出于意识自身之内的、支配他的力量。神话借以形成的神谱历程发生于意识之中并通过制造表象来展现自己，就此而言，它是主观历程；然而这些表象的原因以至它们的对象都的确是和根本上是神谱的力量，意识就是借助那些力量最初假定了神。②

卡西尔进一步认为，神话作为一个封闭式的象征体系呈现于世，其形成体系既依赖于神话的功能性，又取决于对周围世界加以象征模式化的手段。卡西尔后来放弃了谢林的形而上学的演绎法，把神话的象征起源归于民族幻想的功能和结构的形态。世界之被认识，是在对其的认识过程中，而不是在其物的规定中。卡西尔所设定的神话的“客观性”，并不取决于客观的物质本身，而取决于客观化的手法，世界神话模式的深化历程可与世界的科学构思的逻辑起源相比拟，并将客体种种文化形态之关联的状貌与形象、符号相比拟。象征的构成性特点是跟原始文化的实践相一致的。

① ［德］恩斯特·卡西尔著，黄龙保、周振选译：《神话思维》序言，北京：中国社会科学出版社，1992 年版，第 3 页。

② 转引自［德］恩斯特·卡西尔著，黄龙保、周振选译：《神话思维》，北京：中国社会科学出版社，1992 年版，第 9 页。

"按照他的意见，只有诉诸象征所创造的事物，才可被认识。"[①]卡西尔对神话思维的某些结构特征、象征性和隐喻性都有重要的论述，他强调，客观之呈现于神话概念乃是作为"现象"，而非幻想。美国神话研究者大卫·比德内认为，卡西尔在《象征形式的哲学》中阐明的主题是"神话是象征的自主形式"[②]。对卡西尔来说，神话是文化发展的一个阶段，它远远不是人类普遍文化的一个自主的不可分割的部分，而是一种思维模式。这种模式建立在象征的理想与存在的真实的混淆之中。从历史角度看，它显示自己是文化进化的一个特定的阶段，在人类意识的发展中，语言、艺术、宗教、科学的象征功能逐渐从神话-巫术混合体中分化出来。

卡西尔论述了语言与神话的关系。语言与神话乃是近亲，在人类的早期阶段，两者是相辅相成的，几乎不可能把它们彼此分离出来。卡西尔论证了语言是如何逐渐从神话语境中挣脱出来以及语言概念作为一种独特的象征形式是如何产生的。卡西尔说："不管在哪里，只要我们发现了人，我们也就发现他具有言语的能力并且受着神话创作功能的影响。因此，把这两种人类独具的特征归于同一渊源。"[③]在语言发展中有一个转折点或临界点，在这一点上语言的象征与语义功能很明确地与其指称对象区别开来。

卡西尔《语言与神话》[④]一书论述的主题就是神话的隐喻象征性是人类最原始和最基本的思维方式，语言本身就是象征性的。它早于人类的抽象的逻辑思维和逻辑中心主义，这与通行的把语言看成逻各斯中心主义的观点大不相同。人类文化之根并不是扎在逻辑概念之上，而是建立在先于逻辑的隐喻象征的表达之上。20世纪西方哲学的语言学转向，向逻辑之外寻求先于逻辑的东西，就是此观念的形象表达。中国的汉画像艺术，正是这

① [苏联]叶·莫·梅列金斯基，魏庆征译：《神话的诗学》，北京：商务印书馆，1990年版，第47页。

② [美]约翰·维克雷编，潘国庆等译：《神话与文学》，上海：上海文艺出版社，1995年版，第183页。

③ [德]恩斯特·卡西尔著，甘阳译：《人论》，上海：上海译文出版社，1985年版，第140页。

④ [德]恩斯特·卡西尔著，于晓等译：《语言与神话》，北京：生活·读书·新知三联书店，1988年版。

种形象的表达，它突出图像，符号的隐喻和象征功能达到一个幻想中的理想观念的内容。

宗教是从神话中发展出来的，早期神话与宗教是混融不分的，也就是说原始的神话，也就是原始的宗教。原始人的自然观既不是纯理论的，也不是纯实践的，而是交感的(Sympathetic)。巫术信仰是人类企图掌握自然力的最早的形式。弗雷泽在《金枝》中，关于巫术、宗教与科学的论述，企图说明人类的文化按这三个类型依次向前发展，但这已被证明是太机械了。巫术中的万物有灵的“灵感观”，则是孕育原始文化决定性的力量。如果我们不能抓住这一点，就不可能找到通向神话的道路，也分不清神话与宗教的联系与区别了。神话的原型不是自然，而是社会，神话是社会化的投影。神话的真正基质不是思维的基质而是情感的基质。整个神话可以被理解为对死亡现象的坚定而顽强的否定。人类对死亡的抗拒，通过不死的神和人的成仙而得以达到象征的呈现。在原始宗教中表现为图腾崇拜，渐渐演化为祖先崇拜和鬼魂崇拜，而中国正是祖先崇拜的国家。从某种方面看，中国汉画像艺术的繁荣，便是建立在神话巫术交感世界观基础之上的祖先崇拜和灵魂崇拜的象征表现。人间的仪式形式，采用了一种图像的形式表现。在这个意义上，宗教成了道德的符号表达。这样，宗教便和神话决裂，建立起自己的象征形式。卡西尔认为，当人们试图从客观再现方面表达宗教意义时，宗教教义是由纯粹的宗教意义形成的形式。在宗教神秘主义中，信仰神话与教条成分都遭到了摒弃，然而在宗教意识中，纯粹的意义和神话形象之间的冲突从来没有真正得到解决。隐秘的神性和形象象征之间的鸿沟永远无法真正弥合。

卡西尔认为，只有在艺术领域，形象和意义之间的对立才得以解决，因为只有在审美意识中，形象才得到承认，将自己完全奉献给纯粹沉思的审美意识，最后终于达到象征表达的纯粹精神化状态以及最高的自由境界。

根据卡西尔的象征形式哲学的研究，人类的文化是由神话、宗教、语言、艺术、历史、科学等诸方面所形成的一个系统结构。其表现了人的本质性的规定就是人是采用象征的符号来掌握世界。人类的知识不是一个逻辑的建构，不是从自然反映而来的，而是一个实践的创造，在客观化的行为模式中创造一个符号的世界来加以象征。因此，人就是一个符号象征的动物。文化就是象征性的，不同的文化类型，只是这一象征不同层面的展开。这样，“文化象征”的概念就得到了确立，并在哲学的层面上得到了论证。

从本质上讲，人类的文化就是象征的，凡有文化的地方，就有象征相伴，凡是象征的都是文化的。但是，文化总是具体性的，各时代和各民族文化有很大的不同，象征便有了多种多样的表现形式和表现方式。“文化象征”的概念，可以用来概括和描述这些特征。国内学术界认识到：“象征，是中国文化中最为普遍但又未被充分重视和理解的文化现象之一。”[①]为了促进研究的深入，国内翻译介绍了一些西方人论述文化象征的著作。[②]从这种象征研究中我们看到，在这些著作中，“文化象征”的概念，主要用在对东西文化中的具体的文化符号、图像、图形进行的文化内涵的阐释上。如抽象符号、动物植物、人工制品、人体装饰，其意义远远大于我们所了解的内涵。有些符号的意义不被其他民族所理解，于是便需要对其他文化象征进行研究，以确定其象征的内涵，使隐喻的意义得到揭示。从中我们可以看到，人类的文化象征源远流长，已深入到人类生活的所有领域，成为交流的重要手段。

我们就生活在文化中，但我们对文化的象征内涵并不完全清楚。有些文化象征来源于极古老的文化传统，远古的巫术、神话、仪式、宗教、民俗、信仰，往往是文化象征的源头。文化象征的研究，首先就是要从人类大量的历史材料中去梳理出一条象征来源的线索，从知识的考古学方面来确定文化的象征内涵。美国加利福尼亚大学教授 W. 爱伯哈德致力于中国历史民间文化的研究，著有《中国文化象征词典》，书中收罗了中国文化中

---

① 居阅时、瞿明安主编：《中国象征文化》，上海：上海人民出版社，2001 年版，第 1 页。

② 翻译介绍过来的“文化象征”著作有[美]詹姆斯·霍尔著，韩巍等译：《东西方图形艺术象征词典》，北京：中国青年出版社，2000 年版；[德]汉斯·比德曼著，刘玉红等译：《世界文化象征辞典》，桂林：漓江出版社，2000 年版；[美]W. 爱伯哈德著，陈建宪译：《中国文化象征词典》，长沙：湖南文艺出版社，1990 年版；[英]杰克·特里锡德著，石毅、刘珩译：《象征之旅——符号及其意义》，北京：中央编译出版社，2000 年版；[英]戴维·方坦纳著，何盼盼译：《象征世界的语言》，北京：中国青年出版社，2000 年版。

的400多个条目，涉及动物、植物、数字、颜色、方位、日常用语、习惯信仰和神话传说等。作者把它作为中国文化象征的符号，进行了知识的考古，以揭示中国文化象征的语义内涵。费迪南德·莱森(Ferdinand Lessing)认为，中国人的象征语言，以一种语言的第二种形式，贯穿于中国人的信息交流之中；由于它是第二层的交流，所以它比一般语言有更深入的效果，表达意义的细微差别以及隐含的东西更加丰富。[①] 詹姆斯·霍尔谈到中国象征时说："在中国人中间，艺术象征有时只不过是表达一种风雅的问候，客人向主人赠送一只绘有图案的花瓶或盘子，通过所选的特定的装饰图案向主人祝愿长寿、多子，甚至在科举中功成名就，这一象征语言曾在中国士大夫中间广为流行。"[②]中国文化象征内涵极其丰富，但目前的研究是极不够的。

从以上分析中我们可以得出这样的看法：文化象征这一概念，主要指对某一种文化符号象征意义的揭示。这是象征研究的基础。因为文化中的符号、图形、图像、图案等，只有先确定其象征性的内容后，才能展开进一步分析，从而揭示"文化象征"作为"象征文化"的内涵。

五、象征文化

象征文化不同于文化象征，这两个概念有一定的联系，又有一定的区别。如果说"文化象征"的概念主要指文化的象征性，指一些符号、图形、图像等文化现象的象征内容；"象征文化"则比文化象征的概念要宽泛得多，它指一种文化是象征性的文化，着眼于一种文化的体系模式的象征结构，或者是一种象征功能的系统形态。

前面我们已经分析了象征型、象征主义、原型象征、文化象征诸概念，但在涉及"象征文化"的系统分析方面，研究仍然是欠缺的。2001年出

---

① 参见［美］W. 爱伯哈德著，陈建宪译：《中国文化象征词典》，长沙：湖南文艺出版社，1990年版，第3页。

② ［美］詹姆斯·霍尔著，韩巍等译：《东西方图形艺术象征词典》，北京：中国青年出版社，2000年版，第1页。

版的《中国象征文化》一书，使用了“象征文化”的概念。该书的导论说：

> 由于“文化象征”的研究仅局限于编写辞书和个别专题，范围没有足够的覆盖面，理论上也没有对诸如象征的起源、结构、形式与内容、现象与本质、流派及各种文化解释作深入的研究，因而文化象征仅是一个狭义概念。现在，我们组织了国内有关的专家学者，对象征问题进行系统的研究，分导论、宗教、周易、梦、语言文字、文学、艺术、建筑园林、民俗、吉祥物十个方面进行阐述，……鉴于象征渗透在中国文化的各个方面，是一种极其普遍的文化现象，而且渊源古老，所以我们首先提出“象征文化”这个概念，并体现于书名。“象征文化”概念是关于所有象征问题的总称，包括象征、象征主义、文化象征及象征的起源、结构、形式与内容、现象与本质、象征文化的各种解释等。凡是关于象征的一切现象、内容和研究方法、研究成果都属象征文化范畴。象征文化概念涵盖了象征问题的内涵和外延，更能体现对象征问题概括的全面性系统性，有利于研究工作向前发展。①

该书明确使用“象征文化”的概念是有一定意义的，但对“象征文化”的界定是模糊和不准确的。如说“‘象征文化’概念是关于所有象征问题的总称”，并列出“包括象征、象征主义、文化象征及象征起源、结构、形式与内容、现象与本质、象征文化的各种解释等”。笔者认为，把所有象征问题加起来，也并不能说明象征文化的内涵。象征文化并不是“回收站”，可以容纳所有的象征问题，也不是有关象征问题数量相加的复合体，因为我们永远也不能把象征的所有方面都加在一起，即使加在一起，也不能说明象征文化的内涵。相反，作为一个美学、文化学的概念，其内涵应是极简单明确的。象征文化应该是以表现象征结构与功能的一种文化系统，而不是所有象征问题的总和。任何一种文化形态，只要有一种象征的结构，或者可以在社会中发挥出系统的象征功能，就是象征文化。

实际上，我们不囿于术语本身，而从其内涵深入考察，就会发现“象

---

① 居阅时、瞿明安主编：《中国象征文化》，上海：上海人民出版社，2001年版，第3页。

征文化”并不是现在的独创，对“象征文化”的论述，在“象征人类学”中早已得到田野的考查、理论的表达和结构的分析。在不同的象征人类学家笔下，“象征文化”呈现不同的理论色彩。

对象征的兴趣以及在广泛意义上的象征研究已不是新鲜事了。从认为人类行动的主要动因在合理地满足物质上的欲望的人生观到认为只有意义和象征作为人类的特征才具有重要意义，对近几十年来的人类学产生了巨大的影响。人类学中象征论的研究，在其最广泛的意义上，正在逐渐成为该领域的前提性常识。

作为时代的规范，使对象征文化的关心系统化，并使其成为一个理智运动，可以追溯到18世纪浪漫主义运动的兴起。针对启蒙的理性象征论明确提出一种注重于感情，从内部意义来重新认识外部秩序的志向、诗性的智慧、梦幻的表达、神话的热情，促进了象征主义的热潮。诺瓦利斯对咒语象征的研究、泰勒对人的姿势等象征语言的揭示极具启发意义；福斯特尔·德·库兰久在《古代城邦》中对光的象征的分析，使他成为集体表相和象征研究的先驱；弗雷泽对巫术、神话、图腾、宗教的象征性的考察，曾给象征主义文学以及原型象征极大的影响；博厄斯在《原始艺术》一书中对原始文化图案、花纹的象征性考察，在今天仍然有巨大的认识意义。赫尔兹的《右手的优越》则是系统研究象征的专著；L. 怀特也对象征文化进行了研究，他指出象征符号使人类从动物转变为真正的人，而且人所具有的使用象征符号的能力，在本质上是积极的和进步的；列维-斯特劳斯从结构主义立场，分析了象征文化；拉德克利夫-布朗则对图腾象征进行了探讨。人类学的研究表明，“只要想对文化进行记述，就不可能忽视象征的问题”①。在20世纪的最后30年，人类学转向寻求新的结构，在象征文化中找到了一席之地。美国的哈罗德·贝利(Harold Bayley)在《象征主义最后的语言》中探讨了西方中世纪时期的字母创造、词汇、姓名、神话、民俗

① 庄锡昌、孙志民编著：《文化人类学的理论构架》，杭州：浙江人民出版社，1988年版，第189页。

和神话学的起源。[1] 对象征文化进行研究的著名学者还有米尔恰·伊利亚德(Mircea Eliade)、埃德蒙·利奇(Edmund Leach)、玛丽·道格拉斯(Mary Douglas)、维克多·特纳等。下面我们对他们对象征文化的研究理论略加介绍。

(一)伊利亚德的宇宙象征论

米尔恰·伊利亚德[2]是著名的宗教史学家,他把宗教视为一种象征文化。与卡西尔相似,他把人定义为类象征;与荣格一样,他研究宗教中宇宙的含义与潜意识的关联。他认为世界上有两种存在物,一是世俗的,一是神性的。神性是与世俗相对立的,神性是一种精神的"他人"的体验,宗教崇拜就是与神性打交道。他说:"当一棵树成为一种崇拜物时,它就不再是一棵受崇拜的树了,而是一个圣物,是神性的一种体现。"[3]每一种宗教行动,归根结底都有"象征的"含义,因为这种行动都是超验的价值观念和存在物。从这种观念看宗教,宗教就是一种"象征文化",任何宗教研究都是对宗教象征论的研究。人们要认识神话、萨满教或入社仪式,那就要想办法解释出它们所体现的"具体有含义的象征论",或者通过分析辨明其基本的"象征结构"。结构不是一种归纳工作,而是一种综合性的通过比较分析进行的工作。

伊利亚德描述了宗教象征文化的一般特点。他认为象征符号的作用"暗示了超过自身的含义",从而揭示了一种更基本和更有意义的现实。宗教象征就是它的多义性,一个象征符号可能同时表达几种含义。象征符号

---

① Harold Bayley, *The Lost Language of Symbolism*, Published by Carol Publishing Group, New York, 1993.

② 米尔恰·伊利亚德(Mircea Eliade),1907 年生于罗马尼亚,早年研究哲学,1928 年到印度,1933 年以一篇论瑜伽的论文获布加勒斯特大学的哲学博士学位,后留校任教,1945 年成为法国巴黎大学的客座教授,1952 年成为芝加哥大学的"功勋教授"。他的代表作有《永恒复归的神话》(1955 年,后以《宇宙与历史》重印于 1959 年)、《比较宗教学的各种模式》(1958 年)、《瑜伽:不朽和自由》(1958 年)、《神话、梦与神秘物》(1960 年)、《隐喻与象征》(1961 年)、《神话与象征》(1969 年)等。

③ [英]布赖恩·莫里斯著,周国黎译:《宗教人类学》,北京:今日中国出版社,1992 年版,第 246 页。

基本上揭示的是一种宇宙结构的构成，所以在直接经验这个层次上不可能认识这种结构。象征符号所揭示的世界是一个活的世界的整体，在这种揭示过程中，象征符号也在不断充实自己，使之更具活力。这不是一个用理性知识进行思考的问题，而是一个“直接知觉”的问题，因为象征符号的“逻辑”表明了它自己是“自成体系的认识方式”。因此，宗教的象征，是一种宇宙的象征论，即象征符号发挥一种统一的功能，通过宗教象征“把杂七杂八的现实世界统而合一”，就被纳入一个统一的体系中，这一体系就具有了宇宙象征的意义。在这一体系中，不仅可以容纳合理的、有秩序的事物，甚至连各种怪异的、矛盾的、邪恶的事物都在这一宇宙统一的整体中得到表达和综合。伊利亚德指出，通过用宇宙论的语言表达人类状况和存在活动，人类的存在就有了意义。当人类被放置在这样一个宇宙的系统中，也就不会有一种“孤独”的感觉。伊利亚德认为，原始人“就是生活在一种神圣化的宇宙之中”，并且他们对世界有一种基本的宗教态度。伊利亚德的基本观点是：宗教思想和原始文化都是以一种作为基础的结构性纲要为其特征的，这种纲要通过象征文化把存在的各个方面都融合进一个宇宙论的整体之中。他说：“我们可以称之为象征的思想，使得人类可以从现实的一个层次自由地移向另一个层次……象征符号把各种层次等同起来、一致起来和统一起来。”①列维-斯特劳斯和道格拉斯对原始文化的研究也是建立在这种结构模式之上。他们认为，古代人生活在一个活的宇宙中，人是活的宇宙的一部分，人与宇宙是一体的，不是分裂的、分化的和异化的。在资本主义产生以前，世界还没有被“祛魅”，世界的结构就是一个巨大的象征体，是有生命的、有神性的存在。

在一系列有趣的比较研究中，伊利亚德论证了这样一个观念：所有仪式和象征符号是怎样与关于宇宙起源的神话发生关系的，这种宇宙起源的神话所描述的都是与从一种原始现实或无秩序状态到当代世界的形成和构成有关的。这样，澳大利亚部落群体的秘密入社仪式就被解释成他们宇宙起源论的一次再现；月亮的象征论就与宇宙和生命自身的再生有了联系，

① ［英］布赖恩·莫里斯著，周国黎译：《宗教人类学》，北京：今日中国出版社，1992年版，第248页。

并与两极化和复活思想的再现有关；宇宙树的象征说法也是与宇宙的定期再生有关；水的象征作用是与原始时期的混沌和各种融化形式有联系的；关于鸡蛋的宇宙起源论和具有神性的阴阳合体(大地母亲)的要领则被认为是宇宙生殖力的象征。总之，伊利亚德把神话解释成具有单一的功能，即从原始的混乱状态建立起一个有神性的宇宙世界，并且他把所有的宗教仪式和象征都看成是关于宇宙起源的神话所提出的典型和模式的重复和体现。

伊利亚德的理论可以概括为神话的宇宙象征论。这种对人类原始文化的象征考察，对汉画像象征研究起到启示作用。汉代特别重视人在宇宙中的地位，天人关系一直是学术探讨的对象与政治信念的支撑，民俗中充满宇宙的象征主义信仰。作为表现死亡的艺术，画像石、画像砖表现了那个时代的宇宙观。地上的祠堂画像，是宇宙观的形象体现；地下的墓穴，也是宇宙的象征的表现。天文图、祥瑞图、升仙图，无不是在一个宇宙象征的模式中加以图式化的。

(二)利奇的社会和思想结构的象征论

英国著名人类学家埃德蒙·利奇[①]，在象征文化研究方面也取得突出的成果。他的理论不同于伊利亚德的宇宙象征论，而是一种结构象征论，他把象征文化看作社会结构和思想结构的功能性的语义表达，在人类的文化交流中发挥作用。有人认为，利奇是向英国读者介绍列维-斯特劳斯结构理论，并对此理论始终一贯保持强烈兴趣的人。但利奇自己则认为，他曾经是马林诺夫斯基的学生，他仍是一个“功能论者”。因此他的理论，曾受两者的影响。

利奇用符号这个术语来指“象征物”，其中符号与它所表达的事物之间

---

① 埃德蒙·利奇(Edmund Leach，1910—1983 年)，1932 年毕业于剑桥大学机械系，后到台湾、上海、伊朗、缅甸等地经商并从事人类学研究。1947 年完成博士论文《缅甸高地的政治制度》获博士学位。1953 年转剑桥大学任教。1966 年被提升为剑桥大学国王学院的院长，1979 年退休。曾任皇家人类学学会会长，1975 年被封爵士爵位。代表作有《反思人类学》(1961 年)、《作为神话的创世纪》(1970 年)、《文化与交流》(1976 年)、《社会人类学》(1982 年)、《圣经神话的结构解释》(1983 年)。

的关系是接近的，并且主要是转喻的，而不仅仅是以隐喻为基础的一种武断联想。如皇冠是代表王权的符号，这是一种局部代表整体，表现一种转喻的关系，它所代表的事物属于同一文化背景。象征则代表了属于不同文化背景下的事物，如在《圣经》故事里，蛇在伊甸园里是邪恶的象征，蛇的动物性与邪恶的道德性在语境中没有任何固有的联系，这是隐喻的关系。利奇强调语境的因素，例如只有在政治的情境中，皇冠才代表王权；而在用啤酒商标的场合下，皇冠就不是符号而是象征了。[①] 利奇的专著《文化与交流》是一部介绍"结构主义"研究方法的著作，它有一个副标题"联结象征的逻辑"，显示了利奇对象征研究的特色。

利奇提出这些分析性的区分，就是为了提供概念性的工具，其目是为了对象征文化系统结构的分析。象征体系包括神话、巫术和宗教。利奇对象征文化的研究有两种方式，一种是社会-结构的分析方式，另一种是结构主义的分析方式。前者显示了利奇批判继承迪尔凯姆的社会学"一体化"的倾向，后者来源于列维-斯特劳斯的结构主义人类学的传统。利奇认为仪式是象征活动，神话不过是它在思想王国中的伙伴。仪式代表了社会结构，在具体情况下，社会结构"是由关于个人与群众之间力量分布的一套思想组成"，他意识到社会结构是一种思维模式，这种象征往往假定了在仪式象征主义与社会结构之间存在着一种一致性，利奇的经典论文《魔发》，就是这一分析的经典的例证。这篇论文是针对一位精神分析学者的观点而作的，这种观点认为，剪发是阉割的一种象征形式，在无意识领域，生殖器与头发被联想在一起。利奇认为在人种学文献中，长发与放纵的性生活相关，短发与有节制的性生活相关，刮成光头，则象征禁欲，利奇要表达的是，这种类型是与社会状况有关的。他进而提出，头发仪式不能归纳为性行为象征，它是受社会文化制约的。如在有些社会中，女子留短发象征着未婚，而留长发则象征着已婚。利奇把仪式象征主义看作社会结构的一种反映和隐喻，然而社会结构本身还是被表达成一种思想，是一种意识形态体系的一个方面。利奇把象征文化描写成一种交往的体系，认

---

① ［英］埃德蒙·利奇著，郭凡、邹和译：《文化与交流》，上海：上海人民出版社，2000 年版，第 12—13 页。

为人类学家的任务就是“解释蕴藏在象征主义中的启示”，是研究“文化形式的语文学”。

利奇主张采用两种基本的分析手段来解释文化形式，“来决定符号或象征‘意味’的是哪种习俗”。第一种分析方法产生于利奇提出的符号与象征之间的区别。这种分析方法就是联想，也就是说，象征之间的关系或是内在的、重要的，因而也就是换喻的；或就是有关的，所以也就是隐喻的。这是弗雷泽的巫术“相似律”和“接触律”区分的更精细的发展。第二种分析方法强调二元对立的密码，也强调了介于对立密码之间的第三种类。这构成了利奇象征的逻辑，也构成了神话、巫术与象征主义基本结构的结构原则。利奇象征论的重要性表现在，象征不可能在孤立的条件下得到理解，并且即使存在着某些共同的象征主题，但并不存在普通的象征主义。象征总是潜在地具有多种解释，并且只有当象征作为一整套的组成部分与其他象征对比时，它们才产生含义。

(三)道格拉斯的日常生活象征论

玛丽·道格拉斯[①]对象征文化也提出了自己的看法，她的探讨主要集中在对日常仪式象征的研究方面。1966 年，她出版了《洁净与危险》一书，对分类体系及其象征意义提出了系统的看法。她吸收了迪尔凯姆人类的象征有其社会基础的观点，也同意列维-斯特劳斯的“二元对立结构”的思想，认为人类经验的结构化常常通过男女、黑白、善恶、美丑以及洁与脏等二元性范畴发生。但她认为，这种二元性不是由人脑的生理的结构决定的，而是社会结构的表现。她从《圣经》中的“古老难题”——规定不准吃骆驼和猪等动物出发，进而研究了亵渎规定和食物禁忌现象，指出属于那些禁忌范围的物体都是带有两义性的，是无法明确归类的东西。不准吃骆驼和猪

---

① 玛丽·道格拉斯(Mary Douglas)1921 年生于意大利，后在伦敦的一所天主教修道院受基础教育，后入牛津大学学经济学，1943 年毕业后转向人类学研究，第二次世界大战后重返牛津大学研究文化人类学。1951 年获博士学位，1970 年被伦敦大学聘为教授，1977 年移居美国，是继本尼迪克特和米德以后的又一位著名女人类学家。著作有《开赛河流域的莱勒人》(1963 年)、《洁净与危险》(1966 年)、《自然象征：宇宙论的探讨》(1970 年)、《文化偏见》(1978 年)、《危险与文化》(1982 年)等。

等动物，不是一个卫生问题和美学问题，而是一种象征文化表现的结果。我们生活在一个象征符号的世界中，这个世界是由我们的符号象征体系所建构的。社会就是与符号象征文化表达的统一体，为了维护这个统一体，人类的行为领域要加以区别，甚至创造一些认识领域，并且将其模式化。社会对不能被模式化的东西总是排斥的，以维护其统一性。按《圣经》创世纪的分类，整个宇宙被分为三大领域，即大地、海洋与天空，每一领域有适当种类的动物生活：天上，两脚飞禽用翼飞；地上生活的动物可细分为“兽”和“爬行动物”，它们都是四足动物，或跳跃或爬行；水中是有鳍有鳞的动物。凡不符合这一分类系统的，都是对神圣的亵渎，都是食物的禁忌。反刍但不分蹄的骆驼和分蹄但不反刍的猪，也因其无法归类而被列为禁忌。因此，食物的禁忌，是社会分类象征的表现。在人们日常生活中，吃饭、穿衣、放东西等，都有原始人仪式活动的特点，都具有深刻的象征意义。如脏是事物分类系统的产物，衣服上的菜叶、地毯上的纸屑、餐桌上的鞋，都被我们视为脏的，要立即把它们收拾干净。但为什么菜叶掉到衣服上是脏的，放在盘子里就是净的？并不是菜叶本身脏，而是其“位置”导致其“脏”的。干净与脏取决于分类体系以及事物在该体系中的位置。一个事物，一旦脱离了其位置，便被视为有问题，社会便迫使我们重新安排事物的秩序，从而加强社会和道德秩序的结构。

1970年，道格拉斯出版了《自然象征：宇宙论的探讨》，发展了她在《洁净与危险》中的观点。但她把研究的重点放在对结构的相互关联上或象征类型与社会体验之间的一致性上。这种研究，为我们的探讨提供了几点重要启示。第一，社会生活是丰富多彩的，那么就不可能存在有普遍意义的象征类型。第二，她假设在人类所有的象征文化中，存在着一种要实现各层次体验中的和谐一致的动力。她还提出身体象征论和宇宙论，认为社会结构之间的关系是清楚的，是一种反映性的。第三，她试图用宇宙论思想来解释原始文化象征密码的多样性。第四，在讨论象征的基础时，她把可能具有一种“理想的”秩序和一部分“模式”或象征体系的社会结构与力量关系等同起来。

道格拉斯坚决反对把现代文化看成纯世俗的。有人认为，科学在这个世界中取代了宗教和仪式，并且提供了一种新的宇宙观，宗教仅成为在现代社会中感到不安的人获取安慰的源泉。道格拉斯认为，只要存在集体生活，就存在宗教和仪式、神话、庆典和礼仪；只要社会关系没有完全消失，宗教和仪式就仍然起作用。日常生活的仪式承担着产生和复制社会关系的作用。宗教仪式也好，日常生活的仪式也好，都是社会秩序和道德的某种象征。

(四)维克多·特纳的仪式象征论

特纳对象征文化的研究是从冲突与仪式开始的，这个领域后来归为政治人类学。他的第一部著作就是研究生活在一个没有“强大权力中心”的恩丹布人村落，其政治稳定性是如何维持的。特纳的研究表明，恩丹布人的社会存在不稳定的因素，存在形形色色的冲突和分裂，但构成其组织的结构是完整的，仪式在其中起着重要的结合作用。仪式所起的作用是通过独立于世系群亲属联系所进行的崇拜联合，来建立不同村落的联系以发挥作用。在特纳的理论中，仪式这个词指的是：所规定的服务于各种场合的规范行为，是对神秘物或魔幻力的信仰。恩丹布人的仪式有两大类，即生命困扰仪式和困扰仪式。前一仪式与死亡和青春期或生命成长有关，如男孩子的包皮切割术仪式和女孩子的青春期仪式；后一类仪式与各种不幸和灾难有关。当困扰来临时，就举行仪式。特纳从象征文化方面探讨了恩丹布人的仪式体系。

特纳在象征的理论上，同意精神分析学者和荣格关于符号和象征之间区别的观点，认为象征是自然地代表具有类似性质的或在思想上或在实际上有关联的事物。他区分了符号和象征：符号是一种已知事物的类似代表，象征相对地讲是一种对未知事物的表达。特纳提出，人类学者的任务就是揭示这些未知事物的含义。

特纳对象征的本质属性进行了探讨。他认为，象征的本质特征是它的两极性，其一极是具有一种自然和生理特点的象征代表物，它们都与一般的属于感情方面的人类体验有关；另一极是一类与社会组织的原则、与社会结构固有的道德规范和价值观念有关。也就是说，一为自然的、感觉的、欲望的，一为社会规范的、思想的、道德的，二者统一于象征。象征还有其多义性与统合性的性质，前者可称为浓缩性，指的是每一个象征都以最简明的形式来代表许多事情；后者指的是对彼此矛盾或相异的观念和事物的某种统合。一般来讲，越是主要的或占中心地位的象征，越具有多方面的含义或越能代表和统合更多的东西。

特纳还对象征研究的方法进行了论述。他认为，在象征的研究中，应包括三个层次：第一，当地人解释的层次，包括普通人和仪式专家的解释（他称这一层次是注释含义）；第二，仪式象征的应用含义——象征是如何在仪式范围内被应用的；第三，还有它的地位含义，也就是说，把象征的含义看作由它与其他象征“在一个整体，一个格式塔完形”中的关系所决定的。[①]

（五）象征人类学

20 世纪后 30 年，象征文化在象征人类学中得到更加广泛的探讨。前面提到的人类学家，是象征人类学的主要代表人物。这些人类学家的象征理论有各自的风格，呈现了不同的特色。他们都主张，象征人类学在本质上要把文化当成象征符号体系加以探讨。文化不是封闭在人们头脑中的东西，而是体现在具体的公共符号上。所谓“公共符号”（Public Symbols），指处在同一文化共同体的人赖以表述自己的世界观、价值观和社会情感的物体、事项、关系、活动、仪式、时间等交流媒体。对象征人类学家来说，象征是意义的“浓缩形式”（Condensed Form），或多种意义的联想。虽然象征渗入社会生活的各层面，但简单的功能解释，无法揭开象征的奥秘。象征文化研究的目在于发现象征如何形成体系，以及象征如何影响社会行为者的世界观、精神与感知。

象征人类学又被称为“后结构人类学”的一种，它克服了结构人类学的“人类象征结构一元论”的限制，更加强调研究中的主体方法，也就是从被研究者的角度解释象征，是对一种“有意识模式”的研究。象征人类学的理论家认为，不同象征文化的体系是不同民族对其处的世界的不同理解的结果。人们要想了解、认识一种象征文化，必须先把自己放在该文化的基础

---

① ［英］布赖恩·莫利斯著，周国黎译：《宗教人类学》，北京：今日中国出版社，1992 年版，第 337 页。

上，理解象征之间的关系以及象征在被研究者的举止和思考中的地位。换句话说，象征的意义在于它们是一个人经验与社会事实的中介：人们通过象征对外部世界及其变化进行自我调适。

象征人类学的代表人物格尔兹认为，对人类象征文化的研究，不在于像结构主义那样试图从多样化的文化中去推知全人类的共同的认知语法，而在于了解用“土著观点”解释象征体系对人的理会和社会生活的界说；不在于用科学的术语去套用文化的整体观，而在于理解不同民族、区域的“地方性知识”形成的独特的世界观、社会观背景。格尔兹在他的《文化的解释》《尼加拉：十九世纪巴厘剧场国家》以及《地方性知识——阐释人类学文集》等著作中，阐述了他的这些观点。格尔兹认为，人类学家所做的工作是“比较不可比较的文化”，在承认地方性知识体系和解释话语的自创性时，努力寻求人对社会解释的共同符号媒介。他认为，人类文化的基本特点是符号的和解释性的，作为文化研究的人类学也是解释性的。《文化的解释》一书所收的论文具有很强的宗教、符号及仪式等方面的倾向性。如他认为宗教就是一种象征文化的体系，宗教首先是符号的表达，而符号所承载的就是“意义”，即包括认识、情感、道德在内的一般性思考，这正是文化的核心。如果说文化是一种通过符号在历史上代代相传的意义模式，那么作为符号载体的宗教就是文化的基本质量。作为文化的符号，宗教展示了社会中的人对他们的生活和命运的看法，激励并保障人的生命延续，而宗教本身就富有自主的意义形态，是与人的人生观互为沟通的解释体系。在《民族精神、世界观与神圣象征》一文中，他对此做了明确的说明。①

根据以上对西方象征理论源流和结构的研究，关于象征我们可以得出这样一些简明扼要的结论。

象征是人类最古老、最基本的一种认识世界的思维方式，人的感性所见物的表达必然是一种象征性的，无论是表达抽象的理念，还是表达抽象的概念，或者表达不可见的神秘之物，只有象征才能成为可能。人类语言中的声音是事物的象征，文字是符号的象征，语言是事实的象征。

---

① 参见[美]克利福德·格尔兹著，纳日碧力戈等译：《文化的解释》“格尔兹文化论丛”译序，上海：上海人民出版社，1999 年版，第 11 页。

人的本质是由符号象征性规定的，借符号与象征人类创造了文化，语言、神话、宗教、艺术、科学都是借助象征才得以呈现的。因此，象征不是技巧，而是本体性的，是人类思维的方式，也是交流的手段，又是人类情感表现的符号传达，又是人类智慧的结构和知识的体系，这一结构体系既可以是理性的，更多的则是诗性的。

从人类总体上看，象征文化总表现为一种宇宙论的，硕大的、神秘的、不可知、不好把握的宇宙，只有在象征的形式中才可以把握，以建立一种宇宙的法则，使无序的宇宙有序化，以适应人类对自然变化无常的有序幻想。使人在宇宙中安身立命，给弱小的生命以生存的力量，给变化的命运以不变的定数，给无常的人生一个存在的形式，使不可知的时间空间变成可知的。

宇宙的象征实际上是社会象征的象征表现。因为，与变化无常的社会相比，宇宙的变化是细小的，不变的宇宙的象征模式，只是社会秩序的一个原型结构。社会的运行、权力运用、个人的位置，只有在一个类似宇宙的模式中才能得到一个复制的镜像，借此来巩固人类社会的结构模式。

宇宙的象征、社会的象征，实际上又是人的象征的表现。因为人的存在首先是一个生命的存在，生命的存在依托于肉体的存在；人的存在的条件是每个个体存在，个体的存在又是一种自我意识的存在，人只能按自我意识和自我肉身来想象世界和理解世界。因此，在象征文化中，往往是以人体的尺度作为象征的出发点和归宿。

人的生命不是一个永恒的存在，只能在幻想中才可能有永恒的信仰和不死的假设，但人的死亡却是一个真实的、可观察和体验到的事实，这是所有神话的象征、宗教的象征、仪式的象征的根源。

在象征文化中，语言、神话、宗教与图像有着重要的作用，是象征文化的深层部分。语言是自然在人身上的涌现，神话则是人自身本质力量外化的产物，宗教是人的道德、价值的仪式化呈现，图像则是人与自然关系的直接体现形式。因此，对象征文化的研究，这四个方面起到最重要的作用，构成了象征文化的原型结构。但原型并不是由生物的遗传性决定的，哲学人类学则证明人是一个历史的、文化的、社会的、教育的、传统的存在物。[①]

黑格尔的“象征型”艺术概念的提出和论证已经表明，象征与人类的审美和艺术的关系密切，实际上人类的早期艺术就是象征型的。象征主义在现代性中的复活，再次表明人类象征思维的强大的生命力。象征并不仅仅是原始艺术的特征、东方艺术的特征，还是整个人类艺术的特征；不仅“艺术前的艺术”如此，“艺术终结后的艺术”也是如此。现代象征人类学的兴盛，已使“象征”的概念成为理解人的基本的概念，而文化及人类学的研究就是对“象征”的全面探讨。

（原载《文学评论丛刊》第 6 卷第 1 期）

① ［德］蓝德曼著，彭富春译：《哲学人类学》，北京：工人出版社，1988 年版，第 264—277 页。

论鲁迅的神话观

在人类文化史上存在这样一种现象：一个伟大的思想家或艺术家，由于他站在时代的前列，不仅在自己所从事的领域获得了举世瞩目的成就，就是在他偶尔论及的领域，也不乏真知灼见。鲁迅并不是专门的神话学家，但在艺术实践中他接触了神话，对神话发表了一些见解，对我们今天神话学的研究和建设也是极有启示作用的。

一、鲁迅神话观的来源

鲁迅神话观来源于三个方面：一是年轻时对传统神话的喜爱；二是受晚清革命派作家神话观的影响；三是受西方人类学派神话观的影响。而后两者又往往是结合在一起的，故在本文中合并论述。

首先，年轻时对神话的喜爱，为以后鲁迅神话观的形成奠定了基础。现代人格心理学研究表明，人童年时代的生活，会对人的一生产生极大的影响。一个成年人的所有人格素质和知识根底，都可以从他的成长中分析出渐进的轨迹。鲁迅先生一生中可谓与神话结下了不解之缘。他幼年就极喜爱神话故事及图画，最初的几篇文言论文系统表述了他对神话的看法，到了晚年仍利用神话传说题材进行《故事新编》的创作。鲁迅一生的学术生涯，和他对中国小说史的精湛研究，深刻表明了他对神话的系统看法。

鲁迅在浙江绍兴度过自己的童年。绍兴不仅土地肥沃，鱼米丰盛，而且民风古朴，当时民间尚保留不少带有原始文化色彩的习俗。绍兴又有兰亭、鉴湖、会稽山、大禹陵等名胜古迹，这些都曾对鲁迅产生过影响。

鲁迅在他的散文集《朝花夕拾》中，就以充满感情的笔触，娓娓地叙述了他童年时代怎样神往于迎神赛会的盛举，怎样和农民的孩子一起观赏社戏，怎样参加“起殇”的活动。他喜爱无常和女吊的形象，喜用薄纸去描摹尖嘴、鸡爪的神话人物雷公；在仙台也常花几分钱看那些鬼戏。这些虽不都是神话，但这些民间文艺都与神话有密切关系。鲁迅在《阿长与山海经》一文中，曾描写了自己对《山海经》中神话故事和图画十分喜爱的心情。鲁迅是从一个远房的叔祖周兆蓝那里看到“绘图的《山海经》，画着人面的兽，九头的蛇，三脚的鸟，生着翅膀的人，没有头面的以两乳当作眼睛的怪物”[①]，从此激发了鲁迅对神话的喜爱。神话是人类童年时的产物，其思维方式与儿童有些相似，所以在童话的世界中，仍留有许多类似神话的奇迹，不过后者是利用了神话的方式而写的儿童故事。在童话不发达的晚清，鲁迅便从《山海经》奇异图画中发现了一个十分奇特的世界，以至“太过于念念不忘了”。后来，阿长利用告假的机会给鲁迅找来四本一套的粗刻本，鲁迅看到“似乎遇着一个霹雳，全体都震悚起来，赶紧去接过来”。他感慨地说：“那是我最心爱的宝书。”[②]以后鲁迅又购了一本红字、绿画，带有图赞的精印石刻本。从鲁迅的回忆中，我们可以理解为什么鲁迅在以后的《中国小说史略》中，把《山海经》称为保存中国古神话最多的古籍之一。

鲁迅对神话的喜爱一直热情不衰，许寿裳在《亡友鲁迅印象记》中，回忆“鲁迅在弘文学院时，已经购了不少的日本书籍”，艺术类中就有“希腊神话，罗马神话”，那是1902年的事。鲁迅还研究了《楚辞》中的神话，称“《天问》是中国神话和传说的渊薮”[③]。古代绍兴有许多大禹的遗迹和传说，这也深深吸引着鲁迅，在绍兴任教时，他常带学生到禹陵参观。20世纪30

① 鲁迅：《鲁迅全集》第二卷，北京：人民文学出版社，1981年版，第247页。

② 鲁迅：《鲁迅全集》第二卷，北京：人民文学出版社，1981年版，第248页。

③ 许寿裳：《亡友鲁迅印象记》，北京：人民文学出版社，1977年版，第4页。

年代鲁迅还以大禹的神话传说创作过小说《理水》。鲁迅在《中国小说史略》中把神话定为小说之渊源，实际上在他青年时代就奠定了此学术思想的根底。因此，年轻时对神话的喜爱就成了鲁迅神话观的一个来源。

其次，鲁迅的神话观受晚清革命派神话观的影响，而晚清革命派神话观的形成又是在介绍西方人类学派的观点中形成的。晚清是中国神话学形成的转折时期，甲午战争失败的耻辱激发了中国人空前的民族独立意识，进步的知识分子奔走呼号，他们从异域接受新的学说，作为促进中国人觉醒的火种，他们对神话的论述不过是其整个学术活动的一部分。鲁迅先生在此思潮中接受了当时最进步的思想“进化论”，这直接影响了鲁迅在进化论基础上形成的文化人类学派进化论的神话观。

我们知道，严复在当时曾翻译过一批资产阶级哲学科学著作，其中有英国生物学家赫胥黎的《天演论》，英国哲学家、社会学家斯宾塞的《群学肄言》，英国社会学派学者甄克思的《社会通诠》等，这些著作都利用了大量澳大利亚土著的民族学资料，运用了文化人类学派的理论来论述人类社会，其中很多地方涉及神话。

1902 年日本学者有贺长雄有关社会学一书的第三部分《家族进化论》也被译成了中文，后改名为《族制进化论》，其内容取自斯宾塞的《社会学原理》和摩尔根的《古代社会》。林纾和魏易还从英文转译了德国哈波兰所著的《民种学》(原名《民族学》)。翻译西方的著作刺激了中国学者自己的研究，1904 年蒋智由的《中国人种考》问世[①]，夏曾佑于 1905 年 7 月至次年四五月间陆续刊行了他编著的《中国历史教科书》。这些著作，都已运用进化论的观点，表达了他们对我国远古神话传说及与上古史关系的认识。夏曾佑的著作中有《神话之原因》一节，指出了古代神话、史事杂糅的古史书，跟部落性情、制度、文化的密切关系。[②]

鲁迅和周作人留学日本期间于 1907 年曾接触到英国安德路·兰的人类学派的神话观。他们曾翻译过英国哈葛德与安德路·兰合著的神话小说

---

① 此著作初分期刊载于 1903—1904 年的《新民丛报》，1906 年印单行本，后改名为《中国古代史》。

② 参见钟敬文：《钟敬文民间文学论集》上，上海：上海文艺出版社，1982 年版，第 301 页。

《红星佚史》。“五四”以后周作人曾说：“兰(即安德路·兰——引者)氏在他的大著《神话仪式与宗教》中解答说，这种讲变形的神话是野蛮人空想的产物，因为没有人与物不同的观念，所以发生这些故事。”[①]鲁迅以后也多次讲到神话是原始初民“神思”创造出来的。

1907年，鲁迅开始发表他的几篇文言论文，其中较为详细地表达了他对神话的看法。无疑，他的神话观是从晚清介绍过来的人类学派的观点和在日本所接触的一些人类学家的著作中吸收养分而又有所创造的。他的有些看法则直接来源于晚清学者的观点。这里举一个例子，是过去没有被人注意的。蒋观云在《华年阁杂谈》中有一篇短论《神话·历史养成之人物》，这是当时比较集中地谈论神话问题的一篇文章，其中的观点，可能直接影响了鲁迅在《破恶声论》中的论述。比较两篇文章对神话的立论可以明显看到这一点。蒋观云认为神话和历史这种文化产物，对一个国家人民心理形成产生巨大的影响。文章一开头他就指出那些古老民族的神话对国民精神所起的作用。他说：“印度之神话玄深，故印度多玄思之思，希腊之神话优美，故希腊尚优美之风。”他还认为，要养成良好人物，必须有模范以资陶铸。他说：“古往今来，英雄豪杰，其一言一行，一举一动，即铸成之植字，而留以为后世排列文字之用者也。……而荟萃此植字者，于古为神话，于今为历史，神话、历史者，能造一国之人才。”另一方面，他又认为神话、历史的所由造成，是一个国家人才的表现。如果一国的神话，历史不能增进人们的兴味，鼓舞人们的志气与事业，就证明那个国家人才的短绌。[②]

鲁迅先生在《破恶声论》中论及神话与宗教时也认为：印度民族和古希伯来人创造的古神话，“此乃向上之民，欲离是有相对之可现世，以趣无限绝对之至上者也”，“凡一切睿知义理与邦家族之制，无不据是为始基焉”，“宗教由来，本向上之民所自建，纵对象有多一虚实之别，而足充人心向上之需要则同然”。鲁迅认为，古代神话、宗教对一国之民的影响是

---

① 杨堃、王文宝：《人类学派对我国神话学研究的影响》，载袁珂主编《中国神话》第一集，北京：中国民间文艺出版社，1987年版，第16页。

② 参见钟敬文：《钟敬文民间文学论集》上，上海：上海文艺出版社，1982年版，第297页。

极大的，因而要了解一个民族必须从神话开始。

蒋观云进而论证了神话的教养作用。他说，有些文明人看不起神话，认为神话荒诞，是不对的。他用历史事实证明这种态度的错误："近世欧洲文学之思潮，多受影响于北欧神话与歌谣复活。"我们再看鲁迅，他也否定了否定神话的错误倾向。他认为神话本古人"神思"创造的作品，"虽信之失当，而嘲之则大惑也"。他举例说明一些人"以动物学之定理，断神龙为必无"是错误的，因为"夫龙之为物，本吾古民神思所创造，例以动物学，则既自白其愚矣"。鲁迅认为"龙为国徽"，犹如"俄罗斯枳首之鹰，英吉利人立之兽"①。这里显然是接受了人类学派的观点。

严复在其所译的《社会通诠》里，曾加按语：

> 图腾者，蛮夷之徽帜，用以自别其众于余众者也。北美之赤狄，澳洲之土人，常画刻鸟兽虫鱼或草木之形，揭之为桓表，而台湾生番，亦有牡丹、槟榔诸社名，皆图腾也。由此推之，古书称闽为蛇种，盘瓠犬种，诸此类说，皆以宗法之意，推言图腾，而蛮夷之俗，实亦有笃信图腾为其先者，十口相传，不自知其怪诞也。②

章太炎在《訄书·序种姓上》也曾介绍了国外一些民族的图腾制度，并用中国的满、蒙等族的神话传说以互相印证。鲁迅认为龙为"神思"所创造的动物，本为图腾，后来演化成了"国徽"的象征，为龙的研究开辟了一条道路。闻一多先生的关于龙的论述，无疑是继承了鲁迅先生的研究传统。今人又有仅从物理学、动物学来论述龙起源的，可谓早被鲁迅先生所批驳。

二、鲁迅神话观的系统结构

鲁迅神话观虽散见于各处，没有专门论述神话的著作，但其论述并不

---

① 鲁迅：《鲁迅全集》第八卷，北京：人民文学出版社，1981年版，第27—28页。

② [英]甄克思著，严复译：《社会通诠》，北京：商务印书馆，1981年版，第3—4页。

是零碎的。我们做必要的归纳分析，便可看到鲁迅神话观是有其系统结构的，尽管前后期的论述略有差异，但整体上则是一贯的。我们看到鲁迅神话观的系统结构是由这几个方面所构成的：神话是原始思维的产物；它与巫与巫术是密切联系在一起的；神话为文化之源；在它的起源阶段与宗教是有密切联系的；在文明社会，由于还存在原始思维的遗留物，仍然可以产生新神话。下面我们就从三个方面进行剖析。

(一)原始思维与神话的产生

在神话的性质和起源的问题上，过去曾有过自然说、社会说、历史说、象征说、语病说、隐喻说、寓意说、人化说、惊异说、精神分析说等各种观点和学派。这些观点固持一端，或以偏概全，虽然都各有一定的道理，但又都不能真正说明神话的本质。鲁迅大体上以人类学派的观点为出发点，又综合了其他学派的看法，曾多次直接论述神话的起源，并给神话下了定义。

鲁迅早期神话观在《破恶声论》中表现得比较明确，他说：

> 夫神话之作，本于古民，睹天物之奇觚，则逞神思而施以人化，想出古异，諔诡可观，虽信之失当，而嘲之则大惑也。①

这里鲁迅用“神思”来解释神话的产生。他是从原始思维及原始人的心理发生上来立论的。在《破恶声论》中他还说：

> 夫人在两间，若知识混沌，思虑简陋，斯无论已；倘其不安物质之生活，则自必有形上之需求。鼓吠陀之民，见夫凄风烈雨，黑云如盘，奔电时作，则以为因陁罗与敌斗，为之栗然生虔敬念。②

他认为神话不是天生就存在的，它是人类进化到一定阶段，物质生活

---

① 鲁迅：《鲁迅全集》第八卷，北京：人民文学出版社，1981年版，第30页。

② 鲁迅：《鲁迅全集》第八卷，北京：人民文学出版社，1981年版，第27页。

已经不成问题且有了更高需求时的产物，是人类对自然万事万物所欲求解释的产物。

到了20世纪30年代，鲁迅发表《中国小说史略》和《中国小说历史的变迁》时，这种观点仍没有多大变化，他说：

> 昔者初民，见天地万物，变异不常，其诸现象，又出于人力所能之上，则自造众说以解释之；凡所解释，今谓之神话。①

又说：

> 现在一般研究文学史者，却多认小说起源于神话，因为原始民族，穴居野处，见天地万物，变化不常——如风，雨，地震等——有非人力所可捉摸抵抗，很为惊怪。以为必有个主宰万物者在，因以拟名为神，并想象神的生活，动作，如中国有盘古氏开天辟地之说，这便成了神话。②

由此观之，鲁迅的神话观可以归为这样几点：(1)神话是初民对自然现象的一种解释；(2)创作神话的思维机制是“神思”或“想象”；(3)神话的方式是“人化”的；(4)神话是产生在一定的物质基础之上，不是从来就有的。由此看来，鲁迅早年在进化论的世界观指导下形成的神话观是颇合唯物主义观点的。他吸收了各派神话学的优点，用极精练的语言表达了出来。

马克思说，任何神话都是用想象和借助想象以征服自然力，支配自然，把自然力加以形象化的产物，神话是“通过人民的幻想用一种不自觉的艺术方式加工过的自然和社会形式本身”。我们比较马克思和鲁迅的论述，发现其基本精神是一致的。这里最关键的是神话的“神思”和“想象”说。现代神话学多注意研究原始思维与神话起源的关系，事实上在鲁迅的

---

① 鲁迅：《鲁迅全集》第九卷，北京：人民文学出版社，1981年版，第17页。

② 鲁迅：《鲁迅全集》第九卷，北京：人民文学出版社，1981年版，第30—31页。

神话观中已包含这方面的内容。

鲁迅讲神话本古民之“神思”所创造，马克思讲神话是“想象”的产物(后来鲁迅也直接用“想象”一词)，实际上，“神思”也好，“想象”也好，都是指的一种原始思维。原始人的想象不同于今人的艺术想象，原始人的想象力是建立在原始信仰的基础上的，是“把自然力加以形象化”，“在这种反映中，人间的力量采用了超人间力量的形式。”①“神思”一词现在指艺术想象的不受时空限制、变幻莫测的特点。许多人认为这个词来源于刘勰的《文心雕龙》——因为其中有《神思篇》，或来源于陆机的《文赋》，实际上刘勰用神思形容艺术的想象是值得研究的。无疑，神思起源于原始人的原始思维。这在中国古籍中偶有透露。如《易·系辞上》释“神”曰：“阴阳不测之谓神”，“惟神也，故不疾而速，不行而至”。在更远古的时代，神应指一种可以脱离事物或人体的超自然的精灵。在万物有灵的时代，这种灵可以相互交感，神话就是这种原始思维的产物。到神话时代远去，人的时代兴起后，原始交感巫术的灵感思维便形成了艺术的想象。意大利美学家维科在他的《新科学》中，描述原始人的思维方式即是想象的，这正是神话创造的基础。神话大都采用了“人化”，即把人的生命外化到客观世界万事万物上去，这正是原始人不了解事物的发展变化而想象出有一种超自然的“神灵”主宰的结果。神话便是这种自然力的形象化或象征体。所以，鲁迅对神话的论述虽言语很少，内涵则是十分丰富的。

(二)巫与神话

鲁迅在论述神话时，把神话和原始宗教联系在一起来考虑。中国古代原始宗教主要的表现就是巫与巫术的信仰。鲁迅认为神话与巫有着密切关系。1925 年 3 月 15 日，鲁迅给两位青年大学生傅筑夫、梁绳祎的信中，就他们请教如何研究神话做如下答复：

> 中国之鬼谈，似至秦汉方士而一变，故鄙意以为首先搜集至六朝(或唐)为止群书，且又析为三期，第一期自上古至周末之书，这根柢

---

① 《马克思恩格斯选集》第三卷，北京：人民出版社，1972 年版，第 354 页。

在巫，多含古神话；第二期秦汉之书，其根柢亦在巫，但稍为变为“鬼道”，又杂有方士之说，第三期六朝之书，则神仙之说多矣，今集神话，自不应杂入神仙谈，但在两可之间者，亦只得存之。①

这是鲁迅长期研究中国小说史的经验之谈，也是浓缩了的中国小说史。对先秦古文学，他指出“根柢在巫，多含古神话”的观点。他在《中国小说史略》中也说：

中国本信巫，秦汉以来，神仙之说盛行，汉末又大畅巫风，而鬼道愈炽；会小乘佛教亦入中土，渐见流传。凡此，皆张皇鬼神，称道灵异，故自晋讫隋，特多鬼神志怪之书。②

鲁迅先生认为先秦的巫教信仰，是神话产生的基础。他对先秦古籍如《山海经》做了深入的研究后指出：

中国之神话与传说，今尚无集录为专书者，仅散见于古籍，而《山海经》中特多。《山海经》今所传本十八卷，记海内外山川神祇异物及祭祀所宜，以为禹益作者固非，而谓因《楚辞》而造者亦未是；所载祠神之物多用糈（精米），与巫术合，盖古之巫书也，然秦汉人亦有增益。③

为什么“根柢在巫”便多含古神话呢？这里蕴含着十分深刻的人类学命题。

巫术（magic）是一种广泛存在于世界各地区和各历史阶段的宗教现象。它的通常形式是通过一定的仪式表演来利用和操纵某种超人的神秘力量，影响人类生活或自然界的事件，以满足一定的目的。巫术仪式表演常常采

① 鲁迅：《鲁迅全集》第九卷，北京：人民文学出版社，1981年版，第43页。
② 鲁迅：《鲁迅全集》第九卷，北京：人民文学出版社，1981年版，第43页。
③ 鲁迅：《鲁迅全集》第九卷，北京：人民文学出版社，1981年版，第18—19页。

取象征性的歌舞形式，并使用某种赋有巫术魔力的实物和咒语。巫者，是从事通神活动的宗教职业者。在《国语・楚语下》中观射父说："古者民神不杂，民之精爽不携贰者，而又能齐肃衷正。其智能上下比义，其圣能光远宣朗，其明能光照之，其聪能听彻之，如是则明神降之，在男曰觋，在女曰巫。"注曰："觋，见鬼者也，周礼男亦曰巫。"《说文解字》曰，"巫，祝也，女能事无形，以舞降神者也。"巫者通鬼降神的方式是使用歌舞表演仪式。《尚书・伊训》曰："敢有恒舞与宫，酣歌于室，时谓巫风。"因此，可以断定，巫者的舞蹈是一种降神仪式，歌舞中的念词就是通神的"咒语"，而咒语，就是古神话的征引。

英国著名人类学家、功能学派的代表人物马林诺夫斯基在对原始部落做了深入的调查后，分析了巫术与神话的关系。他得出结论说："几乎每个咒语都有一项仪式所没有的成分，那就是神话的征引，征引巫术所本的祖先与文化英雄。"①"巫术是沟通荒古艺术的黄金时代与现今流行的奇行异能两者之间的桥梁。所以巫术公式充满了神话的典据。""神话——它乃是一劳永逸地证明了某种巫术底真理的几种事件之一所得到的历史陈述。……主要的神话不过是叙述巫术底荒古奇迹罢了。"②鲁迅认为："巫以记神事，更进，则史以记人事也，然尚以上告于天。"③

中国现代民俗学的调查也证明了这一点，如阿昌族神话史诗《遮帕麻和遮米麻》的搜集整理者，在该书的后记里向我们介绍了巫师在庄严的仪式上演唱这部神话史诗的情况，为我们了解巫术与神话的关系提供了一份难得的资料。据搜集者介绍，"《遮帕麻和遮米麻》既是一部神话史诗，又是原始宗教巫师的念词，是由巫师在祭祀祖宗和举行葬礼时向族人念诵的。"④

---

① [英]马林诺夫斯基著，李安宅译：《巫术 科学 宗教与神话》，北京：中国民间文艺出版社，1986 年版，第 57 页。

② [英]马林诺夫斯基著，李安宅译：《巫术 科学 宗教与神话》，北京：中国民间文艺出版社，1986 年版，第 71—72 页。

③ 鲁迅：《鲁迅全集》第九卷，北京：人民文学出版社，1981 年版，第 345 页。

④ 闫云翔：《神话的真实性与神圣性》，载刘魁立等编《神话新论》，上海：上海文艺出版社，1987 年版。

鲁迅对巫术与宗教神话有自己深刻的理解。他在《汉文学史纳要》中说："复有巫觋，职在通神，盛为歌舞，以祈灵贶。"①他曾分析希伯来人民的巫术观念说："希伯来之民，大观天然，怀不思义，则神来之事与接神之术兴，后之宗教，即以萌孽。"②其"接神之术"即为巫术，巫术为后来宗教之萌芽。鲁迅论述《山海经》仅举"多用糈，与巫术合"就知其为巫书，当然多含古"神话"了。此论言简意赅，使几千年来不知《山海经》为何书的疑团瞬时冰释雪融。此观点无疑为中国古神话的研究开辟了一条康庄大道。

(三)神话的文化之源

鲁迅科学地解释了神话的起源，并对神话的发展演变做了论述。他认为神话是古民的创造，与巫的信仰密切有关。而巫的信仰是原始人企图了解自然的法则而做的努力，带有原科学的性质，但其中又有许多荒诞的东西。随着人们对巫的信仰的消退，人与神界的远离，科学真正的兴起，神话便发生了许多变化，由神话而产生了传说。鲁迅在《中国小说史略》中指出：

> 神话大抵以一"神格"为中枢，又推演为叙说，而于所叙说之神，之事，又从而信仰敬畏之，于是歌颂其威灵，致美于坛庙，久而逾进，文物遂繁。

这里，鲁迅除简要地说明了神话的内容外，又指出它与宗教的关系，并指出了神话与宗教发展对整个文化形成的影响。他认为，"从神话演进，故事渐近于人性，出现的大抵是'半神'，如说古来建大功的英雄，其才能在凡人以上，由于天授的就是。"③由传说再演变就是史，逸史即变为小说。这里鲁迅勾画出一条从神话到小说的演化轨迹，这一点是颇合事实的，其所著《中国小说史略》便是从这条线索写下来的。他认为，由神话演变到传

① 鲁迅：《鲁迅全集》第九卷，北京：人民文学出版社，1981年版，第343页。

② 鲁迅：《鲁迅全集》第八卷，北京：人民文学出版社，1981年版，第27页。

③ 鲁迅：《鲁迅全集》第八卷，北京：人民文学出版社，1981年版，第302页。

说、小说，这是人性逐渐觉醒、渐渐远离神的时代的产物。这都是很精辟的论述。虽然整个人类不断进化，理性和科学不断发展，但是，原始思维的东西还会在一部分人中间存在，在民俗的领域中，原始的遗留物还很多，这便是新神话产生的原因。这一点鲁迅是超出了英国人类学派神话理论的，这一派认为神话是原始人思想、信仰、习俗的反映，到了文化比较进步的社会，它们就成了当时思想、习俗不相应的文化遗留物。而鲁迅有自己的独特看法，他认为"中国人至今未脱原始思想，的确尚有新神话的发生"①。这个论点曾引起中国神话学界的大争论，至今未息。很多人反对这一观点。但从当时中国的实际情况看，由于中国各民族的文化水平发展不平衡，还有一部分人的生活、文化是处在原始阶段或比较原始的状态中，在这样的思想状态下，完全可以产生新神话。当然，这些神话使那些已经处在科学理性时代的人看来便显得迷信与不近人情了，所以便遭到这些人的反对。

鲁迅还从文化的起源及发展上，从世界文化史的角度来考察神话传说与文化的关系，考察不同民族的神话对民族精神的影响。他说："矧欧西艺文，多蒙其泽，思想文术，赖是而庄严美妙者，不知几何。倘欲究西国人文，治此则其首事，盖不知神话，即莫解其艺文。"②鲁迅认为，要想了解一个民族的文明，必须从神话开始。他早在《破恶声论》中，就分析过古代的印度、希腊及后来的东欧和北欧各国，他还分析了中华民族的神话，认为中国没有像希腊史诗那样的巨著，中国神话中的神也不及古希腊神话中的神具有人的色彩。中国的神远远地超乎常人，这是与宗教迷信相混合造成的。由于中国神话比较零碎、没有巨著，内容又多杂入宗教迷信，这便影响了中国小说的内容，以至"虽至今日，而许多作品里，唐宋的甚而至于原始人民的思想手段的糟粕都还在"③。本于巫的神话，发展下来便是鬼道，所以中国小说中便多是搜神、志怪、述异、剑侠与神魔。鲁迅曾取材于古神话传说进行创作，写出《故事新编》。他的伟大之处、超出古人之

① 鲁迅：《鲁迅全集》第十一卷，北京：人民文学出版社，1981年版，第438页。

② 鲁迅：《鲁迅全集》第八卷，北京：人民文学出版社，1981年版，第27页。

③ 鲁迅：《鲁迅全集》第九卷，北京：人民文学出版社，1981年版，第301页。

点就在于，他的创作抛弃了神话传说的神秘与荒诞，而借神话宏扬民族精神，歌颂中国的顶梁人物。在遥远的古代神话和现代意识之间，经鲁迅的艺术创造，融铸成一座精神的桥梁。这与鲁迅在早期论文《摩罗诗力说》中礼赞撒旦式的反抗神的精神是一脉相承的。

具体来讲，鲁迅还把神话与美术、文章、宗教、诗歌等联系起来论述，他在《中国小说的历史的变迁》中提到，神话是“宗教之萌芽”，“神话是文艺的萌芽”，进而又认为“在文艺作品发生的次序中，恐怕是诗歌在先，小说在后的。诗歌起源于劳动和宗教。”这“是因为原始民族对于神明，渐由畏惧而生敬仰，于是歌颂其威灵，赞叹其功烈，也就成了诗歌的起源”。他还说：“在古代，不论小说或诗歌，其要素总离不开神话，印度、埃及、希腊都是如此，中国亦然。”

神话、宗教与艺术之间的关系，本来是一个极复杂的问题。在这三者之间，鲁迅肯定了神话是第一位的，进而产生宗教，劳动和宗教产生了诗歌。这个结论虽有值得商榷的地方，但国外文化人类学研究的结果已证明，艺术的起源与宗教仪式之间存在着千丝万缕的联系。许多艺术形式直接源于宗教仪式。但仅从宗教上来论述艺术的起源显然是片面的；仅从劳动来论述艺术的起源如同仅从宗教论述一样也易堕入片面。鲁迅在这个问题上持两元论，是有他一定道理的。在神话和宗教何者为先的问题上，人们至今争论不休。鲁迅认为是神话产生了宗教，我国著名神话学家袁珂则认为是宗教产生了神话。① 实际上犹如先有鸡还是先有蛋的问题一样，争论神话和宗教何者为先是没有什么结果的，因为它是一个事物的两个方面。有神话必然产生信仰，而信仰总靠一定的神的观念支撑，两者互为表里、相辅相成、互相促进。前引民族学的资料已证明，神话往往在宗教仪式上背诵以增加其神威性。鲁迅的立论是以人为宗教为基础的，那时他对原始宗教的认识，还不是十分清楚的。人为宗教的建立与巩固，无疑是从神话中获得神圣观念的。如《圣经》上的上帝七日造人、洪水神话、摩西十诫以及《古兰经》的穆圣感应上天的启示等。

---

① 袁珂：《神话论文集》，上海：上海古籍出版社，1982 年版，第 63 页。

三、对鲁迅神话观的评价

作为一个伟大的思想家、文学家，鲁迅先生能站在时代的前列，从当时最进步的思想理论出发来挖掘神话的内涵，不愧为“中国神话学的承前启后者”①。

鲁迅关于神话的观点，直接受到文化人类学派神活观的影响，茅盾先生 1978 年还认为，人类学神话学“对神话的发生与消失的解释尚不算十分背谬”②。由于文化人类学能在广大的领域中，注重考察原始初民的生活、信仰及习俗，并从中来探讨神话的产生发展及流变，他们的确对神话学的研究做出了杰出的贡献，增强了人类对自身的认识。鲁迅的伟大之处在于把人类学派的观点，直接用来分析中国的古神话，并详细探讨了神话与中国小说史的关系，做出了精辟的论述，这一论述迄今仍是经典性的。

更难能可贵的是鲁迅把神话视作文化之源，考察了神话对民族精神的影响，这是从深层上来分析国民性的出发点。鲁迅对中国国民性的深刻理解，正是在建立于神话基础之上的对世界各民族文化观念的比较中形成的。尽管鲁迅先生没有谈什么“集体无意识”“积淀”等理论，但他已从艺术实践上证明了这一点。今天我们看到一些人在分析民族精神上正是从神话入手，不能不说是受了鲁迅的启示。目前，对鲁迅神话观的研究是极不够的，对一些问题甚至没有阐释清楚。如巫与神话究竟有什么关系？神话与宗教的关系究竟如何？在艺术起源问题上，究竟是仅从劳动上来探讨，还是应把劳动与宗教结合起来探讨，等等。

当然，鲁迅毕竟不是人类学家和神话学家，神话学不过是其文化活动的一部分。他对一些理论的阐述也不可能全面系统地展开；许多观点还是移易外来的，并不是他首先提倡的；部分观点看来是过时，甚至不对的。但鲁迅关于神话的论述，仍然是启发我们开辟神话学研究的一份不可多得的宝贵遗产。

（原载《上海鲁迅研究》第四辑）

---

① 潜明兹：《神话学的历程》，哈尔滨：北方文艺出版社，1989 年版，第 127 页。

② 茅盾：《茅盾评论文集》上册，北京：人民文学出版社，1978 年版，第 4 页。

论中国美学的方法问题

本文要探讨的是中国美学的方法论问题。“中国美学”的概念已经被学术界普遍承认并广泛使用，但这个概念的内涵仍然需要进一步明确。在“美学”的术语前加上“中国”两字表明这里的美学是“中国”的，而不是外国的。“中国”是一个限制词，指其美学所在的地理的、政治的等范围。问题接踵而来，美学是可以分为国别的吗？如果说“中国美学”的概念可以成立，那么就应该有别的国家的美学，如美国美学、法国美学、印度美学，等等。一般认为，美学是一个探讨美的规律的学科，它的特性是对人类普遍审美经验的有效的概括，似乎不应该把美学按国别来划分。如康德的《判断力批判》、黑格尔的《美学》，并不是仅仅是德国的，而是对一个人类共同面对的审美问题的探讨，所以才能称“学”。这是在“学”的层面上看问题。有时我们把以康德、黑格尔代表的美学称之为德国古典美学。[①] 美对人类来讲是有普遍性的，但对美的探讨则有时代、民族、国家、地域等的地方性的不同，所以“中国美学”的概念又是可以成立的。就像我们有语言的概念，但具体的语言则有中文、英文、俄文、法文一样。“中国美学”是一个整体的概念，不是偏正词组的“中国”的“美学”。前者指一个在近代产生的，在中西文化交流中形成的不同于中国传统美学的“审美现代性”的一

① 参见蒋孔阳：《德国古典美学》，北京：商务印书馆，1980 年版。

个事件；后者指中国人从古到今的有关美学的种种言说，如《中国美学史》[①]中就有“中国美学”的概念。

学术界已经有人区分了“美学在中国”与“中国美学”的界限。中国古代是没有现代意义上的美学的，美学在中国是中国社会现代化的产物。中西文化在近代相互碰撞，“美学”在西学东渐中被引进来，中国知识界开始翻译介绍西方美学，但这并不是“中国美学”。“中国美学”是在中国现代化的运动中，知识分子在中西美学的交流中，从本民族的历史条件出发，在吸收中外美学遗产和对现实的境况反思中形成的美学理论。“中国美学”是对自身审美现代性问题的理论反思。因此“中国美学”的概念是基于中国问题、吸收外国美学理论，由中国人所创立的不同于中国古典美学的一种新的知识类型。从时间上看，“中国美学”是 19 世纪末发生，经过 20 世纪，在 21 世纪继续发展的一种美学体制。体制一词指的是“美学”在现代学校制度下形成的学科规范、学术规范以及在“学科建设”中形成的学科制度。如，有专门从事美学研究的专家、学者、教授，并通过研究，出版学术著作，召开学术会议，培养学位人才等一套操作方法和规范。

这样看，中国美学既是一个逻辑性的概念，又是一个历史性的概念。“中国美学”是百年来中国社会历史发展的精神表现，它随社会的发展而发展，在不同的时代境遇中体现不同的价值。“当历史在前进时，美学具有前瞻性，它翘首望着未来，表达着理想；当历史在发生时，美学具有概括性，它总结经验，概括为理论；当历史在实践时，美学具有价值性，它指引着道德，规范着意志。”[②]美学不愧为我们这个时代的精神精华，它反映着、探索着、也预言着 20 世纪中国伟大的历史变革。对中国美学百年发展中的学术进程进行探讨已经引起了学者的重视，并取得了众多的学术成

① 李泽厚、刘纲纪：《中国美学史》第一卷，北京：中国社会科学出版社，1987 年版。

② 朱存明：《情感与启蒙——20 世纪中国美学精神》，北京：西苑出版社，2000 年版，第 2 页。

果。[1] 从方法论上来反思中国美学现实的成就和问题则展开得还极其不够。但是，“中国美学”问题可以转化为中国美学的方法问题。有什么样的美学就有什么样的方法，有什么样的研究方法也就会有什么样的美学。我们关注的则是中国美学的学科发展、理论构建、学术成果、理论思潮、学术流派中的方法论基础。

一、中国美学的形成与方法论的关联

美是一种人类的生命现象，人活着就在追求美、审视美。美学是人类的文化现象，是人对自身追求美的反思的理论成果。生命有多么丰富，美就有多么广阔；人类有多么复杂，美学就有多么艰难。美学之所以能成为一门公认的学科，是基于人对人性进行审美要求的反思。美总是在不断的创造中，美学也随时代、阶级、民族、个体的不同而呈现不同的理论色彩。

有人称中国古代“有美无学”，或者把古代的美学思想称为“潜美学”“前美学”，因为中国古代虽然有许多关于美和艺术的谈论，但没有现代性的学科体制，谈美只能是经验性的、个体性的。实际上中国美学的形成，应该看成是一个现代性的事件。它随着中国社会的发展，从传统社会转为现代社会的历史产物。古典的美的思想观念之所以被我们称之为美学，并且写出许多种中国美学史性质的著作，那是用现代的美学理论对历史重新编撰与阐释的结果。

---

① 汝信、王德胜主编：《美学的历史——20世纪中国美学的学术进程》，合肥：安徽教育出版社，2000年版；邓牛顿：《中国现代美学思想史》，上海：上海文艺出版社，1988年版；张涵：《中国当代美学》，郑州：河南人民出版，1990年版；卢善庆：《中国近代美学思想史》，上海：华东师范大学出版社，1991年版；聂振斌：《中国近代美学思想史》，北京：中国社会科学出版社，1991年版；陈伟：《中国现代美学思想史纲导论》，上海：上海人民出版社，1993年版；封孝伦：《二十世纪中国美学》，长春：东北师范大学出版社，1997年版；陈望衡：《20世纪中国美学本体论问题》，长沙：湖南教育出版社，2001年版；邹华：《20世纪中国美学研究》，上海：复旦大学出版社，2003年版；聂振斌：《思辨的想象——20世纪中国美学主题史》，昆明：云南大学出版社，2003年版；汝信、王德胜主编：《20世纪中国美学史研究丛书》(一套六本)，北京：首都师范大学出版社，2006年版。

几百余年中国美学，经历了一个从简单到复杂、从引进介绍到消化吸收、从直接拿来到和民族传统相融合，结合现实而创立自己体系的一个发生、发展的历史进程。这样看来，中国美学就是从清末开始，经过20世纪的发展，到今天仍在继续进行的一个进程。对这一历史时期美学进程的探讨，可以划分为不同的历史阶段，笔者在《情感与启蒙——20世纪中国美学精神》中，把它划分为四个阶段，这就是从清末到“五四运动”，从“五四运动”到“建国(新中国成立)”，从“建国(新中国成立)”到“新时期(改革开放)”，从“新时期(改革开放)”到现在。从美学理论建设和学科形成看，这四个阶段美学研究的成果与研究方法有许多不同，当然也有相同的地方。

19世纪后半期，中国社会面临巨大的变化，虽然有些人还沉溺于旧的美学传统之中，但时代的呼唤则产生一种新的美学精神的萌发。在与西方的对垒中，中国的丧权辱国激发了中国社会的变革。中国美学就是在向西方学习中产生的，如建立新式学堂、派人出国留学、翻译西方书籍。蔡元培对此总结说：“我国输入欧化，60年矣，始而造兵，继而练兵，继而变法，最后乃始知教育之必要。”[①]当时知识界对中国的判断是，中国落后了，必须要向西方学习。在当时人看来，西方比我们强大，因此他们的一切都比我们的好。美学便是在这样的背景下被从西方引进中国的。中国美学的先驱，如王国维、蔡元培、朱光潜、宗白华、蔡仪等人，都是在对西方文化、美学、哲学探讨以后开始自己的美学探讨活动的。当然，西方美学也不是铁板一块，也有各种不同的流派和理论体系，所以向西方学习的道路也不一样，表现在美学家的理论表述上也有差别。

五四运动以后，马克思主义美学开始在中国传播，美学研究也逐渐被置于马克思主义之下。后来，马克思主义的哲学基础成了解决美学问题的唯一正确的方法。随着唯物主义认识与反映论和历史唯物主义占领社会主义意识形态，在新中国成立以后成为指导思想的理论基础，唯物主义认识论的美学曾雄霸20世纪中后期中国美学的大部分时间与领域。20世纪50至60年代中国美学界曾有过一次大讨论，其目的还是企图用哲学的一元论来一统天下。但复杂的美学问题，并不能像下行政命令那样来强制执行，

① 高平叔编：《蔡元培全集》第三卷，北京：中华书局，1984年版，第312页。

美学总不能被体制化所规训，美学的学术性与政治性之间产生了悖论的张力。美学研究成了美的本质研究并根据研究者的哲学观来判断其正确与否。这种局面到了新时期以后才开始转变。因为从原则出发和从理论出发，并不能解决美学的实际问题，也不能用来分析审美现象。随着改革开放的启动，一元论受到质疑，于是从方法论讨论开始，中国美学走向了多元价值的黄金时代。方法论的提倡与反思实际上是对一元论哲学的唯一正确的“权力话语”的挑战与解构。随着各种方法流派的引进，美学研究者发现唯物主义以外的研究方法，美学的多元价值、审美的丰富性、审美经验的个体性、创造性被学术界所认可，并作为许多美学理论立论的出发点。年轻一代的美学家从自身的体验中，从社会现实的变革中汲取美学研究的力量，美学研究又回到了它的起点，即从经验出发或从生命体验出发来重新建构新的美学。

从马克思主义辩证唯物主义和历史唯物主义出发的“实践美学”，曾走向中国美学的巅峰，有过辉煌的光彩和荣耀，忽然在生命美学、价值美学、审美文化研究和后现代美学的另一类话语中失衡。原来美学的基础还可以突破唯物、唯心等哲学而走向一种话语模式。在后现代主义美学看来，本质主义、基础主义、宏大叙事都是可疑的，都不是“真理”，也不是“规律”，更不是“客观的”，这些词都带有表现性，审美并没有什么可以离开个人判断的“客观性”。① 这段时间的美学发展，被有些人称为“后实践美学”。随着中国的改革开放，中国社会已经走向了多极，价值也走向了多元，美学也走向了“散文”时代。随着科学技术的发展，美学研究放弃了“教条主义”的注经研究，而走向“合而不同”。日常生活审美化、视觉文化的研究、图像理论的兴起、生态美学的出现，都是美学变革的成果，也是其原因。中国美学在多元论中走向繁荣。

美学研究与方法密不可分，美学理论可以看作方法的展开和演化。中国美学的变革就是中国美学研究方法的变革，每次新的美学出现，都是研究方法变革和转变的结果，方法就是达到目的的思路和手段。我们的目的

---

① 参见［法］让-弗朗索瓦·利奥塔尔著，车槿山译：《后现代状态——关于知识的报告》，北京：生活·读书·新知三联书店，1997年版，第3页。

是研究美，但怎么去研究，这是一个问题。虽然中国美学在进行理论构建时也曾反思方法问题，但目前对美学方法本身的探讨还极其不够。方法是工具和手段，但不能仅仅理解为工具论和手段论。方法与其对象有密切的联系，是对对象的本质特征认识的展开过程。方法的确立是对对象本身理解的产物。大部分的方法是在探讨的过程中产生的。

二、中国美学方法范式及异化

中国美学的产生、发展与方法论有内在的关联。本文从宏观的角度在模式上对中国美学的方法论进行阐释。中国美学方法最主要的有引进法、注经法、科学法、哲学法、流派法等。

一是引进法。引进法是中国美学研究中最主要的方法。当从价值上认识到西方美学的优点时，有着向外学习传统的中国人便采用了“拿来主义”的方法，先翻译介绍外国的美学，其中以引进西方的美学为主，东方的为辅。这种引进表现为：派留学生去国外学习语言，了解异域文化。把国外的著作、学科、学制直接引进来，用西方的美学来分析中国美学的问题。如王国维用叔本华、康德美学来分析中国文艺中的审美精神；蔡元培引进德国学科建制在北京大学首开美学课；朱光潜、宗白华留学西方，把在西方当时有影响的美学理论翻译介绍过来。这种方法在中国百年美学发展中有三次高潮：一为清末到“五四”时期大量翻译异域的美学著作；二为选择了马克思主义为救国之本，翻译苏联为代表的马克思主义美学著作；三为新时期在改革开放的大潮下，大量翻译外国美学著作。中国美学形成的理论派别，与这种翻译过来的西方美学著作的刺激与对照有内在关联。有人对大量翻译介绍西方美学著作对促进中国美学的发展持一种怀疑态度，认为这样失去了中国美学的民族性是不对的，中国美学根本没有患什么“失语症”，只是我们还没有学会说自己的话。可以设想，如果没有引进法，中国的美学可能根本就不存在。引进法首先形成“西方美学在中国”的局面，通过反思，进而形成中国美学的独特性。中国美学在现代社会与西方的遭遇是历史性的，它是整个世界美学的现代化的一部分。美学在未来不应再分国界，而应成为真正的全人类的“美学”。美学由“地方性知识”而走向为人类审美经验立法。但现阶段美学仍然是“地方性的知识”。由于民族传统不同、地方环境差异和文化价值的差别，各国的美学理论也会有所不同。

引进法的好处在于开阔了视野，使中国美学在发展中找到了参照系，西方美学在思维形式、逻辑分析、论证过程、价值取向上成为比较研究的对象，刺激了中国美学的成长。但我们也应看到：西方美学是针对西方世界的历史、人文、价值、艺术、社会阶段和现实问题提出的，哪些可以与中国问题类比、吸收则是需要研究的，绝不能对外国的东西盲目引进、食而不化、崇洋媚外。如五四时期提倡西方“科学与民主”的方法，“科学方法”就被异化成了神话；我们向苏联学习，引进马克思主义，深信马克思主义唯物论可以解决美学的一切问题。新时期以来，各种西方的理论方法被介绍过来，如“三论”(信息论、控制论、系统论)，有人便拿来建构中国美学，结果是自说自话，随着时间的消逝，也就成了过眼烟云。今天，有些人开始对20世纪80年代中期提倡的方法论热进行反思，认为对方法的过于强调，已经使方法产生了异化。虽然如此，我们也不能对方法论带来的中国美学的发展视而不见，正是新时期以来美学方法的讨论以及各种方法被引进介绍，中国美学才走向繁荣。

二是注经法。注经法在中国古代是一种典型的治学方式，这种方式在中国美学的研究中也成为一种承继下来的研究方法。“经”这里指“经典”，中国古代把儒家的代表典籍称为“经”，如著名的“十三经”。现在把那些圣人、英雄、名人的有深远影响的著作称为“经典”，如商务印书馆出版的“汉译学术名著丛书”，中国的《诸子集成》《十三经注疏》都是经典。由于某一著作影响远，内涵深奥，后人便加以“注”“疏”“笺”。如《诗经》《论语》《老子》《金刚经》的注疏本，已经成为一笔巨大的宝贵遗产。这种注经法本来是理解前人成果的一种方法。后来生发出“我注六经”和“六经注我”的两种倾向。前者指为了准确理解经典而广征博引，以发现和阐释原著的原意和微言大义；后者指引用经典的说法来阐发自己的看法和认识。

由于中国文化传统十分深厚，长期的封建社会养成保守的心理，因此崇拜圣人、崇拜经书的观念和方法十分流行。这影响到百余年来中国美学的建设。表现为尊崇某一理论权威的观点，或某一经典书籍的阐释，从主义出发、原则出发、本本出发、某一关键词出发阐释出一套美学体系来。唯教条是从，最后失去了思想的原创性，并且极易陷入流派论争而不能自拔。

注释某人某派某书的观点，可以促进对某一理论的理解，可以确定一个理论的前提或逻辑的起点，但它往往缺乏独创性，难以产生新的思想。中国美学在20世纪后半叶的发展，出现了众多的理论流派，但似乎没有产生什么真正的影响，使普通大众失去对美学的兴趣，美学研究者也厌恶了这种注经法，而使注经式的美学走向一种孤芳自赏、自言自语。除了经院式的争辩外，没有真正解决任何问题。

三是科学法。科学法来源于古希腊的传统，企图从自然本身来说明自然，人类放弃了神创论而走向自然论，于是有了“真理”等观念的出现，并为之而进行深入的探讨。由于传统中国缺乏西方的科学理性，中国传统的创造被称为经验性的。百年来中国在反思自身的落后时，有人认为中国缺乏的是科学精神，于是在20世纪初期开始了一场尊崇“科学”“民主”的思想运动。在美学上，有些美学家进行了中西美学的比较，把中国传统美学归为感性的、直觉的、经验的、综合的；把西方美学归为理性的、分析的、逻辑的、科学的等。且不说这种两分法的幼稚，中西美学的差异就有这么巨大吗？西方有人提倡建立一种科学的美学，中国也有人应和之。于是从方法上把美学视为“科学”，便成为一个时期中国美学追求的目标。“美”虽然是感性直观的，令人愉悦的，但“美学”确是一门“学”，凡“学”，当然有自己的学科理念、科学方法和结构模式。于是在美学的方法论中引入了科学方法。倡导“科学法”的论者们在观念上认为可以建立一门类似于自然科学的美学，一劳永逸地解决诸如美的本质、美感的本质、艺术的本质等问题。在方法上把科学、理性、逻辑推理、形式逻辑的一套引进美学和文艺学的论证过程。或者在具体方法上采用归纳法、演绎法、比较法，像研究自然的物理、化学、光学那样来研究美学。当科学发展中出现什么新的理论便拿过来用来研究美学，如当信息论、控制论、系统论出现时，曾被一些人拿来建构新的美学体系，但现在看来，都成了明日黄花，因为它不是从“审美现象”出发来进行的探讨，而是科学观念和方法的套用，根本不能说明复杂的美学问题。在科学内部，也有人对“科学”是绝对真理，可以放之四海而皆准提出质疑。科学研究并不能被证实，它只能被证伪，科学不过是知识的类型，而知识则是假说。[①] 科学的转变是神秘的，是一种范式的转变而绝不是永恒的真理。实证并不能证明一切，极易堕入片面的经验决定论。因此，科学的美学、永恒的美学和普遍真理的美学都是靠不住的。因为美学的对象不是科学的对象。美不过是表示人感性愉快不愉快的一个对象，对美的探讨更应该走哲学的、人文科学的道路，探讨的是审美经验的结构和审美造型的差异以及艺术的审美特征或审美的价值所在。

科学法中的形式逻辑对美学的建立有方法论的意义，它使美的理论、观念、思想形成一门“学”。但在接近美的核心问题时，它不能解决任何问题。美不是一个逻辑学的问题，也不是一个知识学的问题，而是人文精神价值的问题。为什么所谓自称“科学的美学”种种理论并没有被认为是一门“科学”，或并不具有科学性，是因为“美学”的评价尺度并不是科学性的。就像宗教、信仰、艺术、体验等人类行为，怎么能用“科学”的尺度去衡量呢？科学的美学实际上是走错了道路。科学解释不了宗教，当然也解释不了审美。凡是自称为科学的美学，都是要重新进行审视的。最后，“科学”的术语被异化为“正确”“真理”的化身。所有的美学都称自己是科学，不同意对方的观点就称对方是“伪科学”“反科学”的。“科学”概念的内涵已经被抽空，而成了一种“话语权”的表现方式。因此，凡称自己的美学是“科学”的美学都要在科学观念下接受质疑和分析。

四是哲学法。美学隶属于哲学，是哲学的一部分或一个分支。这从学科建制上可以看出。但在实际的运行中，美学并不完全是哲学的一部分。有人把美学看成由三部分组成，这就是美的哲学、审美心理学和艺术社会学，这乍一看很合理，实际上也是有问题的，审美心理学与艺术社会学都不是哲学问题。所谓美的哲学就是从哲学上来探讨美是什么。我们看到一些有关美的哲学的书籍就做了这样的努力。这看上去美与哲学的关系问题已经解决了，实际上问题变得更加复杂了。有些哲学家，在哲学体系的建立过程中，不得不对美进行探讨，这种美学被称为“自上而下”的美学。问

① 参见［英］卡尔·波普尔著，傅季重、纪树立译：《猜想与反驳——科学知识的增长》，上海：上海译文出版社，1986 年版，第 3 页。

题在于还存在着“自下而上”的美学，这种基于经验的美学，根本无视哲学的指导，而是从实证性的经验出发归纳、演绎出美的问题。难道美学的探讨可以脱离审美心理和艺术问题，而存在另一个审美对象？

更重要的是哲学本身的问题。五十余年来，在中国，哲学曾被放在知识的峰巅，被看作世界观与方法论的总和，认为哲学观决定了一切。于是从哲学原则出发，从某一哲学派别出发，从某一哲学观念出发来解决美学问题成为时代的特色和通病。哲学被异化成某一派别的哲学，某一主义的哲学；哲学被看成超于具体事物之上，表现了普遍联系的规律；哲学就成了形而上学，成了一部分人的教条。他们所谓的哲学美学，就是从某一哲学观出发的美学。哲学观当然不是哲学，但它又貌似哲学，因而很多人不加区分，或者没有能力区分。

实际上，哲学在古希腊产生时只是一种追问方式，它追问的是某个东西是什么，或者这是什么——美。① 它的含义是“爱智慧的”。当我们追问什么是“存在”，什么是“人”时，这就是哲学。运用在美学研究上，就是追问什么是美。这就是哲学的方法。② 哲学是从思考普遍性问题上开始的，它却起源于惊异感或“好奇心”。因此，从哲学上对美的追问，不是从某一哲学观的追问，而是从人与自然的审美关系出发的追问。美从非美的地方开始，审美从怪异中产生。正是人外在对象的种种奇异引起人们的追问，才产生了审美，而解说这一对象的普遍的思考成果就是哲学；在中国表现为“天人合一”的观念，在西方表现为追求“逻各斯中心主义”的普遍的规律性追求。在现代西方，传统的哲学观也受到了批评，一些学者否定形而上学，反对以抽象概念为至尊的哲学而使自己的思想转为“后哲学”③。在现代中国，哲学曾超越知识和科学之上，获得“最普遍的规律之学”的称号，现在看来也不过是一个虚构的“神话”，是一种神化自我“话语权”的方式。

---

① 参见［德］海德格尔：《什么是哲学?》，载孙周兴选编《海德格尔选集》上，上海：上海三联书店，1996 年版，第 588 页。

② 参见张世英：《哲学导论》导言，北京：北京大学出版社，2002 年版，第 4 页。

③ ［美］理查德·罗蒂著，黄勇编译：《后哲学文化》，上海：上海译文出版社，2004 年版，第 13 页。

这样哲学在现代就转变成了“关于人对世界的态度或人生境界之学”①。

在哲学被“神话”时，从所谓的哲学原则和规定性生发出来的美学研究就产生了异化。美学并不是从人与世界关系的“惊异感”出发来研究，而是从某种形而上学的抽象概念原理或权威人士的言语或“经典著作”中开始自己的研究。这就使中国美学中的“美的哲学”产生“疏离感”“隔世感”“教条感”，除了在美学研究者中产生影响，为各自的原则争辩外，对社会大众普遍无效。在20世纪末，这种局面才有所改变。哲学法已经走下神坛，它也不过是一种言说方式，与虚构的小说和散文并没有什么太大的区别。哲学法，在“后现代”社会又回到古希腊时的观念上，哲学“作为希腊词语乃是一条道路”。这条道路与老子哲学中的“道”，有异曲同工之妙。老子的道有四层含义：道路、自然运行的法则、言说方式、思想体系的方法。方法就是到达目的的“道路”。所以，哲学就是方法论。

五是流派法。哲学是一种探讨的过程，通过探讨什么是宇宙、什么是人、什么是美等问题来进行叙说。不同时代的人有不同的看法，不同的研究方法又会产生不同的理论流派，不同的流派又产生不同的影响，于是研究方法又产生了一种变异，这就是不从哲学产生的原点展开研究，而是借用已经形成的不同的理论倾向的理论、原则展开自己的研究。

人都是普遍缺乏创造性的，人又都是善于学习的，当别人有了很好的看法，往往就会被后人继承。我们看看各种历史发展的书籍，这种历史继承性构成了波澜起伏的思想长河。现代学科的体制化，教育制度的师承关系，强化了这种流派的形成和影响。

20世纪以来，人类的创造力大增，各种理论流派纷纭争雄，形成的“主义”也是五花八门。纯粹的胡言乱语肯定说服不了人，从某一牛角尖上引申，然而其生发出的种种独白理论却也有一批听众。特别是那一部分掌握了“权力”的人，掌握了“权力”就掌握了“话语权”，他们叙述了一个白日梦，别的人也跟着沉溺其中。那些学术权威，以自己的独到研究，建立了一套系统的学说，无异于建立了一个宏伟的大厦或者一个神秘的迷宫，引来了无数的观赏者和模仿者。于是在20世纪中国美学的研究中，从某一流

---

① 张世英：《哲学导论》，北京：北京大学出版社，2002年版，第9页。

派的理论出发来建立自己的理论就成了一种最流行的方法。

笔者举了几种谈美学、文艺学方法论的著作，可以看出这种研究方法的影响。

日本著名美学家今道友信主编过五卷本的《美学的历史》，其中一卷是《美学的方法》①。该书选择了11种研究方法，分别是现象学、解释学、艺术符号论、分析美学、实验美学、形而上学的方法、社会学的方法、比较美学、结构主义、创作学、卡罗诺罗伽②。从中可以看出，这里的所谓研究法，大部分是理论流派的。

陈鸣树教授著有《文艺学方法概论》③一书，除了上篇论述了方法论的基本原理，下篇论述了方法论的实践功能之外，中篇是介绍方法论的。他列有13种方法，分别是：社会学方法、心理学方法、比较学方法、俄国形式主义、新批评方法、原型批评、现象学文学研究方法、阐释学方法、接受美学、结构主义文学方法、解构主义文学方法、自然科学方法的借鉴、马克思主义文艺学方法论。可以看出，他基本上是从某种学派理论出发来展开不同方法论的。

胡经之、王岳川教授主编的《文艺学美学方法论》④列出了社会历史研究法、传记研究法、象征研究法、精神分析研究法、原型研究法、符号研究法、形式研究法、新批评研究法、结构研究法、现象学研究法、解释学研究法、接受美学研究法、解构研究法。基本上可以看出，除了传记研究法是从文体立论，其余基本上是从某一思想流派出发立论的。

赵宪章教授著有《文艺学方法通论》⑤一书，该书把文艺学方法归为五大范式：文艺学经验方法、文艺学美学方法、文艺社会学方法、文艺心理学方法、文艺学本体方法。这里克服了将方法与流派混淆的错误倾向，在

---

① [日]今道友信编，李心峰等译：《美学的方法》，北京：文化艺术出版社，1990年版。

② “卡罗诺罗伽”一词是今道友信从外文“calonologia”引用而来，被今道友信阐释为一种“超本体论”研究法，是一种美的形而上学的构想。这个词由美、存在、理性、学问构成，他认为：“它的真意是意味着力求在理性上逼近超越了存在的美的价值的学问。”

③ 陈鸣树：《文艺学方法概论》，上海：上海文艺出版社，1991年版。

④ 胡经之、王岳川：《文艺学美学方法论》，北京：北京大学出版社，1991年版。

⑤ 赵宪章：《文艺学方法通论》，南京：江苏教育出版社，1990年版。

历史与逻辑的统一的基础上，展示了文艺学方法的历史发展和范式演变。在具体论证时，该书则把不同流派的理论放在五大范式中。

因此，美学、文艺学中的流派研究法是一种影响颇大的方法。但是，这种把方法等同于流派的做法是值得商榷的。“方法不等于流派，一种方法可能被分为多种流派所运用，一种流派也可能同时运用多种方法。”[①]美学的方法作为一门学科的研究方法，与流派的具体研究方法显然不是在同一个层面上的，将美学、文艺学的理论流派看作不同的方法，是对美学研究方法概念的误解。某种流派，只是一种研究方法，而不是方法本身。

我们根据百余年中国美学的演化过程，从历史进程中归纳出几种方法论的模式，任何模式的形成总是对相同的或相似的对象的结构的归纳。这种归纳是抽象性的、结构性的，因此，也失去了其鲜活性。如果认为仅仅有这样几种方法模式则是大错特错了。人们从不同的原则、解构、类型出发也会有不同的归纳。

三、中国美学方法论中的悖论反思

中国美学的概念已经确立，并且已经有学者总结了这方面的发展，并写出了大部头的著作。中国美学看上去是丰富多彩的，实际上有时又是空洞无物的。这当然是一个悖论。看上去丰富多彩是因为中国从清末开始向西方学习，美学被引进以后，出现了种种美学理论，几乎是步西方的后尘，把西方的种种理论、学说、流派引进来，又批判掉，最后只留下引进、崇拜、批判、否定的痕迹和研究者走过的足迹。美的真理并没有出现，因此中国美学又是空洞无物的。这个空洞无物是经过百余年的研究探索，关于美的一切问题都没有达成统一的意见。如美的本质究竟是什么？曾经的主观说、客观说、主客观结合说、客观社会说、实践说、生命说等，也不过是根据自己的立场，在哲学话语下的一种推演。再如美学的对象是什么，也没有一致的看法，既然可以成为“学”，肯定有“学”的对象，但抽象上存在，具体时就不存在了，只能根据每个不同的研究者来确定。

---

① 赵宪章：《文艺学方法通论》，南京：江苏教育出版社，1990年版，第13页。

实际上美学本身是可疑的，从“美学”术语的翻译上，它来自于德文“Äesthetik”，把这个词命名为一门“学科”是美学之父德国哲学家鲍姆嘉通，这个词的本义为关于感性认识的学科。感性认识包括“美”，但绝不仅仅是“美”，所以美学应研究感性中的审美，及其非美等感性类型。康德把审美称为“判断力”，黑格尔认为美学就是艺术哲学，实际上坚持的是美学的本意。但中国人引进美学后，美学的中心词被置换成了“美”，把本来属人的“审美鉴赏力”产生的美，和仅仅探讨艺术才具有的美，都外化到客观事物上去了，并以此出发，引经据典来证明美的客观性。由此出发来批判康德、黑格尔美学的唯心主义，以此来证明自己的正确。

这都是“哲学”惹的祸。哲学本来应该探讨什么是美，进行本体性的追问，这纯粹是一个学术问题。但在中国美学中哲学则成了话语权的象征物。先是神话哲学，把它推到世界观和方法论的高度，再把信仰的文化和书本作为哲学唯一正确的盖棺定论，这种哲学就成了政治的术语，以此出发探讨丰富多彩的审美，怎能不走错路？中国美学 20 世纪 50 至 60 年代的讨论，便是在这种观念下产生的。沿此思路，到 20 世纪 80 年代，产生了“实践美学”，美学好像被统一了、定于一尊了，但从一个“实践”概念来演绎出一个美学体系，并不能说服年轻一代的美学工作者。因为何为“实践”本身就是一个值得探讨的问题。“实践”也不过是一个供不同美学家解释的“术语”而已。随着改革开放，人的地位不断提升，生命的价值得以弘扬，“实践美学”受到质疑是必然的。

科学法是一个好东西。科学的发展促进了现代化，提升了人们的生活水平，是现代化创造的奇迹。人们尊崇科学是可以理解的。于是科学法便拿来研究美学，试图建立一个美学科学或科学美学。但美学科学建立起来了吗？没有，我们还没有看到一个真正的美学科学。原因就在于美学就不是一门科学，人们用科学的一套方法研究美学是行不通的；美学仅仅是一门人文学科，是关于鉴赏判断愉悦不愉悦的价值判断的种种理论。审美就像诗与艺术一样，不能被科学的理性所规范，它代表的是人性中的“诗性”。所以中国美学方法中出现了另一种情况，愈是想建立科学美学，愈脱离审美本质。用科学的方法研究美学，仅能增加知识，而不能体验美。美需要用直觉、感悟来体验。

美学作为一门“学”，按学理和学科规范，应该证明一个普遍有效的判断，传授一个可以被反复证明的理论，是可以传授给别人的。但美学家们又认为，美是感性认识的，根本与理性无关，美的知识可以传授给别人，审美却不可以传授给别人。就像康德认为的，艺术需要技巧，但艺术本质上不可传授给别人的。[①] 诗人可以把写诗的技巧教给他的儿子，但不能保证他的儿子能写出一首好诗；人可以把马带到饮水处，但是否喝水却是马的问题。这又带来一个问题，美学既然不能最终决定审美与艺术创造，那它还有什么用？美学仅仅是美学家训练思维的游戏吗？理论是抽象的，人们一度认为，具体的事物都是个别的，未必是真理的，只有抽象的理论才是普遍有效的，但普遍的又只能是抽象的。美学理论无视艺术家具体的经验，艺术家也不想去看那些什么所谓的理论。中国美学往往脱离了对具体审美行为的联系，是一个时代的通病。

翻译介绍国外的种种美学理论是好的。打开国门，视野大开，有了参照系，吸收营养以建立符合中国国情的美学是我们的愿望。但是，我们看到引进是引进了，却没有很好的消化。有些人声称要打通古今中外，建立有中国特色的美学，却看不到有价值的成果。有人对外排斥，对外语的表述转化为汉语的表达不理解。有人对中西美学进行比较，而不问时代、背景、社会的不同，在理论和术语之间寻觅“贯通”。

在对中国美学方法进行反思时，从宏观上我们看到存在一些悖论，这的确是一个问题。英国哲学家罗伊·索伦森说：“我把悖论看作一个哲学的原子，因为悖论是思想走向成熟的基本起点。”[②]美学是由其存在的问题而不是由它的答案来维系的。美学理论源于日常生活对审美体验概念表达的困惑，这种困难即悖论。悖论使我们徘徊于好多很好的答案之间的问题里，对审美之谜的历史解答使问题一代又一代地维系着。美是客观的，还是主观的？美感是功利性的，还是超功利性的？艺术是天才创造的，还是技巧创造的？不同的美学家都有不同的看法。一般而言，悖论的某个答案

---

① 参见［德］康德著，宗白华译：《判断力批判》上，北京：商务印书馆，1985年版，第149页。

② Roy Sorensen. *Philosophy and the Labyrinths of the Mind*, Oxford University Press, Ine. 2005. p. 2.

单独看是很有说服力的(自圆其说)，而势均力敌般的对手之间的“拉锯战”，则使问题保持了生气。常识或许看上去是天衣无缝的，悖论则标志了常识世界的一系列缺陷。

20世纪90年代以来，有人认为“中国美学热”已经退潮而走向沉寂，实际上这一阶段的美学才是真正健康发展的美学。美学从定于一尊的形而上学的“实践”中走出，走向生命，走向体验，走向日常生活，走向大众文化，人们开始反思视觉文化、图像转型、环境美学、身体美学。美学由哲学的巅峰滑向实用体验的运用。

这是美学的堕落，还是美学的复兴?

人们建立科学的美学，要遵循一定的研究方法，但从百年来中国美学的方法论进程中，也看到其弊端，这就是方法的指导极易走向其反面而被方法所困，以致失去了方法论的意义，或者说美学存在的问题并不是美学本身的问题而是方法的问题。如“五四”时期科学法的提倡而使美学走向“唯科学主义”论；如马克思主义哲学方法被运用时，形成唯物主义一元论。信息论、控制论、系统论被引进时的“三论热”现象。各种流派的美学方法都有一大批追随者，从而导致中国美学教条主义的幼稚病。

今天，我们应该对方法的内涵重新认识。方法不是科学，也不是哲学，当然也不是形而上学；方法不是一些流派，也不仅仅是一种工具。从词源学上来看，方法在古希腊语中是“沿着道路的意思”，因此方法可以理解为遵循正确道路的行动。“因此，所谓方法最好理解为道路。”①如我们想到一个地方，可以乘汽车，也可以骑自行车，也可以步行，重要的是在路上正确前行以达到目的地。当然在没有道路的时候自己要开辟道路，不然就无法达到目的地。当没有工具的时候，自己可以创造，如造车、造船、造桥。所以法国当代著名哲学家埃德加·莫兰认为：方法乃“天然之天性”②。方法从没有方法的地方开始，开始时只有反对方法，也就是说敢于

---

① [日]今道友信编，李心峰等译：《美学的方法》，北京：文化艺术出版社，1990年版，第18页。

② [法]埃德加·莫兰著，吴泓缈、冯学俊译：《方法：天然之天性》，北京：北京大学出版社，2002年版，第4页。

起步，由于好奇心、激情、开放而使我们钟情于一个目标，你就开始了方法的探索。西班牙人马查多(Machado)诗云："于无路处行路。"方法只能在寻找中产生，为了到达你一无所知的那一点，你必须踏上一无所知的那条路。中国美学应该放弃所谓的十几种引进的方法论，而走向"美的现象"还原本身，从而探索出一条通向"美学"这一宏伟目标的道路。

用老子的话表述就是"道法自然"。

（原载《徐州师范大学学报》2009 年第 2 期）

中国美学史书写的形态与反思

随着美学学科的发展，20 世纪 80 年代以后，中国美学史的研究越来越受到美学界的关注。研究者从各种不同的角度、运用不同的方法对源远流长的中国美学史进行了挖掘与阐释。一时间，中国美学史的研究热闹非凡，成果迭出，出现了一批有一定影响的著作。进入 21 世纪以来，随着社会的转型与理论的变迁，美学研究也走向价值的多元重构，重写中国美学史的历史诉求也成为学术界关怀的问题之一。截至目前，中国美学方面的通史、断代史、部门艺术美学史已经出版有百余种。在 21 世纪的转折点上，在新的美学观念指导下，中国美学史的书写，面临着一场新的反思、变革与转型。

一、美学与美学史建设

美学是从西方引进的，是中西文化冲突和交融的产物。它最初是依据近代欧洲的学科和学术规范建构而成的。美学在中国已经有百余年的发展历史，目前已经形成一门显学。从美学在中国的发展来看，美学在不同的历史时期，有着不同的学术内涵，美学理论也就呈现不同的特征。在不同的美学理论指导下产生的美学有不同的学术追求，美学史也就显示不同的形态。20 世纪的上半叶，中国美学有了很大的发展，但是却没有产生通史性的美学著作，仅仅有一些部门美学的探讨，或者专门问题的探讨。在新中国成立初期的十几年里，美学虽然也经历了讨论，但那时主要争论的是美的本质、美学的研究对象等问题。随着改革开放的到来，美学得以复苏。美学以其独特的理论视野，成了历史进步的言说方式，成了历史启蒙的时代工具，对革命的热情逐渐被审美的愉悦与快感所代替，对历史的反思也可以以美学展开。历史的反思走向历史的深处，美学史也开始了新的开拓与建设。在新时期，美学的基本理论是在哲学指导下形成的，不同的哲学倾向形成不同的美学理论。在新一轮的美学理论指导下，美学史的建设渐渐走向繁荣。李泽厚的《美的历程》开其先河，李泽厚、刘纲纪的《中国美学史》，叶朗的《中国美学史大纲》等继其后，终成蔚为壮观之势。[①] 美学是从实践中来的，是美学家思维创造力的结晶。美学反映了时代的精神面貌，是时代精神的晴雨表，又是时代精神的表征。因此，美学理论往往对美学史的书写起到规范作用，不同风格的美学史，是不同的美学家遵循不同的理论选择的结果。当然，中国美学史的书写对美学理论的建设也起到推动作用。

美学史当然有自己的发展历程，但是美学家的美学观念对选择什么样的美学问题写进美学史是至关重要的。现在来看，有人企图对美学史做全面的描绘，有人只对某一时代的美学问题感兴趣，有人只对自己熟悉的某一美学现象感兴趣，于是便产生了美学通史、美学断代史、美学部门史、美学问题史。美学家们或直观描述，或理论概括，或逻辑论证，或范畴演绎，四处寻觅、穿凿附会、考据求证、津津乐道。

二、美学史书写的类型

美学史的建设，是历史观念的一部分，也是审美观念历史发展的一部分，不同的历史观与美学观会产生不同类型的美学史。作为对一个历史时

---

① 李泽厚：《美的历程》，北京：文物出版社，1981 年版；李泽厚、刘纲纪主编：《中国美学史》第一卷，北京：中国社会科学出版社，1984 年版；叶朗：《中国美学史大纲》，上海：上海人民出版社，1985 年版。

期美学史著作的反思，我们只探讨那些有较强系统历史观念的著作。

就目前来看，已经出版的中国美学史方面的著作有一百多部。[①] 从中可以看到关于中国美学史的书写有两种基本类型：一种是理论型的，另一种是经验型的。早在20世纪80年代，李泽厚、刘纲纪认为，中国美学史的研究对象有广义和狭义之分。所谓广义的研究，是对各个历史时期的文学、艺术以至社会风尚的审美意识进行全面的考察。所谓狭义的研究，则以哲学家、文学家或文学理论批评家著作中已经多少形成的系统的美学理论或观点作为主要研究对象。他们的研究是从思想家的著作中有关美与艺术的言论观点入手。[②] 叶朗认为，一个民族的审美意识的历史表现为两个系列：一个是形象的系列，一个是范畴系列。研究形象系列的是各门艺术史，研究范畴系列的是美学史。他说："一部美学史，主要就是美学范畴、美学命题的产生、发展、转化的历史。"[③]敏泽也认为："美学思想史研究的对象，最根本的一点是研究民族的审美意识、观念、审美活动的本质和特点发展的历史。"[④]但他把基本的和主要的范围放在有关美学思想的理论形

---

① 代表性的著作有李泽厚：《美的历程》，北京：文物出版社，1981年版；《复旦学报》(社会科学版)编辑部：《中国古代美学史研究》，上海：复旦大学出版社，1983年版；李泽厚、刘纲纪：《中国美学史·先秦两汉卷》，北京：中国社会科学出版社，1984年版；李泽厚、刘纲纪：《中国美学史·魏晋南北朝卷》，北京：中国社会科学出版社，1987年版；栾勋：《中国古代美学概要》，桂林：漓江出版社，1984年版；叶朗：《中国美学史大纲》，上海：上海人民出版社，1985年版；皮朝纲：《中国古代文艺美学概要》，成都：四川省社会科学出版社，1986年版；郁沅：《中国古典美学初编》，武汉：长江文艺出版社，1986年版；敏泽：《中国美学思想史》一至三卷，济南：齐鲁书社，1987年版；王兴华：《中国美学论稿》，天津：南开大学出版社，1993年版；张涵：《中华美学史》，武汉：华中师范大学出版社，1995年版；王向峰：《中国美学论稿》，北京：中国社会科学出版社，1996年版；陈望衡：《中国古典美学史》，长沙：湖南教育出版社，1998年版；陈炎主编：《中国审美文化史》1—4卷，济南：山东画报出版社，2000年版；许明主编：《华夏审美风尚史》1—10卷，郑州：河南人民出版社，2000年版；张法：《中国美学史》，上海：上海人民出版社，2000年版；王振复：《中国美学的文脉历程》，成都：四川人民出版社，2002年版；王振复：《中国美学史教程》，上海：复旦大学出版社，2004年版；陈望衡：《中国美学史》，北京：人民出版社，2005年版；于民：《中国美学思想史》，上海：复旦大学出版社，2010年版。

② 李泽厚、刘纲纪主编：《中国美学史》第一卷，北京：中国社会科学出版社，1984年版，第4页。

③ 叶朗：《中国美学史大纲》，上海：上海人民出版社，1985年版，第4页。

④ 敏泽：《中国美学思想史》第一卷，济南：齐鲁书社，1987年版，第2页。

态的著作上。

20世纪90年代以来，随着中国现代化的不断发展，美学的现代性被提到了学术研究的前沿。中国美学的研究有转向审美文化的趋向，中国美学史的研究也转化成了对中国审美文化史的研究。[①] 审美文化史的研究，从方法论意义上说，综合并超越了审美思想史和审美物态史的研究，既不是一种单纯的推理思辨，也不是一种单纯的实证分析，而是一种建立在思辨成果和实证材料基础上的解释和描述。这种研究根本有别于美学思想史，它不是现成的美学史上关于什么是美的论断，而是从大量材料出发得出的理论性结论；它包括的范围很广阔，诸如行为文化、物质文化、精神文化、审美观念等都在研究之列。

两种思路的美学史的书写，都取得了一定的成绩。把中国美学史的研究对象主要确定为美学思想史，以一些已经形成系统的美学理论和观点为其主要研究对象的看法，其研究方法主要受到西方科学与哲学的影响。他们主要运用哲学的方法来研究美学，他们所追寻的美学思想和意识最早起源于一些哲学家和美学家的言论中。但是在一个抽象的系统内，描述两千余年的中国美学史的存在与发展，在不同时代的美学家的著作和各种思想观点中企图寻觅出美学发展的范畴史或者理论史是值得怀疑的。不要说历史上的某一个人的观念多少受到他的前辈的影响很难断定，就是关于某一个问题的历史资料也不可能被一个美学史书写者完全把握，因此他们书写的美学史仍然是易于陷入武断、粗疏和任意的。因为中国古代美学史的特征恰恰体现在它的无系统性，不同时代、不同风格的艺术形式与审美观念是不同的，有时研究的最大失误就在于把它系统化。我们需要更具体细致的实证研究，而不是虚构一个被后现代理论家批评的“宏大叙事”的中国美学史。这种美学史，虽然打着客观性的旗号，仍摆脱不掉独断论的错误。美学思想的发展绝不是单线进化论的，历史有时是在断裂的中断中突然崛起的。因此，按照某一学派的观点建立一个美学通史几乎就是不可能的。

那种把美学史看成审美风尚史和审美文化史的研究，从一个更广阔的

---

① 参见陈炎主编：《中国审美文化史》，济南：山东画报出版社，2000年版；许明主编：《华夏审美风尚史》(11卷本)，郑州：河南人民出版社，2000年版。

视野看待中国美学史的建设，摆脱了美学思想史的束缚，不仅注意表现为理论形态的著作，而且尤其重视中国几千年的艺术创造。他们更多地考虑中国美学研究的特殊性，并试图在方法论上摆脱西方哲学美学方法的影响。但是从目前出版的著作看，还缺乏对审美文化、审美风尚本身作为一个独立的真实问题的探讨。皇皇巨著易被人怀疑为杂糅种种艺术形态或形式的混合物。审美文化不是一个言说各种门类艺术的场所，而是中国美学与中国美学史要确立的一个问题。在中国美学史的研究中，宗白华先生的研究表明，以审美文化与审美理论相互印证来研究中国美学史是一种很好的方法，但是除了宗白华等人写出少量的论文外，还缺乏通史性的著作来加以支撑。[①] 审美文化绝不是文学、美术、音乐、舞蹈等不同艺术门类的随意组合和对各门类艺术的任意剪裁。审美文化应该有其质的规定性，而这个问题，不是在审美文化史建立之后才开始确立，而应该在审美文化史确立之前就已经形成。

三、中国美学史书写的历史反思

中国古代没有一部美学史，而我们要总结一部美学史出来，这是中国现代性的要求。20 世纪 80 年代以来，中国美学史研究对象和方法的确立都是适用的，取得的成果是巨大的。但若各执一端，则是不完全的和片面的。进入 21 世纪，在新的历史条件下，在新的美学理论的视野中，在经过后现代的理论争论的学术洗礼后，中国美学史书写面临新的理论支点和历史的转型。

中国的现代化包括学术体系的现代化，这就是按照世界主流学术的规范重建中国的现代学术。在这一学术重建中，西方有西方的美学史，中国也要有中国的美学史。这就要求我们要从美学学科的角度去寻找古代材料而挖掘出中国古代美学思想。有人认为这是一种审美观念的“还原”。但这一“还原”是在一定时期的美学理论的指导下进行的，受中国美学学科学术

① 宗白华的《美学散步》中收录有《中国美学史中重要问题的初步探讨》《中国艺术境界之诞生》等论文。参见宗白华：《美学散步》，上海：上海人民出版社，1981 年版，第 26—74 页。

体系的影响。从解释学来看，“还原”意味着一种现代性的“建构”。中国古代仅有美学史的材料，但没有现代意义上的美学史的形态。在这一意义上说，中国美学史的研究活动是用还原的形式去建构一种中国美学史。因此也可以说，中国美学史的研究活动，是一种中西对话和古今对话，而不是像一些人认为的那样，用中国的材料去印证西方美学的命题，或者剪裁历史片段来证实自己的美学观点。我们应该在中西与古今的对话中建立现代性的中国美学史，把中国古代的美学资源纳入今天的学术体系，为重构中国现代美学体系服务。因此，中国美学史的研究活动有双重任务，一方面是在还原的基础上重构古代，另一方面是在历史的视野中重塑现代。这一任务是巨大的，同时又是困难的。

在新一轮的中国美学史的书写中，我们应该吸收后现代主义的学术精神，破除只存在唯一正确的一种中国美学史的观念，尊重不同风格的美学史的书写；破除只有理论的、范畴史的书写才是美学史的观念，尊重美的文化史、审美趣味史、美的民俗史等的地位；我们要引进历史书写中的主体意识，从材料出发，重新编撰中国美学史学术档案，突破中心、开发边缘、释放异质，重新阐释中国古代不同时期、不同民族、不同艺术形式、不同艺术家丰富多彩的美学观念。

福柯在《知识考古学》中，针对历史学研究的思想介入，提出了考古学的研究方法。他认为，考古学的研究是对历史学研究思想史方法的摒弃，是“对它的假设和程序的有系统的拒绝，它试图创造另外一种已说出东西的历史”①。因此，“美学史应该研究审美意识的原始记录和理论概括”。它应该从原始的材料中重新发现中国人的精神和心灵发展的历史。新的中国美学史的书写，不应该是过去研究的重复，而应该是每个有个性的美学家的独立创造。近年笔者做的工作是对“汉画像艺术审美观念”进行个案研究，研究说明，某个时代的审美观念不过是那个时代的人对自己审美理想的一种乌托邦式的虚幻建构，随着历史的发展它在历史的发展中断裂了，

① ［法］福柯著，谢强、马月译：《知识考古学》第一章引言，北京：生活·读书·新知三联书店，1998 年版。

另一种审美理想则在新的乌托邦的精神中生成。①

克罗齐曾提出，"一切真历史都是当代史"。他说："只有在现在生活中的兴趣方能使人去研究过去的事实。"②"历史主要是一种思想活动，编年史主要是一种意志活动。一切历史当其不再是思想而只是用抽象的字句记录下来时，它就变成了编年史。"③柯林伍德（一译柯林武德）也指出，历史学家的任务就在于挖出历史上的各种思想，而"要做到这一点，唯一的办法就是在他自己的心灵中重新思想它们"④。这些看法，对中国美学史的研究也是具有启示意义的。伽达默尔说，历史精神的本质并不在于对于过去事物的修复，而在于对现时生命的思维性的沟通。⑤ 美学史研究的重要目的就在于寻求这种精神的汇通。我们今天为什么要从事美学史的研究？这并不简单是一个古史面貌的还原的问题，而是中国当代文化建设所提出的一项任务。

中国美学界的大师们，如宗白华、朱光潜、钱锺书等，都在这方面做出了杰出的贡献。要研究中国美学史，就必须对当代审美意识和文化有着自觉的认识，就必须对中西方文化精神、思维方式、美学形态的差异有基本认识，就必须以研究主体自身的思路和视野对历史事实进行重新编撰，以达到与现代美学的思维性沟通，进而从更深层次意义上发掘中国美学的价值和意义。

有人反对在中国美学史研究中引入西方学术观念，而想象一种纯中国话语的美学史的建设，这种美学史是值得怀疑的。美学本身就是一个西方的话语方式，中国美学史必须在中西比较的学术话语中才会存在。中西美

---

① 参见朱存明：《汉画像的象征世界》导论，北京：人民文学出版社，2005年版。

② [意]克罗齐著，傅任敢译：《历史学的理论和实际》，北京：商务印书馆，1982年版，第2页。

③ [意]克罗齐著，傅任敢译：《历史学的理论和实际》，北京：商务印书馆，1982年版，第8页。

④ [英]柯林武德著，何兆武、张文杰译：《历史的观念》，北京：中国社会科学出版社，1986年版，第244页。

⑤ 参见[德]伽达默尔著，洪汉鼎译：《真理与方法》，上海：上海译文出版社，1999年版，第385页。

学有许多相似之处，求同、相互印证、相得益彰，是必要的。中西美学也有许多不同之处。西方美学的原理、范畴、命题、论说形式代替不了中国的；同样中国美学的思想、范围、命题、论说方式也代替不了西方的。中西美学应平等对话、交流，取长补短、融合出新，才能真正促进各自美学的发展。充分认识以上特点便可以明白，研究中国美学史，有它的特殊的困难条件，有它的特殊的优越条件，因而也就有特殊的趣味。中国古代美学史必须用现代白话文进行书写，西方的美学也好，中国古代的美学资料也好，都必须转化成现代汉语的表达，对这种表达工具的研究，我们才刚刚起步。由语言文字产生的美学史表达方式的历史变革对美学史建构的影响，值得我们进行深入的研究。

大量的出土文物给我们提供了许多鲜活的古代艺术形象，可以同相应的古代文献资料互相印证，启发或加深我们对文献资料的认识。因此在研究中国美学史时，要特别注意考古学和古文字学的成果。从美学的角度对这些成果加以分析和研究，将会提供许多新的资料并从中得到新的启发。作为学术史上相对年轻的中国美学史研究，依然存在着不少盲点、空白，整个领域存在着失衡和研究框架的"跛足"现象。这就要求我们重新确立起中国美学的研究对象和领域，实现美学思想和审美形态在总体上的整合。在这一建构过程中，需要有新的美学史观，以寻求美学史框架的平衡性。

中国美学史在基本研究方法上，应体现美学史的本体性机制、美学的根本特征以及研究主体素质发挥的综合要求。中国美学史所要回答的问题是：历史复活、现代视界、现象描述、经验揭示。用中国美学史的思维方式体认美学史，可以实现审美的诗性体验的目标。美学史研究和学科体系的建构应当具有和焕发个人的学术风采，要有个人独特的体认、领略、把握、感受，甚至属于其个人的话语系统。这一切需要学术创新和遵守学术规范，才能在良好的文化环境和精神氛围内建构起中国美学史的学科体系。

（原载《华北水利水电学院学报》2007 年第 1 期）

从新中国成立到新时期美学研究综述

一、美学研究成风尚

新中国成立以来，中国美学研究可以分为两个阶段：

1949 年至 1965 年为第一阶段。这一阶段的讨论结果形成了以朱光潜、蔡仪、李泽厚为代表的三大美学流派，“文革”十年，基本上是美学的空白期。从新中国成立到“文革”结束的二十多年里，我国除个别的美学论著外，可以说没有出过一部详细论述美学原理的著作，只是翻译介绍了一些西方的美学著作。对这一阶段美学的讨论，1979 年蒋孔阳有《建国以来我国关于美学问题的讨论》一文，进行了较为全面系统的总结。①

从 1978 年开始，全国各种书刊讨论美学的文章逐渐增多，讨论的范围逐步扩大，讨论的问题也渐趋深入。除了继续讨论美学的对象、美的本质等问题外，还讨论了美的范畴、共同美感、形象思维、中西美学的异同等问题。特别是结合马克思《1844 年经济学—哲学手稿》(以下简称《手稿》)中谈到的美学问题，进行了全面的探讨，如“美的规律”“人的本质力量的对象化”“自然的人化”“人化的自然”“劳动创造了美”等。美学园地出现了前

---

① 蒋孔阳：《建国以来我国关于美学问题的讨论》，《复旦学报》，1979 年第 5 期。

所未有的好势头，呈现了百花齐放的崭新局面，表现了美学在新的历史条件下的蓬勃发展，在全国特别是在青年学生中形成了一股“美学热”。

1978年以来，中国美学研究进入第二阶段，和第一阶段相比，这一阶段讨论问题广、研究问题深、参加人数多、成果量大，不同流派的学术观点展开了激烈的论争。随着美学论争的深入和中外思想文化的发展，美学在新方法的指导下，正探索着一条新道路，渐呈开放的新趋势，出现了一批新的分支学科、交叉学科和新的流派。

这一阶段美学的收获表现在这样几个方面：

第一，有组织有计划地开展美学的研究。1980年6月在昆明召开的第一次美学会议是这方面的重要标志。在这次会议的最后阶段，成立了中华全国美学学会和全国高等学校美学分会。在原教育部等单位的支持下，组织了几次全国美学教师进修班，培养了一批美学教学骨干。一些省市也相继成立了美学学会，定期召开年会。美学研究从而开始组织化、协作化、有序化。一些高校也先后恢复了美学教研室，开始开设美学原理、中国美学史、西方美学史、文艺美学等专题课程。

第二，出版了大批美学专著、丛书、刊物等。20世纪80年代以来，出现了中国美学著作的空前丰收时期。一方面老一代美学家把新中国成立前后的著作重新编选出版，另一方面新著也层出不穷。这几年还编辑出版了大量的丛书、刊物。较有影响的如蔡仪主编的《美学论丛》《美学译林》(后改为《美学讲坛》)，蔡仪主编的“美学知识丛书”(共10本，漓江出版社)、《美学论丛》等。李泽厚所在的社科院哲学所美学编辑室主办有《美学》《美学译文》“美学译文丛书”(已出50种)等。江苏文艺出版社出版有“东方文艺美学丛书”，北京大学出版社出版有“文艺美学丛书”。另外还有重庆出版社的《美的研究与欣赏》《美学文摘》，四川省社会科学院出版社的《美学艺术文摘》《大众美学》《美学新潮》，书目文献出版社《美学文献》，商务印书馆的《外国美学》，以及刘纲纪主编的《美学述林》、蒋孔阳主编的《美学与艺术评论》。此外，这一时期还注意资料建设，如商务印书馆的《西方美学家论美和美感》、中华书局的《中国美学史资料选编》、吴世常主编的《美学资料集》等。这一时期还出版了国内编著的两种美学辞典，发表了一些研究中国美学史的著作，如李泽厚、刘纲纪主编的《中国美学史》

(1—2卷)，叶朗的《中国美学史大纲》，林同华的《中国美学史论集》。在西方美学史研究上值得一提的有汝信的《西方美学史论丛续编》、阎国忠的《古希腊罗马美学》、朱狄的《当代西方美学》等。20世纪80年代已注意到对现代中国美学的成果及经验的总结，如辽宁人民出版社出版了"当代中国美学思想研究丛书"，第一批共7种，分别对朱光潜、宗白华、王朝闻、蔡仪、李泽厚、蒋孔阳、高尔泰的美学思想进行了评述。《文艺研究》也有计划地发表了一组对国内著名美学家评述的文章。

第三，面向世界美学新潮流。新时期以来，中国由封闭走向开放，这就必然带来西方的思想文化。1980年以来，在李泽厚的主持下出版的"美学译文丛书"，目前已出50种。中国美学有了西方的参照系，找到了中国现代美学的失落点及起飞点。在十年的时间里，中国美学走了西方几十年的历程。西方的美学观点像走马灯似地一掠而过，如系统论美学、控制论美学、信息论美学、接受美学、模糊论美学、发生论美学、格式塔心理学美学、符号学美学、自然主义美学、存在主义美学、精神分析美学、现象学美学、阐释学美学、比较美学等，令人耳目一新，思路大开。

第四，美学理论建设已结硕果。主要表现在美学理论研究的收获，基本成果已经沉淀在我国美学家编写的几部美学原理的著作中。它们在社会上已产生影响，代表了国内美学研究的水平。据笔者所见，已出版的有王朝闻主编的《美学概论》(人民出版社，1981年版)，全国十一所民族院校编写组编写的《美学十讲》(云南人民出版社，1982年版)，杨辛、甘霖编写的《美学原理》(北京大学出版社，1983年版)，陆一帆编著的《新美学原理》(广西人民出版社，1983年版)，刘叔成等人编写的《美学基本原理》(上海人民出版社，1984年版)，蔡仪主编的《美学原理》(湖南人民出版社，1985年版)，《美学教程》编写组编写的《美学教程》(中国社会科学出版社，1986年版)等。

这些著作基本上反映了我国美学研究取得的成果。从总体上看，中国美学也还是年轻幼稚的，它的理论体系的科学性还不是十分严谨，如有人认为它还处于"潜科学"或前科学的阶段。美学界在美学的对象、美的本质、美感的本质及过程、自然美的本质、美学范畴、美感的形态等诸多美学最基本问题上还存在原则分歧；对中国古代的美学思想还缺乏更深层次的研究，大多是利用西方的成果来对应中国的美学问题。有些著作还有个通病，所引用的理论及艺术例证，大多是20世纪以前的，缺乏对20世纪以来世界艺术及美学发生变化的反思，比如对现代派美学思潮全盘否定的占多数，并没有分析这种新的美学思想的来源及合理的内核。所以中国的现代美学仍需要更深一步的开拓。

二、美学流派呈多元

中国现代美学理论分歧所形成的不同流派，首先是由于对美的本质的不同看法引起的，由此又带来整个美学体系构架上的不同。

纵观整个美学史，关于美的本质的各种意见，可以归纳为三种：第一种是从主观精神世界出发去探讨美的本质，把美的本质最终归结为绝对精神或主观意识、审美感受等；第二种是从客观世界的自然特征出发来探讨美的本质，认为美的本质在于事物本身的自然物理属性、自然的物质形式，或事物的某种属性或性质的某些关系中；第三种是企图在主观精神和客观物质之间寻求美的本质，或者认为有自然本身和心灵创造的两种美，或者认为美是主观意识加上客观自然条件形成的。从历史上看，西方的客观论要远远早于主观论，自从实验心理学方法兴起以来，西方美学在总体上又趋于主观论了。现在"怀疑论"的美学在西方有一定的市场，如托马斯·芒罗、斯托尔尼兹、托马斯·理德都持怀疑论的观点。[①] 这种观点因为否定客观中存在美仍可作为主观论看待。

西方的这些观点对中国美学影响不大，这是因为新中国成立以前中国很少有人研究美学，大量的美学著作没有介绍过来，新中国成立以后又把许多西方的现代美学理论作为反动的东西加以排斥。近几十年随着翻译介绍的增加，一些观点才逐渐被人了解。对中国现代美学影响更大的是苏联的美学，这有政治的及历史的原因。新中国成立以后，我们曾邀请苏联美学家来华讲学，他们的影响至今仍是显而易见的。苏联美学界在关于美的

---

① 参见思羽：《现代西方关于美的本质问题的不同看法》，载《美学》第三期，上海：上海文艺出版社，1981年版。

本质问题上有“审美学派”和“自然论者”。审美学派的代表是普列汉诺夫思想的继承者，他们最早从马克思的早期著作《手稿》里寻求自己的理论基础。这派的代表人物斯托洛维奇认为，美的本质在总的方面是社会——人的内容，产生于社会——人的和个体的实践——作为人的社会存在，是客观的。“自然论者”认为美的本质在于客观对象和自然属性，与人完全没有关系。[①]

国内美学界对美的本质的看法可以分为两大派：一是“实践观点”说，一是“美的规律”说。前者以李泽厚为代表，后者以蔡仪为代表。较有影响的美学家如王朝闻、蒋孔阳、刘纲纪等，也都持“实践观点”说。钱学森也公开表示赞同李泽厚的观点。[②] 蔡仪学派随着一批血气方刚的硕士和博士的崛起，在新时期有了继承与发展，他们一方面默默耕耘，一方面在美学前沿奋战。从已出版的理论著作看，《美学概论》《美学十讲》《美学基本原理》《美学原理》《美学教程》基本上都持实践观点；“美的规律”说以蔡仪主编的《美学原理》为代表。两者都自称马克思主义唯物主义美学。

社会“实践观点”的美学的哲学基础是历史唯物主义。[③] 他们的一些观点与苏联的审美学派有相似的地方。他们认为，社会存在决定社会意识，“人的本质是一切社会关系的总和”，“社会生活在本质上是实践的”，实践是改造世界的过程，是人类有意识有目的的生活活动。因此他们认为，应该遵循这一基本观点，从实践对客观世界的能动改造中，来探究美的本质。所以他们把美看作在人与自然的斗争中表现出的合目的性与合规律性相统一的对象化的成果。《美学概论》认为：“美是人们创造生活、改造世界的能动活动及其在现实中的实现或对象化。……美是包含或体现社会生活的本质，规律，能够引起人们特定情感反映的具体形象(包括社会形象、自然形象和艺术形象)。”[④]杨辛、甘霖认为：“我们认为美的事物之所以引

---

① 参见凌继尧：《苏联美学界关于美的本质问题的讨论》，载《美学》第三期，上海：上海文艺出版社，1981 年版。

② 参见钱学森：《关于马克思主义哲学和文艺美学方法论的几个问题》，《文艺研究》，1986 年第 1 期。

③ 参见郑涌：《马克思美学思想的哲学基础》，《文学评论》，1982 年第 2 期。

④ 王朝闻主编：《美学概论》，北京：人民出版社，1981 年版，第 29 页。

起人们的喜悦，就是由于里面包含了人类的一种最珍贵的特征——实践中的自由创造。”他们抽出《手稿》中“劳动创造了美”这句话，认为美是在劳动中，在实践中自由创造的结果。《美学基本原理》则认为“美是人的本质力量的感性显现”。这个命题多了一个感性的显现来说明美的感性特征，显然受了黑格尔“美是理念的感性显现”命题的影响。

当然同持“实践观点”的美学家，对美的表述也有不同。如果说李泽厚曾从“主体性实践哲学”[①]出发强调合规律与合目的性的统一的话，那么，20 世纪 70 年代以后他更侧重于主体的感觉的人化，提出了在美的本质和现象之间有个中介环节(即“积淀”)，并赋予古代“天人合一”以现代意义，提出了“美是自由的形式”[②]的命题。李泽厚的美学思想，显然是对格式塔心理学、发生认识论、集体表象，无意识及贝尔“有意味的形式”等理论的吸收和积极改造。朱光潜是站在“美是主客观的统一”的命题上与“实践观点”联系起来的。他认为实践就是用艺术方式掌握世界，就是人的本质力量的对象化，是“人在自己所创造的世界里直观自身”[③]。蒋孔阳对实践的理解是：“实践是主体的物质活动作用于客观对象的过程，实践既包括物质劳动，又包括精神劳动。”[④]高尔泰认为：“美的本质就是自然的人化”“感觉也是实践”，人化就是“感觉化”“在审美的领域一切都是经验事实”“美感大于美”。他认为美的特征就是自由，因此“美就是自由的象征”。可见在“实践观点”下，高尔泰表现的一个方面仍是主观论。[⑤] 刘纲纪指出，“马克思所说的‘人的本质的对象化’是人的自由的对象化，也就是现实的感性具体的对象所具有的必然性同人的自由两者的统一”，因此“美是自由的实现”[⑥]。他们都把美的本质与人的本质联系在一起，认为人的本质就是自由，因此美也就与自由密切联系在一起。

---

① 梅宝树：《再谈李泽厚的美学思想》，《文艺研究》，1986 年第 3 期。

② 李泽厚：《美学论集》，上海：上海文艺出版社，1980 年版，第 199 页；李泽厚：《李泽厚哲学美学文选》，长沙：湖南人民出版社，1985 年版，第 465、466、499 页。

③ 阎国忠：《朱光潜美学思想研究》，沈阳：辽宁人民出版社，1987 年版，第 180—184 页。

④ 参见蒋孔阳：《美与美的创造》，南京：江苏人民出版社，1981 年版。

⑤ 参见高尔泰：《美是自由的象征》，北京：人民文学出版社，1987 年版。

⑥ 参见刘纲纪：《关于马克思论美——与蔡仪同志商榷》，《哲学研究》，1980 年第 10 期。

蔡仪学派不同意“实践观点”的美学对美的本质的论述，他们企图从“实践观点”的理论基石和逻辑起点上予以否定。他们认为，《手稿》不是成熟的马克思主义的著作，一些人断章取义地摘录其中带有人本主义倾向的词句作为美学的基础是站不住脚的。“人的本质力量的对象化”“自然的人化”“人化的自然”等都不是论美的，马克思主义美学根本没有一个“实践观点”。[①] 他们认为美学的哲学基础是辩证唯物主义，理论基础是认识论，首先是反映论问题。因此“美学首先要研究现实存在的美，然后是美的认识——审美，美的创造——艺术”。他们认为马克思在《手稿》“人也按美的规律来建造”中提出的“美的规律”，“就是对美的本质问题的正确回答”。[②] 美的规律“是不依赖于任何主观的精神和观念的”[③]。因此美是客观的就得到了论证。那么，什么是美的规律呢？他们认为：“美的规律就是典型的规律，也可以说美的法则即典型的法则。”[④]

美究竟是与人无关的纯客观的东西，还是与人(或人的实践)有关的东西，这是美学研究中最本质的分歧。由于对美的本质认识的不同，就使两派美学理论在整个体系的建构上产生了很大的分歧，并由此产生了对美感的不同看法。

关于美感的不同看法，王朝闻在《美学概论》中认为：“审美意识是对客观对象的认识和反映，是现实生活的产物；并且有生理、心理的物质基础。”[⑤]当人们能够在客观世界中直观自身，感到愉快喜悦即获得审美感受时，审美意识就开始产生了。审美感受是一种由审美对象所引起的复杂的心理活动和心理过程，限于心理学的研究水平，现在还很难做出十分严格的科学分析和论证。可以肯定的是，感觉、知觉、想象、情感、思维是审美感受中不可缺少的几种基本心理因素。《美学十讲》的第五章就专门讲到“美感的生理心理活动”，在心理活动中除了感知、想象、情感、理智外，还涉及通感及心境、情绪等。《美学基本原理》第二编即专论美感，共有三

---

① 参见《美学论丛》1—6 辑中的部分文章。

② 蔡仪主编：《美学原理》，长沙：湖南人民出版社，1985 年版，第 41 页。

③ 蔡仪主编：《美学原理》，长沙：湖南人民出版社，1985 年版，第 43 页。

④ 蔡仪主编：《美学原理》，长沙：湖南人民出版社，1985 年版，第 48 页。

⑤ 王朝闻主编：《美学概论》，北京：人民出版社，1981 年版，第 68 页。

章，分别为“美感的本质与特性”“美的欣赏与判断”“美感的心理要素”。《美学教程》又增加美感的组合方式及美感的基本形态。可见对美感的论述愈趋详细。李泽厚对美感的看法可以归纳为“美感的矛盾二重性”(个人心理的主观直觉性和社会生活的客观功利性的对立统一)，美感的三层次(悦耳悦目、悦心悦意、悦志悦神)，审美心理的四要素(感知、想象、理解、情感)[①]，并从原始积累、艺术积累、生活积累三方面来论证，力图建立起一门审美心理学，或建立一种“新感性”。[②] 他认为美感是审美心理诸功能的合规律性的自由运动。王朝闻认为，审美判断有主观性，这种特殊的心理状态是一种不以人的意志为转移的认识对象。[③] 高尔泰则认为，“美感中关键性决定性的因素是情感”[④]。滕守尧著有《审美心理描述》一书，这是在他翻译了苏珊·朗格的《艺术问题》、鲁道夫·阿恩海姆的《艺术与视知觉》后写成的。滕守尧分析了构成美感的诸心理要素，描述了审美心理过程，揭示了审美快乐的根源，是李泽厚学派美感学说的代表作，也代表了中国当代美学家对西方美学思想的吸收态度。

蔡仪学派也不否定感知、情感、想象、理解在美感中的作用，但他们首先把美感看作认识，并在此基础上来讨论美感。他们认为美感“基本上是一种形象思维”[⑤]。他们理解的形象思维“尽管以形象性为特征，却首先是一种认识活动。”[⑥]形象思维的过程，就是意象创造的过程，意象的典型化“才谈得上美的认识”[⑦]，典型的意象是体现美的规律的一种意象，也就是他们美感论中的“美的观念”，人在审美时，凡符合“美的观念”的就感受到了美。美感根本上是理智的满足与心灵的愉悦。在美感与美之间，他们把“美的观念”作为中介，就使主体和客体通过这一中介结合起来了。彭立

---

① 参见李泽厚：《论美感、美和艺术》，载《李泽厚哲学美学文选》，长沙：湖南人民出版社，1985年版。

② 王生平：《李泽厚美学思想研究》，沈阳：辽宁人民出版社，1987年版。

③ 参见王朝闻：《审美谈》第三章，北京：人民出版社，1984年版。

④ 高尔泰：《美是自由的象征》，北京：人民文学出版社，1987年版。

⑤ 蔡仪主编：《美学原理》，长沙：湖南人民出版社，1985年版，第121页。

⑥ 蔡仪主编：《美学原理》，长沙：湖南人民出版社，1985年版，第123页。

⑦ 蔡仪主编：《美学原理》，长沙：湖南人民出版社，1985年版，第132页。

勋著有《美感心理研究》[①]一书，把美感看作对客观美的能动反映，是感性与理性、认识和情感、愉悦与功利性的统一。对审美中介的研究也引起了重视，如王舟波认为，联结美与美感的中介环节是个性结构，即体现个体所有心理素质——性格层次、智能水平、兴趣、习惯、气质、意志等的综合构成和统一结合，它是在人的自我意识指导下基于社会实践而形成的人的自然需要和社会需要的统一。[②] 劳承万有《审美中介论》[③]，具体阐述了从审美客体到审美主体之间存在着的中介群。

由于对美感的认识不同，必然带来在整个美学理论体系构架上，对美的范畴的不同论述。

所谓范畴，就是某一门学科的最基本的概念，美学的最基本的范畴无疑是美和美感。朱光潜说，“范畴就是种类”。李泽厚说：“美学范畴与美的本质密切相关，它们是美的本质的具体展开，是美的本质的各种不同的表现形态。”由于对美的本质的看法存在分歧，就使在美学范畴上的体系建构发生了变异。蔡仪学派由于把美看作客观的典型，这样便从客观方面来划分美，分为现实美与艺术美，其中现实美又分为自然美和社会美；由现实中客观存在的事件又分出现象美、种类美、个体美、关系美、行为美、性格美、环境美等。这些事物之所以美，是因为其表现了典型的规律。在蔡仪学派看来，实践观点所论的优美和壮美、崇高和滑稽、悲剧和喜剧、幽默和讽刺都不过是不同的美感形态。他们认为：“雄伟和秀丽不可能是由客观对象的属性条件来规定，而是由于客观的美和主观的美的观念相结合而产生的美感形态的种类”，而悲剧的美感和喜剧的美感则是“由艺术美扩充了的美感形态”，现实中的“悲剧”和“喜剧”一般都不可能是美的。[④]

“实践观点”的美学在考察美的形态时同蔡仪学派一样，仍把美分为自然美、社会美、艺术美(《美学基本原理》)，或社会美、形式美、艺术美(《美学原理》)，或社会美、自然美、艺术美、科学美(《美学教程》)，均大

---

① 彭立勋：《美感心理研究》，长沙：湖南人民出版社，1985 年版。

② 王舟波：《美的本质与个性结构》，《山西师院学报》，1984 年第 1 期。

③ 劳承万：《审美中介论》，上海：上海文艺出版社，1986 年版。

④ 蔡仪主编：《美学原理》，长沙：湖南人民出版社，1985 年版，第 179 页。

同小异，但在分析其他美学范畴时便产了分歧。他们把优美和壮美、崇高和滑稽、悲剧和喜剧等都看作客观的美学范畴。《美学概论》认为："美的现象形态丰富多样，优美、崇高、悲剧、喜剧(滑稽)只是最突出的几种。"[①]杨辛、甘霖指出："优美与崇高是美的两种不同形态，即美的两种不同种类。"[②]《美学基本原理》认为："美的事物的具体表现形态是异常丰富多彩的。由于分类的依据有别，一方面，可以分为自然美、社会美和艺术美，另一方面，又可以区分为崇高、悲剧，滑稽(喜剧)、优美等。"[③]《美学十讲》中更有专节来讨论美的几种具体形态，并在论述美感时和具体的形态相对应。

三、美学研究有待深入

新中国成立以来第二阶段美学大讨论的成果表明，中国的美学已有了自己的想法和建构完整体系的尝试。但是作为一门科学，其中还有许多方面是需要认真探讨的，这主要反映在美学研究中有不同的流派，从而出现了许多不同的、甚至截然相反的美学观点，作为美学科学，离科学的美学还有一定的距离。无论是"实践观点"的美学，还是蔡仪学派的美学，都没有把自己的观点、理论视为绝对真理。《美学概论》指出："如何具体运用马克思主义的观点和方法去分析和解决美学问题，则还有待于进一步地探讨和研究。这里只提出我们的一些初步看法。"蔡仪说："美是什么是一个非常麻烦的问题，我还只是提出一点初步意见，只是提出一种尚待证明的假设。"[④]可见老一代美学家是看到了美的分歧及困难的。

从美学讨论看，有待进一步研究的问题很多，笔者姑且提出 10 个问题，供美学爱好者思索。

1. 美学的哲学基础是什么？是实践观点的历史唯物主义，还是辩证唯

---

① 王朝闻主编：《美学概论》，北京：人民出版社，1981 年版，第 47 页。

② 杨辛、甘霖编：《美学原理》，北京：北京大学出版社，1983 年版，第 246 页。

③ 刘叔成等编：《美学基本原理》，上海：上海人民出版社，1984 年版，第 148 页。

④ 蔡仪：《蔡仪美学讲演集》，武汉：长江文艺出版社，1986 年版，第 190 页。

物主义的认识论，或首先是反映论问题？

2. 由此带来的美的本质在社会实践中，是“人的本质力量的对象化”，还是在客观自然本身，是典型或在其他什么地方？

3. 美与美感的关系怎样？美能否离开美感而存在？我们说的美有没有包含主观的东西在内？

4. 由于美学家们都以《手稿》的一些词句立论，带来对《手稿》的评价问题，《手稿》是青年马克思不成熟的著作还是成熟的著作？是本人主义的还是唯物主义的？

5. 怎样理解“人的本质力量的对象化”“对象的人化”“人化的自然”“自然的人化”“劳动创造了美”等命题？

6. 美的规律中的两个尺度是指客体的还是主体的？美的规律究竟指什么？

7. 美感的本质是什么？是认识还是反映，是心理的、生理的、意识的，还是直观的、情感的？

8. 自然美究竟在于“自然的人化”还是在自然本身？

9. 优美、崇高、悲剧、喜剧、幽默、滑稽是客观的美的范畴还是美感范畴？

10. 什么是艺术？什么不是艺术？艺术是表现认识还是表现情感？

（原载《江海学刊》1988 年第 6 期；
人大复印《美学》1989 年第 4 期）

秦代美学导论

公元前221年，在对六国的兼并战争中，秦国取得了最后的胜利，统一了中国，建立了中央集权的封建王朝。由于秦始皇推行暴政，以严厉的镇压和杀戮来进行统治，终于激怒了百姓，致使秦王朝统治了不到15年，就彻底崩溃了。

由于秦朝统治时间短暂，没有留下有影响的美学著作，并且因为秦实行了“焚书坑儒”的政策而造成知识分子对其反感，所以在有关中国古典美学的著作中几乎没有秦朝美学的地位。但是，如果我们不仅仅从政治和理论上看问题，而是从秦代文化和新的考古资料来看秦代美学思想，秦代美学仍有其特色，是值得深入探讨的。秦朝的统一是有哲学、理论和意识形态准备的。《吕氏春秋》是一部顺应历史发展趋势，综合了战国诸家学说，为新的统一美学思想的形成打下基础的著作。与其把《吕氏春秋》代表的美学思想看作战国时代美学观的总结[①]，不如把它看作开启秦汉美学的新的发端。笔者认为，秦代美学表现在三个方面。

---

① 在李泽厚、刘纲纪主编的《中国美学史》第一卷第411页中，把《吕氏春秋》的美学思想放在先秦美学的范畴中来讨论，认为“先秦美学以《吕氏春秋》的美学思想而告终结，成为向汉代美学过渡的桥梁”。

一、秦代艺术所体现的美学观念

秦代在短短的十多年中，采取了一系列统一政策，如秦始皇命令车同轨，书同文，并统一度量衡。在文化上对春秋战国以来的各种文化艺术加以融合吸收，使之为统一的帝国服务，在一定程度上促进了艺术的发展，呈现了一种新的审美观念。

秦代艺术是很发达的，这可以从历史记载和考古发掘的文物中看到。我们可以从建筑、雕塑和绘画方面来看一下。

秦代建筑。《史记·秦始皇本纪》载："秦每破诸侯，写放其宫室，作之咸阳北阪上，南临渭，自雍门以东至泾、渭，殿屋复道周阁相属。所得诸侯美人钟鼓，以充入之。"①《世说新语》载："秦始皇骄奢靡丽，好作高台榭，广宫室，则天下豪富制屋宅者，莫不仿之，房阔备，廊库缮，雕琢刻画之好，博玄黄琦玮之色，以乱制度。"秦始皇二十七年，作信宫渭西，更名为极庙，又作甘泉及梁山离宫。秦始皇三十五年又嫌宫廷小，调动"隐宫徒刑七十余万人，乃分作阿房宫，或作骊山"②。

20世纪80年代，考古工作者发掘了秦宫遗址，复原了其宫殿的样式，③ 使我们可以目睹当时雄伟的建筑，感受秦朝建筑的崇高的审美精神。

秦始皇为了加强全国的经济联系，巩固国防，下令修治"驰道"，"东穷燕齐，南极吴楚，江湖之上，濒海之观毕至，道广五十步，三丈而树，厚筑其外，隐以金椎，树以青松，为驰道之丽至于此"④。雄伟壮丽的"万里长城"大部分亦为秦始皇时代所修筑。始皇二十六年，"使蒙恬将三十万众，北逐戎狄，收河南，筑长城，因地形，用险制塞，起临洮，至辽东，延袤万余里，于是渡河据阳山，逶蛇而北"⑤。

秦代雕塑。秦始皇初定天下，收天下兵，聚之咸阳，销之铸金人（铜

---

① （汉）司马迁：《史记》，北京：中华书局，1982年版，第239页。

② （汉）司马迁：《史记》，北京：中华书局，1982年版，第256页。

③ 《秦都咸阳第一号宫殿复原图》，《人民画报》，1982年第6期。

④ 《汉书》第五十一卷，《贾山传》。

⑤ 《史记》第八十八卷，《蒙恬传》。

像）十二，重各千石，置廷宫中。据郦道元称，铜人之胸尚有铭文。后来董卓乱天下，竟椎破铜人十个去铸小钱。秦代的文物被毁无数。传说秦代有十二个铜铸乐人，制作极其精巧，放在咸阳宫中，坐高三尺，琴筑笙竽，各有所执，组绶华采，俨然生人。秦代石刻亦很盛行，如在建造渭水桥时曾将力士孟贲等人的石像置于桥下。蜀郡太守李冰修建都江堰时，曾于岷江上雕石犀牛以镇水。据《三秦记》载，秦始皇作长池，并在长池旁刻石鲸鱼以装饰之。

最为令今人震惊的是，1974 年陕西临潼秦始皇陵东侧，秦陵随葬大型陶兵马俑坑的发掘，使全世界对秦代的雕塑艺术刮目相看。出土的兵马俑人身高约 1.85 米，马高 1.6 米，且全部彩绘。数量之多，甚为惊人。武士俑个个手持兵器，身着盔甲，披坚执锐，挟弓挎器，精神抖擞。其身躯动态、衣履装束，各有特点。眉眼、表情、发式、胡须、冠戴式样繁多，很少雷同。这一批秦兵马俑的出土，为我们研究秦代审美观念提供了罕见的实物，其艺术价值和美学价值都是极高的。它虽然是一种墓葬艺术，是为死去的统治者服务的，却是当时中国第一个统一的帝国强大的军队和攻无不克的战斗精神的象征。其手法是写实主义的，反映了我国古代雕塑工匠惊人的艺术技艺和美学智慧。

秦代绘画。秦代绘画也很发达，尤其在皇室，画工既多，作品也很丰富。规模宏大的阿房宫，其雕梁画栋，山节藻棁，都以绘画为装饰。在秦代的建筑宫殿遗址上，发现有壁画残块 400 多块。其中有图案，色彩瑰丽，风格豪迈。1979 年在咸阳发现的 3 号秦宫殿建筑遗址上残存有人物、车马、台榭、楼阁以及树木等，壁画有车马、仪仗、麦穗图。其内容与汉代壁画有许多相似之处。

另外，在湖北云梦县城关西部睡虎地，出土了三件漆器画。有一漆盂上绘一马二鱼，虽是装饰画，风格却是写实的。另一件圆奁上画着梅花与云纹，色彩优美，构图严谨。湖北江陵凤凰山秦墓出土的木梳和梳篦上画有饮宴歌舞图。1990 年在湖北江陵杨家山一秦墓中发现漆木器 80 余件，其漆盂、漆盒制作及纹饰都很精美。另外，秦代的动物瓦当及画像砖，有的装饰纹饰形象古朴、气象雄浑、构图生动，开创了汉画像石与汉画像砖的先河。

秦代国祚 15 年，在建筑、雕塑、绘画、工艺美术方面的成就是巨大的。这些艺术品反映了秦代美学思想的特征。随着秦帝国的形成，艺术也在为帝国的政治、经济、社会文化所运用，它在统一人力、财力、物力的基础上，组织了大型的艺术建造工程，气魄宏伟，影响深广。秦代的雕塑虽然是为丧葬服务的，建造的动机带有原始文化的来世观念和宗教信仰，但其雕塑技法则是现实主义的，通过模仿真人的大小和形态，达到一种象征的审美价值。

二、秦代出土文献中的日常生活审美问题

除了正史记载的秦代的一些艺术事件反映了秦代美学思想之外，考古学发现的一些秦代文献也可以反映审美问题。如 1975 年在湖北云梦县城关镇西侧睡虎地出土秦代竹简 1155 枚，其中有《语书》《效律》《封诊式》《日书》等。[①] 1989 年云梦龙岗六号秦墓也出土了 150 枚竹简，内容也是秦的法律文书。1986 年在甘肃省天水市北道放马滩秦墓出土有《日书》甲、乙两种。这些文献从另一个侧面反映了秦代的政事、法律及日常生活，向我们展示了另一种"话语"的历史。其中如《日书》等，曲折地反映了当时人们日常生活中的审美观念，是研究秦代美学的重要资料。公元前 213 年，秦始皇听从李斯的建议"焚书"，但医药和卜筮、种树之书不在焚烧之列，《日书》就是明令不烧的"卜筮之书"。

《日书》是古代一种以时、日推断吉凶祸福的占验书。《日书》通过占验，反映了当时人们对祸福、美丑、真假、善恶的看法。《史记》中有《日者列传》，"日者"即掌握占验之术的人。由于《日书》的内容涉及当时人的衣、食、住、行以及思想观念等诸多方面，因此它的文化审美价值大大超出其数术书的范围。中国先秦时期的审美观，本来就与巫术观有一定的联系。秦代虽然儒、道理性精神在不断发展，但在民俗领域，神话时代的民俗信仰仍有一定的地位，此时日常生活中的审美观与原始信仰密切相关。对普通百姓而言，在动乱的时代能够平平安安、趋福避祸就是最美的。

---

① 曹道衡、刘跃进：《先秦两汉文学史料学》，北京：中华书局，2003 年版，第 516—517 页。

《日书》作为“日者”占候时日、推演吉凶的工具书，其中隐含着大量社会生活审美观念的信息，可补正史记载之不足。从《日书》中我们可以看到秦代社会普遍存在的美丑观念。这种美丑观，往往表现为一种“吉凶”观。人们认为，趋吉避凶就是美的，无祸有福就是最好的，选择无祸的时日就是难的。所有日常活动，都有良日、忌日。

从《日书》的主要内容来看，它是建立在天象与人事关系上的一种“天人感应”论，历法、天象与人事密切相关，土木建筑、出门归家、嫁娶生育、六畜饲养、疾痛灾异都有具体行事的吉凶，因此要遵守一些禁忌，才能避免一些灾祸加身。如《日书》甲种《秦除篇》：“建日，良日也。可以为啬夫，可以祠。利枣(早)不利莫(暮)。可以入人，始寇(冠)、乘车。有为也，吉。”[①]《稷辰篇》：“秀，是胃(谓)重光，利野战，必得侯王。以生子，既美且长，有贤等。利见人及畜畜生。可取妇、家(嫁)女、掣(制)衣常(裳)。利祠、饮食、歌乐，临宫立正(政)相益也。利徙官。”[②]

前一段的大意是：建日在寅的时候，是好日子。可以当啬夫，可以祭祠神灵。早晨有利，晚上不利。可以购进奴隶、举行冠礼、乘车出行。做事情，吉利。[③] 其中的“啬夫”是秦国及秦朝地方官府县及县以下机构的负责人，可作为地方官吏的统称解。

后一段的大意是：秀日，这一天叫作“重光”，有利于四野征战，必定将俘获诸侯国王。在这一天生孩子，孩子将长得仪表俊美，身材高大，并有贤良的后代。有利于见奴婢以及蓄养牲畜。可以娶媳妇、嫁女儿、缝制衣裳。有利于去祠堂祭祀、饮宴……唱歌奏乐，任命官吏、处理政事是很合时宜的。从生孩子的审美理想“既长且美”看，当时对人体审美的标准依然是《诗经》时代的“硕人其颀”的标准。秦兵马俑大约是模仿真人的，又加上了当时人们的审美标准，所以才塑造成1.8米以上的大个子。

关于衣食住行方面，简文《日书》中的有些文献，反映了当时的审美

---

① 睡虎地秦墓竹简整理小组编：《睡虎地秦墓竹简》，北京：文物出版社，1990年版，第183页。

② 睡虎地秦墓竹简整理小组编：《睡虎地秦墓竹简》，北京：文物出版社，1990年版，第184页。

③ 参见吴小强：《秦简日书集释》，长沙：岳麓书社，2000年版，第30—31页。

观。如关于衣，简文有："□衣，丁丑媚人，丁亥灵。丁巳安于身，癸酉多衣。毋以楚九月己未台(始)被新衣，衣手□必死。"意思是说，在丁丑日制衣惹人喜爱，在丁亥日制衣有福气，在丁巳日制衣穿得很合身，在癸酉日制衣一定有很多衣服。不要在楚历的九月己未日第一次穿新衣，在这一天开始穿新衣的人注定死去。穿衣本来是为御寒，但当文化发达以后，穿衣就有了审美的价值。《日书》讲丁丑日裁制衣裳，可以"媚人"，说明衣服在当时人的观念中是有极高审美价值的，姣好的容貌配上美丽的衣裳可以取悦于人。《梦篇》："内居西南，妇不媚于君。"这里应指年老色衰而被夫君冷落。当时"君"的地位比"人"高一些。说明当时一些地位高的人反而更易见异思迁，正如桓谭所言，"士以才智要君，女以媚道求主"[①]。李斯在《谏逐客令》中指出，秦王政将郑、卫之女充后宫，佳冶窈窕赵女立于侧[②]，反映了上层统治阶级对美色玉貌的看重。

《日书》中还有许多生子美好可爱的愿望。甲种《除篇》："央光日……以生子，男女必美。"《星篇》："心……生子，人爱之。"乙种首篇："成决光之日……生子，美。"[③]可见当时对人体美的追求。《史记·陈丞相世家》："平为人长[大]美色。人或谓陈平曰'贫何食而肥若是'?"可见，秦汉时期的审美标准以肤色白皙、身材高大为美，人们希望生出肥白可爱的孩子。

三、《吕氏春秋》的美学观

《吕氏春秋》又名《吕览》，是战国末年秦襄王的丞相吕不韦的门客集体编著的一部书。根据该书《序意》篇记载，书成于秦始皇八年(公元前 239 年)。这部"备天地万物之事"的书，是对先秦诸子学说思想的一个总结。有人称此书为"杂家"，实际上是以道家为主，兼采儒、墨、名、法、农、兵各家，并有所取舍的一部综合性著作。《吕氏春秋》成书于秦王朝统一中国的前夕，提出的观点适应了历史发展趋于统一的要求，其主张虽不见用

---

① (汉)范晔：《后汉书·桓谭传》，北京：中华书局，1965 年版，第 956 页。

② 《史记·李斯列传》。

③ 吴小强：《秦简日书集释》，长沙：岳麓书社，2000 年版，第 328 页。

于秦，却在汉初得到实际的应用与发展。书中对有关美和美感问题发表了不少重要见解，特别对音乐问题做了详细的探讨，形成了《吕氏春秋》美学思想的一大特色，从而使其成为秦代美学史上不可忽视的著作。

《吕氏春秋》以道家的美学思想为主，吸收了“阴阳”“五行”，儒家“和”“适”等美学思想，借鉴了荀子的《乐论》以及属于荀子学派的《乐记》中的“乐”的审美观，而又有突出的创造和推进。这些论述主要表现在《本生》《贵生》《情欲》《尽数》《大乐》《侈乐》《适音》《音律》《古乐》《音初》《遇和》诸篇中。在对美的问题中，《吕氏春秋》较少直接论述，但涉及面宽，内容十分丰富，直接影响到汉代《淮南子》等书的美学思想。

（一）美在宇宙万物运动变化中

《吕氏春秋》受当时道家宇宙观的影响，认为宇宙的稳定性与结构性是美的根源。

首先，《吕氏春秋》从整个宇宙的广袤和深久论述美，把美的产生和存在归结于宇宙万物的运动变化。《大乐》是《吕氏春秋》论乐的总纲，也可看作《吕氏春秋》美学思想的根本。《大乐》提出了乐“生于度量，本于太一”的观点，认为美体现于万物，万物是宇宙变化的产物，故美自然处于万物的运动变化中。《吕氏春秋·大乐》曰：

> 音乐之所由来者远矣。生于度量，本于太一。太一出两仪，两仪出阴阳。阴阳变化，一上一下，合而成章。混混沌沌，离则复合，合则复离，是谓天常。天地车轮，终则复始，极则复反，莫不咸当。日月星辰，或疾或徐，日月不同，以尽其行。四时代兴，或暑或寒，或短或长，或柔或刚。万物所出，造于太一，化于阴阳。萌芽始震，凝凓以形。形体有处，莫不有声。声出于和，和出于适。和适先王定乐，由此而生。

在它看来，体现美的宇宙万物是运动变化的。宇宙万物起源的模式是有序化的运动变化过程，即太一生天地，天地生阴阳；阴阳变化，一上一下，合为形体。浑浑沌沌，离而合，合而离，此谓之宇宙自然的永恒规律。它试图借助于道家以及阴阳家的学说，从自然中去寻找音乐美的起源，这在以前是不曾有过的。正如黄帝命伶伦制定音律，先是用不同长度的竹管吹出不同的声音，最后通过“听凤凰之鸣，以别十二律”；帝尧“命质为乐，质乃效山林溪谷之音以歌”。这里从自然万物去探寻乐的起源，把握住了艺术起源的根本。

其次，《吕氏春秋》确认了先秦哲学中的“精气论”，认为阴阳二气是否运动郁结是造成宇宙万物美丑的根本。造成美丑之所本的精气就是运动变化的。阴阳二气是宇宙间两极相互作用的一种流动变化、决定万物生息、呈现精微活力的精灵之气。精气流动变化而集注万物就使之具有美好特性，呈现一派美好气象。《吕氏春秋·尽数》讲精气的流动变化说：

> 精气之集也，必有入也。集于羽鸟，与为飞扬；集于走兽，与为流行；集于珠玉，与为精朗；集于树木，与为茂长；集于圣人，与为敻明。精气之来也，因轻而扬之，因走而行之，因美而良之，因长而养之，因智而明之。
>
> 流水不腐，户枢不蠹，动也。形气亦然。形不动则精不流，精不流则气郁。郁处头则为肿、为风，处耳则为挶、为聋，处目则为䁾、为盲，处鼻则为鼽、为窒，处腹则为张、为疛，处足则为痿、为蹷。

《吕氏春秋》认为：“精气之来也，因轻而扬之，因走而行之，因美而良之，因长而养之，因智而明之。”精气集注于飞禽使之飞翔，于走兽使之行走，于珠玉使之精美，于树木使之繁盛，于圣人使之睿智。人体用精气将养就活力，舒适愉快。精气不流动变化而瘀滞就产生弊病丑恶。《尽数》篇又说人体美丑与地域水土有关系，水土美好也是流动变化的精气造成的。水质、水味和土地影响容貌、肌肤、体形。水味甜美的地方多美丽健康的人；水味辛辣苦涩之地，则多秃头、生颈瘤、脚肿、瘸腿、长疽疮痈疮、鸡胸、驼背的人。这就清楚地说明了精气是否运动变化是造成事物美丑的根本。这符合一定的道理，即人杰地灵之说。所以，在《吕氏春秋》看来，美丑就存在于宇宙万物的运动变化中。

《吕氏春秋》中很少正面讨论美的问题，但它反复讨论了“乐”，主张到自然中去寻找“乐”与“美”。《吕氏春秋》认为，阴阳二气既是产生万物的根源，同时也是产生美的根源。但阴阳二气并不是在任何情况下都产生美，只有在阴阳协调、精气流畅的情况下才能产生美。《吕氏春秋》看到了美同自然生命的合规律的运动变化之间的联系，认为美是人类适应自然规律的结果，美存在于人与自然的统一之中。

(二)“美出于适”

《吕氏春秋》认为，美也体现在审美客体与审美主体的相契相适之中，主张“和出于适”。“适”的概念贯穿于《吕氏春秋》的整个美学思想之中，并在其中占有重要地位。《吕氏春秋·适音》等篇提出美在于“适”的看法。其所谓“适”，既包括审美客体物之“适”——“音适”，也包括审美主体之“适”——“心适”，还指主客体关系的相契相合——“以适听适”之“适”。这“适”的意思是适当、应当，即事理之当然，事物之恰到好处和人与这种道理规律的相适应，既是主观认识对客观事理法则的顺适，又是主体对客体最恰当的把握；是物我相合的最理想的选择和掌握。《吕氏春秋》认为：“适”是自然生命和人的生命存在的一个普遍原则。例如，秋不早寒，即寒有节制，所以冬才不会暖；春不多雨，即雨有节制，所以夏才不会旱。这样，四季的寒暖风雨才能协调。没有“适”，人的生命也就不能得到协调的发展。“适”对人的生命价值来看，不外乎是使人的欲望的满足符合于养生的要求，而没有有害于生命的地方。《吕氏春秋》认为“适”高于“和”，“和出于适”，没有“适”就不会有“和”。所以，乐的“和”不能离开“适”，而要达到“适”，就人来说，就要效法自然，懂得欲望的节制。从客体而言，《吕氏春秋·适音》讲物之“适”——“音适”是音乐要大小、轻重、清浊适中。《吕氏春秋·侈乐》反对侈乐“务以相过，不用度量”。《吕氏春秋·重己》指出君主的苑囿园池、宫室台榭、舆马衣裘、饮食滋味、声色音乐过分就不足以“养性”。所以凡事都要恰到好处，合于事理之当然，这对人的需要说也应当如此。从主体而言，《吕氏春秋·适音》讲我之“适”——“心适”是“夫乐有适，心亦有适”“故乐之务在于和心，和心在于行适”“故适心之务在于胜理”。讲快乐要适当，即恰如其分，恰到好处，心情也适宜。快乐的关键在使心情平和，使心情平和的关键在于行为适当。而使心情适宜的关键在依循事理。《吕氏春秋》又讲：“胜理以治身，则生全以；生全则寿长矣。”依循事理的目的是为人生的修养，人生的修养为人生的完全，采取看待人生的完全之态度则可使生命长久，即可享受完全的人生。《吕氏春秋》把这称作“成乐有具”，并且把它同“公”和“道”联系起来。《吕氏春秋·大乐》说：

> 成乐有具，必节嗜欲。嗜欲不辟，余乃可务。务乐有术，必由平出。平出于公，公出于道。故惟得道之人，其可与言乐乎！

这里是说，“节嗜欲”是成乐的必要条件，即实行“重生”“贵生”为本的“适”的原则。没有“适”就不能得到“乐”，而要得到“乐”又有一定的规律或方法，“乐”“必由平出”。这里的“平”就是“和”，不“和”不能有“乐”，但“平”亦即“和”是由“公”产生的，“公”又是由“道”产生的。这里所谓的“公”，即实行“适”的原则的意思，“道”即道家所推崇的“贵生”“养生”之“道”，意思是说，人懂得了“道”，就会知道“重生”“养生”的重要，就会抛弃对各种不利于养生的私欲的追求，实行以利生为本的“适”的原则，这样就得到最高的“乐”了。所谓“惟得道之人，其可与言乐乎”中的“乐”，既指一般所说的音乐，同时也指人生的快乐。只有“得道之人”才能有最高的人生的快乐，因而也只有“得道之人”的音乐才可能真正带来快乐。相反，如果不知“道”，不行“适”，没有人生的快乐，那么即使有了音乐，也还是乐不起来。

（三）美与人生理想

美的追求表现在生活上，往往以生活理想的面目出现。《吕氏春秋》赞许了人的意志、力量、精神和自我意识，歌颂了人在与自然斗争中努力追求自主、自由的精神，肯定先民这种追求人生理想的人格美。

《吕氏春秋》论原始文艺就明确地持这种见解。《吕氏春秋·音初》论述东、南、西、北诗乐之始即如此。[①] 其记夏君孔甲作《破斧》歌一事，讲孔甲与自然奋力拼搏，排除灾害。当斗争失败后，他抚养成人的孩子因天灾致残被砍断双脚，但他仍不甘屈服。而文章记述大禹治水更是上古人类力图征服自然的勤劳、忘我精神的体现，正是对“人定胜天”理想的礼赞。其所记涂氏女的登山而唱，盼望大禹治水归来，无非在歌唱坚贞的爱情和追求安定生活的希望。文章铺叙有娀氏两美女的事，则是象征性的喻释，意在表明向往有美皆备、无丽不臻的理想生活在人生是理所当然的。上述人物的人生追求在性质、情况、层次上各有不同，但表明美在于人生的理想之中，追求之中。文章结论说音乐和谐而后就会通达理义，人民就向往道义，而追求道义也就是人生的理想和归宿。

《吕氏春秋·古乐》又一再明确断定音乐“由来者尚矣”，“非独一代之造”，且“必不可废”，就是赞美人生追求的无穷创造力以及带来的艺术的永恒生命和不朽价值，而美就在这人生追求的无限创造和光辉结晶中。作者描绘原始文艺，用乐歌祭祀以求感天地、泣鬼神而进入人神亲密交往的境界，那是一幅缤纷辉煌、充盈雄强壮观之美的图景。《吕氏春秋》认定美就在人生追求的理想中，还体现在对社会生活和自然之物的看法上。人生之道要掌握事物法则，懂得生命价值、人生意义，这是人生最可宝贵的，对事物对人本身都应这样看待。文章以为君主多把珍珠玉石看作宝，这些宝越多就越招百姓怨恨，致使国危君忧，这就丧失宝的本来意义。同样，“夏桀殷纣作为侈乐”，“以巨为美”，“自有道者观之，则失乐之情”，也无真正的快乐可言，结果“其民必怨，其生必伤”。《本生》又说：“富贵而不

---

① 夏后氏孔甲田于东阳萯山。天大风，晦盲，孔甲迷惑，入于民室。主人方乳，或曰：“后来，是良日也，之子是必大吉。”或曰：“不胜也，之子是必有殃。”后乃取其子以归，曰：“以为余子，谁敢殃之?”子长成人，幕动坼橑，斧斫斩其足，遂为守门者。孔甲曰：“呜呼！有疾，命矣夫!”乃作为“破斧”之歌，实始为东音。禹行功，见涂山之女。禹未之遇而巡省南土。涂山氏之女乃令其妾候禹于涂山之阳。女乃作歌，歌曰：“候人兮猗”，实始作为南音。周公及召公取风焉，以为“周南”“召南”。周昭王亲将征荆。辛馀靡长且多力，为王右。还反涉汉，梁败，王及蔡公抎於汉中。辛馀靡振王北济，又反振蔡公。周公乃侯之于西翟，实为长公。殷整甲徙宅西河，犹思故处，实始作为西音。长公继是音以处西山，秦缪公取风焉，实始作为秦音。有娀氏有二佚女，为之九成之台，饮食必以鼓。帝令燕往视之，鸣若谥隘。二女爱而争搏之，覆以玉筐。少选，发而视之，燕遗二卵，北飞，遂不反。二女作歌，一终曰：“燕燕往飞”，实始作为北音。

知道，适足以为患。”出门坐车、进门从辇，“务以自佚(美)”，这车辇就该叫作“招致脚病的器械”。肥美的肉、醇美的酒，这酒肉就该叫作“腐烂肠子的食物”。迷恋女色、陶醉于淫靡之音，这美色音乐就该叫作“砍伐生命的利斧”。富贵的人希望获取这些东西而日夜追求，幸运得到又放纵不自禁，生命怎不受伤害呢？文章意在说明，并非不承认珠宝、玉石、美辇、音乐、女色的美为美，这些美的事物作为人生的正常合理之需自有美的价值；若沉缅于物质享受，放纵欲望，就丧失了物质之美对人生的价值和意义，这种逞欲的人生就不是理想的人生、真正的人生。理想的人生并非庸俗地追求物质享受，而应有崇高目标和充实的意义。故《去私》借黄帝之口说：“声禁重，色禁重，衣禁重，香禁重，味禁重，室禁重。”又认为处事为人，应遵行天下大理，公正无私。《吕氏春秋》认为，丰厚的物质享受并非真正理想的美的人生，真正的人生追求的理想是既有适当的物质享受，更有崇高的精神追求，即能掌握事物法则，懂得道义，掌握人的生命，享受人生，驾驶人生而且具有人格美。《吕氏春秋》肯定美的多样性，认为人们的方言不同，各地所喜好的舟车、衣冠、滋味、声色之美也是不同的，因此不要因为对美有不同的爱好而互相攻击。

这种观点有道家思想的烙印而又有所改变。道家看重“天地之美”，希望与天地合一，讲究与宇宙和谐的精神相通。《吕氏春秋》不取道家超然物化、自然无为的态度，而提倡发挥人的主观能动性和有所作为的精神。《吕氏春秋》有关美的理想观点，与广泛接受儒家思想又有不同。孔子主张达情又要止于礼义，孟子强调人格美，荀子注重后天“修为”“善民心”，在《吕氏春秋》中都可找到相关痕迹。但《吕氏春秋》又突出个体人生的情感、欲望、意志的自由和修身养性的重要价值，这与儒家有别。《吕氏春秋》迎合杨朱的“重己”“贵生”的主张，但扬弃了利己主义。所以《吕氏春秋》认为，美在人生追求的理想的观点实际是融诸家之长而有所取舍的结果。总之，《吕氏春秋》论美超脱、高出儒道之论美，更有发展和提升。《吕氏春秋》论美是处在战国末将统一天下时看待美的认识，有其历史内容、时代意识，是对先秦诸子论美的一种综合融汇和阶段性的归结。

综上所述，《吕氏春秋》以道家的哲学为基础，看到了美同自然生命的合规律运动变化的联系，看到了美的欣赏同主体方面精神状态的密切关系，从审美角度提出了“适”的美学原则，揭示了审美同人的欲望、生命保持和发展的关系，对审美中的快感、差异性、共同性等问题做了具体的分析阐述。尽管这些分析是朴素的，但它能够构建起系统的美学理论体系，并在某些问题上提出了具有重要意义的看法，的确是难能可贵的。

汉代的黄老美学与经学美学

中国的主体民族是汉族，它是由古代华夏和其他民族长期融合形成的。汉族的语言称为“汉语”，记录汉语的文字为“汉字”，国外把研究中国的学问称为“汉学”。汉文化的奠基在于汉代，不了解汉代的思想文化，就不能真正了解中国古典美学。它是先秦诸子百家美学思想的汇集与综合，又是魏晋美学思想的温床和源头。正是经过汉代人的努力，中国的统一民族精神才固定下来。

汉代是我国历史上的英雄时代，它结束了先秦列国的长期分裂，建立了一个版图辽阔、幅员广大、人口众多的封建中央集权的帝国，出现了一大批各类英雄人物。汉代的精神表现出一种雄浑、粗犷的气势和蓬勃向上的豪迈，使汉代的哲学、文学、美学、艺术，无不反映出天人合一、人神不分、人兽竞力的场景。汉代的美学思想是在宇宙论的基础上生成的，在不同的发展阶段上，有不同的气象与面貌，形成不同的美学思潮。我们不应该把汉代美学仅仅看成是一个“过渡环节”①。

① 叶朗：《中国美学史大纲》，上海：上海人民出版社，1985年版，第159页。

一、汉初“黄老之学”影响下的美学

在秦汉之际，被称为“黄老之学”的新道家兴起，道家美学得到弘扬。

汉初，从惠帝到武帝前期，黄老思想一直盛行了约七十年。惠帝时曹参为齐相，接受黄老学者盖公的意见，“治道贵清静而民自定”。《史记·儒林列传》曰：“孝文帝本好刑名之言。及至孝景，不任儒者，而窦太后又好黄老之术，故诸博士具官待问，未有进者。”

所谓“黄老”，“黄”指黄帝，汉代托名黄帝的著作很多，思想成分复杂，“老”即老子，其著作为《老子》(又称《道德经》)。1973 年 12 月，长沙马王堆汉墓出土帛书《老子》甲卷和乙卷本，乙卷本前有《经法》《十六经》《称》《原道》四篇古佚书。学术界认为这些古佚书是研究汉初黄老思想的宝贵资料，学术界称这四篇帛书为“黄帝四经”。

老子的宇宙观认为，道是宇宙万物的本源。道和万物的关系是母子关系。在帛书中，“道”指原始的混沌状态。道无所不在，它是无限，是绝对，不受时间空间的限制，也不受物的支配。美就是合乎大“道”。《十六经·果童》曰：

> 有晦有明，有阴有阳。夫地有山有泽，有黑有白，有美有亚(恶)。地俗德以静，而天正名以作。静作相养，德虐相成。两若有名，相与则成。阴阳备物，化变乃生。

这继承了老子的辩证法的思想，指出事物存在的对立两极，事物的构成由矛盾的双方所组成。《十六经·观》曰：“牝牡相求，会刚与柔。柔刚相成，□牝牡若刑(形)。”由此可见，在黄老哲学中，晦明、阴阳、山泽、黑白、动静、德虐、美恶、牝牡、左右等，都处在对立统一中，对立的方面相反相成，是万物变化的根源。

汉初的黄老思想，主张清静无为，对秦代的严刑酷法来说，的确有了很大的转变，促进了社会的休养生息。在美学观上，黄老思想提倡顺应自然，按事物自然的状态行事，不要予以过多干预，“无为”并不是“不为”，而是要在尊重“自然”的基础上达到“无不为”。

汉初的思想家陆贾、贾谊等人虽然要求以儒家的仁义道德代替片面尚法的思想实践，但黄老思想也对他们产生了深刻影响。

陆贾的《新语》，基调是以儒家的仁义德教代替法家的思想，但渗入不少黄老思想的影响。《新语·无为》说：“夫道莫于无为，行莫大于敬谨。”他倡导一个至德之世的理想美。他在《至德》说：

> 君子之为治也，块然若无事，寂然若无声，官府若无吏，亭落若无民，闾里不讼于巷，老幼不愁于庭。……老者息于堂，丁壮者耕耘于田。

庄子提出“至德之世”，本意是要返回原始状态。陆贾对其进行了改造，要求在现行的社会制度下，清静无为，与民安息，各务其本，安居乐业。

贾谊也受到黄老思想的影响，其美学思想主要体现在《道德说》《道术》《六术》等文章中。《道德说》从道德引出社会道德的行为美问题：“德有六美。何谓六美？有道、有仁、有义、有忠、有信、有密，此六者德之美也。”《道德说》最后论述说：

> 六理，六美。德之所以生阴阳、天地、人与万物也固为所生者法也。故曰：道此之谓道，德此之谓德，行此之谓行。所谓行此者，德也。是故著此竹帛谓之《书》，《书》者，此之著者也；《诗》者，此之志者也；《易》者，此之占者也；《春秋》者，此之纪者也；《礼》者，此之体者也；《乐》者，此之乐者也，祭祀鬼神，为此福者也，博学辨议，为此辞者也。

贾谊认为“六理”“六美”是道德产生阴阳、天地、万物与人的过程和特性，儒家的经典著作都是说明这个过程的。“博学明辨”是为了弄清这个过程及其特性，“祭祀鬼神”是为了在这个过程中得到福祉。这里，他把儒家学院、礼仪、宗教、人伦活动都看作道德之美的表现。

淮南王刘安组织其门客编写的《淮南鸿烈》(《淮南子》)中的美学思想，是西汉前期黄老美学的典型代表。此书对道家的“无为”思想做了积极的解释，肯定人要在顺应自然的前提下才能达到自己的目的，因此认为美是客观的，并且是广大、丰富、多样的，人应当到广大的外部世界去寻找美。《淮南鸿烈》以道家美学为主体，又吸收了儒家美学的一些观念，对汉代美学有所开拓。它对“道”“气”“形神”“美丑”“文质”等方面的论述，促进了中国美学的发展。

黄老之学在汉初的影响颇大，甚至像韩婴和董仲舒这样的大儒也受其影响较深。韩婴在《韩诗外传》中认为，孔子的思想是由“道德”和“逍遥”引起的，他认为孔子、老子的思想不仅不是对立的，而且从“道德”“逍遥”可以引出孔子的救世思想。董仲舒以儒家为主，同时吸收法家、阴阳家和黄老思想，如阴阳刑德思想，人君“贵神”的术数思想，老子的权谋策略思想、养生思想等。①

黄老之学的声誉，在司马谈所写的《论六家要旨》中达到了顶峰。他在评论儒、墨、法、阴阳诸家时，都指出其不足，唯独对道家推崇备至：

> 使人精神专一，动合无形，赡足万物。其为术也，因阴阳之大顺，采儒墨之善，撮名法之要，与时迁移，应物变化。立俗施事，无所不宜。指约而易操，事少而功多。
>
> 道家无为，又曰无不为。其实易行，其辞难知。其术以虚无为本，以因循为用；无成势，无常形；故能穷万物之情。

二、经学与美学

随着汉朝中央集权的加强，儒家思想在汉武帝时被定于一尊，相当一段时间内美学在经学的规范、束缚下展开。

虽然汉初黄老之学盛行，给社会带来了休养生息，促进了社会从长期的战争中走出，但到了汉武帝时期，又面临新的形势，一些豪强“役财骄

① 参见金春峰：《汉代思想史》，北京：中国社会科学出版社，1997年版，第66—67页。

溢”，结党营私，武断于乡曲，以致有趋于“物盛而衰”之势。加上边患的存在，汉王朝需要在政治上加强中央集权，于是出现了汉武帝“罢黜百家，独尊儒术”的政策，形成汉代新儒学的复兴。作为官方哲学与意识形态的代表，汉代新儒学又经历了一个“儒学经学化，经学谶纬化”的历史过程。

战国时已有“经”的称谓，如《墨经》《孝经》等。许慎《说文解字》曰：“经，织从丝也。”段玉裁注：“织之从丝谓之经。必先有经，而后有纬。”“经学”一词，首见于《汉书·公孙弘卜式儿宽传》：“（宽）见上，语经学，上说之。”《释名·释典艺》曰：“经，径也，常典也，如径路无所不通，可常用也。”《文心雕龙·宗经篇》曰：“经也者，恒久之至道，不刊之鸿教也。”由此，经是由中国古代封建统治者为大一统的意识形态的需要而法定的以孔子为代表的儒家经典的通称，随着封建统治的需要，“经”的领域在不断扩大，故有“五经”“六经”“七经”“十三经”之称。①

经学可以看作经典的阐释学，它是伴随着儒家经典的问世而产生的，或偏于文字训诂，或倾心于义理疏解。汉武帝之后，儒家经典成为新儒家建构和展开理论体系的重要依据，成为正统官方美学的基础，以此影响中华民族文化素质、心理结构、民俗精神的形成和风貌。冯友兰认为：“就历史上中国学术思想变迁之大概言之，自孔子至淮南王为子学时代，自董仲舒至康有为则经学时代也。”②董仲舒的著作《春秋繁露》对经学的开拓，产生了重大的影响。他以儒家宗法思想为中心，杂以阴阳五行学说，把神权、君权、夫权贯穿于一起，形成有神秘色彩的封建意识形态。他的“君权神授”“天人感应”“天人合一”思想影响较大。这样，儒学便被经学化了。此时的经学并非美学，但美学却在经学的范围内展开。儒学的经学化后，便树立了经学美学的正统地位。

汉代经学包括今文经学和古文经学两大流派。区别在于两派使用的文字不同，对经文意义的阐释也不同。古文经学力求还原经文本来的历史面目，今文经学则往往阐发经文的微言大义。汉代今文经学受到统治阶级的推崇，因此成为官学，而古文经学则渐成为私学。在方法上表现为两派对

① 周予同：《中国经学史讲义》，上海：上海文艺出版社，1999 年版，第 17 页。

② 冯友兰：《中国哲学史》上册，北京：中华书局，1961 年版，第 485 页。

“六经注我”还是“我注六经”的争吵，但两派都未偏离儒家的教导。从这一点上看，经学美学就是对儒家美学的继承与发扬，其特征就是在对“六经”，即《易》《诗》《书》《乐》《礼》《春秋》的阐释中表达美学观。这种美学观受到统治者的提倡，而其他思想则受到排斥。经学美学可以概括为下面的内容：

第一，重视艺术与审美的社会功能。“成人伦，助教化”是其主要的审美观念，经学家认为，美的必须是善的，违背善就不美。“成人伦”是从儒家个体的道德修养上说的；“助教化”是从群体伦理规范性上说的。个体要有忠、孝、仁、慈；群体要有尊、卑、贵、贱。不忠、不孝就不能成为美。经学美学重视的是社会理性，压抑的是个体的感性，以至于经学家把被汉高祖刘邦赏识的楚骚文学也打入冷宫，认为其有失温柔敦厚之旨，汉初盛行的赋也被当成“雕虫篆刻”受到批评。作为主流意识形态，经学美学还影响到非官方的学说，如《毛诗序》说：“故正得失、动天地、感鬼神、莫近于诗。先王以是经夫妇、成孝敬、厚人伦、美教化、移风俗。”

第二，把自然美社会化，倡导“天人合一”的审美观。汉代人对自然的认识较先秦有了很大的发展，汉代经学家对天的奥秘很感兴趣，这种对天的兴趣最终落实到天人的关系上。于是“究天人之际，通古今之变”就成了他们的行动指南。汉代离远古不远，民俗中仍然存在神话时代的观念。经学家也往往把天与人相比，把自然美与社会美相融合。如《易传》将人生的最高理想看作“天人合一”：

> 夫大人者，与天地合其德，与日月合其明，与四时合其序，与鬼神合其吉凶，先天而天弗违，后天而奉天时。天且弗违，而况人乎？况于鬼神乎？

在汉代经学美学中，“天人合一”是其主旋律。“天人合一”有三个方面的意思：一是天有什么，人就有什么？这是形体上的合一。二是天有阴晴风雨，人有喜怒哀乐，这是感情上的合一。三是天有春生、夏长、秋衰、冬休，人有春种、夏锄、秋收、冬藏，这是规律上的合一。《黄帝内经》这部医学著作，广泛谈到自然与人的形体、道德、情感上的合一。董仲舒也认为天是有美的，这种美是与人的美息息相关的；天的美是一种“仁”，“仁”就是一种无穷极的美。天人既然是一类的，就必然会有同类相动的效应。后来，从经学发展到谶纬迷信就是沿这种思路极端发展的结果。本来是自然的变化可以影响人的生理、心理、行为，后来，变成人的行为的正确与错误可以反过来影响自然，自然便以祥瑞与灾异来显示其意义与价值。但什么自然物被视为祥瑞与灾异又是人为规定的，因此就走向了一种主观意志主义。

我们比较一下《淮南子》与经学家所阐述的“天人合一”就可以看到儒、道在这个问题上的不同。《淮南子》强调“天人合一”中人与自然联系的客观方面，构筑了以老子自然观为基础的美的本体论，认为以阴阳、四时、五行为架构的宇宙图式是美的根源。在这个理论中，最高的概念是“道”。“道”包括宇宙生成、演化的全过程和宇宙万物的全体，合乎“道”的才是美的。宇宙中普遍存在着精气，精气相生相感是天人感应的基础。经学家们突出人与自然联系的主观方面，即突出了天人感应中人的情感的作用，因此把美看作主观情感的表现；在价值判断方面，突出了儒家伦理道德在审美中的作用。董仲舒在汉代新的历史条件下，继承了儒家“中和”为美的思想，而“中和”的现实体现为“仁”的实现，这种“仁”只能靠封建君主来实现。为了借助“天意”来推行“仁政”，他建立了天人相通的学说，赋予了天以道德和人格意志的属性。

第三，与经学相呼应，汉代文学艺术创造了一种伟大的意象美。繁丽的审美追求是其时代的精神特征，古拙是其艺术风格，充实是其构图形式。

秦汉是中华民族形成统一民族性的时期，文学艺术中充满蓬勃向上的时代精神，在经学思想的影响下汉代艺术充满鲜明的时代特征。

汉赋以其空前绝后的文体特征在文学史上占有一席地位。“赋家之心，包括宇宙”(司马相如语)，正如贾谊《过秦论》中所言：“有席卷天下，包举宇内，囊括四海之意，并吞八荒之心”。这种“宇宙象征主义”[①]的审美观，通过宫殿建筑、陵墓构造、汉画像石等表现在汉代艺术的方方面面。在这

① 朱存明：《汉画像宇宙象征主义图式及其美学意义》，《文艺研究》，2005 年第 9 期。

个艺术美感的世界中，既有帝王将相的豪情壮志，又有儒生士人的孜孜追求；既有汉帝国的赫赫声威，又有庶民百姓的哀乐情怀。“天上地下，世态人情。在美感领域中得到了活生生的显现。这种美感和艺术总的特点是壮怀激烈，气势阔大。不论是欢乐尽兴，还是饮泣哀伤，都带有两汉人醇厚拙实、朴茂雄奇的风采，这是与汉魏六朝清新俊秀的艺术格调绝不相同的。”①

汉高祖刘邦平定淮南王英布的叛乱后返回故乡沛地，与故里父老酒酣之际，作《大风歌》：“大风起兮云飞扬，威加海内兮归故乡，安得猛士兮守四方。”这是一种典型的蓬勃而大度的汉人胸襟。项羽在四面楚歌之际，自刎乌江，也有“力拔山兮气盖世”的悲壮。班固《两都赋》描写汉代的建筑，“其宫室也，体象乎天地，经纬乎阴阳，据坤灵之正位，仿太紫之圆方”。在一些宫殿中还有壁画，在一些陵墓中汉代社会生活画面铺展开来，栩栩如生地展现了两汉生活的独特风貌。汉王延寿《鲁灵光殿赋》描写了鲁灵光殿的壁画，天上人间、历史现实、神兽怪物，杂糅一体。其赋云：

> 图画天地，品类群生，杂物奇怪，山海神灵，写载其状，托之丹青。千变万化，事各缪形，随色象类，曲得其情。

汉代的石雕艺术较为发达，宫殿、陵墓都广立石雕作品。其中最有代表性的是霍去病墓前的16件石雕。如著名的“马踏匈奴”，把当年汉军横扫匈奴的威风用极简单的形式表现出来了，其造型拙稚但气韵生动，表现了一种雄壮之美，是汉代威武、自信、所向披靡的开拓精神的象征。

第四，对经的阐释中的美学观。经学既然是圣人注解经书的一种学问，因此，经学美学的深入研究主要是对经的阐释中所体现出来的一种观念的探索，具体体现为一些审美范畴的确立。

经本指“六经”而言。《庄子·天运篇》引孔子对老子所言：“丘治诗、书、礼、乐、易、春秋六经以为文。”以“六书”为“六经”，古籍中初见于此。《礼记·经解篇》以“温柔敦厚”为《诗》教，“疏通知远”为《书》教，“恭

---

① 袁济喜：《两汉精神世界》，北京：中国人民大学出版社，1994年版，第290页。

俭庄敬”为《礼》教，“广博易良”为《乐》教，“洁静精微”为《易》教，“属辞比事”为《春秋》教。[①] 可见，通过“六经”的教化，要达到一种审美的理想，而不同的经书，对培养不同的礼乐教化作用是不一样的。经学又继承了《周礼》所记“六艺”之学。《周礼》记载的“六艺”为“礼、乐、射、御、书、数”。“六艺”教育需在“万民”和“国人”中普遍实行。孔子教学生时，除了教“六经”之外，还教“六艺”。贾谊《新书·六术》说：“《诗》《书》《易》《春秋》《礼》《乐》六者之术，谓之六艺。”可见“六经”的教育是要落实到“六艺”上的。

然而“六经”终究何用？《庄子·天下》曰：“《诗》以道志，《书》以道事，《礼》以道行，《乐》以道和，《易》以道阴阳，《春秋》以道义。”《史记·太史公自序》亦曰：“《易》著天地阴阳四时五行，故长于变；《礼》经纪人伦，故长于行；《书》记先王之事，故长于政；《诗》记山川溪谷禽兽草木牝牡雄雌，故长于风；《乐》所以立，故长于和；《春秋》辨是非，故长于治人。是故《礼》以节人，《乐》以发和，《书》以道事，《诗》以达意，《易》以道化，《春秋》以道义。”

因此，“六经”的许多内容是有审美意义的。如《诗》借物比兴，以达情感，以作讽喻，故曰“道志”，曰“达意”，曰“长于风”。诗是一种语言艺术，表达的是人的情志，影响人的审美感受，是进行教化的有力形式。汉儒从《诗》作文，发展出一套诗歌美学来。影响大的如《毛诗序》的“诗言志”说；再如《乐》则所以陶冶人之感情，使能和谐，故曰“道和”，曰“发和”，曰“长于和”。《汉书·艺文志》曰：“《乐》以和神，仁以表也；《诗》以正言，文之用也。”《诗》本全部可以合乐的，《乐》与《诗》本相辅而行，《诗》为歌辞，乐则曲谱，所以诗与乐是不能截然分开的。礼与乐在审美的意义上是相通的，所以《礼记》中的《乐记》是一篇美学文献。秦汉时的美学思想，往往体现为经学中对“音乐”美的阐释中。

《论语》载：“子谓《韶》尽美矣，又尽善也”，谓《武》“尽美矣，未尽善也”。(《论语·八佾》)孔子关于“尽善尽美”理想的确立是从音乐中得出的，经学美学要求音乐要受礼的制约，成为“礼乐”。《史记》继承了孔子、荀子的礼乐教化论，要求作乐必须合乎“礼义”，使其声、气“皆安其位不相

---

① 陈澔注：《礼记》，上海：上海古籍出版社，1987 年版，第 273 页。

夺”，使亲属、贵贱、长幼、男女之理皆形见于乐，必须“审一以定和”，能“合和父子君臣，附亲万民”，能“修身及家，平均天下”，为礼制服务。经学家的阐释，礼乐的审美要求，便成了封建社会音乐美学的主流。这种美学以“中和”“淡和”为准则，以平和恬淡为美，反对以悲为美，宣扬“淫乐亡周”论，要求“以道制欲”。在理论上表现为追求“天人合一”的音乐观，认为音乐可以通天、通神，音乐平和才能使阴阳调和。在《淮南子》中，宇宙论的图式更加精致完整，音乐与天道的关系是数的联系，认为“律历之数，天地之道也”，强调音乐以其沟通天人，故能“移风易俗，天下皆宁”，又使“天地应焉，四时和焉，星辰理焉，万物育焉”。这种天人感应的音乐观在汉代曾泛滥一时，最后沦为神秘的谶纬神学。

经学美学是依附在政治及社会上的，它没有独立的地位。经学家没有自觉地去探讨美学问题，所以也没有形成理论体系。但是，经学家们提出了许多有价值的思想和观点，形成了一些影响深远的审美观念。经学美学是对先秦儒家美学的继承与发挥，是中国古典美学的组成部分之一。

《淮南子》的美学思想

《淮南子》又称《淮南鸿烈》，是汉代淮南王刘安主持他的门客集体编写的。刘安是汉初思想家，汉高祖刘邦之孙，生于汉文帝元年(公元前 179 年)。文帝十六年(公元前 164 年)刘安袭父爵为淮南王。武帝元狩元年(公元前 122 年)刘安因谋反罪自杀身亡。《史记·淮南衡山列传》称刘安"为人好读书鼓琴，不喜弋猎犬马驰骋""辩博善为文辞"，主持编撰之书类多域广，内容丰富，约几十万言。他著有《离骚传》，对屈原有很高的评价。还著有赋、歌、诗等，可惜流传下来的不多。《淮南子》是继《吕氏春秋》以后又一部保存古代美学思想较多的重要文献。《淮南子》表现的思想以道家为主。高诱在《〈淮南子注〉叙》中说："其旨近老子，淡泊无为，蹈虚守静，出入经道。"在顺应汉初新时代发展的前提下，它也吸收了儒、墨、名、法家的一些观点。《淮南子·览冥训》说《淮南子》之作，"持以《道德》，辅以仁义"。《汉书·艺文志》将《淮南子》归为"杂家"。看来《淮南子》表现的所谓杂家思想，不过是汉代新形势下对先秦思想的综合与概括。

《淮南子》的美学思想，以道家的"道"为基础。它虽出自道家而不囿于道家，且能兼收并蓄之。其内容丰富的美学思想中，以"一"为至美的道论美学本体论，提出"美人不同面"的多样化美学标准，论述了美的相对性原则，在艺术美论方面提出"不待脂粉芳泽"及"西施粉黛"的观点，突出了以"形、气、神"为中心的审美论。

一、自然之道的美论

《淮南子》的基本美学思想是以老子的"道"为出发点的。这个"道"，又可称为"一"。"一"是产生万物的基础，是大道的体现。根据《老子》"道生一，一生二，二生三，三生万物"(《四十二章》)"天下万物生于有，有生于无"(《四十章》)，《淮南子·原道训》认为：

> 所谓无形者，一之谓也。所谓一者，无匹合于天下者也。卓然独立，块然独处，上通九天，下贯九野。员不中规，方不中矩。大浑而为一叶，累而无根。怀囊天地，为道关门。穆忞隐闵，纯德独存。布施而不既，用之而不勤。是故视之不见其形，听之不闻其声，循之不得其身。无形而有形生焉，无声而五音鸣焉，无味而五味形焉，无色而五色成焉。

《淮南子》认为"道"是万物化生的本原，由道而一所生的"阴阳"是万物化生的根据。《淮南子·俶真训》曰：

> 天气始下，地气始上，阴阳错合，相与优游竞畅于宇宙之间，被德含和，缤纷茏苁，……言万物掺落，根茎枝叶，青葱苓茏，萑蔰炫煌，蠉飞蠕动，蚑行哙息，可切循把握而有数量。

阴阳的变化，促进大自然的无限生机，这就是天生的美。《淮南子·泰族训》曰："天地所包，阴阳所呕，雨露所濡，化生万物，瑶碧玉珠，翡翠玳瑁，文彩明朗，润泽若濡，摩而不玩，外而不渝，奚仲不能旅，鲁般不能造，此谓之大巧。"《淮南子》肯定了自然具有伟大的创造性，这种自然创造的美是人无法达到的，因此是一种"大美"。自然美在于自然之道的化生，并不因为所处的环境不好而改变其美的本质。《淮南子·说山训》曰：

> 琬琰之玉，在洿泥之中，虽廉者弗释；弊箄甑瓾，在袇茵之上，

> 虽贪者不搏。美之所在，虽污辱，世不能贱；恶之所在，虽高隆，世不能贵。春贷秋赋，民皆欣；春赋秋贷，众皆怨。得失同，喜怒为别，其时异也。

大自然中存在的美给人的欣赏提供了骋目游怀的对象。人要加强修养，刻苦学习，才能欣赏大自然中博大、雄浑的美。《泰族训》曰："夫观六艺之广崇，穷道德之渊深，达乎无上，至乎无下，运乎无极，翔乎无形，广于四海，崇于太山，富于江河，旷然而通，昭然而明，天地之间无所系戾，其所以监观，岂不大哉!"《淮南子》认为，人生活在大自然中，热爱大自然是人的一种本性，人不仅需要物质的满足，也需要精神的自由，当肉体与精神都处在自由的状态下，人才能欣赏大自然的美。《淮南子》对雄浑的自然美进行了歌颂，表现了汉代那种蓬勃向上、宏伟壮丽的美学精神。

二、美的多样性与相对性

《淮南子》主张在外部自然世界寻找美。世界是广大的，自然是丰富多彩的，外部世界是变化无穷的，因而美也不是抽象单一的、永恒不变的，而是具体多样的。《说林训》曰：

> 瞻越者，或以舟，或以车，虽异路，所极一也。佳人不同体，美人不同面，而皆说于目；梨橘枣栗不同味，而皆调于口。
>
> 西施、毛嫱，状貌不可同，世称其好，美钧也。尧、舜、禹、汤，法籍殊类，得民心一也。

《淮南子》认为，给人以美感的事物，形象可以是不一样的，同是美人，状貌可以不同。同样，艺术的表现也是如此，艺术的形式有各种各样，但都可以给人以美的享受。《淮南子·修务训》曰："故秦、楚、燕、魏之歌也，异转而皆乐；九夷八狄之哭也，殊声而皆悲。"同是表现感情的音乐，由于声调不同，给人的感觉是不同的。世界是无限大的，美是丰富多彩的，艺术的存在形式也是多样的。这种美学观是积极向上的，表现了汉初中华民族博大的胸怀和向世界外部探索的勇气。这种美学观启示我们，美是复杂多样的，不能简单地用几个概念囊括。

《淮南子》还论述了美存在的条件，指出美是有条件的，美与其处的位置密切相关，同一事物，会因为处在不同的位置而表现出美丑的差别。美与不美不是绝对的，要以“适宜”与否为准。《说林训》曰：“靥在颊则好，在颡则丑。”是说妇女面颊上的笑靥是美的，如果在额头上就是丑的了。美不仅与条件有关，而且美的看法必须与规律性相和谐才是美的。在汉代的时代大变动中，《淮南子》认为美虽然与外在的自然有关，但是美必须随着时代而发展，美与艺术都是在不断变化的。

《淮南子》认为美是多样的、有条件的，因此世界上没有绝对完善的美，但“小变不足以妨大节”，“小恶不足以妨大美”。美与丑是对立的，但是美与丑又不是绝对的，他们是可以相互转化的。《说山训》认为：“嫫母有所美，西施有所丑。”嫫母是古代的丑女，但是她也有美的地方；西施是绝代佳人，但也会有丑的时候。美丑是相对的，一个美的东西可以有些瑕疵，但是这并不影响它总体的美；美又是有其规定性的，是可以被认识的。

三、艺术的创造与欣赏

在文艺思想上，《淮南子》既接受了道家文艺思想中的形而上观念，认为文艺是“道”的表现，又认为文艺有自在的规律性与规定性；既接受了儒家文艺思想的目的性与功用性因素，又不单纯以“言志说”去揭示文艺的本质。它的文艺观偏重“道”之下的“物感说”。

《淮南子》认为，文艺创作是人接触外物所引发的真实情感的自然表现。《俶真训》曰：

> 且人之情，耳目应感动，心志知忧乐，……所以与物接也。
>
> 今万物之来，擢拔吾性，攓取吾情，有若泉源，虽欲勿禀，其可得邪！

人生活在自然之中感于物而动，情感像泉源一样不得不外涌，这就形成了艺术创造的基础。艺术创造是一个发于内而行于外的过程，就像艺术表现人的情感一样“必有其质，乃为之文”。《淮南子》认为文艺具有抒发情志的作用。《齐俗训》曰：“制乐足以合欢宣意而已，喜不羡于音”，只是这情志应规范在真情和“有益于治天下之志”之中。《淮南子》既以道家的贵情、贵真为标准，也以圣贤因乐喻志为尺度。为了保存自然天真的本性，《淮南子》一方面批评了世俗之乐的“言华”“行伪”；另一方面认为乐可通道，感人至深，具有巨大的社会作用，肯定了《诗》《书》《礼》《乐》的社会作用。《淮南子》看到了文艺具有“知俗”“知化”的作用，从而批判否定文艺和轻视文艺的言论；同时又看到文艺动情之至会影响人之情思，因而与儒家一样，倡导雅颂之音，反对怨思之声。《泰族训》曰：

> 今夫雅、颂之声，皆发于词，本于情，故君臣以睦，父子以亲……今取怨思之声，施之以弦管，闻其音者，不淫则悲，淫则乱男女之辨，悲则感怨思之气，岂所谓乐哉！

《淮南子》对文艺功用的认识虽没有超越儒家的理论，但注入了道家的贵真情、尚自然的审美观念，更符合汉代初期社会现实的要求。这种文艺功用思想在学理上是有积极意义的，文艺是“发乎情”，但须“止乎礼义”。《淮南子》认为，应该把文艺的审美价值限制在实用价值之下。

在艺术的创造方面，《淮南子》肯定了庄子所提倡的庖丁解牛、大匠运斤的高度的自由精神，并认为高超的艺术境界是通过艺术技巧的熟练而达到的，但是最高的艺术境界又不仅仅是靠练习技巧而达到的，规矩与准绳只是达到“巧”的工具，而不是“巧”本身。艺术创造需要一种天赋，但这种天赋是不能父子相传的，“父不能以教子”，“兄不能以喻弟”，艺术是一种“不传之道”。《齐俗训》曰：

> 故剞劂销锯陈，非良工不能以制木；炉橐埵坊设，非巧冶不能以治金。屠牛吐一朝解九牛，而刀可以剃毛；庖丁用刀十九年，而刀如

新剖硎。何则？游乎众虚之间。若夫规矩钩绳者，此巧之具也，而非所以巧也。故瑟无弦，虽师文不能以成曲；徒弦，则不能悲。故弦，悲之具也，而非所以为悲也。若夫工匠之为连釠、运开、阴闭、眩错，入于冥冥之眇，神调之极，游乎心手众虚之间，而莫与物为际者，父不能以教子。瞽师之放意相物，写神愈舞，而形乎弦者，兄不能以喻弟。今夫为平者，准也；为直者，绳也。若夫不在于绳准之中，可以平直者，此不共之术也。故叩宫而宫应，弹角而角动，此同音之相应也。其于五音无所比，而二十五弦皆应，此不传之道也。

《淮南子》所阐发的艺术创造论，与康德的观点在一些方面有相通之处。如认为艺术具有独创性，艺术的创造性是不可父子相传的，艺术达到自由的境界看不到艺术的技巧，同时又是通过艺术技巧实现的。[①] 这些观点对今天的艺术创造仍然有理论的意义。

与儒家倡导的复古主义文艺观不同，《淮南子》认为文艺的形成、发展应因时变化。《泛论训》曰：

尧《大章》，舜《九韶》，禹《大夏》，汤《大镬》，周《武象》，此乐之不同者也……此皆因时变而制礼乐者……故圣人制礼乐，而不制于礼乐。

《淮南子》认为，文艺的发展取决于社会的发展，它批评了儒家礼乐要“法先王”，把“六艺”神化而奉为万古不变的典范。在此基础上，《淮南子》提出“礼乐无常”的理论：不必法古，不必循旧，礼乐应因时而作。《要略》曰：

统天下，理万物，应变化，通殊类，非循一迹之路，守一隅之指，拘系牵连之物，而不与世推移也。

---

① 参见［德］康德著，宗白华译：《判断力批判》上卷，北京：商务印书馆，1985年版，148页。

但是，《淮南子》指出文艺发展最终指向的不是现实人生，而是道家所倡导的“至道”的境界。这种境界是随自然之性的变化之缘而变化的，“洞然无为而天下自和，憺然无欲而民众自朴”，也就是达到“至言不文”“至音不叫”的状态；期望回到原始的艺术氛围中，去体味“其歌乐而无转，其哭哀而无声”的自然情怀。道家对文艺持一种自然而然的态度，主张抛弃过度的感官享受，达到无美、无乐的境界，这是一种道的境界。《淮南子》对文艺持有条件的肯定态度，主张礼乐教化，倡导因时而兴文艺，要求文艺的终极境界如同道家自然无为的境界一般，这是一种审美境界。所以这种发展观选择的是一种审美回归的发展观。

在艺术的鉴赏方面，《淮南子》提出“知音”的理论。《泰族训》曰：

> 三代之法不亡，而世不治者，无三代之智也；六律具存，而莫能听者，无师旷之耳也。故法虽在，必待圣而后治；律虽具，必待耳而后听。

要欣赏音乐，必须有欣赏音乐的耳朵，不然再好的音乐对不辨音律的人来说也是没有意义的。在艺术鉴赏方面，《淮南子》还认为不同的人，在不同的心理条件下，在审美时常常会有不同的反映。《齐俗训》曰：“夫载哀者闻歌声而泣，载乐者见哭者而笑。哀可乐者，笑可哀者，载使然也。”心情悲哀的人，听到欢乐的音乐也会悲哀；心情欢快的人，看到令人悲哀的事也会快乐。有时审美心态决定了审美。

四、形与神

《淮南子》对形与神的关系进行了探讨，对后世美学思想产生了深远的影响。《淮南子》中的形神论是先秦“气”的观念在生命哲学中的体现，在它看来，人的形体是生命的寓所，气是生命的本质，精神是生命的主宰，三者缺一不可。这个理论本来是一种生命哲学，体现的是道家的养生观，其中又牵扯到美学问题。因为在中国古代，人们把艺术作品看作生命一样的东西，所以特别讲究形与神的关系。《淮南子·原道训》曰：

> 夫形者，生之舍也；气者，生之充也；神者，生之制也。一失位，则三者伤矣。……今人之所以眭然能视，营然能听，形体能抗，而百节可屈伸，察能分白黑、视丑美，而知能别同异、明是非者，何也？气为之充而神为之使也。

作品中的意味、精神、生命力，必须通过作品的形显现出来，就像弥漫于空气中的“气”使事物变化运动一样。《淮南子》认为，人之所以能“视美丑”，是“气为之充而神为之使”的缘故。这里的“神”指人的精神，如果没有人的主观审美心理，人就不能审美。

在形与神的关系上，《淮南子》进行了很好的论述。《原道训》曰：“以神为主者，形从而利；以形为制者，神从而害。”就人的生命来看，“神”是“形”的主，无神之形是不会有美的。《说山训》曰：“画西施之面，美而不可悦；观孟贲之目，大而不可畏，君形者亡焉。”如果画一个人，不能通过其形来达到传神的效果，艺术作品也不能说是成功的。就像画西施一样，如果仅仅把西施画得很漂亮，没有表现出内在的精神来，也不能使人产生愉悦的心情；孟贲的眼睛画得再大，也不能使人感到威严。这里讲了绘画中传神的重要性。《览冥训》曰：“精神形于内而外谕哀于人心，此不传之道，使俗人不得其君形者而效其容，必为人笑。”《淮南子》认为，如果不得其神而专事模仿，那就只能引起人们的讥笑。

《淮南子》对“神”“气”“形”的论述是汉代艺术创作中的重要理论，它结合具体的艺术创作，阐述了艺术的形式与内容、形式与内在精神、艺术技巧与内在气韵的美学关系，对中华民族美学的发展起到促进作用。

汉代儒家美学的拓展

在汉代经学美学中，以董仲舒为代表的“天人合一”观念是其主旋律。董仲舒认为天是有美的，这种美是与人的美息息相关的；天的美是一种“仁”，“仁”就是一种无穷极的美。《毛诗序》和《乐记》的美学观点，都是儒家美学思想的一部分，或者说是儒家美学在诗歌与音乐领域中的表现。如《毛诗序》中的“诗言志”说，《乐记》提出的“乐和同，礼别异”“感于物而动”的美学观点等。下面我们就分别论述之。

一、董仲舒的美学思想

董仲舒(公元前 179 年—公元前 104 年)，广川郡(今河北景县)人，有《举贤良对策》《春秋繁露》等著作。董仲舒发展了“天人合一”观念，继承了儒家“中和”为美的思想，而“中和”的现实体现为“仁”的实现，这种“仁”只能靠封建的君主来实现。为了借助“天意”来推行“仁政”，他建立了天人相通的学说，赋予了天以道德和人格意志的属性。这是一种政治观点，其思想基础是审美的。

(一)“天人合一”的美学观

董仲舒认为，天是有情感的，有“仁”的属性，地上的人君要顺应天的权威，企图对无限膨胀的王权进行限制。他一再强调“王者法天”，而天“务德而不务刑”。在理论上他提出天人一体的“人副天数”论。他在《春秋繁露·人副天数》中说：

> 人有三百六十节，偶天之数也；形体骨肉，偶地之厚也；上有耳目聪明，日月之象也；体有空窍理脉，川谷之象也。……天以终岁之数，成人之身，故小节三百六十六，副日数也；大节十二分，副月数也；内有五藏，副五行数也；外有四肢，副四时数也；乍视乍瞑，副昼夜也；乍刚乍柔，副冬夏也；……行有伦理，副天地也。

他说：“以类和之，天人一也”(《春秋繁露·阴阳义》)；“事各顺于名，名各顺于天，天人之际，合而为一”(《春秋繁露·深察名号》)。他甚至认为春夏秋冬的变化，都是天情感喜怒哀乐的表现。《春秋繁露·为人者天》曰：

> 人生有喜怒哀乐之答，春秋冬夏之类也。喜，春之答也；怒，秋之答也；乐，夏之答也；哀，冬之答也。天之副在乎人，人之情性有由天者矣，故曰受，由天之号也。

董仲舒认为，人的情感变化与天的自然变化之间有一种对应关系，他把这种对应关系称作“同类相动”，所以“气同则会，声比则应”，“美事召美类，恶事召恶类，类之相应而起也。如马鸣则马应之，牛鸣则牛应之”(《春秋繁露·同类相动》)。

这种人的情感与外界事物之间的“同形同构”的关系论，对中国古代审美与艺术创作产生过重要影响。如《文心雕龙·物色》说：“岁有其物，物有其容，情以物牵，辞以情发。”郭熙在《山水训》中也有类似的看法。

(二)天地之美

董仲舒多次论述到天地的美。他把天看作有极高地位、类似于“神灵”的东西，对天表示了极大的尊崇。他说：“天地之行，美也”“四时不同气，气各有所宜，宜之所在，其物代美。……则当得天地之美，四时和矣”（《春秋繁露·循天之道》）。也就是说，四时不同，各有其宜，各有其美，因此人应该顺应自然以奉己，“取天地之美，以养其身”（《春秋繁露·循天之道》）。

天地之美在于阴阳二气达到了中和，“中者，天地之美达理也；……和者，天地功也，举天地之道而美于和”（《春秋繁露·循天之道》）。天地阴阳之气处于和谐的状态，才适合万物的生长。

董仲舒还认为，天的美表现为“仁之美”。《春秋繁露·王道通三》曰：

> 仁之美者在于天。天，仁也。天覆育万物，既化而生之，有养而成之，事功无已，终而复始，凡举归之以奉人。察于天之意，无穷极之仁也。

天的这种“仁之美”，在于它吐育万物，终而复始，“不阿党偏私，而美泛爱兼利”，用它提供的一切来奉养人。这是一种大美。天在这里是一种人格化了的天，保存了儒家以人为本的思想。得天地之美，就是要按照四季的变化、万物的规律来行事，这样人就能享用自然给人提供的各种用品，达到养生的目的。

（三）其他文艺美学观点

董仲舒作为汉代的大儒，其基本观点与儒家的美学观是一致的。在他“天人合一”的美学观中，突出的是天的“仁”。这里他继承了儒家的“仁”学传统，并要求统治者施行“德政”，使人民能过一种安定的生活。董仲舒认为：“天地之精所以生物者，莫贵于人”（《春秋繁露·人副天数》），“人之超然万物之上，而最为天下贵也”（《春秋繁露·天地阴阳》），这是继承了儒家的“民为贵”的思想传统，是很可贵的。后来刘勰在《文心雕龙·原道》中说：“人为五行之秀，实天地之心”，也继承了这个观点。

在“文”与“质”的关系问题上，董仲舒继承了《论语》中的“文质彬彬”的传统观念，在重视质的前提下，提出质与文的统一。《春秋繁露·玉杯》曰：“志为质，物为文。文著与质，质不居文，文安施质？质文两备，然后其礼成；文质偏行，不得有我尔之名，俱不能备而偏行之，宁有质而无文。”《春秋繁露·精华》还提出了“《诗》无达诂，《易》无达占，《春秋》无达辞”的观点，他看到了审美中主体意识的重要性。因欣赏者的主体能力不同，会对同一个作品有不同的理解，而这种理解是没有办法统一的。

二、《乐记》的音乐美学思想

《乐记》是中国古代的一部音乐美学著作，收入在《礼记》和《史记·乐书》中，共十一篇。关于此书的成书年代和作者至今尚无定论，但它汲取了先秦以来诸家音乐思想，特别是儒家的音乐美学思想，在中国美学发展史上有着极其重要的地位。《乐记》对音乐的情感、音乐的产生、“和”的观念、音乐的功利性以及音乐的审美特征等问题均有精辟的论述。

（一）人的情感与音乐

《乐记》认为，音乐与人的情感密切相关，并对音乐与人的情感的不可分割性做了明确论述：

> 音之起，由人心生也，人心之动，物使之然也，感于物而动，故形于声；声相应，故生变，变成方谓之音；比音而乐之，及干戚羽旄，谓之乐。

《乐记》认为，音乐的产生与人的内心有关，自然界的音响经过艺术加工产生了音乐，这是由人的内心情感因素决定的，即“由人心生也”。在这里“声”是指自然之声；“音”是指将自然之声进行艺术的加工和处理；“乐”是指人在“音”这种声音载体中伴以舞蹈，是诗、歌、舞三位一体的艺术形式。《乐记》提出音乐要表达真挚的情感，认为“唯乐不可以为伪”。声、音、乐这三个不同的层次，都离不开人的情感。不同的情感决定了不同的声音，不同的音乐又引起人的不同情感体验。

> 是故其哀心感者，其声噍以杀；其乐心感者，其声啴以缓；其喜

心感者，其声发以散；其怒心感者，其声粗以厉……

人生活在社会中必然产生各种不同的感情，这些情感与音乐发生共鸣而产生不同的感受，这是感物而动的结果。同样，音乐的演奏与表演，也无不体现出人的情感因素。"诗，言其志也；歌，咏其声也；舞，动其容也；三者本于心，然后乐器从之。"《乐记》肯定了音乐艺术与人的内心的必然联系。

《乐记》将乐与礼相结合，使乐服从于礼，更多地表现出儒家的音乐美学观念。《乐记》指出：

乐者，通伦理者也。是故知声而不知音者，禽兽是也。知音而不知乐者，众庶是也。唯君子为能知乐。

《乐记》将"乐"与"礼"相联系，构成了礼乐，使音乐这种感性特征很强的艺术形式能起到对人的教化作用。音乐的产生，是人心感物而动的结果，但是，音乐作品与人的情感的关系是建立在"通伦理者"基础之上的。也就是说，音乐必须使人的情感体验理性化，只有理性的指导，才能真正懂得音乐。

（二）音乐的社会功利性

《乐记》认为，音乐对人有教化作用，带有一定的功利性。这表现在两个方面：一是音乐在人的思想意识形成过程中所起的作用；二是音乐对社会的影响和作用。《乐记》认为，音乐"可以善民心，其感人深，其移风易俗易"，音乐通过作用于人心，继而对社会风气产生影响。

《乐记》认为，音乐作用于人的内心，与个人的修养密不可分，只有知"礼"的君子才能理解音乐所表达的内容。"礼乐皆得，谓之有德，德者得也"，懂得礼乐的人才是有"德"之人。《乐记》认为，"君子乐得其道，小人乐得其欲"，音乐是体现一个人内在修养的重要外现形式。君子通过音乐来净化思想、纯洁心灵、懂得道理，具有"德"的品质；而"小人"在音乐中得到的是一种欲望的满足、情感的宣泄，这两种不同的人性体现着本质的差异。

《乐记》认为，“情见而义立，乐终而德尊”“礼乐皆得谓之有德”“德者得也”“德者，性之端也。乐者，德之华也”。《乐记》认为，礼乐指“以导其志”“以和其性”“乐者为同，礼者为艺”。“乐”表现人的共同本性，“礼”体现人的等级差别，人在这种“礼”的规范下，就能相互尊重；“礼”的等级制度确立了，“乐”的曲调和谐了，社会就能长治久安。《乐记》强调礼乐并用，就是要节制人的本性欲望，通过实施礼乐来恢复人的天性。

《乐记》认为，音乐能反映一定的社会风气，也会影响整个社会风气的形成，“乐与政通”“审乐以知政”，是音乐的社会作用的主要表现。声、音、乐与政治的得失有着内在的联系，透过音乐可以看出统治者的治国之道。《乐记》曰：

> 乐也者，圣人之所乐，而可以善民心。其感人深，其移风易俗易，故先王著其教焉。
>
> 是故审声以知音，审音以知乐，审乐以知政，而治道备矣；是故不知声者，不可与言音；不知音者，不可与言乐。知乐则几于礼矣。
>
> 是故乐在宗庙之中，君臣上下同听之，则莫不和敬；在族长乡里之中，长幼同听之，则莫不和顺；在闺门之内，父子兄弟同听之，则莫不和亲。

音乐能感动人心，具有移风易俗的作用。音乐可以使君臣长幼、父子兄弟之间的关系融洽和睦，进而使社会稳定；先王之所以注重音乐对人的教化作用，是因为“乐则安，安则久，久则天，天则神”。通过音乐可以与神相通，使天下安宁。《乐记》认为，制礼作乐可以促进社会的和谐，这就是先王制定礼乐的目的。

（三）“和”的音乐思想

在我国古代，“和”是一种重要的音乐思想。周太史伯最早提出了“和同”说，阐述了音乐的对立统一规律。春秋时期晏婴认为，“和”是事物由矛盾斗争而达到的对立统一的和谐。《乐记》继承了这些关于“和”的音乐思想。《乐记》中对“和”的论述是从音乐对人心以及社会所产生的积极作用，以及音乐自身所具有的“和”的特征来展开的，并进一步认为“和”是音乐的一个重要特征，也是区分音乐好坏的一个重要维度。

《乐记》认为：“乐者，天地之和也；礼者，天地之序也。和，故百物皆化；序，故群物皆别。”音乐使一切事物相互协和，礼使天地间井然有序，因此，只有协和，世间的一切才有意义。《乐记》关于音乐的和谐美的论述，与孔子所提出的音乐的美在于“和”是“乐而不淫，哀而不伤”的“中庸”观点是一致的。《乐记》曰：

> 大乐与天地同和，大礼与天地同节。和，故百物不失节；故祀天祭地。

正因为音乐具有了和谐的特征，世间万物才得以生长。礼乐并用，通过“乐”来平和人心，约束人的言行，达到维护社会稳定的目的。因此，“和”是《乐记》中衡量音乐的重要的审美标准，也是音乐本身的重要特征。

《乐记》还认为，音乐中的“和”能体现宇宙的和谐，符合天的和谐，是一种神的旨意。《乐记》曰：“乐由天作，礼以地制，过制则乱，过作则暴。明于天地，然后能兴礼乐。”“乐者敦和，率神而从天；礼者别宜，居鬼而从地。故圣人作乐以应天，制礼以配地，礼乐明备，天地官矣。”实施礼乐的根本目的是顺应天、地、鬼、神的旨意，达到“移风易俗，天下皆宁”的目的。从这里我们可以看出，《乐记》认为音乐的和谐是神的旨意，是一种不以人的意志为转移的自然界神化的产物。《乐记》曰：

> 地气上齐，天气下降，阴阳相摩，天地相荡，鼓之以雷霆，奋之以风雨，动之以四时，煖之以日月，而百化兴焉。如此，则乐者天地之和也。

音乐正是效法天地，用和谐的曲调使世间万物达到协和。

(四)《乐记》音乐美学思想的意义

《乐记》音乐美学的积极意义在于：

第一，《乐记》中提出的音乐作为一种声音艺术，可以直接作用于人的内心世界，是对音乐与人的情感密切联系的肯定。它认识到人在音乐的审美过程中具有愉悦情感的一面，并做了全面透彻的论述。它在论述中给情感以更加理性的规范和限定，并把音乐与“礼”结合起来阐述，这对我国音乐美学的发展产生了重要影响。

第二，《乐记》明确提出了音乐是一定社会生活的反映，是由生活在一定社会环境中的人创作完成的，使音乐作品具有了人的精神因素。透过音乐作品我们可以感受和体验音乐中的精神内涵，可以得到一种精神上的审美享受，同时这种情感反过来也会影响人的音乐创作。《乐记》主张“乐”与“礼”的结合，就是音乐与现实社会生活相联系的观点的具体体现。《乐记》还深刻地认识到，音乐可以反映社会，透过音乐可以观察社会，进而发挥音乐的社会功能。

第三，《乐记》肯定了音乐给人的审美享受和感性体验。在对音乐审美体验的论述中，《乐记》强调的不仅是与“礼”的结合，也强调“诗言其志”，认为诗、歌、舞、乐都是发自内心的音乐情感体验。不同感情色彩的音乐会产生不同的艺术效果。《乐记》中的“情动于中，故形于声”的“表情说”在我国音乐美学的发展中产生了重要的影响。

三、《毛诗序》的文艺观

汉人传诗有鲁、齐、韩三家诗说，都立于学官。赵人毛苌传诗①，被称为毛诗，由于其属于古文学派而未被立于学官，属于私学。四家诗说，都有诗序，后来《毛诗序》流传下来，其他三家皆亡佚。《毛诗序》是《毛诗》中在《国风》首篇《关雎》题下的序，后人又称为《诗大序》。

---

① 《汉书·儒林传》说：“毛公，赵人也。治《诗》，为河间献王博士，授同国贯长卿。长卿授解延年。延年为阿武令，授徐敖。敖授九江陈侠，为王莽讲学大夫。由是言《毛诗》者，本之徐敖。”

关于《毛诗序》的作者，历来有不同的说法，东汉末年经学大师郑玄在《诗谱》中认为《大序》是孔子弟子子夏所作，但是学术界认为这并不可靠。也有人认为其出自东汉卫宏（敬仲）之手。① 但是，从《毛诗序》所表现的美学思想看，基本上应溯源于荀子学派的《乐记》，也属于儒家诗学的体系，是在总结儒家音乐、诗学基础上发展的，使儒家诗学思想更加经典化。《毛诗序》阐释了诗的特征、内容、分类、表现手法和社会作用等。

（一）“志”与“情”统一的诗论

《毛诗序》继承了先秦《乐记》中阐释的诗学思想，提出诗与“志”与“情”的关系。《毛诗序》曰：

> 诗者，志之所之也，在心为志，发言为诗。情动于中而形于言，言之不足故嗟叹之，嗟叹之不足故咏歌之，咏歌之不足，不知手之舞之，足之蹈之也。

《毛诗序》继承了《尚书》里古老的“诗言志”说，又把这种“志”与“心”联系起来，认为构成人心的与诗密切相关的是“情”。在这里，《毛诗序》把音乐与情感的关系，转化为诗歌与情感的关系，发展了先秦以来的诗论。这是对文艺本质的论述，产生了深远的历史影响。《毛诗序》认为“诗”是“情动于中而形于言”，而“情动”又是感物的缘故，社会政治作用于人心，人受其激发，非诗不足于言志展情。诗是诗人之志的载体，诗人作诗是有志在心，受到情感的激发，不得不言。这里从审美心理学方面，探讨了诗歌产生的心理基础。当用日常语言不能完全表达自己的情感时，于是就进入“嗟叹之”的状态，这种不同寻常的精神与言语状态就是诗的状态。正是在“情动于中”的热情激发下，形成了优美的诗歌。《乐记》中已经提到诗、歌、舞的三位一体性，《毛诗序》把它纳入审美发生创作主体的心理活动上，把“本于心”的那种不同寻常的精神状态表述得如此准确，这是一大进步。《毛诗序》把“言志”之诗与音乐、舞蹈相连，正式承认诗是一种文学样

---

① 见《四库全书总目提要》及崔述《通论诗序》。

式，是一种美文学。如果结合西汉早期不重视《诗》的历史现状，《毛诗序》在艺术形式上对诗的提升意义就更加具有价值。在这一点上，《毛诗序》的贡献是积极的、建设性的。

(二)功利主义的诗教观

在强调诗与“志”与“情”统一的前提下，《毛诗序》又致力于为儒家的诗教建立种种规则和规范，形成了功利主义的诗教观，为后代的诗教传统奠定了基础。《毛诗序》曰：

> 故正得失，动天地，感鬼神，莫近于诗。先王以是经夫妇，成孝敬，厚人伦，美教化，移风俗。

《毛诗序》发扬了《乐记》中音乐可以“移风易俗”“声音之道，与政通矣”的观点，强调了诗应该起感化作用，为儒家的正统观念服务。诗本来是情感的表达，是人真情的流露，但是这种情感要受到儒家伦理道德的规训。因此，作为个体性的诗的表达，要落实到集体意识的社会规范上，这样《毛诗序》又强化了诗歌为政治服务的理念，在长期的封建社会产生重大的影响。《毛诗序》的诗学与荀子学派有一定的联系，荀子认为，诗要“发乎情，止乎礼义。发乎情，民之性也，止乎礼义，先王之泽也”。《毛诗序》的诗教论，正是对儒家这一文艺观的继承。这里有明显的天人感应色彩，与董仲舒的经学美学有相通之处。

《毛诗序》中论声、音及《诗》互为对应的关系，与《乐记》的美学思想是一脉相承的。《毛诗序》曰：“乱世之音怨以怒，其政乖；亡国之音哀以思，其民困。”这也是把“音”与民之“怨”“哀”结合起来。《毛诗序》谈到诗的感动鬼神天地云云，其意旨与董仲舒相通，最后还是归结到摆正君臣关系上来。《毛诗序》说：“《关雎》，后妃之德也，风之始也，所以风天下而正夫妇也。”儒家将夫妇、父子、君臣等视为同类相对关系，举一而反三，故而《毛诗序》最后点出：“是以《关雎》乐得淑女，以配君子，忧在进贤，不淫其色；哀窈窕，思贤才，而无伤善之心焉。是《关雎》之义也。”所谓后妃之德，就过度到了君臣大义。而要进贤，达成一种人才济济的贤明政治，其关键是建立阻遏君权泛滥的政治机制。《毛诗序》构想的情形是：臣下与君王要有双向沟通的渠道，臣下百姓怨怒哀思，可以抒发出来，批评上政，人主为之而有所顾忌，不敢胡作非为，不敢骄奢淫逸，以顺应民心，使天下安宁，人民安居乐业。

关于《毛诗序》"故变风发乎情，止乎礼义"，历来有不同看法，特别是文学史和文学批评史者，多指出其消极影响，认为它限制了文学抒情的充分展开，不利于文学的独立自觉。从客观效果上看，可能确实如此，但《毛诗序》本意却并非如此。这一问题聚讼之症结，还在于对"礼义"一词的理解上。《毛诗序》基本列于孔孟正传谱系之中，认为"礼义所以行"，是以国家为人民提供富足生活为前提；衣食无忧，生活体面，则唤醒人的尊严意识；人之知礼义，便是自然而然水到渠成之事。其关于"礼义"的定义，返回儒学源头，与孔孟接轨，是"先王之泽也"。因此，《毛诗序》应在孔子学说背景下来解读。"故变风发乎情"，是指自然之外的政治意识作用于人心，使人产生种种不同的情感反应，但是情感抒发，还要以儒家的"礼义"为规范，假如"情"如洪水泛滥，超越"礼义"之度，会使人退回到动物状态，从而失去其审美内涵。《诗》之为美，并非诗人情感激越以至失控时才最具动人的力量；《诗》之为体，其真美往往在于其含蓄委婉，言已尽而意无穷。由此，《诗》才成为中国文学的伟大源头。

(三)诗的"六义"说

《毛诗序》对诗的文体有了自觉的意识，它论述了诗的不同体式与作用，这主要表现在对诗之"六义"的论述中。

《毛诗序》曰：

> 故诗有六义焉：一曰风、二曰赋、三曰比、四曰兴、五曰雅、六曰颂。上以风化下，下以风刺上，主文而谲谏，言之者无罪，闻之者足戒，故曰风。
>
> 是以一国之事，系一人之本，谓之风；言天下之事，形四方之风，谓之雅。雅者，正也，言王政之所由废兴也。政有大小，故有小雅焉，有大雅焉。颂者，美盛德之形容，以其成功告于神明者也。

这“六义”，本是对《诗》体式与作用的剖析，但是涉及诗歌创作的原则问题。“六义”说源于《周礼・春官》的“六诗”：

> 大师掌六律六同，以合阴阳之声。……教六诗：曰风、曰赋、曰比、曰兴、曰雅、曰颂。以六德为之本，以六律为之音。

可见大师主要掌握音律，教授国子及在各种礼仪活动中率众乐工奏唱，是乐工之长。“六诗”由大师来教，并且“以六德为之本，以六律为之音”；“六诗”与《诗》有关，就是《诗》在不同场合不同情景下的使用方法。

“六诗”反映了周代国学声义并重的诗歌教授内容，以及由低级到高级、由简单到复杂的诗歌教授过程。“六诗”的教授带有很强的目的性和实用性，其目的就是使国子能“赋诗言志”。由于典礼仪式的不同，《诗》有了风、雅、颂的区分；同时由于具体使用方法的不同，又有了赋、比、兴之别。

我们认为，“六诗”是指《诗》之用，即《诗》的用途或用法，而赋、比、兴是具体使用方法。春秋时，《诗》的用途之一就是被用来“言志”。《左传》记载当时赋诗多达 224 次，其中见于今本《诗经》的就有 53 篇之多。赋诗之赋是朗诵，“在赋诗的人，诗所以‘言志’，在听诗的人，诗所以‘观志’‘知志’”。“赋诗者所取的是诗的‘喻义’或‘比义’，赋诗者之意与诗意是在比喻意义上联系起来的。”所以，“比”是将《诗》义变成一种喻义，以此来比附、比喻诗者之意，借以言情达意。孔子在《论语》中的几句话可大致看出“兴”的用法。“兴于《诗》，立于礼，成于乐。”(《论语・泰伯》)“《诗》可以兴，可以观，可以群，可以怨，迩之事父，远之事君，多识于鸟兽草木之名。”(《论语・阳货》)

毛亨之“兴”既有譬喻之意创见，又有对先秦时兴表感发志意的继承。兴句与下句意义上有一定的类比和衬托关系，或比喻一种事理，或烘托一种气氛。郑玄是第一个对赋、比、兴做系统解释的汉儒。他注《周礼・春官・大师》“六诗”云：“赋之言铺，直铺陈今之政教善恶。比，见今之失，不敢斥言，取比类以言之。兴，见今之美，嫌于媚谀，取善事以喻劝之。”

可以看出，郑玄的“比”“兴”仍是比喻之意，这在很大程度上受到了毛亨的影响，但郑玄已表现出试图将二者区分开来，所以从政教、善恶的角度做了初步的区分。这种以政教、善恶言比兴的观点与《毛诗序》美刺风化精神一脉相承，也与汉代大一统的政治需要、经学需要内在一致。不管是以善喻善、以恶喻恶还是以善恶互喻，郑玄的比兴说都只是一种解经的手段，其目的是为政教服务。介于毛亨与郑玄之间的先郑(郑众)对比兴的解释也表明比兴已从《诗》之用转为《诗》之法：“比者，比方于物也。兴者，托事于物也。”说明“比”和“兴”的含义是不相同的，“比”属明喻，较明显；“兴”属隐喻，较隐微。“比”“兴”都离不开具体的物，是两种以形象化、具体化为手段的表现手法，实质上是形象思维的方法。此外，约与郑玄同时的王逸在《楚辞章句》中对“兴”的阐述也表明“兴”已为《诗》之表现手法。王逸《离骚经序》曰：

> 《离骚》之文，依《诗》取兴，引类譬喻，故善鸟香草，以配忠贞，恶禽臭物，以比谗佞，灵修美人，以媲于君，宓妃佚女，以譬贤臣，虬龙鸾凤，以托君子，飘风云霓，以为小人。

王逸认为《离骚》用“兴”。他所说的“兴”也是比喻之意。综观先秦两汉比兴说的演变轨迹，可以看到比兴说在先秦和两汉这两个阶段存在着一定的联系，但更重要的是两个不同的阶段。朱熹《四书章句集注》解释“兴”为“起也；感发志意”。相比而言，朱熹对“兴”的阐释更为得当，即感发志意，感人兴起。感发志意，就是“兴”的用法。

综上所述，“六诗”之赋、比、兴是《诗》的三种使用方法，在使用方式上是逐层加深的。“赋”，侧重于音节的铿锵顿挫；“比”，侧重于意义的巧妙比喻；“兴”，侧重于情绪的激发感染。春秋后期，礼崩乐坏，赋诗言志渐渐式微。但是，对《诗》的讨论却渐渐兴起并得到较大的发展。从以上论述可以看出，赋诗与论《诗》都是围绕比兴作为《诗》之用展开的，同时也表现出对《诗》义的关注，对《诗》义的关注必然涉及《诗》的表现手法。因此，诗学“六义”是毛诗派对《周礼》“六诗”重新整合出来的诗学新范畴。赋、比、兴从最初与风、雅、颂并列存在的诗体转换到诗歌创作的表现手法。

现代学术认为，“比兴”是中国诗歌的重要范畴，也是中国古代诗论的一个金科玉律，在先秦两汉经历了从《诗》之用到《诗》之法表现手法的巨大变化，其变化过程是双线并行、主线突出的。先秦时，双线是赋诗与论《诗》，赋诗为主线；两汉时，双线是以经说《诗》与以文学说《诗》，以经说《诗》为主线。“比兴”的这种变化也带来了诗学思想的重大飞跃，但它们作为诗歌创作表现方法却留存了下来，这恐怕是形式丧失导致其内容变质的根本原因。而认识到这一点的重要性在于，我们从中或许可以把握毛诗派为何在对“六义”进行重新整合时“独标兴体”的缘由。

刘勰在《文心雕龙·比兴》篇中说道：“岂不以风通而赋同，比显而兴隐哉!”正因为“兴”为“隐”，并且较之于赋、比，兴是一个更高的层次。对“兴”的分析已然将比、赋包含于其中。毛亨说“兴”就是譬喻，这与先秦时兴作为《诗》之用表示感发志意、感人兴起已有很大不同，这里的“兴”已成为《诗》的表现手法，标志着从《诗》之用到《诗》之法表现手法的巨大飞跃，也标志着古代诗学思想的深刻变化。从此，“兴”作为一种诗歌表现手法开始进入人们的视线。“比兴”是中国诗学最基本的范畴，随着文学的发展不断地显示出它巨大的包容力、生命力，乃至成为中国文学发展的一面镜子。

司马迁、屈原作品的美学问题

两汉时期，关于屈原作品和汉赋的评价产生了广泛的争论。司马迁以对屈原人格精神的强烈认同感而作《屈原列传》，对屈原美好的政治理想、伟大的人格精神、坚贞的意志品格做了极高的评价，并继承屈原“发愤抒情”的美学传统。刘安、扬雄、班固、王逸等人都参与了这场争论，他们表现出不同的美学思想，对后世的美学发展起到一定的推动作用。

一、司马迁的美学思想

司马迁(约前145年—约前90年)出生在一个“世典周史”的知识分子家庭，其父司马谈是位学识渊博的史官，对先秦诸子著作有很深的研究，曾写出著名的《论六家要旨》，对阴阳、儒、墨、名、法、道六家一一加以评说，指出其优劣得失。司马迁深受其父司马谈的影响，十岁就能诵读《左传》《国语》等史籍，后又向董仲舒学习《公羊传》，向孔安国学习《尚书》。他不仅学习书本知识，而且注重社会调查。《史记·太史公自序》云：

> 二十而南游江、淮，上会稽，探禹穴，窥九疑，浮于沅、湘；北涉汶、泗，讲业齐、鲁之都，观孔子之遗风，乡射邹、峄；厄困鄱、

薛、彭城，过梁、楚以归。[①]

书本知识与实际的游历使司马迁具有了深刻的思想与学识，这都为后来写作《史记》奠定了基础。司马氏父子以自觉的文化承担精神，完成了《史记》这部不朽著作的写作。

司马迁的美学思想，对后代产生重要影响的是他的"发愤著书"说。清代学者章学诚曾在其《文史通义·知难》中指出："人知《离骚》为词赋之祖矣，司马迁读之而悲其志，是贤人之知贤人也。夫不具司马迁之志而欲知屈原之志……则几乎罔矣。"从中国美学发展史可以看出，当贤者不得其志时，往往借助于艺术或著书立说来达到表达内心深处的抑郁与怨愤的目的。观屈骚之创作与司马迁发愤而作《史记》，可以看出司马迁"发愤著书"与屈原的渊源关系。

司马迁"发愤著书"源于自我的人生悲剧，与屈原的"发愤抒情"一脉相承。屈原《九章·惜诵》云："惜诵以致愍兮，发愤以抒情。"艺术家把遭遇人生坎坷所带来的生命痛苦，借助于文字将其抒发出来，这就是"发愤以抒情"。朱熹《楚辞集注》云："惜者，爱而有忍之意。诵，言也""言始者爱惜其言，忍而不发，以致极其忧愍之心。"司马迁在48岁时，遭受李陵之祸，蒙受奇耻大辱。他曾一度想到死，但他不愿自我的生命在毫无价值的情况下无声无息地结束，于是他发愤著书，以求完成人生不朽之业。他在《报任安书》中说：

> 古者富贵而名磨灭，不可胜记，唯倜傥非常之人称焉。盖文王拘而演《周易》；仲尼厄而作《春秋》；屈原放逐，乃赋《离骚》；左丘失明，厥有《国语》；孙子膑脚，《兵法》修列；不韦迁蜀，世传《吕览》；韩非囚秦，《说难》《孤愤》；《诗》三百篇，大抵圣贤发愤之所为作也。此人皆意有所郁结，不得通其道，故述往事，思来者。乃如左丘无目，孙子断足，终不可用，退而论书策，以舒其愤，思垂空文以

① （汉）司马迁：《史记》，北京：中华书局，2000年版，第2489页。

自见。①

司马迁历数周文王、孔子、屈原、左丘明、孙子、吕不韦、韩非等“倜傥非常之人”的遭遇与成就，来说明“圣贤发愤之所为作”的道理。这里的“舒其愤”正是司马迁美学思想的实质所在。司马迁认为，历史上伟大的文学作品是“圣贤发愤之所为作也”，这里不单单指像《诗经》《楚辞》这样的文学作品，而且包括诸子百家以及一些政治、哲学、历史等著作。在司马迁看来，发愤抒情与著书立说的关系是密不可分的。

司马迁写《史记》最初的动机是遵从父亲的嘱托，继承古代的史学传统，对西汉及前代历史做总结。遭受李陵之祸后，修史成了他有强烈情感伴随的著述行为。我们可以从《史记》许多人物的传记中，看到司马迁满腹的怨愤。他为李广作传，记叙李广战功赫赫，却不得封侯，并在晚年被迫自杀，“及死之日，天下知与不知，皆为尽哀”。司马迁悲其命运之不幸，实际上是为自己的悲剧命运代言。为伯夷作传，不详叙其事迹，却以议论为主，其中有这样一段议论：

或曰：“天道无亲，常与善人。”若伯夷、叔齐，可谓善人者非邪？积仁洁行如此而饿死！且七十子之徒，仲尼独荐颜渊为好学。然回也屡空，糠糟不厌，而卒早夭。天之报施善人，其何如哉？盗跖日杀不辜，肝人之肉，暴戾恣睢，聚党数千人横行天下，竟以寿终，是遵何德哉？此其尤大彰明较著者也。若至近世，操行不轨，专犯忌讳，而终身逸乐，富厚累世不绝。或择地而蹈之，时然后出言，行不由径，非公正不发愤，而遇祸灾者，不可胜数也。余甚惑焉，倘所谓天道，是邪非邪？②

这里他所提出的一系列质疑，完全是对整个社会不平、天道不公现象的强烈控诉。据韩兆琦《史记通论》统计，《史记》全书所写到的悲剧人物约

① 董治安主编：《两汉全书》第六册，济南：山东大学出版社，2009 年版，第 3886 页。

② （汉）司马迁：《史记》，北京：中华书局，2000 年版，第 1690 页。

一百二十多个，使一部《史记》充满了浓郁的悲剧气氛。而伍子胥、郦生、魏豹、彭越、陆贾、贾谊等人，在他们身上都有司马迁个人身世遭际的悲剧身影。尤其是对屈原的人生遭际，他感同身受，竭尽全力收集有关资料，把自己的抑郁悲伤倾泻在屈原身上。《史记·屈原贾生列传》云：

> 屈平疾王听之不聪也，谗谄之蔽明也，邪曲之害公也，方正之不容也，故忧愁幽思而作《离骚》。离骚者，犹离忧也。夫天者，人之始也；父母者，人之本也。人穷则反本，故劳苦倦极，未尝不呼天也；疾痛惨怛，未尝不呼父母也。屈平正道直行，竭忠尽智以事其君，谗人间之，可谓穷矣。信而见疑，忠而被谤，能无怨乎？屈平之作《离骚》，盖自怨生也。①

司马迁又说："余读《离骚》《天问》《招魂》《哀郢》，悲其志。适长沙，观屈原所自沉渊，未尝不垂涕，想见其为人。"司马迁不仅从史学家的角度，最大限度收集到了有关屈原的各种史料，对屈原美好的理想、伟大的人格、坚贞的品质做了极高的评价，而且用文学家的眼光，高度赞赏屈原的伟大文学成就。司马迁认为"人穷则反本"，屈原正是在生存意义上至大至深的生命悲恸，把生命的全部价值和意义系于政治理想的执着追求之中。由于他"信而见疑，忠而被谤"，发愤抒情的现象就自然产生了。"发愤"在于生命遭遇到坎坷，或人生理想受阻，或身处艰难困苦，甚或是人身受到奇耻大辱，对于一个不甘屈辱又不甘没世无闻的人来说，这一切正是激起生命能量充分爆发的时候。司马迁的美学思想，揭示了艺术家的崇高精神世界与悲惨命运之间的悲剧性冲突在艺术创作中的作用。司马迁《悲士不遇赋》云：

> 悲夫！士生之不辰，……虽有形而不彰，徒有能而不陈。何穷达之易惑，信美恶之难分。时悠悠而荡荡，将遂屈而不伸。②

---

① （汉）司马迁：《史记》，北京：中华书局，2000年版，第1933页。

② 董治安主编：《两汉全书》第六册，济南：山东大学出版社，2009年版，第3881页。

司马迁生逢“盛世”，却受到极大的压抑和冤屈；美恶不分、贤愚莫辨，自己却无可奈何，只有在他的《史记》中多次以生动的历史事实论证生命自身的辩证法。

司马迁“发愤著书”与屈原“发愤以抒情”有一个共同的价值前提，即追求生命价值之不朽。屈原在《离骚》中说：“老冉冉其将至兮，恐修名之不立。”他的“修名”与其“美政”理想紧密联系在一起。屈原特立独行，始终不愿变心从俗，也是在追求这种生命不朽的价值。司马迁在《报任安书》中说：

> 假令仆伏法受诛，若九牛亡一毛，与蝼蚁何以异？而世又不与能死节者，特以为智穷罪极，不能自免，卒就死耳。何也？素所自树立使然也。人固有一死，或重于泰山，或轻于鸿毛，用之所趋异也。①

砥砺名节，追求不朽，是司马迁生命中不可动摇的强大精神支柱。人生之“三不朽”是儒家思想为士人确立的价值标杆，也是司马迁铭记于心的生命追求。他在《与挚峻书》中说：“迁闻君子所贵乎道者三：太上立德，其次立言，其次立功。”②挚峻是一位很有才气和学问的处士，当时与司马迁同居长安，关系甚为密切，但挚峻专注研究道学，不问现实，并且后来退身修德，隐居于阱山。司马迁对此颇不以为然，故致此信，劝说朋友要正视现实，积极进取，努力建功立业。司马迁在这里提出了一个人生价值观的问题，表明了一种积极进取的人生态度。司马迁强调“立言”重于“立功”，在于他认为“立功”人人可为，只是功有大小之分而已；而“立言”却并非人人可为，需要很高的文化素养和明辨是非的能力。他以《春秋》为例曰：“夫《春秋》，上明三王之道，下辨人事之纪，别嫌疑，明是非，定犹豫，善善恶恶，贤贤贱不肖，存亡国，继绝世，补敝起废，王道之大者也。”所以“立言”重于“立功”。司马迁认为，屈原是达到了“三不朽”的伟大人物。他在《史记·屈原贾生列传》中云：

---

① 董治安主编：《两汉全书》第六册，济南：山东大学出版社，2009 年版，第 3885 页。

② 董治安主编：《两汉全书》第六册，济南：山东大学出版社，2009 年版，第 3887 页。

> 《国风》好色而不淫，《小雅》怨诽而不乱，若《离骚》者，可谓兼之矣。上称帝喾，下道齐桓，中述汤武，以刺世事。明道德之广崇，治乱之条贯，靡不毕见。其文约，其辞微，其志洁，其行廉，其称文小而其指极大，举类迩而见义远。其志洁，故其称物芳。其行廉，故死而不容自疏。濯淖污泥之中，蝉蜕于浊秽，以浮游尘埃之外，不获世之滋垢，皭然泥而不滓者也。推此志也，虽与日月争光可也。[①]

屈原的人格精神始终感召着司马迁，他在写作《史记》时，本着“不虚美”“不隐恶”的史家之笔，完成了“究天人之际，通古今之变，成一家之言”的不朽业绩。鲁迅先生在《汉文学史纲要》中说，司马迁“恨为弄臣，寄心楮墨，感身世之戮辱，传畸人于秋，虽背《春秋》之义，固不失为史家之绝唱，无韵之《离骚》”[②]。正道出了作为史书的《史记》和作为诗歌的《离骚》在文化精神上的一脉相承之处。司马迁打破了正统儒家“中庸之道”的美学观，以及汉儒“温柔敦厚”的诗论，突出了作为文艺家的个体与现实的对立，个人的悲剧对文学创作的影响，突破了儒家“和”的美学思想的影响，突出了文学揭露和批判现实的社会功能。司马迁继承了儒家诗论中的“怨”“刺”说，又有所发展，其目的不是归于社会的伦理道德、起到移风易俗的作用，而是歌颂那些仁人志士为了“弘道”而执着于对理想的追求，表现出汉代蓬勃向上的时代精神。

二、关于《离骚》评价中的美学思想

屈原的作品是中国古代文学史上的伟大创造，它以丰富的想象和浓艳的文采立于文学史的峰巅。

司马迁给予《离骚》高度评价，他在《史记·屈原贾生列传》中说：“《国风》好色而不淫，《小雅》怨悱而不乱，若《离骚》者，可谓兼之矣。”司马迁在《史记》中为屈原专作了传，开辟了为文学家立传的先河。因此，屈原的

---

① （汉）司马迁：《史记》，北京：中华书局，2000 年版，第 1934 页。

② 鲁迅：《鲁迅全集》第九卷，北京：人民文学出版社，1981 年版，第 115 页。

作品，经司马迁的弘扬，在汉代中前期具有极高的地位。

但是，到了西汉末年，扬雄对屈原的评价就有所保留了；到了东汉的班固，则明确提出对屈原的为人及《离骚》思想内容的否定性评价。他们的这种观点，是在汉代推崇经学的情况下形成的，是用儒家的伦理道德来反对其他观念的产物。东汉的另一个文学家王逸，不满对屈原的否定性评价，对屈原的作品进行研究并给予高度评价。他总结了汉初以来关于《楚辞》的研究成果，肯定了《离骚》的历史地位。

扬雄(前53—18年)字子云，蜀郡成都人，是汉代著名的文学家。在经学盛行的时代，他对屈原的作品做了较高的评价，同时又提出了自己的一些保留意见。他首先对屈原的高尚的人品给予肯定，说他的品质如玉一般晶莹，可以永垂千古。他在《法言·吾子》中说："或问：屈原智乎？曰：如玉如莹，爰变丹青。如其智！如其智！"[①]

在《汉书·扬雄传》中，班固表示出对屈原以身殉国精神的不理解：

> 又怪屈原文过相如，至不容，作《离骚》，自投江而死，悲其文，读之未尝不流涕也。以为君子得时则大行，不得时则龙蛇，遇不遇命也，何必湛身哉！乃作书，往往摭《离骚》文而反之，自岷山投诸江流以吊屈原，名曰《反离骚》；又旁《离骚》作重一篇，名曰《广骚》；又旁《惜诵》以下至《怀沙》一卷，名曰《畔牢愁》。[②]

儒家虽然讲"杀身以成仁"，但并不准备实行之，现实生活中则采取明哲保身的哲学，孔子就说过："道不行，乘桴浮于海。"[③]扬雄主张："君子得时则大行，不得时则龙蛇""治则见，乱则隐。"[④]从这种人生哲学出发，当然就不能理解或赞成屈原了。这是个世界观的问题，不同的处世态度，对《离骚》便有不同的评价。

---

① 董治安主编：《两汉全书》第六册，济南：山东大学出版社，2009年版，第6335页。

② (汉)班固：《汉书》，北京：中华书局，2000年版，第2609页。

③ 《论语·公冶长》。

④ 《法言·问明》。

班固对屈原作品的评价，主要有两篇文章，一是《〈离骚〉序》，一是《〈离骚〉赞序》。《〈离骚〉赞序》中，班固对屈原的作品及人品都给予肯定。他在给东平王刘苍所写的《奏记》说：

昔卞和献宝，以离断趾；灵均纳忠，终于沉身。而和氏之璧千载垂光；屈子之篇万世归善。[①]

可见，班固对屈原作品的评价是极高的。但是，他从儒家的正统忠君观来看屈原，又认为屈原"责数怀王"是一种不正当的行为。所以在《〈离骚〉序》中，对屈原的作品和人品进行了全面的指责：

今若屈原，露才扬己，竞乎危国群小之间，以离谗贼，然责数怀王，怨恶椒兰，愁神苦思，(强)非其人，忿怼不容，沉江而死，亦贬洁狂狷景行之士，多称昆仑冥婚，宓妃虚无之语，皆非法度之政，经义所载。[②]

他认为屈原不知明哲保身，且"露才扬己"是有危害性的。班固的这一看法，与扬雄的看法类似。他的结论是"虽非明智之器，可谓妙才者也"。他不赞成屈原的人格，却推崇他的才华，认为屈原的作品"弘博雅丽，为辞赋宗"。今天看来，班固的观点虽然并非一无可取，但总体倾向上是平庸保守的，缺乏汉代人的大气和批判精神，在温和中显示了一种媚骨。

王逸对班固的看法进行了反驳，并对《楚辞》进行了较为全面的研究与注释。王逸生卒年代不详，主要活动在东汉安帝、顺帝时期，有《楚辞章句》流传后世，其内容包括训诂、校勘、释义、考史、评文等。

王逸对东汉的现实不满，因此对屈原的遭遇有深刻的理解和同情，在他为《楚辞章句》写的序言中，对屈原的人品和作品都做了充满激情的歌颂。针对班固以儒家经文责难屈原的人品，王逸则以儒家经文为据为屈原

① 董治安主编：《两汉全书》第十五册，济南：山东大学出版社，2009年版，第9303页。

② 董治安主编：《两汉全书》第十五册，济南：山东大学出版社，2009年版，第9309页。

辩护。他在《楚辞章句》序中说：

> 今若屈原，膺忠贞之质，体清洁之性，直若砥矢，言若丹青，进不隐其谋，退不顾其命，此诚绝世之行，俊彦之英也。

王逸以儒家伦理为依据，对班固的偏见进行了反驳。他指出了楚人爱屈原的影响而“高其行义，玮其文采，以相教传”的事实，并认为屈原的作品将永垂不朽。王逸在《楚辞章句》序中说：

> 自终没以来，名儒博达之士，著造辞赋，莫不拟其仪表，祖式其模范，取其要妙，窃其华藻。所谓金相玉质，百世无匹，名垂罔极，永不刊灭者矣。

文学史的发展已经证明，王逸的看法的确是真知灼见。

王逸认为，“《离骚》之文，依托《五经》以立义焉”，他把文学作品与“五经”相比，是对文学作品内容的提升。他又说：“《离骚》之文，依《诗》取兴，引类譬喻”，指出《离骚》与《诗经》艺术手法上的相通，是对文学的艺术思维与表现手法的概括。至于王逸在《〈离骚经〉序》中所说的：“故善鸟香草，以配忠贞；恶禽臭物，以比谗佞；灵修美人，以媲于君；宓妃佚女，以譬贤臣。”①则是对《离骚》象征美学的揭示。

司马迁、扬雄、班固和王逸，围绕着对《离骚》的评价，反映了汉代美学思想的变迁。在汉初蓬勃向上的时代精神下，《离骚》得到了高度的评价。司马迁作为一代有史识的学人对《离骚》美学中的可贵精神进行了深层次的阐发；当经学盛行以后，统治者的气量越来越小，一些帮闲文人便出来指责《离骚》的锋芒；当社会需要改革的时候，便又有人起来为屈原那直言进谏的精神辩护了。超越历史之上，我们看到，屈原在汉以后，终于在中国文学史上站住了脚，赢得了崇高的文学地位。一个民族总会把那代表了民族精神的伟大作品推向巅峰，使之永远流传。

---

① 董治安主编：《两汉全书》第十九册，济南：山东大学出版社，2009年版，第1087页。

《老子》生态美学观及其现代意义

中国的生态美学是20世纪80年代中期以后逐渐兴起的，随后引起美学界的研究兴趣。尽管这一新的学术方向并不被所有的美学研究者认可，不时还有一些质疑的声音，但是对现实与环境的生态学反思，还是一个值得进一步谈论的话题。作为一门形成中的学科，生态美学面临双重任务：一是对人类生存状态进行哲学美学的思考，一是对人类生态环境进行经验美学的探讨。但无论如何，作为一个美学的分支学科，它都以人与自然、人与环境之间的生态审美关系为研究对象。

生态美学产生于后现代经济与文化背景之下。现代化极大地促进了社会的发展，但是现代化的发展也付出了惨痛的代价，出现了危及人类生存的危机。从工业化的"异化"，到令人恐惧的核威胁；从人类遭遇的环境危机，到当前世界性的经济与文化的剧烈冲突，人类生存状态已成为十分紧迫的课题。在这样的现实下，生态美学应运而生。

在社会不断现代化的时候，总有一批理论家企图从远古社会的状态中找到理想的缩影，以便与现代社会形成对比，对现代社会持一种批判态度。从老子的小国寡民的理想，到孔子克己复礼的仁义；从西方文艺复兴对古希腊罗马的理想构建，到后现代主义对现实的否定对"原始"状态的痴迷。虽然我们已经到了一个高度发达的现代社会，但是，人生、自然、社会、道德的诸多问题不是变少了，而是越来越多。我们不得不对此进行反思。我们从中国传统的经典《老子》中看到一种根源于中国传统社会的生态系统思想，它对今天的社会是有启示意义的。

一、生态美学与传统社会

生态美学，就是生态学和美学相结合而形成的一门新型学科。生态学(Ecology)，是德国生物学家恩斯特·海克尔于1869年定义的一个概念：生态学是研究生物体与其周围环境(包括非生物环境和生物环境)相互关系的科学；美学是研究人与现实审美关系的一门哲学学科。这两门学科在研究人与自然、人与环境相互关系的问题上却找到了特殊的结合点，生态美学就生长在这个结合点上。

人本来就是生物体，人类的生存与其环境有密切的关系。在不同的社会状态下，人类与环境有不同的关系，一旦破坏了这种关系的和谐，人类就面临灾难。中国在传统上是个农业社会，人与环境的关系十分重要，所以在思想观念上便产生人与自然协调发展的智慧。在科学技术大力发展的今天，我们从传统社会产生的观念上，可以对比看出现代社会存在的问题，以便找到一个新的解决问题的办法。

生态美学主要研究人与自然、人与社会、人与自身精神的和谐关系。人类生态意识的萌芽具有悠久的历史，中国传统文化就包含有极其丰富的生态美学资源。其中，老子的思想不仅是中国思想的经典表达，而且具有丰富的审美意味和丰富的生态美学思想。

《老子》又称《道德经》，是道家的代表作，最能表达道家的思想观念。从《道德经》的分类看，生态美学也应该有两个方面，“道”的生态美学与“德”的生态美学。

《老子》认为万物的生存离不开自然环境，万物从自然环境中产生，又复归于自然环境。《老子》强调谦卑地对待自然以及人与自然的和谐统一，这是其与生态美学思想相似的哲学基础。两者在处理人与自然关系时的基本态度、行为准则比较接近，都反对人类片面追求物质享受，破坏生态平衡。《老子》等古代著述所包含的中国传统美学思想对于建设真正意义的现代美学非常重要，因为新的理论创造，不能离开中国的传统美学根基。

1973年，挪威哲学家阿伦·奈斯提出深层生态学，实现了自然科学实证研究与人文科学世界观的探索的结合，形成生态存在论哲学。这种新哲学理论突破主客二元对立机械论世界观，提出系统整体性世界观；反对“人类中心主义”，主张“人—自然—社会”协调统一；反对自然无价值的理论，提出自然具有独立价值的观点；同时提出环境权问题和可持续生存道德原则。我们在《老子》一书中，发现有类似的观念。它倡导系统整体观点，反对“人类中心主义”；倡导顺应自然无为而治，反对对自然的扭曲与施虐。

以黑格尔和鲍桑葵为代表，西方出于欧洲中心主义的立场，对于包括中国在内的东方美学与艺术是持否定态度的。例如，鲍桑葵认为，中国和日本等东方艺术与美学，其审美意识还没有上升到思辨理论的地步。正是这种没有受到西方“思辨理论”侵蚀的生态美学在中国传统美学之中，发掘出丰富的生态审美智慧。中国传统的生态美学智慧，主要是道家的“天人合一”“道法自然”“无为而治”等思想，都对当代生态美学与环境美学产生过重要启示，在某种意义上，可以成为我们通过中西会通建设当代生态美学的丰富资源。

二、《老子》体现的生态美学思想

《老子》博大精深，其内容涉及广泛。他的清静无为的学说，一物两项的转变率的辩证理论，深邃的天人之际的哲理，两千五百多年来一直影响着中国人的思想和行为。由于老子思想是一个概念丰富的思想体系，对自然、社会和人本身都有许多深入、准确的洞察，因此，它获得了某种特殊的理论品质，蕴藏着许多理论生长点和思想体系。老子的生态学是一种宏观的思维观念体系和广义视野，它是老子将人类的行为纳入到整个自然运行之中整体考察后得出的结论。

近些年来鉴于人类所面临的一个紧迫问题是生态危机和生存危机问题，生态思想和生态观念深入人心，不仅与学术领域、思想界推动的生态思潮有关，而且从学术领域走向社会生活、走向大众，又反过来推动学术研究进一步结合实际，并走向深入。

在笔者看来，生态美学应该是突破了主客二分二元对立的认识论思维模式的，是以人与自然整体和谐关系为原则的哲学思想和价值观念，高于生态实践的精神理念。在哲学层面上，它是一种世界观和价值观；在文学艺术层面上，它是艺术哲学。归根结底，生态美学研究的仍然是人的生存问题。我们可以从以下四个方面展开论述：

（一）“道法自然”

“道法自然”表现了老子的“自然生态观”。《老子》一个最基本的理念是强调自然、天地万物（包括人类）作为统一整体的自然存在性，其生态智慧所追求的最高境界是人与自然相和谐的生态整体境界。所谓“人法地，地法天，天法道，道法自然”。“无为即自然”，是老子哲学的基本观点。

《老子》认为，“道”是天地万物的本原和基础：“道生一，一生二，二生三，三生万物。”“有物混成，先天地生。寂兮寥兮，独立而不改，周行而不殆，可以为天下母。吾不知其名，字之曰道。”老子认为，人与万物都根源于“道”，“道”是人与世界的一种本原关系，它是“天地之始”“万物之母”“众妙之门”，是一切实践活动的出发点和归宿。天地万物是一个整体，“道”被看作生态自然系统运动变化的法则、规律，“道”的基本法则是“道法自然”。这里的自然是“自然而然”，是一种在功能与过程中存在的法则。

生态系统，按照“道”的原理生成的人也是宇宙的一个有机组成部分。老子以“道”为开端的生态自然思想，奠定了《老子》中的生态美学的基础。恐怕现代意义上的生态文化的基本理论基础就是在对“人类中心主义”的反思上建立起来的。而“人类中心主义”在被生态文化树立为反思对象之前，从历史的角度上看，恰恰是近现代社会的思想支柱——西方的价值观与哲学体系的核心所在。因为作为现代工业文明的基石不是别的，正是“人类中心主义”的合理化了的哲学和实证主义的科学。它比起人文主义和智能更加追求所谓的“合理”，把人类行为的“唯我性”和“胜利法则”论述成天经地义。因此，生态主义所主张的与“人类中心主义”分庭抗礼的“人与自然和谐共处”的思想内核，从哲学上恰恰是在回归老子的“道”，是一种对自然法则的尊重和敬畏。

“道法自然”暗合“无为而治”的存在立场与“自患”意识。“自然无为”是由“道”推演出来的老子生态智慧的基本立场。《老子》告诫我们，“为无为，事无事，味无味”。天道自然无为，人道应该遵从天道，顺应自然，方能“无为而无不为”。这里，老子的“无为”并不是消极地不作为，而是指顺其自然而不加以人为的意思。“无为”即不妄为、不做违反自然的事；“人为”则含有不必要的作为，甚至含有强作妄为的意思；“为无为”是说以“无为”的态度去“为”。老子的思想充分地表达了天地自然无为状态与和谐本质，对人类无限膨胀的工具理性的邪恶智慧做出无情的揭露。

老子将“道”视为宇宙之本，而道之本性则是“常无为而无不为”，即“道”对于宇宙万物是“恃之而生而不辞，功成而不有，衣养万物而不为主”。就道生成万物、成就万物而言，道是“无不为”的；就道对于万物“不辞”“不有”而言，道又是“无为”的。而生态危机的诞生和全球普及正是在一种与“无为”针锋相对的近似“乱作为”的思想体系下实现的。正是这种诞生于西方的工业化、商业化的急功近利和实用主义的指导思想，在哲学上大肆违背客观规律，任性歪曲“人的理性为自然立法”。

天、地、人浑然一体，“道之尊，德之贵，夫莫之命而常自然”。“道”之所以受到尊崇，“德”之所以被珍贵，就在于它们不加干涉，而“纯”任自然、顺其本性。性真如此，自然之道才能臻至理想的境界，具有最大的“纯”美性。这种自然主义的审美观表明了“纯”自然的即是最美的，最高的审美标准和审美境界就是要合乎自然之道，体现自然无为生态之“纯”。

庄子更是以自然主义的观点对老子的生态自然美做了如下解释：“天地有大美而不言，四时有明法而不议，万物有成理而不说。圣人者，原天地之美而达万物之理。是故圣人无为，大圣不作，观于天地之谓也。”得一和合的最终目的是要回到生态自然的本来状态。“大曰逝、逝曰远、远曰返”，“大”“逝”“远”“返”是生态系统演化的主要表现方式。

（二）“天人合一”

在中国传统哲学里的“天人”关系，实际上是指人和自然的关系。中国长期以来是农业文明，传统文化特别强调人与自然的亲和与协调，达到“天人合一”。《老子》是较早提出并阐释“天人合一”思想的著作之一。《老子》曰：“天之道，其忧张弓舆？高者抑之，下者举之；有馀者损之，不足者益之。天之道，损有余而补不足。人之道则不然，损不足以奉有余。孰能有余以奉天下，唯有道者。"《老子》在"天之道"与"人之道"的对比中，舍弃"人之道"而崇尚"天之道"，保持天地自然的均衡与和谐，以获得"天人"之亲和。现代生态学理论认为，生物群落与其环境组成的自然生态系统是一个具有再生能力与自我调节机能的"生命网络"。自然界是以其靠许多年代里不间断地实验而获得的惊人的智慧，发展了自我控制、自我调节，成为一切生命有机体中或多或少地存在的一种调节装置。"天地相合，以降甘露，民莫之令而自均。"《老子》中贵"天之道"而轻"人之道"的思想，是生态自然自身整体性、均衡性与自然和谐美的体现，体现了老子对大自然通过自我调节以保持其本身和谐与完整之特征的充分认识。而人生于自然并融于自然，同时，人又必须在自然给予的条件下才能生存，也必须遵循自然的法则才能发展，这是《老子》生态美学思想理解人和自然关系的基本观点。人在生态的演化过程中成为其中之一："故道大、天大、地大、人也大。域中有四大，而人居其一焉。"

"道"的意义不仅在于自然生态和谐统一，更在于人与宇宙的和谐统一，在于生命的主体和自然的客体在生态学和美学基础之上，实现"天人合一"的生态美的合理结合。中国传统文化特别强调人与自然的亲和与协调，追求"天人合一"境界。《老子》提出了"天人合一"思想并做了阐释。《老子》既讲了"道"运行的基本规律，又讲了"道"的美学精神和美学原则："道"遵照的是"自然而然"的原则，"自然而然"就是美。在道家看来，"人为"、背道之为是与自然无为之为完全相反的，所以"自然无为"就是循道而行的无为之为，是顺应自然、顺物之性。反之，如果不"顺物之性"，违背自然规律就要受到自然的惩罚。"夫物芸芸，各复归其根，归根曰静，是谓复命。复命曰常，知常曰明。不知常，妄作凶。"万物纷纷芸芸，都要回复到自身的根，返回本根就叫作静，静叫作复命，复命叫作常。"知常"，即认识自然界；不知常，即违背自然的常道，则是逆天行事，必然会遭到自然的惩罚。

《老子》是一门生存哲学，是关乎人的存在的基本意义的智慧学说。"无为"首先是一种内在的行为约束系统，讲求清心寡欲，合理控制人的邪恶心理，如欲望、野心、虚荣。而世界性的环境污染，究其源头，哪一个不是与人类的贪婪和占有欲息息相关。资本原始积累、海外殖民、战争，这些在历史长河中波澜起伏的大事件，无不带来毁灭森林、荒废土地、荼毒海洋、污染大气，造成生灵涂炭。同样，“无为”还讲求一种外在的德行约束机制，也就是不竞争、不对抗、不抢夺、不占有。而上述人类的自以为是的行为，全部是在背离这种“无为”的外在形式，以一种“征服的快感”的态度对待自然，并以此为“现代化”的荣耀，实在值得当代人深思。

（三）“返璞归真”

“返璞归真”表现了老子的人生生态观。对于人的问题，《老子》除了讲人与宇宙的和谐统一，还讨论了人自身的和谐问题，即人自身的内在和谐。他首先阐释了生态人的内涵。人之生态首先是“无乐”“至乐无乐”。“无乐”即不为身外的利禄、名声富贵等外物所牵累的一种平常心，是一种放弃名利、一切顺其自然的自然之情。自然之情乃人之常情，无所谓快乐与不快乐，安适、恬静、自然、“无乐”才是人的自然常态。《老子》还为人的生态设计了一条审美之路——虚己。在《老子》中老子提出了“涤除玄鉴”的观点，即要涤除人们的各种主观欲念、成见和迷信，保持内心的虚静，保持心灵深处明澈如镜，保持心灵的深邃灵妙，从而实现对“道”的观照。只有保持虚静，“致虚极，守静笃”，才能达到“虽有荣华，燕处超然”的审美境界。《老子》还认为：“五色令人目盲，五音令人耳聋，五味令人口爽，驰骋畋猎令人心发狂。”所以其生命的价值取向应该是“返璞归真”。人应恬然淡泊、清静无为、顺其自然，诗意般生活在世上。老子提倡“见素抱朴”“粗茶淡饭”的节俭生活方式，“知足常乐”，保持内心的安宁平静；提倡个人要与社会无害亦无争，从而在个人与宇宙自然的大范围内实现和谐交互。

老子说：“天下皆知美之为美，斯恶已；皆知善之为善，斯不善已。”天下人如果都知道美好的东西之所以是美好的原因，这就是丑了；如果都知道善良的东西之所以是善良的原因，这就是不善良了。为什么知道了美就有了丑呢？为什么知道了善就有了恶呢？在老子看来，美与丑、善与恶，都是在对立的关系中产生的，都是相辅相成的，如果没有美就没有丑了，没有善就没有恶了。更重要的是，相互对立的东西是可以互相转化的，美可以变丑、善可以变恶。我们知道什么是“美”了，人们都去追求美的东西，美就变成了一个功利的存在，失去自然的天性，变成人为的“伪”作，就变得不美了。老子从对立的事物中看出了相互之间的关系，这一点和西方人的传统是有区别的。西方人在对立中看出的是斗争，所以形成了“二元对立”的思维方式；而老子在对立中看出的是相辅相成、相反相成、互相转化，进而形成“阴阳和谐”的思维方式。

既然人世间的一切概念，如美与丑、善与恶，都是人为设定的，都是后来有了价值判断、道德伦理之后才形成的，那么在老子看来就应该要打破这种人为的、执着的设定，打破这种后天的价值判断。

(四)“无为而治”

“无为而治”表现了老子的社会生态观。老子的理想社会是“小国寡民，使有什伯之器而不用，使民重死而不远徙；虽有舟舆，无所乘之；虽有甲兵，无所陈之；使人复结绳而用之。甘其食，美其服，安其居，乐其俗；邻国相望，鸡犬之声相闻，民至老死不相往来”。其理想的社会是一个无剥削、无压迫，按自然规律发展的和谐社会，民众不受干扰，人间无猜忌、无矛盾、无冲突、自由平等，人民各尽其性、各安其事、各得其所，整个社会安泰和美，其乐融融。这是道家生态美学思想在社会领域的体现。《老子》认为“治大国，若烹小鲜”，治国安民，关键在于安静无扰，顺应自然。“我无为，而民自化”，“悠兮，其贵言，功成事遂，百姓谓我自然”，“生而不有，为而不恃，长而不宰。是谓元德。”《老子》认为，在社会生活领域，提倡对百姓和国家也要采取心平气和、无为而治的态度，以使社会达到和谐的理想境界；最后又把范围扩展到整个宇宙自然，认为这种无欲柔和的自然无为的精神境界就是最高深的“玄德”，是人性修养的最高境界。

1987 年世界环境与发展委员会提出“满足当代人的需要，又不对后代满足其发展需要的能力构成威胁的发展”。可持续发展观念协调社会与人的发展之间的关系，包括生态环境、经济、社会的可持续发展，但最根本的是生态环境的可持续发展。

事实上，造成当代世界面临的空前严重的生态危机的重要原因就是以往人类对自然的错误认识。自工业文明以来，人类凭借自认为先进的“高科技”试图主宰、征服自然，这种严重错误的观念和行为虽然带来了经济的飞跃，但造成的环境问题却是不可弥补的。人类是生物界中的一分子，因此必须与自然界和谐共生、共同发展。

三、《老子》生态美学思想的现实意义

后现代文化形态为生态美学的产生奠定了必要的前提。如果考虑经济因素和其他条件，可以认为，后现代信息经济社会超越了以科技理性为主导的工业时代社会，这是一个走向生态平衡和协调发展的生态精神时代。

美学在新时代的这种“文化转向”恰恰是后现代美学的重要特征，这就使关系到人类生存与命运问题的探讨必然进入美学研究领域，成为其重要课题，从而为生态美学产生提供必要条件。

生态危机已成为现代性危机中影响最深远也最致命的危机。《老子》启发我们要遵循事物发展的自然规律，而不要为了人类利益而对自然肆意妄为。人类只有尊重自然，使万物各得其所、各尽其性才能从根本上实现人与自然的和谐共处，也才能从根本上实现人类自身的自由。《老子》强调“无为”，而现代生态学理论中有一条“最小化原则”，认为事物的自然状态往往是最佳的、最合理的状态。在没有人类行为强烈干预的情况下，自然界通常都能够以它的最佳状态存在着，发挥出最大的能量和最高的效率，保持着最合理的发展速度和最长久的持续性。因此，人类应该尊重生物自身的生存权利，把宇宙万物都看作充满灵性的生命来崇尚和热爱，从而达到人与自然的和谐统一。因此，道家坚决反对人对自然的破坏行为，一再强调人类要处理好物质欲望和外在自然的关系。“天长地久。天地所以能长且久者，以其不自生，故能长生。”天地之所以能够长生，因为他们不是为自己而生存，所以能够天长地久。两千五百多年前的《老子》具有前瞻性的告诫，对于我们维护生态环境，有着重大的启示意义。

《老子》把世风淳朴、精神恬适、安泰和美的社会看作人类追求的美景和社会持续发展的保证，这是道家对理想生态社会的审美建构。“万物负阴而抱阳，冲气以为和”，“阴阳”二气的相互作用表现为“冲气”“和气”或

"中和之气"，即一种和谐平衡的状态。

在道家看来，"返璞归真"是生命个体的审美境界；恬适自然、洒脱率真的生态人是人格完美的归宿。只要做到心中无已，人心又有何忧？正如老子所说："吾所以有大患者，为吾有身，及吾无身，吾有何患?"老子强调虚静观道正是把人生化为自然无为的生态过程，是对人生生态过程的审美。强调人要保持良好的心态，保持平常心是探讨人生态美的前提。《老子》体现了道家哲学中深邃的美学意义，以其符合宇宙规律，显示出其独有的生命力和科学性。

生态美学是后现代的概念，我们所说的"后"是有着特定含义的，它是对现代的反思与深入。其标志有两个：一个是美国某生态学家经过大量的调查，用科学家的精神和文学家的激情，来反思农药对大地、对地球的危害，她是当代生态理论的开创者；另一个是 1972 年联合国发表了《环境宣言》，标志着人类跨入了生态文明时代。中国也跟上了时代的步伐，从此环境问题成为全人类共同的问题。中国由工业文明到生态文明的转型，是十分紧迫的。

进入 21 世纪，中国的哲学文化面临着转型，从主客二分、以人为中心转向人和自然相互影响。法国哲学家德里达(Derrida，1930—2004 年)提出了一个著名的"去中心"的概念，他认为：中心可以在结构里面，也可以在结构外面，所以中心就不存在了。福柯提出了"人的终结"，即人的死亡。美学的文学学科在 20 世纪面临转型，新的生态哲学观必然引发新的美学观念。当代的生态美学就是基于生态哲学基础上的美学思考。它从自然与人共生共存的关系出发来探究美的本质，从自然生命循环系统和自组织形态着眼来确认美的价值，其宗旨是对生态环境问题做审美观照，重建人与自然和社会的和谐关系。

生态哲学主张的自然界的有机性、整体性与综合性反映了生态美学的和谐性与关联性。生态哲学认为，自然界所有事物都不可能孤立存在，都有着网络式的生存环境。生存环境是由事物之间的有机联系构成的。有机联系使事物相互依存、相互包含，彼此共生共存。同样，人也是有机联系之网中的一个要素，人与其他物种也处于极其复杂、动态的有机联系之中。

生态哲学还强调自然界整体上的动态平衡。任何自然界实体都处于动态的进化过程中，每一事物的进化过程或许出现不平衡，但整个系统应该是趋于平衡的。所有的系统都具有自组织进化的功能，自组织进化趋向熵最小的秩序。具体来说，相对于整个生命系统而言，“生”的意义并不仅仅在于个体生命的保存，更大意义上在于生命系统的有生有灭与不断更新。生态平衡的动态性正是这样一个通过个体生命的有生有灭而达到生命系统生生不息的上升、发展历程。

众所周知，尽管自古以来人们对美与美学的界定众说纷纭、莫衷一是，但“美”所特具的和谐性、亲和性，恰恰同现代生态学系统整体性的基本观点相吻合。法国社会学家费里就乐观预言：“未来环境整体化不能靠应用科学或政治知识来实现，能靠用美学知识来实现。”他表示：“我们周围的环境可能有一天会由于‘美学革命’而发生天翻地覆的变化……生态学以及与之有关的一切，预言着一种受美学理论支配的现代化新浪潮的出现。”在这里，费里将环境整体化十分自然地同美学相结合，并对美学在生态学中的作用给予极高评价。生态美学将和谐看作最高的美学形态。这种和谐不只是中国古典美学所说的精神上的和谐，而首先是现实的和谐。这种和谐的核心是生命的存在与延续，是由生命的网络系统和整体特性决定的。

生态美的另一个突出特性是强调生命的关联性。生态美学看生命，不是从个体或物种的存在方式来看待生命，而是超越了生命理解的局限与狭隘，将生命视为人与自然万物共有的属性，从生命间的普遍联系来看待生命，重在生命的关联。美无疑是肯定生命的，但是与以往的美学不同，生态美学说的生命不只是人的生命，而是包括人的生命在内的所生存的世界的活力，且生态美在生命自诞生到消亡的整个发展过程中得以不断展现。

生态美学的产生具有重要意义。它将各种生态学原则吸收进美学，成为美学理论中著名的“绿色原则”。

当然，生态美学尚在形成过程中，只是一种发展中的美学理论形态，还不具备一个学科的特点。面对西方当代的生态存在论哲学也需进一步批判，特别是某些理论家将“存在”引向神秘的“上帝”的倾向、“世界的返魅”问题、自然的“内在精神”与独立的审美价值问题以及如何正确对待现代化与现代科技问题都需慎重对待。

“以美育代宗教”的文化解析

在中国现代美育史上，蔡元培先生既是一位有影响的理论家，又是一位实践家。在新文化运动中，他不止一次提出“以美育代宗教”的口号，强调“美育是一种重要的世界观教育”，并规划出一幅全民美育的蓝图。蔡先生的美学思想，无疑是美学史和教育史上的一份珍贵的遗产。但长期以来，蔡先生“以美育代宗教”的命题，不仅没有得到很好的研究，而且存在种种误解。就是蔡先生本人，生前也没能对自己的命题展开全面的论证。1938 年 2 月 8 日，蔡先生为萧瑜(子升)编著的《居友学说评论》一书撰写序文说：

> 余在二十年前，发表过“以美育代这宗教”一种主张，本欲专著一书，证成此议；所预拟的条目有五：(一)推寻所自出的神话；(二)论宗教全盛时期，包办智育、德育与美育；(三)论哲学、科学发展以后，宗教对于智育、德育两方面逐渐减缩，以至于全无势力，而其所把持所利用的惟有美育；(四)论附宗教的美育，渐受哲学、科学的影响，而演进为独立的美育；(五)论独立的美育，宜取宗教而代之。此五条目，时往来于余心，而人事牵制，历二十年之久而未成书，真是憾事。

由此可见，蔡先生提出“以美育代宗教”的口号，决不仅仅是一种教育的策略问题，而是有其深刻的文化内涵，是人类文化发展的一种必然结果。自从蔡先生提出“以美育代宗教”以来，美学、哲学、文化学、宗教学等都有了长足的发展，因此从新的视野上来审视“以美育代宗教”的命题，揭示这一命题的深刻内涵，是美育理论研究和美育实践的重要任务之一。

一、原始宗教中的美育因素

人类最早是没有宗教的，那时大概也不会有美的观念，当然更谈不上什么美育了。随着人的进化，人的智力不断发达，宗教便产生了，美的观念也随之产生。宗教的产生大约是 4 万—10 万年前的事，在这一时期人们开始埋葬死者，有的墓地用红色的颜色染过，有的死者还佩戴有装饰品，有的墓地里还发现有撒过鲜花的痕迹。这些材料既有宗教性质，也有审美性质。在欧洲曾发现了许多洞穴壁画，画着栩栩如生的动物，有许多学者把这种原始艺术看作原始宗教的产物，其根源或者是巫术的，或者是仪式的。

人类学、宗教学、考古学的发展，已经对原始宗教的思维形式进行了研究。一般认为，原始宗教中的巫术观念、迷狂情感、神话思维或灵感思维，正是人类审美本质的一种表现。蔡元培欲证明“以美育代宗教”的第一条是“推导所自出的神话”，便是以此为根据的。当然，蔡先生这里仅仅是讲了神话，实际上神话即是原始宗教的最典型的表现形式，神话从来就不是单纯的叙事故事，它总有宗教的、智力的、伦理的、仪式的、审美的要素混融其中。

神话总包含着一个解释系统，要在超现实的神灵观念上叙述宇宙的起源、人类的起源、制度及事物的起源，传达的是一种原始的知识。神话要叙述民族英雄的丰功伟绩，讲述文化英雄的伟大创造，无疑对原始氏族部落的人起到道德的教育作用。人类学家对神话和仪式进行功能主义的比较研究后认为，并不是像一些人认为的那样，仪式是按神话的解释要求举行的。相反，是仪式在前，神话在后。宗教仪式是史前人类加强集体秩序、维护首领权威、对氏族成员进行情感教育的一种手段，如原始人普遍举行的成人仪式、图腾仪式等。伴随着仪式，往往讲述神话，叙述宏伟的史诗，这就是一种原始的美育活动，它构成了美育中形象直观、情感体验的心理原型。

正是建立在原始灵感思维基础之上的巫术仪式活动，使原始审美文化得以产生。如诗、歌、舞三位一体的艺术活动的起源，就与这种巫术仪式密切相关。戏剧的产生是直接与仪式活动相连的。造型艺术，如绘画、雕刻的最初功能，都含有宗教的意义。在原始宗教中，普遍存在的对自然神（日月星辰、山川河流、植物动物等）的崇拜，无疑也培养了原始人对自然的观察力和深切的情感性。神话和传说把这种人类远古的文化历程通过超现实的神灵和英雄的活动情节表现出来了。

人类的语言和文字，往往积淀着人类最古老文化的复制密码。拿汉字的"美"来看，从羊从大，下面的"大"字最初不是大小的大，而是正面站立的人，《说文解字》曰："大，人也，大象人形。"因此。美的本义应为人头戴羊的冠饰（一说上部为羽毛），羊应是图腾的象征。中国远古西戎有羌族，他们是华夏人的族源之一。随着羌人的由西向东的文化发展，这个字成为中国人审美观念中的一个基本概念。人戴羊的冠饰，只有在宗教仪式上，在和图腾神交通的仪式上才有神圣的意义。人戴羊的头饰，是宗教化装舞蹈的一种表现，是远古民俗中的一种傩蜡之风。"大"又可以指"大人物"即部落氏族的巫师、酋长们。在宗教仪式上，他们戴氏族的图腾神（羊）形象的头饰，有一种交通神灵的特权，而原始人则把这种沟通天地的人神形象和行为视为美。因此，原始的美育就包含在"美"字的文化遗传密码中。美的原始意义即指与神灵相交通的行为和形象，是迷狂的宗教仪式中的诗、歌、舞的巫术本身。所以原始的美育是从原始宗教中产生的，在埋葬死者的葬礼上，在涂有壁画的洞穴深处举行的巫术仪式中，在石头村里举行的旨在悦神的歌舞表演中，美育便从神话中演绎出来了。吕思勉说："盖迷信深重之世，事神之道必虔，故礼乐之具必设，其后迷信稍淡，则易为陶身淑心之具矣。"即说明了这一过程。《尚书·舜典》已制定礼法，对后代进行美育，并设立专门的官职来负责此事的记载：

> 帝曰：“咨！四岳。有能典朕三礼。”佥曰：“伯夷。”帝曰：“俞！咨伯，汝作秩宗。夙夜惟寅，直哉惟清。”
>
> 帝曰：“夔！命汝典乐。教胄子，直而温，宽而栗，刚而无虐，简而无傲。诗言志，歌永言，声依永，律和声。八声克谐，无相夺伦，神人以和。”夔曰：“於予击石拊石，百兽率舞。”①

神话时代，原始宗教意识中的美育因素由此可见一斑。

二、宗教全盛时期包办智育、德育、美育

斯宾格勒在《西方的没落》一书中主张，一切文化都是从宗教开始的，以后达到烂熟遂一转而为非宗教的而没落了。著名宗教学家麦克斯·缪勒认为：“宗教不是新发明，它即使不是和人世一样古老，至少也和我们所知的人世一样古老。我们所知的古人的思想感情，几乎都处于宗教的领地之中，或者完全被宗教控制了。无论什么地方，最古老的文献几乎都是宗教的。正如赫德所说：‘在我们的世界里，所有较高文化的种子，都可追溯到宗教的传统，无论是文字的还是口头的’。”

这些看法虽然有的略有偏颇，但是从中可以看出宗教在人类文明发展史上曾有过极高的地位，是人类久远的普遍存在的现象。宗教从原始思维中产生，随着社会的发展而不断发展，当人类组成氏族社会部落时，宗教在原始人的图腾崇拜、神话传说和巫术礼仪中便逐渐走向兴盛；当氏族部落组成了联盟，国家逐渐形成以后，宗教在社会功能和人的情感需要的驱动下，也走向了它的全盛时期；在整个奴隶社会、封建社会，宗教都雄霸于人的意识形态之上。宗教隐藏在埃及金字塔旁司芬克斯的微笑里，刻画在古巴比伦的泥板中，雕刻在中国古老的彩陶纹和青铜器上，写在印度古老的经卷里。不可一世的君王曾经俯伏于庙堂之下，叱咤风云的英雄也曾跪拜于神座之前。在宗教的全盛期，人类的文明几乎都包含在宗教文化之中了。其他的文化现象，意识形态的其他领域，都受到宗教的影响。伴随

---

① （清）阮元：《十三经注疏》，北京：中华书局，1980年版，第131页。

着奴隶制和封建制集权主义的形成，宗教也由多神教而走向一神教。宗教在西方的中世纪达到了巅峰，其影响也遍及社会、生活和意识的各个方面。在宗教的极盛时期，智育、德育和美育都被宗教所垄断。你要追求智慧吗？宗教说最高的智慧就是神和上帝的存在；你要了解自然的奥秘吗？宗教说神灵是自然的主宰；道德要寻求最高的幸福和善，宗教说最高的幸福和善是对神灵的信仰和爱；艺术要创造伟大的美，宗教则说终极的美来自对上帝的直观。

麦克斯·缪勒在他的名著《宗教学概论》中说，世界历史上的宗教很多，但拥有神圣经典的则很少，它们在世界宗教史上扮演着主要角色。据他说，这类角色主要是雅利安人、闪米特人，后来他又加上中国人。三大种族的宗教构成了历史上几种主要的宗教。他认为雅利安人中的印度人和波斯人创造了婆罗门教(后发展出佛教)和琐罗亚斯德教；闪米特族系中的希伯来人和阿拉伯人创造了摩西教(后发展为基督教)和伊斯兰教；中国则产生了两个宗教，一是儒教，一是道教。尽管孔子的教诲是否可称为“儒教”，“四书五经”是不是宗教经典尚可争论，但我国自夏、商、周以来，就有一种源于巫教的、被国家奉为神圣的、以敬天拜祖为中心的宗教则是不成问题的。在这些宗教典籍中，记录着人类最古老的智慧和道德信条，收集着优美的诗歌，它们成了宗教全盛时期包办智育、德育、美育的典型代表。

就中国而言，传说中的夏铸九鼎时代，就把各氏族部落的神鬼怪物的图像收集起来，铸刻在铜器上，执行使民知“神奸”的教化功能。商代的君主就是宗教的首领，凡干大事之前都要举行沟通天地神灵的宗教仪式，以占卜的方式来决定事情。一部《周礼》则记录了周代的各种建立在原始宗教信仰上的礼乐教化。正是在这个意义上，中国的儒教和道教，都有其史前的宗教文化作为思想来源的基础。这个时代产生的文学作品，如伟大的《诗经》和不朽的《楚辞》，如果不结合原始宗教来分析，是决不能真正认识其本质的。《诗经》中的“雅”“颂”，就是对贵族及百姓和后代进行智育、德育、美育的最好教材。

三、哲学、科学发展以后的宗教与美育

在今天，哲学、科学和宗教是属于不同的世界观，但在原始社会早期，科学和宗教是很难区分的。对人类科学的发生史进行的研究表明，最初的科学是从原始宗教中脱胎出来的。如天文学和占星术是密不可分的，原始的医学和巫术是很难区分的，化学产生自炼金术。神话中的解释系统，无疑是哲学起源的基础，道德和法律与原始的禁忌和神判密不可分。当然，原始文化像现在的文化一样，也存在世俗的和神圣的两个方面：一方面是工具的制造，按季节的耕种，用火来烧制陶器；另一方面，又有许多人类无法认识和了解的事情，如做梦、疾病、死亡、宇宙的来源等。对前者的探讨追溯产生了科学，后者则产生宗教与神话，对这两者进行反思，则产生哲学。世俗的和神圣的文化属于两种不同种类文化的类型，但又是相互影响和转化的。原始宗教和神话中存在许多虚幻的成分。在长期的实践过程中，人们发现了其中的虚假性，于是人们从科学的方面来代替它，久而久之，科学便战胜了神话。几乎在人类狂热地信仰宗教的同时，人类也开始创造科学。

在古代巴比伦、古埃及、古印度、古代中国，科学就开始萌发，但真正形成有影响的科学和哲学则是在古希腊时期。古代世界的各条知识之流都在古希腊汇合起来，经过一些天才人物的过滤和澄清，导向一种更加有成果的新的途径。尽管在古希腊人的观念中还存在一个奥林匹斯山的众神系统，但居住在小亚细亚的爱奥尼亚的自然哲学家学派的思想家们，则开始用理性主义的眼光来看待世界了，他们想以自然的物质属性本身来理解、解释和支配这个世界。同时，毕达哥拉斯学派一方面直接从奥菲教义继承神秘的态度，同时也很愿意进行观察和实验，形成了建立在数基础上的形式哲学。从此，科学、哲学逐渐和宗教分庭抗礼，展开长达几个世纪的较量。随着科学、哲学的发展，宗教势力也在恶性膨胀，在迷信和狂热的支撑下，漫长的中世纪的宗教用手中的权力来压制科学与学术的发展。同时，由于科学毕竟是富国强兵的最有效的手段，所以仍有贤明的统治者和追求自然奥秘的科学家们在提倡和钻研科学和学术。到了12世纪，寺院

和教会包办一切的教育形式再也不能维持下去了，日益增长的教育的需要，促使新的世俗学校开始建立，终于形成了现代的大学教育，这成了科学战胜宗教的一个里程碑。宗教只在信仰和情感方面，采用审美与崇拜的手段来维护自己的职能。可以说，世俗的学校教育，是使科学最终战胜宗教的必要的手段；而师范院校的产生，是专门为这种教育培养合格人才的必然产物。

四、附属宗教的美育向独立美育的演进

宗教和艺术都是从形象上来把握世界，都作用于人的情感。宗教活动，必然利用艺术的手段，通过审美来达到影响人的目的，所以早期的美育总是附属于宗教之下的。原始的巫术和艺术之间，存在着极其相似的地方，至少在调动情感上是如此。今天我们称为最原始的艺术，总是带有宗教的痕迹。在宗教全盛期，当民族国家把宗教作为攫取权力的手段，对人统治的工具时，他们对宗教倾注了空前的热情，创造了雄伟的宗教建筑，如教堂和陵墓。在宗教建筑中，陈设着用最珍贵的物质材料制成的偶像，绘画着优美的宗教故事，保存着一代一代传承下来的宗教艺术和经典。世界上最伟大民族的伟大创造，往往是宗教性的。古埃及的金字塔，成了法老灵魂不死轮回转生的象征；巴比伦的通天塔，以观察星相来预卜人世的变迁；在今天仍然屹立的古希腊神庙的断壁残垣里，曾保存着令今人赞叹的最精美的神像；印度的佛像雕刻，至今仍给我们以美感。其他如波斯艺术、拜占庭艺术、凯尔特艺术、基督教艺术、哥特艺术等，无不与宗教有密切的关系。著名的非洲木雕、玛雅文化中的石碑、印第安人的图腾柱、中国的青铜礼器以及遍布名山大川的寺庙道观，哪一个不是与宗教有着千丝万缕的联系？如果没有宗教的热情，人类的艺术怎会制造得如此精美和宏大；如果没有这些宗教的艺术，艺术或许只是一个没有灵魂的躯壳。

今天，宗教已由它的全盛期逐渐走向衰落，科学最终将占领更多的领域，但附属宗教的人类的那一部分艺术创造，并不能被科学所完全替代。宗教的文化遗产，成了人类审美文化的一部分，继续发挥美育的功能。

无论宗教艺术在创造时包含着多么深奥的宗教信念，一旦其被创造出

来就成了一件艺术品，不同的欣赏者在不同的时代和不同的知识背景下会产生不同的审美判断。虔诚的宗教信仰的冲动，可能被其优美的表现形式所代替，在后代不信仰宗教的人来看，其形式本身便执行着审美的功能，或作为人类文明的一种象征，而具有了文化史的内涵，留给我们的仅是对人类伟大创造的惊叹。人们总爱四处旅游，看看世界各地古代人们的伟大创造；人们总爱到名山大川，游览自然风光之外，巫、道、儒、佛的圣迹也在陶冶着人的情操。

在西方文艺复兴时期，灿烂的人文主义的曙光，照亮了来自黑暗的中世纪的通向现代的大道。在宗教文化的背景下，张扬着一种新的价值观。但丁的《神曲》，在天堂、地狱、炼狱的篇章下，倾注了对人的同情、对知识的渴望和对美的追求。在达·芬奇、拉斐尔以宗教题材而作的绘画中，圣母成了农村的村姑，脸上一扫阴霾的中世纪的神秘、悲哀的气氛；米开朗琪罗的宗教题材的绘画和雕刻，无不高扬着一种人性和美的力量。我们看到，人类的美，终于渐渐从宗教中走出，汇成洪流，冲刷出一个崭新的世界。

在中国，商代是在“率民以事神”的宗教祭仪乐舞中来实现美育的功能，到了周公“制礼作乐”时，则发展为礼、乐、射、御、书、数的“六艺”。孔子用这“六艺”来教育他的学生，表明中国在先秦时代，已经开始了从附属宗教的教育向德、智、体、美的教育发展。汉代，佛教传入中土，道教也形成一定的规模，但都没有像西方中世纪宗教那样包办一切。同时，由于统治阶级的倡导，孔子的学说则被提升到“国家宗教”的性质。远古源于原始敬天崇祖的巫术礼仪与儒、道、释杂糅在一起，形成了中国古代宗教的多重合奏。在这种情况下，艺术几乎全部是为宗教服务的。在中国，最出色的建筑、雕刻以及山水画，大都保存在各地的寺庙中。宗教和戏曲、舞蹈、音乐的联系主要体现在各种宗教性的民间杂剧中，那些识文断字的人们所具有的大部分学识都来源于一些道德箴训、通俗经典以及各地寺庙和宗教团体的讲经故事和教徒传中。

在传统社会中，宗教和艺术总是密切联系、相互配合的。音乐、戏剧、绘画、雕塑往往以其形象性和直观性，引导那些普通思维不能把握的神秘王国，传达着连那些最聪慧的人也难以付之于言辞的深奥的理念。作为直觉的辅助物和传达独特的象征内容的工具，艺术长期以来是人们窥视神界的一扇窗口。由于在中国宗教中，天是至高无上的，天即自然，即道，在世俗的领域便培养出中国艺术中发达的自然观，“天人合一”“回归自然”就成了宗教和艺术的极致。当宗教的虚幻性不再为民众所信仰时，宗教艺术的功能就自然而然转向了纯审美的领域。

五、独立的美育取宗教而代之

在人类文化的发展中，最早是以宗教代替美育的。这并不是由人为的原因造成的，而是人类文化自律的结果。宗教的产生已使人摆脱了动物的无理性状态而走向了人，但由于人类智力的误用，使宗教本身又表现出一种矛盾的两面性，人按自己的形象创造了神，之后又对之顶礼膜拜，就使人的本质产生了异化。人的伟大之处就在于人能创造一种文化又能超越这种文化。当人类文明不断发展以后，当科学已成为一种人的认识世界和掌握世界的一种普遍的武器以后，宗教的虚幻性、信仰性、落后性、反动性就表现出来了。这样，美育就必然要代替宗教。

美育代替宗教，是科学世界观胜利的一种必然表现。当原始宗教发展为人为宗教的时候，一些想攫取权力的野心家利用宗教观念来为自己腐朽的行为辩护，一些僧侣死抱住僵死的教义不放而迫害科学人士，阻碍了社会的发展。而科学世界观戳穿了宗教所编制的一套谎言，使宗教的基础受到了动摇。如天文学的发展提示了宇宙起源的奥秘，说明了日月星辰运动的规律，那么上帝创造世界、神秘的占星术就渐失去了存在的基础；达尔文进化论的胜利，就使上帝造人的神话和教义变得荒谬可笑；心理学、生理学对人心理生理规律的提示，使人明白了人的生老病死的生理基础以及魔鬼神怪信仰的荒谬。

在西方这一转变过程是从文艺复兴开始的。文艺复兴打着古希腊科学的旗帜，给中世纪宗教以致命的一击，经过许多人文主义学者、启蒙运动思想家的鼓吹，美育便成了争取政治自由、思想自由、培养人的全面发展的一条必由之路。席勒是这一时期提倡美育的最重要的思想家之一。在中国这一过程是在结束了封建的皇权以后，在五四运动的“科学、民主”的旗帜下展开的，蔡元培正是这一运动的倡导者。“以美育代宗教”口号和实践的伟大意义也在于此。

在传统的教育中，德、智、体、美的教育在宗教教育包揽一切的情况下就存在了，但都还没独立出来。随着近代学校教育的兴起，才分科而教育之，宗教逐渐成了一个信仰的问题而退到一隅。人类的情感教育随之发生了变迁，如舞蹈由宗教礼式上的娱神而转向悦人；音乐由古代的礼乐教化而转成陶冶性情；神秘的祭祀歌剧的表演仪式，也转化为话剧、电影和电视剧；由礼拜堂里的祈祷，发展为到电影院里的观赏、去卡拉 OK 厅的演唱。本来由宗教来维系的情感，转到了由美育来维系，所以我们认为，现代的文化是一种真正的审美文化，未来的教育也必然是一种审美教育。

以上我们从文化发展的角度对“以美育代宗教”的命题进行了解析，可以看到这一命题深刻的内涵。一方面它揭示了人类文明发展中，宗教与美学的关系；另一方面又揭示了未来文化发展的一条必由之路。“以美育代宗教”不仅是一个教育政策的问题，也是一个现实实践的问题，对“以美育代宗教”的文化解读，可以帮助我们在现实中正确地开始美育活动。对“以美育代宗教”的理论说明，可以使我们认识到美育在现代文化建设中的重要性。

近十几年，随着我国社会主义建设事业的发展，美育的问题引起了社会的广泛注意。人们认识到，社会主义不仅要实现经济繁荣，而且要实现社会的全面进步，美育对培养全面发展的人才、提高全民族的精神素质、抵制邪教的歪理邪说，有着重要的意义。当宗教作为人民的精神鸦片被抛弃以后，美育就成了陶冶人情感的主要手段。通过美育，使人的身心得以净化，成为情操高尚的全面发展的人，这是实现社会全面发展的根本保障。

（原载《徐州师范大学学报》1999 年第 4 期）

论蒋孔阳美学思想的现代性

蒋孔阳的美学思想，是20世纪后期中国美学的典型代表。蒋孔阳美学表现了一种现代性的精神内涵，主要体现为：把审美的主体性价值提到较高的地位；不再把美看成一元的、僵死的某种形而上学的规定，而是把美看成一种时空结构中的创造性；论述了美的开放性，显示了一种兼收并蓄的宽容精神；提倡美学中的对话精神，在古今中外美学的平等对话、交流中发展美学理论。

根据现代性的理论①和已形成的美学中的现代性观念②，蒋孔阳的美学

---

① 参见[德]哈贝马斯著，李安东、段怀清译：《现代性的地平线》，上海：上海人民出版社，1997年版；[英]安东尼·吉登斯著，赵旭东等译：《现代性与自我认同》，北京：生活·读书·新知三联书店，1998年版；Anthony Giddens, *The Consequences of Modernity*, Stanford: Stanford University Press, 1990; Louis Dupré, *Passage to Modernity: An Essay in the Hermeneutics of Nature and Culture*, Yale University Press, 1993.

② 参见刘小枫主编：《现代性中的审美精神——经典美学文选》，上海：学林出版社，1997年版；刘小枫：《现代性社会理论绪论》，上海：上海三联书店，1998年版。周宪：《中国当代审美文化研究》，北京：北京大学出版社，1997年版；吴予敏：《美学与现代性》，西安：西北大学出版社，1998年版；张辉：《审美现代性批判》，北京：北京大学出版社，1999年版。关于"后现代"的讨论，已成一种世界性的学术现象。国内已经翻译介绍了部分讨论性的著作：[美]大卫·格里芬编，王成兵译：《后现代精神》，北京：中央编译出版社，1997年版；[美]大卫·格里芬编，马季方译：《后现代科学——科学魅力的再现》，北京：中央编译出版社，1995年版；[美]道格拉斯·凯尔纳、[美]斯蒂文·贝斯特著，张志斌译：《后现代理论——批判性的质疑》，北京：中央编译出版社，1999年版；[德]彼得·科斯洛夫斯基著，毛怡红译：《后现代文化——技术发展的社会文化后果》，北京：中央编译出版社，1999年版；[美]波林·罗斯诺著，张国清译：《后现代主义与社会科学》，上海：上海译文出版社，1998年版。[英]迈克·费瑟斯通著，刘精明译：《消费文化与后现代主义》，南京：译林出版社，2000年版。

思想显然有一个发展过程，越往后越显示了一种审美的现代性。蒋孔阳的美学思想，是20世纪后半叶的产物，在20世纪末的十年中，逐渐建立了自己的系统。他总结了20世纪大半个世纪的美学实践，在改革开放的条件下，把其放在整个世界的现代性的语境中审视，在20世纪末蒋孔阳美学的现代性是一个必然。蒋孔阳美学的现代性特征，主要表现在这样几个方面：审美主体性的张扬；时空结构中的创造性；体系的开放性；美学中的对话精神。

一、审美主体性的张扬

在世界性的现代化过程中，一些具有批判精神的理论家们也研究了现代社会中的种种问题。他们分析了现代性的结构、权力运作方式以及其形成的根据，出现了一些著名的现代性研究的学者，像涂尔干、马克斯·韦伯、齐美尔、尼采、马克思等。审美现代性问题，是整个现代性的一部分，又有自己的传统。从卢梭、康德、席勒、斯宾格勒等启蒙思想家到波德莱尔、本雅明、阿多诺、马尔库塞、福柯、哈贝马斯，到杰姆逊(F. Jameson)、威廉斯(R. Williams)、费瑟斯通(M. Featherston)、吉登斯(A. Giddens)、鲍德里亚等。启蒙运动以降，宗教神权失去了昔日的权威，韦伯用“祛魅”过程来描述现代社会的质态。没有神性的社会，成了一个凡俗(Profane)的社会，凡俗的社会是把世界理性化和此岸化。在此岸的世界，审美成了个体生命在失去彼岸支撑后的此岸的支撑。于是审美的现代性成了维系人生存价值的乌托邦。主体性便成了现代性的特征之一。齐美尔说：“现代的本质根本上就是心理主义，即依据我们的内在反应并作为一个内在世界来体验和解释世界，把固定的内容融解到心理的流逝因素中，在心理中，一切实体都化解了，实体的形成仅只是运动的形式而已。”[①]也就是说，在现代人的精神中，人的心性乃至生活样式完全可以在感性直观中找到生存的理由和自我满足的形成。美学在其创立时就是为感性正名。美学的创始人鲍姆嘉通在《美学》中说：“美学是研究感性知识的

① [德]齐美尔：《哲学文化》，Potsdam，1923年版，第184页。

科学。”哲学家们想以艺术代替传统的宗教形式，或者使审美成为一种新的宗教，鼓舞人们以一种游戏的态度来对待人生，在及时行乐的意识中，隐藏着一切张扬人的官能快感的潜意识。在中国20世纪的美学中，蔡元培提出“以美育代宗教”、梁漱溟提出以伦理代宗教、朱光潜提出主客体结合说、宗白华则倡导审美主义。新中国成立后，通过美学的大讨论，在主流意识形态的话语下，借马克思“人的本质力量的对象化”“自然的人化”“美的规律”等短语，演绎出一套美学来，便走的此种现代性的道路。到了20世纪后半叶，一场官能快感的解放已不可避免。“消费社会”[①]的到来，视觉文化的登场，各种先锋艺术、前卫艺术的亮相，都是这种审美现代性的发展。

蒋孔阳美学在主体性的问题上，继承了王国维、朱光潜、宗白华等人的审美主义。他顺应了20世纪现代化的学术思潮，又在主流意识形态的权力话语中，做出自己的言说。他张扬的是审美中人的主体性。蒋先生在论述这个问题时，首先从美的本质问题上立论。他认为：“抽象的人的本质概念，不能成为美；人的本质转化为具体的生命力量，在‘人化的自然’中突现出来，对象化为自由的形象，这时才美。”[②]当然，把美与人的本质力量联系起来探讨美的美学家不仅蒋孔阳一人。他的特点是更重视人的主体性在审美中的作用，并不把人看成完全由历史积淀所造成，由社会性完全左右的。蒋孔阳说：“一个人的本质力量，应当是这一个人身上最能反映出他这一个人的那些品质、性格、思想、感情、才能等。”[③]这更偏重个人的精神力量。在《美学新论》中，他又说：“每一个具有自我意识的人，都力图把自己的本质力量，通过实践的活动，最充分最彻底地表现出来。当一个人的本质力量，得到了完美的表现，实现了自己的目的和愿望，达到了自己的要求，于是就感到满足、幸福、愉快，感到自己与现实的关系，是和谐而自由的，这时，就产生了美”。[④] 蒋先生在哲学层面上肯定人的本

---

① [英]迈克·费瑟斯通著，刘精明译：《消费文化与后现代主义》，南京：译林出版社，2000年版。

② 蒋孔阳：《美学新论》，北京：人民文学出版社，1992年版，第160页。

③ 蒋孔阳：《美和美的创造》，南京：江苏人民出版社，1981年版，第46页。

④ 蒋孔阳：《美学新论》，北京：人民文学出版社，1992年版，第172页。

质力量在美中的作用，在具体审美关系中，展开的是个体鲜明的主体性，突出了主体的情感在审美中的作用，并把主体的情感的创造放在瞬息变化的时空结构中来探讨。在以理性压抑感性、以集体排斥个体、以信仰代替个体情感、以主流话语排挤个人言说时，蒋先生的美学在理论上严密地论证了情感本体在审美中的作用。蒋先生的美学把主体推到一个历史的高度，无疑展示了一个极大的域界。

主体性的张扬，还表现在蒋先生美学理论中关于自由的观点上。古典的现代性理性，往往是张扬自由的。天赋人权的思想家把人的本质归为自由。启蒙运动以降，理性、民主、自由的神话，一度成为古典现代性的标志。在后现代挑战现代性以前，这种现代性一直是启蒙者的理想和目的。中国五四时期提倡科学、民主、自由，20 世纪 80 年代初期一度的人道主义的复归，对马克思的“人道主义”的过度诠释，都是走的西方古典现代性的道路。通观 20 世纪 80 年代的美学，理论家们都高扬起“自由”的大旗。李泽厚提出“美是自由的形式”[①]；高尔泰认为“美是自由的象征”[②]；刘纲纪认为“美是自由的表现”[③]；蒋孔阳则倡导“美是自由的形象”[④]。蒋孔阳说：“美的形象，应当都是自由的形象，所以它能处于不断地创造之中，随着时空结构的变化，时时呈现出恒新恒异的形态。”[⑤]这种自由的呼唤，表现的是一种反封建、反专制，渴望从各种枷锁中挣脱出来的启蒙精神。在当代中国，这仍是现代性的表现之一。

二、时空结构中的创造性

蒋孔阳美学最主要的特征，在于他强调了美学现代性中的创造。我们“可以把蒋先生的美学理论概括为以实践为基础、以创造为核心的审美关

① 李泽厚：《美学论集》，上海：上海文艺出版社，1980 年版，第 164 页。
② 高尔泰：《美是自由的象征》，北京：人民文学出版社，1986 年版。
③ 刘纲纪：《美学与哲学》，武汉：湖北人民出版社，1986 版，第 70—75 页。
④ 蒋孔阳：《美学新论》，北京：人民文学出版社，1992 年版，第 172 页。
⑤ 蒋孔阳：《美学新论》，北京：人民文学出版社，1992 年版，第 188 页。

系说”[①]，或称为“创造美学”[②]。蒋先生的美论，是从历史性的研究中得出的结论，美的研究不是指出一个现成的结论，而是提出了“美在创造中”“人是世界的美”。这是一个开放的体系，其中蕴含着人类学美学的主题：美离不开人，是人创造了美，最终还要落实到“全面发展的人”身上，这是面向21世纪的美学。[③]

从总体上看，蒋先生的美学属于“实践美学”，但他的实践观则更多地强调人的主观审美意识的实践创造。1957年他在第一篇美学论文《简论美》中，已提出马克思对人的自由的有创造性的本质规定性对美学研究的意义。蒋孔阳在1980年发表的论文《美和美的创造》[④]，是这一精神的必然发展。到了晚年，他在《美学新论》中，经过对历史上各种美学学说的批判考察，完成了自己美的创造的学说。蒋先生的美学，突出了美在时空中的创造性特征，显示了一种现代性的精神品格。这种美论，解构了传统形而上学，把美归为理念、形式、愉悦、直觉等唯一因素的特征；拆除了中国美学在20世纪50—60年代大讨论中仅从认识论上来讨论美，以主观、客观画线的狭隘观点；同时也超越了他自己在美学大讨论中的美学思想。

在《美学新论》中蒋孔阳说：“我们探讨美的本质问题，应当打破传统美学的一些观念，把美看成是某种固定不变的实体，无论是物质的实体或精神的实体；把美看成是由某种单纯的因素所构成的某种单一的现象。与此相反，我们应当把美看成是一个开放性的系统，不仅由多方面的原因与契机所形成，而且在主体与客体交相作用的过程中，处于永恒的变化和创造的过程中。美的特点，就是恒新恒异的创造。”[⑤]他引用自然科学的成果，

---

① 朱立元：《当代中国美学“第五派”——试论蒋孔阳教授的美学思想》，载《当代中国美学新学派》，上海：复旦大学出版社，1992年版，第2页。

② 张玉能：《创造美学的建构与发展——蒋孔阳美学理论体系综览》，载《当代中国美学新学派》，上海：复旦大学出版社，1992年版，第19页。

③ 郑元者：《蒋孔阳的美论及其人类学美学主题》，《文艺研究》，1996年第6期；又见郑元者：《美学观礼》，北京：中国发展出版社，2000年版，第148—164页。

④ 原载《学术月刊》，1980年第3期，后收入蒋孔阳《美和美的创造》，南京：江苏人民出版社，1981年版，第42—61页。

⑤ 蒋孔阳：《美学新论》，载《蒋孔阳全集》第三卷，合肥：安徽教育出版社，1999年版，第14页。

从宇宙的不断生长、消亡、变化、创造，从自然界的变化来论述这一观点。结合美的历史发展和人类对美的理论探讨，蒋先生认为：美的创造，是一种多层累的突创(Cumulative Emergence)，其包括两方面的意思，一是从美的形成来说，它是空间上的积累和时间上的绵延，相互交错，所造成的时空复合结构。二是从美的产生和出现来论，它是直觉地整体地表现在我们面前的。美是多种因素多层次的积累，是"时空的复合结构"。[①] 这是一个开放的系统，"在空间上，它有无限的排列组合；在时间上，它则生生不已，处于永不停息的创造与革新之中。而审美主体与审美客体的关系，则像坐标中两条垂直相交的直线，它们在哪里相交，美就在哪里诞生"[②]。蒋孔阳从自然物质层、知觉表象层、社会历史层和心理意识层论述了美的创造中的多层次和多侧面性。宇宙在创造中，人生在创造中，美也在创造中。蒋先生的这一命题，从此在的现象出发，把美归为瞬间的创造。这在中国美学中，注入了现代性的精神品质，是对"美在关系""美即直觉"等命题的整合，甚至有现象学、存在主义的现代品性。

蒋孔阳将美看成是一种多层次的创造，必然表现为一种"新"的趋向。他把自己的代表作取名《美学新论》就是如此。求新是现代性精神的一个"中心范畴"[③]，蒋孔阳多次引用王羲之的诗"群籁虽参差，适我无非新"，并表示"很喜欢这两句话"[④]。蒋孔阳认为，这个"新"字很重要，是创造性的关键。蒋孔阳说："我这本《新论》，是力图通过我自己的眼睛和耳朵，通过我自己的感受和理解，来把马克思主义的思想和理论，应用到千变万化的客观现实中去，使之具有我自己的特点，具有我自己的'新意'。"[⑤]

① 参见蒋孔阳：《美学新论》，北京：人民文学出版社，1992 年版，第 139 页。

② 蒋孔阳：《美学新论》，北京：人民文学出版社，1992 年版，第 145 页。

③ 刘小枫：《现代性社会理论绪论》，上海：上海三联书店，1998 年版，第 488 页。

④ 蒋孔阳：《美学新论》，北京：人民文学出版社，1992 年版，第 495 页。

⑤ 蒋孔阳：《文艺与人生》，北京：首都师范大学出版社，1993 年版，第 32 页；《与自学者谈美学自学》，原载《中文自学指导》，1986 年第 6 期。

三、体系的开放性

西方传统的美学，往往追求一个无所不包的体系性。柏拉图、亚里士多德、康德、黑格尔等无不如此。新中国成立后美学大讨论中逐渐形成的主观派、客观派、主客观结合派的美学观点，也是在这样的哲学背景上形成的话语模式。与这种形而上学的思维方式不同，蒋孔阳的美学则表现出一种体系的开放性："他认定了学术研究姓'真'而不姓'派'的道理，在美学探索中，不是以立'派'当先，而是以求'真'为本。对待他人的见解，更多的不是同中寻异，而是异中求同。"[①]蒋孔阳曾不止一次说过，他终生服膺"真理占有我，而不是我占有真理"的名言，认为真理是一个过程，而不是一个绝对性的结论。他研究美学，只是为了寻求真理，没有一种自立山门，独树一派的刻意追求。在理论上表现了一种"宽容精神，多元意识和博采众长，兼容并蓄的大家风范"[②]。蒋先生说："我国目前关于美学研究对象问题的讨论，每一派都各有所长，而又各有所短——与其抹煞他们各自的'真理'，而突出他们的缺点，予以否定，不如撷取他们各自的'真理'，弥补他们各自的缺点，从而得出一个比较全面的、合理的看法。""我主张调和和综合各派，各取所长。"他又说："因为我并不认为自己占有真理，所以我总感到自己的不足。我总是张开双臂，去听取和接受旁人的意见。我不仅没有想到要去建立一个体系，一个学派，而且对各家的学说，也从来不扬此抑彼，而是采取兼收并蓄、各取所长的态度。……我觉得我从每一派那里，都学到很多东西。"

蒋孔阳美学的这种开放性，是现代性理论自觉的一种表现。不仅对今人是这样，对古人也是这样。他说："有人说不归杨，则归墨；或者不归柏拉图，就归亚里士多德。我可不然。我既归杨，也归墨；既归柏拉图，也归亚里士多德。"这不是一种谦辞，而是一种现代性的大彻大悟的境界。

---

① 高楠：《蒋孔阳美学思想研究》，沈阳：辽宁人民出版社，1987年版，第3页。

② 朱立元：《当代中国美学"第五派"——试论蒋孔阳教授的美学思想》，载朱立元编《当代中国美学新学派》，上海：复旦大学出版社，1992年版，第15页。

是否从别人的理论中去抽出自己认为的一些属于真理的部分放在一起就是真理了，仍值得进一步的历史沉思，但与那些霸道哲学，唯我独尊、唯我唯一正确的理论体系比，蒋孔阳美学的现代意识是十分明显的。现代性的一个重要的特点就是以主体性去适应变化的世界，消解中心、消解唯一、消解独断专行，倡导多元、开放、对话。蒋先生的美学是这一时代精神的表现，又促进时代精神的生成。和那些先锋派的理论家比起来，蒋先生的观点不是那么“后现代”，但他从马克思主义实践观语境下，得出美的体系必然是一个开放性的，并力陈述之，是现代性精神的表现。这种开放的精神、心态和品格，必然对 21 世纪中国美学的建设起到促进作用。

四、 美学中的对话精神

蒋孔阳美学还表现了一种对话精神，这是审美现代性的又一表现。对话作为语言的一个本质特征，是普遍存在于人类社会的，是人与人之间交流的产物。没有对话就没有思想，也就不会有发展和进步。20 世纪随着“语言学的转向”，对话已超出语言学的范畴而成为一种哲学的、美学的观念。美学中，寻求“放之四海而皆准”的美的定义，找出一元的、终极的本质已成为一个乌托邦式的梦想。相反，把美看成在多层次的审美关系中，随着时空的变化，随着主客关系的变化，随着人的心理情感的变化而处在永恒的创造中的观念则被接受。

蒋孔阳美学的对话精神，是一种方法，也是探讨美的一个理论猜想。蒋先生把美看成是“恒新恒异”的创造，其中便包含有万事万物的联系，在相互作用中相互生成的对话意识。美不再是物或心的某一属性，不再是一个可以用定义概念所确定的僵死的教条，美就像语言一样，是处在一种时刻变化着的对话状态，它的实现，只有在时空的现实的对话中才是真实的。于是便有了古往今来的美的丰富性。这显然克服了美的主观的、客观的，物质的、精神的，社会的、心理的，超验的、经验的，集体的、个体的等形而上学两分法的限制，是吸收了现代主义思想传统的结果。蒋先生后期对美学的探讨，永远置于对话的状态，对任何时代、国家、地域中的任何人的观点，都抱着一种吸收的态度。这是一种气魄，也是一种精神。

有这种精神的人便会发展"有容乃大"，缺乏这种对话精神的人则变得心胸狭小，往往在鄙视别人的思想、否定别人的思想中，曲解了别人，也僵化了自己，扼杀了自己的美学思想。

蒋孔阳美学的对话精神，是通过各个方面表现出来的。在一生的美学追求中，蒋先生不断地与历史进行对话，与中西文化和美学对话，与古代的美学思想对话，同当代美学家对话，与学生对话，与自己对话。对话是多方面、多层次的。美学是在西方形成的，20 世纪才被中国人吸收过来。蒋孔阳十分重视与西方美学的对话，他详细研究过德国古典美学，出版过这方面的专著，已成为经典。他主编过《西方美学通史》①，编过 19、20 世纪西方美学名著选，对西方美学有独特的理解。他还翻译过李斯托威尔的《近代美学史评述》。对西方美学的全面研究，使蒋先生的美学在历史研究的基础上，在特定的学术范围内，在与西方的对话中，形成自己的话语和言说方式。为了实现中国美学的现代化，蒋先生认为，必须进行中西美学和艺术的比较。比较是对话的一种方式，"比较本身虽然不是现代化，但要现代化，却必须经过比较的研究"。"经过比较，发现我国与当今世界先进水平的差距，从而探索达到这一先进水平的道路。应当说，这是现代化的真正含义。"②在与西方美学的对话中，可以显出自己的独特判断。他认为，我们的比较应该是"对比"式的，而不是"对立"式的，一方面是"异中求同"，另一方面还要"同中求异"。西方美学是在西方形成的，所以蒋先生认为研究美学"应当先懂一点西方美学"；即使是研究中国古代美学史，也要先学点西方美学。

在美学的生涯中，蒋孔阳还特别注意研究中国古代美学思想，在古今中外文艺和理论的互渗对话中，来建立自己的美学观。蒋先生曾对中国古代先秦音乐美学思想进行过系统研究，出版专著《先秦音乐美学思想论稿》(人民文学出版社，1986 年)，主编过《中国古代美学艺术论文集》(上海古籍出版社，1981 年)。他还研究过中国古代画论，翻译过英国美学家奥斯本的《中国绘画艺术中的美学思想》等著作。同时，蒋先生还保持与中国当

---

① 蒋孔阳、朱立元主编：《西方美学通史》1—7 卷，上海：上海文艺出版社，1999 年版。

② 蒋孔阳：《美学新论》，北京：人民文学出版社，1992 年版，第 417 页。

代美学家的对话。蒋先生的晚年，很大一部分精力用在给别人写序上。他花费极大的心血，要看稿、要点评、要说些鼓励的话。但由于这保持了与当代美学的直接对话，蒋先生还是乐此不疲。蒋先生还注重和他的学生的对话。他与一些学生的对话，在学术界产生了较好的影响。[①] 因此，蒋孔阳美学中的对话精神，是多层次、多侧面的。这一方面表现在他对美学的本质的认识上，创造了“创造美学”。从学理上来讲，它是一个理论体系，但体系本身又是开放的，对美的阐发是对话性质的。另一方面表现在他的研究方法上，要在古今中外的对话中来阐释美学问题，使美学研究在开放的姿态中生成；采取比较的手法，以开放的心态，打通中外古今，从现实的需要中，不断开拓美学的新天地。

（原载《美学与艺术评论》第六辑）

① 参见《关于马克思主义人类学美学的思考》（与郑元者博士的一次对话），原载《文艺理论研究》，1997 年第 2 期，后收入《蒋孔阳全集》第三卷，合肥：安徽教育出版社，1999 年版；《西方美学与中国新时期文艺思想》（与博士研究生张德兴的一次对话），原载《上海文学》，1988 年第 5 期，后收入《文艺与人生》一书；郑元者：《美学观礼》“学术之页”收有《物品与人品》《美育和生活》《美与创造》《取法乎上》（原载《中文自修》，1999 年第 1、2、3 期，《文汇报》1993 年 1 月 2 日）。

艺术篇

审美文化中的艺术

在审美文化中，艺术具有特别重要的作用。文化、审美文化、艺术是三个不同的概念，它们相互联系又有区别。它们本身都构成一个独立的系统，但彼此又相互渗透和包容。传统的文化研究，总离不开对人类艺术的探讨，有些所谓文化史的著作，实际上就是对人类艺术的研究；在一些人的心目中，所谓的美学，本质上就是艺术哲学。对艺术的研究和说明，仍是美学家关心和要解决的问题。当然，艺术哲学并不能包括所有的美学问题，但历史上的这种状况说明艺术与美学的关系是多么密切。

“人是一种艺术的动物。”艺术在其概念的演绎中获得了它的意义，艺术是审美文化的一部分，处在整个文化的中心地带。艺术是人的自由创造本性的表现，系统结构的特点是认识的、评价的、创造的和符号-交际的结合。艺术是全人类共同的语言，艺术创造者必须在传统中，又必须是个创新者。艺术参与了人类精神文明和社会模式的创造。

艺术和人的文化与审美一样古老。在远古，人类就开始艺术创造了，但那时的艺术还不是今天我们使用这个词所包含的意义，只是到了一定的历史时期，艺术在艺术概念的演绎中才获得它的意义，具有了独特的审美价值。艺术只是人类才具有的一种文化现象，其他任何动物，都不能创造出哪怕最粗糙的艺术。在这个意义上我们甚至可以套用一句最流行的公式：“人是文化的动物”，或者说“人是艺术的动物”。

人类在前进的道路上不断进行自我反思，在进入一定历史时期以后，人类就开始对自身的艺术创造进行思索了。但迄今为止，艺术的领域仍然像美的领域一样，充满了种种困惑。古希腊人普遍信仰“艺术是对自然的模仿”；席勒、斯宾塞等人认为“艺术是游戏”，是过剩精力的发泄；还有人宣布，艺术是“自由的形式创造”“对现实的再现”和“对绝对的自我的认识”；有些理论家认为，“艺术即情感的符号”或“有意味的形式”；有一些人想从人的意识或心理动力上来规定艺术，于是艺术就成了“白日梦”，“艺术即幻觉”，是“性意识的变相满足”，或是“集体无意识的自然流露”。造成这种分歧的原因是复杂的，首先是由艺术客观构成的复杂性所引起的。艺术的多层次性、多面性，没有被历史上的理论家们所认清，他们或把艺术归为认识论的、意识形态的，或把艺术归为心灵的、情感的，或把艺术归为审美的、创造的，或把艺术归为符号的、象征的，等等。还有，这种分歧是由理论家哲学立场的不同，意识形态目标的差异，对不同艺术样式和创作方法的依赖等原因造成的。

艺术的领域广阔，类别各异，使历史上各种关于艺术的理论都能解释艺术的某一方面，但又相对存在不足。人类的概念需要清晰明了，但事实往往复杂多变。建立理论需要抽象概括，但艺术本身则是形象的、具体的。这种实践和理论，现实和抽象，艺术的丰富性和原则的单一性之间构成了艺术和艺术理论之间的矛盾。

艺术理论是灰色的，艺术之树则是常绿的。艺术即摹仿的看法，对再现艺术、叙事艺术或现实主义传统的艺术是一个永恒的法则，其价值是显而易见的。但艺术仅仅在于摹仿吗？游戏说的价值在于它指出了艺术创作中的悠然自得的自由心态，艺术审美中的愉悦成分对那些视艺术为娱乐、消遣，或把艺术美感作为艺术核心的人具有吸引力。无疑，艺术具有娱乐作用，审美愉悦是艺术的重要特征之一。但仅仅把艺术看成游戏，同样是偏狭的。艺术即情感的表现理论，重视了艺术中创造激情的那一部分心理，没有情感给艺术灌注生命，艺术便是僵死的东西。但直觉并不一定是艺术创造，情感表现也并不一定就是艺术。至于注重艺术的技巧，注重艺术的形式、符号、象征的种种理论，有的陷入机械论，有的导致神秘主义，尽管有些技巧在艺术中起到重要的作用，但没有一个艺术大师是仅靠研究技巧而获得成功的。

20世纪现代主义的艺术思潮和各种表现主义的艺术理论相互推波助澜，使20世纪的艺术出现了无中心的局面。理想的、再现的、道德的、宗教的、宣传的、抽象的、怪异的艺术都有合法的地位。在这种情况下，有人认为，所谓的艺术趋于解体，艺术是不存在的，存在的只是艺术品，是绘画、音乐、建筑、戏剧、文学艺术(艺术在这里只是指文学的艺术性)。它们有时结合起来被称为艺术，那是因为它们都以特殊的艺术形象作为存在的形式并给人以审美的享受。存在着不同类型的艺术，存在着千千万万种艺术作品，这并不能证明艺术是不存在的。有具体的作品，就可以进行理论的抽象。因此，关于艺术的本质还是存在的，只是这种抽象比较难，不容易涵盖丰富多彩的艺术作品罢了。

在传统艺术理论中，有些人重视的是艺术的环境问题，如丹纳的《艺术哲学》；或是重视艺术创作的有关前提，如摹仿说；或是重视创作时的心理特征，如直觉说、表现说、潜意识说；或是重视艺术作品形式是否达到了完美的程度。我们认为，艺术是社会意识的一种形式，是人类精神文化的组成部分，是实践-精神掌握世界的特殊种类，它属于人类审美文化的一部分。探讨艺术的本质和特征，必须以人类的整个文化作为背景，以审美文化作为前提，从整个人类审美意识的发展史中来规定其本质特征。

那么，艺术的本质应该是什么呢？我们应把艺术的本质特征看成人的自由创造本性的表现。马克思说："生命活动的性质包含着一个物种的全部特性，它的类的特性，而自由自觉的活动恰恰就是人类的特性。"[①]对客观事物认识的真，使我们有了科学的自由；对人类社会运行规律的认识，使我们有了善的自由；人类精神自由的表现和认识，就使我们产生了美和艺术。艺术应是人的精神自由的形象的符号化或形式化。劳动社会分工的历史发展过程，导致物质生产和精神生产以及人们交际的各种形式从原始的、混沌的人类生活活动中划分出来，并且获得独立的存在。不同于科学、语言和其他旨在满足人们各种需要的专门化的社会活动形式，艺术作

① [德]马克思著，刘丕坤译：《1844年经济学—哲学手稿》，北京：人民出版社，1979年版，第50页。

为完整的社会审美文化的组成部分，它培养个人和集体的情感发展和理智发展，把人类所积累的经验以形象的方式呈现出来，对社会文化起到整合的作用。为此，艺术要吸收人类悠久的智慧和具体的社会历史意义、意向和理想。

人要生活着才能从事艺术活动，艺术往往以再现生活的完整性和复杂性为己任，并使之模式化。但艺术同时既作为现实生活的类似物，又作为它的差异物——一种虚构的、幻想的、作为想象的游戏、人工的创造而出现的。它激发人的最深刻的体验，又促进人的审美享受，同时又是对现实评价的特殊的、形象的方式，是一定的价值系统的确证。因此，艺术创造想象的世界，它接近现实，又或多或少不同于现实，这正是马克思所讲的艺术是对现实的“实践-精神掌握”的方式。这种方式不是纯物质的实践，也不是纯精神的掌握，艺术作品永远既是精神形象——生活模型，又是物质结构——声音结构、造型结构、色彩结构、语言结构，它由艺术家按照物质加工的技术规则和工艺规则而创造出来。

这样，艺术作为审美文化现象，其系统结构的特点是认识的、评价的、创造的、和符号-交际的结合，是按照美的规律把各种复杂的因素组合在一起，形成一个自我完善的结构的创造。

人类在远古存在着一个没有艺术的时代，当人类的智力发展到一定的阶段，人类有了审美意识，艺术便产生了，那时人类还处在石器时代。原始人在对生命、运动、梦幻、疾病等的反思中，产生了“万物有灵观”，于是创造了神话、歌谣、巫舞等。他们在洞穴墙壁上涂画野兽，装饰人体、工具、武器、衣服等，维护了集体的凝聚力，促进了人精神的发展，帮助人认识自己的社会本质，使人类不断被美化——人化。

在这个时代，艺术还没有从实践活动、宗教、游戏和人们的交际中分化出来，随着文化的进一步发展，艺术才成为独立的活动部门。由于“万物有灵观”在很长的原始时代支配着人类的头脑，许多艺术活动都带有宗教与审美的双重性质。当人类从神话时代过渡到人的时代以后，真正意义的审美艺术才独立出来。艺术本来就具有的实用性，仍然积淀在某些艺术部门和一些艺术活动之中。作为审美文化的艺术，在长期的审美实践中对人的情感-心理产生作用，经过历史的积淀，形成了人类的文化-心理结构，这就是艺术的民族风格、时代风格形成的原因。

在这种文化-心理结构的条件下，艺术一方面要继承民族的传统，这样才能被某一民族所接受；另一方面艺术又要在传统的基础上创新，艺术总意味着新的发现和创造。艺术的现实生命总是在一定社会文化系统中流传，它以自身的形象的、审美的手段表现社会生活和社会发展的需要，既可以作为权力的象征，又可以作为教化的工具，所以它经常吸引所有的社会力量，吸引诸如国家、阶级、政党、宗教组织和其他组织的注意。同时，它们对艺术加以引导和限制，为了扩大自己的影响，往往以艺术作为手段和工具。但那些个人主义者，追求精神自由、意志自由者，往往借助艺术的幻想天地而沉溺其中，以显示自己创造力的自由发展。在资本主义社会，在市场经济的条件下，在机械复制时代的艺术中，都可能导致艺术的堕落和异化，使艺术沦为挣钱的工具和品质卑下的庸俗物，表现出人的情欲的泛滥，借伪劣的艺术品贩卖人性之恶。

艺术是文化的核心，也是审美的核心，如果没有了起码的一些给人以美的享受的音乐、舞蹈等，那么世界上也就没有了文化，没有了审美。如对艺术的原因和效果进行追溯就会发现，就像人们的生存需要吃、喝、住一样，人类可能有一种想发挥他们的想象才能的实际需要的内驱力，如果想象力得不到自由发挥，就会产生厌烦，从而可能造成缺乏生产效率，在极端情况下，可能引起精神分裂，甚至导致死亡。因此，艺术有助于我们发挥和培育想象力，使生命处在审美的状态，从而有助于生命力。所以，艺术又不仅仅是政治家手中的工具，是少数唯美主义者或逃避现实者享受和鉴赏的奢侈品，而是每个正常人都会参加的一种必要的社会行为。这样，艺术的根就必然深深扎在人类的本性之中了。

当代美国分析哲学、美学的后起之秀简·布洛克(Gene Blocker)在他的《原始艺术美学》中，对艺术所拥有的特征进行了归纳：(1)物品必须被审美地欣赏。它必须激发我们的感官兴趣和想象力。(2)艺术品是由训练有素的专业、半专业人员制作的。(3)一件艺术品必须经受批评和审美的标准所做的判断、排列和评价。(4)一件艺术品应当从每天的日常生活中分离出来。它可能有一些宗教性功能，但它并不必须全是功利的、世俗的。(5)我们通常将艺术品当作象征性的表现。艺术品是关于世界的：它们描述、表达和表现富有想象力的人们及历史事件。(6)我们通常认为艺术品是按制造者的意图被制造出来的。制造者必须按照这一意图来制作物品：创造出远离日常生活的具有象征性的人生表现，能被审美地欣赏和判断。(7)当我们说起艺术品，我们通常想到它是凭借艺术传统和对新奇、创造力的渴求之间的张力而被创造出来的。(8)在创造者的态度中，可以看到革新和创造力。艺术家不仅是专业人员，而且是革新者、怪人，他们有点发疯，并有点远离社会。根据布洛克的观点，艺术是由人的审美决定的，被人们审美地欣赏是艺术之所以为艺术的首要特征。有些艺术品我们并不知道是什么人创作的，但仍可以欣赏它。

艺术是一种全人类共同的语言，世界各民族的语言可以不通，但凭借艺术的语言，艺术品可以在所有的民族中流通。艺术是由艺术家创造的，艺术家在审美理想的指引下，为创造完美的作品而努力。艺术家必须被他的艺术欣赏者所判断和评价。伟大的艺术家往往又是思想家，那些开辟一个时代的伟大艺术家往往被称为艺术天才。艺术家是艺术创作的主体，敏锐的审美感受力、创造性的想象力和丰富而浓烈的情感是艺术家最重要的心理因素，同时又必须掌握艺术的媒介材料，掌握熟练的艺术技巧。

艺术家既是艺术的创造者又是社会生活的体验者。他在对生活体验和认识的基础上产生艺术的创作冲动和创作意图；他对生活的审美把握，通过熔铸到他创作的完整的形象表现出来的作品而传达给观众。有些杰出的艺术作品表达了艺术家对现实的强烈感受和思考，以生活本来的样子呈现出来；有些杰出的艺术作品则表达了艺术家的强烈的情感和自我，并不以生活本来的样子出现，而是运用夸张、变形、象征、符号等手段来表现出来。无论何种类型的艺术，都必须以人类的审美观念作为前提。艺术作为人类审美文化的核心，无论在过去还是现在，都是文化的一部分。艺术参与了人的精神文明和社会模式的创造，因此艺术也只有在人类文化的系统中才能得到有效的说明。

（原载《徐州师范学院学报》1997 年第 3 期）

视觉文化的历史范型

图像与人类的生存密切相关。我们用眼睛来看，用脑子来想；我们创造了许多视觉图像来表达我们对这个世界的直觉、认识、理解、幻想和理想。世界本来就以图像的形式呈现在我们的面前。语言可以用来交流和传达信息，但语言离不开形象作为基础。思维可以是抽象的，但艺术的思维却是形象的。20世纪随着科学技术的迅速发展，已使图像的地位迅速提高，有学者认为我们的时代正经历着一个“图像的转型”，现代性就是以视觉为中心的。科技的发展，在光电的作用下，已使图像无处不在。图像一跃而进入文化的中心，对人类来讲，这究竟意味着什么?

在视觉文化的研究中，还有尚待开发的领域，对视觉历史类型的知识考古学的发掘，就愈发显得必要。视觉、观看、幻想、造型和图像，都有一个发展的过程。在不同的历史时期，视觉图像有不同的特征，表现了人类不同的生存状况。通过对人类生存状况的研究，可以探讨人类面临的生存问题。我们审视视觉的历史，将从符号的形式分析出发，省去琐碎的细节，建立起一个结构模式。然后分析这一模式的特点，以揭示视觉文化的历史范型。这一范型的建立，是在人类学、考古学、艺术史、历史学等提供的大量实证资料基础之上的。黑格尔曾把人类艺术的发展类型归为三大类，这就是象征型艺术、古典型艺术和浪漫型艺术。尽管黑格尔的描述已受到许多人的质疑，他为了理念的逻辑体系牺牲了许多真实的东西，但黑格尔美学的巨大的历史感，仍然给艺术史的研究以启示。我们根据具体时代的图像的发展，运用抽象演绎的逻辑方法对视觉文化做历史范型的归纳。

我们将人类视觉文化的历史范型，概括为三种图式，这就是图腾(Totem)、图像和仿像(Simulacrum)。

一、图腾

视觉文化图像类型的第一种范型是图腾。关于图腾的研究成果是20世纪人类学取得的重大的理论成果之一。图腾是原始人普遍存在的一种信仰，并逐渐演化为一种原始的意识形态；它深入到原始人生活的方方面面，极大地影响了人类文化的创造；它是原始文化的基础，构成现代人文化的原型。

图腾文化的产生与发展是人类视觉文化的必然表现。当人类把视觉造型与原始信仰结合在一起的时候，图腾就产生了。人用双眼来观看世界，又用眼睛来进行造型。他们对观察的世界进行思考，不仅神化了自己的眼睛的功能，而且神化自己观察得来的形象。举个例子，公元1722年，荷兰的某总督于复活节之日来到位于波利尼西亚海域东端的一个孤岛，该孤岛有175平方公里，人口约1000左右，他宣布该岛为复活节岛。他被岛上一排排巨人石像群惊呆了。1978年，考古学又有新的发现，这些高达21米、重几十吨的石像，原来都曾镶嵌着由白色的珊瑚石和红色的火山熔岩制成的眼睛来审视这个世界。

无独有偶，在中国东北红山文化遗址中出土的原始女神像彩陶雕塑的面庞上，也镶嵌着玉片制成的眼睛，至今仍发着光彩。这是原始社会，对眼睛有灵性的一种崇拜的象征。图腾面具，在原始文化中是经常使用的，在四川三星堆发现的巨大青铜面具，双眼做圆柱状，令人不解。实际上，也是对人的视觉能力的一种象征性的夸张。在北美洲印第安人的面具上，我们也看到这种突出的“千里眼”。列维-斯特劳斯在他的《面具的奥秘》中说：“面具上眼睛的特殊形式表明它们具有超人的视力。”人们不仅能看到眼前存在的世界，更重要的是还能看到那隐蔽的神秘的世界。这是图腾艺术中对眼睛功能的神化。原始人常常用眼睛的幻视，来建立神秘主义的信仰。图腾的制作和使用就是人类这种视觉能力的表现。人们把自己的信仰、恐惧、渴望和沉醉，都赋予图腾来表现。让图腾发挥出维护社会、生存、信仰的强大功能。

在古代神话传说中，保存着眼睛巨大的符号象征作用。埃及有个神话故事说，太阳神荷鲁斯(Horus)的月亮眼在和混乱与不育之神塞特(Set)的战斗中被戳瞎，后又恢复正常。正是由于这一传说，人们才常常佩戴绘有荷鲁斯之眼的护身符来保护自己。埃及人还在墓碑上雕刻或画上眼睛来保护死者在另一个世界的生活。希腊神话中描述了一个独眼巨人族，他们中也有人偶尔长着两只眼，波吕斐摩斯是其中最著名的。阿耳戈斯长有一百只眼睛，但在死时，赫拉把它安在了孔雀尾上。在中国神话传说中，烛龙为钟山之神，他闭上眼睛黑夜便降临，睁开眼睛白天即出现。开天辟地的创造大神盘古“开目为昼，闭目为夜”。舜帝则长着“重瞳”，传说项羽是舜的子孙，《史记》上记载项羽也是“重瞳”。怪物饕餮最早也是以双眼的形象，被装饰在青铜器上。《西游记》中的神话人物“孙悟空”，则有着可以分辨妖魔的“火眼金睛”。在印度神话中，湿婆的第三只眼能喷出毁灭一切的烈火，它通常竖着长在前额的中心。在佛教的艺术中，第三只眼意味着慧眼，是精神感知的象征。开慧眼者通常被认为具有非凡的洞察力。神话中对眼睛的描绘是对人的视力的歌颂。

神话对视觉的表现，具有一种原型的作用，人眼中的世界和人对视觉形象的创造都是与人的生存密不可分的。图腾就是这种视觉文化最早出现的形式。“图腾”英文写作“totem”，本为北美印第安阿尔冈金(Algonquin)部落奥吉布瓦(Ojibwa)方言“奥图特曼”(Ototeman)的译音。对图腾含义的研究有多种说法：

> 图腾基本上是用来指一种信仰和习俗之体系，它具有存在于群体(通常是嗣系群)和某一类实物(通常是指某种动物或植物)之间的神秘或祭仪关系。此类关系的承认可以采取多种方式。普遍说来它是表示现在：(甲)遵守禁令——“禁忌”，例如禁止伤害与图腾有关的动植物；(乙)对亲属关系的信仰——相信群体成员乃是某一神秘图腾祖先

之后裔，或者说他们和某一种动植物是“兄弟”。此种关系的其他表示方法可能是：（甲）利用图腾作为群体象征；相信群体成员之“保护者”；自认有分担使图腾种属兴旺的“增加仪礼”(increase rites)之义务等。①

过去学者认为图腾仅是北美印第安人的信仰。经过人类学家的研究，人类原始社会都曾经历了一个图腾崇拜的阶段。有的学者认为，我国古汉语中的“饕餮”一词，音义与图腾一致，因此中国古代的饕餮文化就是一种图腾文化。在现代中国，严复把“totem”一词最早译成中文的“图腾”(见1903年译英人甄克思的《社会通诠》一书)，可谓甚得其神似。因为，图腾文化的存在方式，就是建立在一种“图”的基础之上。神圣的信仰，必须通过视觉的图像来加以表现。所以，图腾时代，人们把图像装饰在岩壁上，涂绘在彩陶中，刻画在人体上。原始人用石头做成图腾灵物佩戴在身上，以求好运；用木头或石头做成巨大的图腾柱，树立在神圣之处，给人以威严感。图腾理论的发展给原始文化的研究带来极大的便利。过去，人们对岩画、洞穴壁画的图像无法认识，对原始彩陶神秘图案、青铜纹饰神秘的内涵无法理解，但借图腾理论，我们便可以进行视觉文化的分析了。

在图腾理论的研究中，一些人类学家比较早的注意到图腾中视觉图像的意义。法国人类学家雷纳克(S. Reinach)在1900年出版的《图腾崇拜的规则》中，对图腾崇拜的内涵做过几点归纳，其中就有：“许多民族在他们的旗帜和武器上用动物的形象作标志；而人则把图腾动物的图形或描绘或用鲸墨(tattooed)的方法画在自己身上。”弗雷泽在《图腾与外婚制》中把图腾归为三种：民族图腾、性图腾、个人图腾。弗洛伊德在谈到图腾的起源时，把有关图腾起源的观点分为三大类：唯名论的、社会学的、心理学的。从视觉文化的角度对图腾意识形态的存在方式进行划分，可以分成三个形式：一是具象的，这种图像包括动物、植物或其他的一些人们视野中可以直接观察的事物，原始人在信仰中把其视为图腾。如古埃及人原有36

① 芮逸夫主编：《云五社会科学大辞典·人类学》，台北：台湾商务印书馆，1971年版，第270页。

个城邦，每个城邦都有一图腾旗帜，画着牝牛、胡狼、鳄鱼、狒狒、蛇、蜜蜂等。霍维特在东南澳洲的部落中收集到500多种图腾的名字，除了植物和动物的名字外，还有一些自然景物，如风雨、云电、日月、水火等。二是抽象的，如图案、花纹、花边装饰等。在中国的彩陶文化中，普遍存在着图腾文化的背景，仰韶文化中的人面鱼纹、马家窑文化中的蛙纹、大汶口文化中的花纹、东夷文化中的拟鸟纹，都是古代氏族部落的图腾标志。三是符号的，符号已不大能看出具体指代的实体是什么，完全变成了一种符码，如中国古代一些至今尚未释读出来的族徽文字，其中有许多是古代民族部落的图腾标记。法国著名人类学家涂尔干在《宗教生活的基本形式》一书中就分析了“作为名字和标记的图腾”[①]。中国人的姓、其义为“女生”，许多姓氏是来源于图腾的。如有来源于动物的如马、牛、熊，有来源于植物的如李、桃、杨等。当然，无论是具象的，还是抽象的、符号的图腾，实际上都有符号的功能。图腾形象是可视的，其所指却是另一个看不见的神秘的实体。这就是，图腾信仰的心理基础。

笔者在拙作《灵感思维与原始文化》一书中，曾提出一个理论假设：图腾信仰起源于灵感思维，是和另一个超现实的神秘的灵力交通的结果。[②]这种灵力，在不同的历史阶段和民族和个体的信仰中，可以转化为灵力、灵气、灵魂、神灵。原始人视其为“玛纳”，往往通过巫来与之交通，而巫则有观看神秘灵力的能力。在一定的图腾仪式上，原始人在舞蹈和药酒的作用下，有时可以产生幻视的能力。在理性的时代，其被哲学家归纳为艺术创作的“灵感说”，艺术创作成了神性的着魔，是在迷狂中去聆听神的诏语或在代神说话。在纯理性者的笔下，灵感则失去了神秘的意义，把其还原为经过刻苦努力追求后所得到的突然顿悟的奖赏。

图腾时代，人类思维还处在主客不分的状态，艺术尚处在混融中，一切都是图腾崇拜的结果，人们便在一切可视的形象上打上图腾的烙印。他

---

① [法]爱弥尔·涂尔干著，渠东、汲喆译：《宗教生活的基本形式》，上海：上海人民出版社，1999年版，第131页。

② 参见朱存明：《灵感思维与原始文化》，上海：学林出版社，1995年版。

们相信“万物有灵”，原始思维还是“前逻辑”的或“神话象征”的[1]，各种灵性力量可以产生超现实的作用，所以图腾信仰的时代多巫术和禁忌。这一切均通过一定的操作仪式发挥效用。因此，图腾信仰中有一个可视的图像的世界，但图像只不过是代表另一种实体力量的符号，人们的脑中还有一个不可视的神秘的幻象世界。幻象世界是与人类创造的可视的符号世界，通过互文性所支撑起来的。人通过视觉与形象符号的全接触，来和其幻象打交道。这种幻象是人类心理的原型，一切恐惧、快感、激情、创造，都深深扎根在此深层结构之中。

支撑图腾意识形态的是图像，或者说，图腾信仰就是图像，因为没有图像就不存在图腾。例如，图腾仪式的参加者既是表演者，又是观看者，同时又是体验者，超现实的力量就来源于身体和视觉的体验。这种图腾意识形态所形成的观念，还是美感经验的基础，维柯在《新科学》中称之为“诗性的智慧”，构成了人们所呼唤的“精神的家园”，是“存在”之根。在人类理性还未觉醒之时，人们生活在视觉的图像中，图像决定一切，甚至作为言说着的神话，叙述着神灵们形象性的故事。

从中国的汉字“美”与“丑”的字源上分析，美感经验源于图腾的意识形态。为什么“大人”们头上戴着羊图腾的面具就可视为美？为什么戴着另一种魌头面具就称为“丑”？历史的根都深扎在民族图腾时代的历史之中了。[2]从古希腊看，悲剧和喜剧都与纪念酒神狄俄尼索斯的仪式有关。那时的希腊人也戴羊面具，有“牧羊之歌”的仪式。中国和古希腊在图腾时代的精神是相通的。图腾奠定了人类的文化的原型结构，而且还预示了以后人类所有的古典艺术形式。只是在图腾时代并不能称之为艺术，艺术是在艺术观念形成中才独立出来的，是社会分工和分化的结果。

中国是一个图腾极为发达的国家。《山海经》中记载着四方各地各种怪

---

① 参见[英]泰勒著，连树声译：《原始文化——神话、哲学、宗教、语言、艺术和习俗发展之研究》，上海：上海文艺出版社，1992年版；[法]列维-布留尔著，丁由译：《原始思维》，北京：商务印书馆，1981年版；[法]列维-斯特劳斯著，李幼蒸译：《野性的思维》，北京：商务印书馆，1987年版；[德]卡西尔著，黄龙保、周振选译：《神话思维》，北京：中国社会科学出版社，1992年版。

② 参见朱存明：《中国的丑怪》，徐州：中国矿业大学出版社，1996年版，第59—70页。

异的图腾神灵。不仅彩陶文化有广阔的图腾背景，而且青铜器上的以饕餮为代表的各种怪物，都是以其“铸鼎象物，百物为之备，使民知神奸”而发挥着其意识形态的文化功能。法国艺术史家雷奈·格鲁塞分析中国青铜器的装饰时说：

> 另一古典题材是“饕餮”。这是一个只有巨头而无显著身形的怪物，好似印度艺术中的“克尔提木卡”(krirtimukha)，或哥伦布以前中美洲的某些怪头。在周代铜器表面上，我们将看到，遍布有“饕餮”的各部器官——图钉般凸出的眼睛，中间突起鼻梁以及几何形螺旋纹的双角——仿佛这一怪物从器物中潜出，略现行踪，一瞥即逝。①

他认为，“饕餮”在中国美术品上广泛流行了逾20个世纪，它实际上就是那个时代经常萦绕在人心头的神秘怪物的幻象化。传说中国西部黄帝部落的图腾是龙，东部夷人部落的图腾是凤，龙凤文化在今天仍在起着作用，虽然有些人写了不少著作来探讨龙凤的起源，企图揭示这一中华民族图腾的实物象征，但结果总是令人生疑的。龙凤本是源于图腾时代民族精神的象征符号，怎么能找到最原始的实物呢？实物应该看成图腾命名的产物。本来世间的存在物是没有名字的，正是图腾时代的命名而使事物有了自己的名字，有了名字就有了特征，使其从神秘的世界里涌现。

总之，图腾是视觉文化中最原始的范型。它靠各种图像和符号形成一种图腾的意识形态，是人类最原始的神性智慧。它不仅在原始社会发生着各种功能，而且孕育了不同的艺术形式。图腾是与不发达的原始社会相适应的，通过石器、彩陶技术等表现出来，其交流方式是面对面口头表演的仪式，图像指向的是一个神秘不可知的“灵力”，使其包含了向形而上学神性发展的维度。借用拉康“镜像期”的理论，这时人类还只能在水边或陶盆的水中照见自己的朦胧的影子，自我意识还没觉醒，只能把希望寄托给图腾崇拜物。但在图腾崇拜的形式中，已经包含形象创造、情感体验、文字

---

① [法]雷奈·格鲁塞著，常任侠、袁学礼译：《中国的文明》，合肥：黄山书社，1991年版，第12—13页。

创造、绘画雕塑等造型艺术的萌芽，也包含社会组织结构、逻辑分类等现代理性精神的胚胎。

二、图像

视觉文化类型的第二种范型是图像。从广义上讲，图像是人眼睛的功能，人在观看一个事物，就把那个事物的形象塑造出来了。从狭义上理解，图像是一种造型，是人按美的规律来建造。图像造型的历史与人的历史一样悠久，但真正的图像艺术的产生是人类从混沌的、主客不分的图腾意识形态迈向理性精神时代的产物。当图像造型的意义不再为了神灵而仅为自身的时候，真正意义上的图像艺术便诞生了。但艺术家还是喜欢在艺术作品中去发现内在的生命，并赋予其灵气或精神内涵的象征。

日本著名视觉信息设计师、神户艺术工科大学教授杉浦康平在《造型的诞生》一书中，对图像造型做了探讨。他说："查'造型'一词，它的解释为通过五官感觉捕捉到的物体形态，并说是'显露于外表的姿态、外形'和'一定的形式'从'五官感觉'一词可见，它和感觉关系尤为密切。"[①]造型含有被大量生产出的，一定形式规范的，被固化了的东西之意。图像的产生看似简单，实际上是一个繁复无边的过程，"它潜存于民族文化深层意象之中，难以用语言来表达，却折射着社会文化演进的错综迷离的关系"。简单地理解，图像是通过感官来创造形状姿态，或者是通过五官感觉捕捉到物体形态，深入追溯图像产生的渊源，我们可以发现，人类在与大自然及整个宇宙的接触中不断创造出令人眼花缭乱、千姿百态、孕育着生命力的种种图像。文字、图画、雕塑、建筑、宗教崇拜的图像、人类幻想物的图像……图像与人类的生存息息相关，与历史社会的发展、人类文明的进步相连，人类的智慧所产生的想象力瞬间创造了令人叹为观止的图像世界。潜在于民族文化深层意象中而难于用语言表达的心理活动，可以形成图像展现在人们眼前。杉浦康平根据自己对图像造型，特别是东方图像造

---

① [日]杉浦康平著，李建华、杨晶译：《造型的诞生》，北京：中国青年出版社，1999年版，第5页。

型的研究后认为，造型源于人的“生命记忆”，一个图像之所以能引起众多人的共同的体验，则源于民族的集体无意识。同时，图像又与人体的结构密不可分，正是人体的结构，构成了图像造型的哲学基础。

造型的悠久历史是一个巨大的无底洞，对其的探讨在图像转型后引起了重视，但还没有建立一门规范的知识体系。过去人们对造型的理解仅限于图像，这是狭窄的。图像转型后的理论家把图像追溯到语言符号的书写的可视的材料痕迹上，将语言以语言为中心的模式边缘化。维特根斯坦的哲学是从一种“图像理论”开始的，最后以圣像破坏的出现而告终；胡塞尔的现象学区分出“想象与图像意识”，并做了现象学的还原分析；萨特在《想象心理学》中对想象的现象学分析；梅洛·庞蒂对视觉与心灵的知觉现象学的分析都是重要的。但到目前为止，视觉造型的机制和作用，还有待进一步研究。我们不知道图像和语言之间究竟有什么关系。

按我们的理解，图像是人生存的主要方式，世界便是以图像的方式呈现在我们面前的。世界是一种图像，它总出现在我们的视觉中。呈现在我们视觉中的图像有一种实体，这就是物的形象界，人类最初掌握世界就是以形象的方式。这是一个基础，也是一切图像艺术的本源。我们不可设想一个没有图像的世界的存在。人类观看世界，并要复制这个观看中的世界。人类经过了无数个世纪的努力，才有可能真实的复制这个观看中的世界，如现实主义的产生并逐渐占据主导地位。当然问题还不仅这样简单，人类文化中一直有一种心理主义的冲动，即人们把自己眼中的图像看成人的视知觉的表现，外在的图像，如光和色彩等，离不开人的视觉的生理和心理的过程，如“格式塔”心理学的视知觉理论。外在世界只是人的直觉和内在情感的表现，如克罗齐的直觉说美学。这样所表现的图像就不再是一个实体的样子，而是一种意志和表象的世界，是一种虚构的图像。这便构成了图像的历史类型和风格。人类的图像史就是人类的一部生存状态的历史。

为了防止讨论问题的漫无边界，我们先预设定一个边界。我们暂不讨论眼睛中的图像，而仅讨论人创造的图像。人创造的图像，在一定意义上来看，就是人创造想象及其外化的艺术作品。艺术首先是一个人的创造物，其必须是形象的。和传统的观点相反，我们在对原始图像的研究中可以明显地看出，越接近历史的发生期，图像越是简约的和符号象征的。黑格尔把人类最早的艺术称为“艺术前的艺术”，今天我们把这种艺术称为原始艺术。黑格尔时代考古学尚不发达，他还不知道人类几万年前的洞穴壁画，今天我们对艺术的了解要大大超过黑格尔时代。我们认为，人类的图像的发展经历了三个阶段：原始的图像、实体的图像、解体的图像。

先谈原始的图像。实际上，人类生产图像的能力，决不仅仅局限于摹仿自然，图像既然是人眼中的图像，它决不能离开人的视觉能力和心理能力。原始人常常把梦中的图像与记忆中的图像相混。列维-布留尔说：“图像的实在同样就是原型的实在”，而“肖像就是原型”。[①] 亚里士多德说：“即使没有现实的和可能的感觉，想象依然可以发生，例如梦中见物。”梦中的物和记忆中的东西就是一种图像。人类学家对原始的图像进行了种种解说，但其神秘性依然如故。

原始图像的典型代表是洞穴壁画。这种制造于1万至3万年前的图像是一种线条的轮廓画，往往在洞穴的深处，重复刻画着种种动物，有的还涂上了颜色，如西班牙的阿尔塔米拉洞穴壁画中的野牛。尽管艺术史家曾用“巫术说”来论述这些原始图像的意义，但其造型手法则是摹仿实体的动物。这些艺术之所以今天仍有巨大的生命力，可以给人以美感，正是得力于其造型的逼真和象征意义。在原始摹仿的作品中，形象的相似是可以发生巫术作用的。还有遍布世界各地的岩画图像。尽管各种族之间存在着文化差异，但人类图像造型的能力则是相似的。如中国福建的花山岩画、云南沧源岩画、连云港的将军崖岩画。岩画的图像可以看成人对视觉表现的抽象形式，如把正面的人刻画成“大”的形象，或者把人的上体提炼成一个三角形。这种原始图像的制作，由于受到制作材料的限制，只能用符号的形式来表现。人们认为这种抽象的符号，实际上已开文字之先河。其在二维的平面，再现了三维空间中的事物。从透视法看，人是按自己的理解来创造图像的，他们会把一个侧面只能看到两条腿的牛画成四条腿，因为按人们当时的理解，牛的确有四条腿。古代埃及人的图像，也是按人对事物的理解来表现的。在古埃及的绘画中，一个正面观看的大眼可以画在一个

---

① [法]列维-布留尔著，丁由译：《原始思维》，北京：商务印书馆，1981年版，第44、73页。

侧面的形象上。埃及人所画的方形的池塘，好像是从飞机上看下去的样子，树木是侧躺在池塘边上的。埃及人可能已经掌握了透视法，但他们很少使用。这种透视在中国青铜器的装饰纹样上也能见到，如刻画两匹马拉的车，马好像是背对背躺在那儿的。

再谈实体的图像。真正属于现代的图像是在古希腊时期出现的，它与古希腊科学精神的产生同步。古希腊人也用线条来描绘图像，但他们把数学和比例看作美的基础，并确认自己找到了美的比例，如黄金分割法则。所以古希腊的图画和造型，都是现实主义的杰作，其表现的人和事，因酷似现实而获得永恒的魅力。柏拉图说："图画是外形的模仿"，"经过视觉产生快感"。亚里士多德说："我们喜欢看惟妙惟肖的图像。"[①]尽管古希腊雕塑和绘画仍表现神灵的世界，但他们看上去更像人的世界。神的世界是人的形象摹仿的表现。与此相联系，在古希腊艺术的摹仿说极为盛行，尽管人们对摹仿的解释存在着不同。德谟克利特要摹仿动物的行为，柏拉图要摹仿理念，亚里士多德要摹仿现实的人和事。这正说明古希腊人把世界看成真实的，摹仿是有实体的。这是西方人的信念，也是其两千年来图像造型的基础。希腊艺术要求摹仿物体在三维空间中的立体感，成为欧洲人一个多世纪的追求目标。他们调动了光学、形体学、透视学、色彩学等多种科学知识去追求这一目标，从文艺复兴到19世纪达到了高潮。我们在英国文化史家巴克森德尔的著作《意图的模式》中可以看到他对这段历史的追溯。达·芬奇、拉斐尔、安格尔的作品是其理想的范式。达·芬奇的解剖学手稿，至今仍散发着理性主义的精神。这种图像以西洋的油画为代表。油画干得慢，可以使画家精心修改摹仿。西洋画还使用明暗和阴影，使二维画面呈现出三维的视觉图像效果。这种造型在摄影发明以后得到历史性的突破。摄影借助感光材料，可以把瞬间的图像定型并逼真地表现出来，实现了人类多少个世纪的梦想，时光中的图像可以在一瞬间定格在一张画面上。这结束了现实主义一统天下的历史，画家突然领悟到，绘画的价值不在精细地摹仿现实，即使画家有再精巧的技法也难与摄影术相竞争，于是人们反而去创造另一种抽象的、符号的或象征的绘画形式。绘画不再以

---

① [古希腊]亚里士多德著，罗念生译：《诗学》，北京：中国戏剧出版社，1986年版，第4页。

肖似获得价值，而是以表现情感为评价目标。于是，现代主义艺术开始登场，图像艺术也再次经历转变。

再谈解体的图像。解体的图像是现代主义艺术的形式。现代主义扎根在浪漫主义艺术中。浪漫主义中的张扬主体，使个性欲望得以无限释放，对精确摹仿现实形象的审美趣味的消失，使艺术家转身去描写一个混乱的、解体的、破碎的图像。欧洲人一千年来追求的目标被公然放弃了，艺术图像以怪异的和丑怪的形式涌现。摄影机代替了古典艺术家的眼睛，现代艺术家在眼睛后面加上了自己的感官，感官后又隐匿着各种欲望。克罗齐说："艺术即幻象或直觉。"贝尔说："艺术是有意味的形式。"现代主义艺术出现以后，艺术图像便摆脱了古典的束缚，而走向一种解放，其代表艺术家如马蒂斯、毕加索、康定斯基、达利等。从某种意义上看，现代主义的图像模式，是向原始艺术的复归，他们借用原始的表现技法，使绘画回归到平面上去，符号化、抽象化、简约化，以表现现代人面临的极其艰难的生存状态。图像中实体的世界在消失，涌现的则是每个艺术家所表现的各种复杂的情感。生存的艰难、存在的荒诞和破碎的世界，成为艺术图像呈现的内容。艺术形式走向解体，给我们以新奇和怪异的刺激，理论家提倡艺术形式的陌生化以便给视知觉更多时间去领悟图像后面的世界。

中国的图像造型和西方比有许多不同，显示了本民族的特征。如青铜器的造型，其奇特的形体有着复杂的象征意义，三足的鬶和鼎都起源于鸟的拟形，既实用又优美。青铜器上装饰的物象和抽象的符号及图案，表现了那个时代人们的意识形态的信仰，使现代人产生一种神秘的崇高感。有理由认为在屈原的时代，在祖庙和祠堂里，墙壁上画着各种神怪的图像，屈原的名作《天问》就是对其图像内容所做的至奇之作。走出图腾意识形态的束缚以后，中国的传统绘画在向自然的镜像阶段发展。人们建立了一种"比德"的审美观，使自然物，如山水、花鸟、虫鱼，成了人的精神的象征。道家审美理想的艺术化，使中国古代绘画在一个诗性的智慧里发展，始终没有走向古希腊艺术中的理性主义精神。汉代坟墓中的画像石图像，因质料不易腐朽而大量保存下来，成为反映那个时代的画卷。中国人的民族精神的原型可以从汉代的图像中找到。敦煌的壁画，以神秘的精神和绚丽的色彩表现了中外文化交流的历史进程。西域和佛教的图像艺术传入中国，给中国的图像制作产生极大的影响。东方造型中的内在心灵图像的表现是西方所没有的。科学精神使西方人在“望远镜”和“显微镜”的作用下，极大地延伸了人的有限的视觉，使视觉延伸到一个宏观的宇宙和微观的粒子世界，而使世界在人面前呈现一个奇异的造型。而东方如印度的瑜伽和中国的禅，以及藏传佛教中的信仰，使人在自我修炼中，内视到宇宙在人的心灵中的图像。中国神秘的太极图和印度文化中千变万化的曼荼罗(Mandala)，同样是达到领悟宇宙本质的最神奇的象征图像。伟大的心理学家荣格领悟到了曼荼罗的深刻含义和东方文化的魅力，毕生致力于东方造型艺术的研究并分析其集体无意识的根源，对东西方的相互理解做出了贡献。[①] 而中国的绘画，走着和西方不同的道路。它基本上是以线描为主，不讲明暗也无阴影。线可以表现情感，却是极抽象符号化的。中国传统绘画基本精神原在道家，讲究“道法自然”“天人合一”。中国的山水画很发达，描绘的大都是自然的优美，而人则以很小的篇幅出现在山水之间。与文人画相比，民间的图像则是世俗的，它源于民间的宗教信仰，总以某种象征符号的图像，来表达人民群众对美好理想的追求。

总之，图像阶段是视觉文化的最重要的阶段，这阶段是与人类金属的发现与机械的制造相适应的，人们创造了文字，开始了绘画、雕塑等艺术样式的创作。镜子是此阶段的象征物，在镜子中人以一个虚幻的实体而存在于自身之外，追求外形的相似就成为理性精神的一个伟大的追求目标。人们把创造的视觉形象看成是一种实像，是一种客观真实的存在。在理论上则以摹仿论、镜子论、现实主义、唯物主义的形式出现。但真实的客体，仅以其外在的形象存在于画家的艺术技巧中，人们复制的艺术形象越接近现实中的真实，人就越失去人自身。除了表现高超的艺术技巧外，人的灵魂则隐蔽了，现代艺术的崛起才找回了艺术的精神支柱。图像呈现的仅仅是人类痛苦心灵的一个幻觉，潜意识欲望的一个表象。

---

① [瑞士]荣格著，杨儒宾译：《东洋冥想的心理学——从易经到禅》，北京：社会科学文献出版社，2000年版，第10页。

三、仿像

视觉文化的第三种范型是仿像。仿像文化的形成并成为主导性的文化，是现代文化区别古典文化的一个时代性的标志。仿像文化的形成、批判与反思，是随着现代科技的发展，对人类传播媒介引发革命性后果的产物。仿像社会，是靠机械复制、广告宣传、媒体传播、消费幻象等支撑起来的。

所谓的仿像是复制或仿制所得的艺术成品，特点是模拟再现物或仿本。它不但早已把原本或源头忘了，同时也不认为那些源头有重大的意义。大家所记得的，只是模拟再现过程本身。也就是说，再制意象的过程，是去创造一种同类影像的交流，使仿本与原本类似，使过去与现在混同，所有的东西都自由漂浮，发展出自己的特定时间，发展出自己独特的历史。仿像传达出相互消解的观念，也就是说，在它那里，原始范本已不复存在，也就无所谓仿本了。在柏拉图的哲学中，仿像是摹本的摹本，既然理式才是真实的，仿本就是虚假的，与真理隔着三层。但却正是这种摹本的摹本，取代了现实实体性的造型，而以仿像的形式，日益成为人们生活的主宰。仿像的制作是由一个社会的巨大体制化的工程生产出来的。传播系统的出现，使信息能够从一个地方迅速传到另一个地方，先由电子化模拟来征服时空，继而以数字化加以征服。在摄影、电影、广播和电视将少数的制作者制造的信息传给为数众多的消费者时，有些理论家如本雅明、麦克卢汉等便鼓吹其潜在的民主化倾向。但随着传播模式的进一步发展，信息“高速公路”的建成，卫星技术与电视、电脑、电话的结合，社会的传播媒介产生了巨大的变革，一种集制作、销售和消费于一体的全新的模式出现了，于是有人认为，“大众媒介的第二个时代正跃入视野”①。阿多诺、哈贝马斯、杰姆逊、鲍德里亚等人则看到了这一媒介形式将危及人类的自由。

---

① [美]马克·波斯特著，范静哗译：《第二媒介时代》，南京：南京大学出版社，2000年版，第3页。

1839年第一张摄影照片产生以后，世界几乎在照片的图像中得以改变。照片不仅能记录现实，而且在创造现实，它像人的眼睛注视着世界的每一个角落，并可以被放大、缩小和剪裁。它的出现，对艺术产生了极大的冲击，使人工绘制的图像产生了革命性的变革。在今天照片已积累了自己的历史，大量存在的历史瞬间的照片组成了一个新的历史，给怀旧者留下生存空间，也给精明的商人留下了商业机遇。历史的真实已在照片中褪色。人们不再追问历史究竟是什么，它是怎样发生的，而只追问在一个边框中存在的一瞬间的图像的历史，在文字的说明中得以夸张。

1896年4月23日，在美国纽约市科斯特和比亚尔音乐厅，电影首次献映于公众。电影的出现使人类可以在一个平面上复制出时间中运动着的图像，任意编织只有在梦幻中才存在的世界，这有些太离奇了。一夜之间，电影便征服了世界，并创造了空前的商业价值。有些电影是根据小说改编的，本来是虚构的，由演员表演出来的，但它比真实还真实。人们在逼真的仿拟的历史、环境、服装、道具、人物的氛围中，好像进入了另一个仿真的世界。人们宁信其真，而不去追问其虚拟性。久而久之，故事片的镜头可以混杂在介绍历史的纪录片中，而没人去责问它是否真实。在电影大肆侵占文学的地盘时，法国小说家兼批评家乔治·杜亚美(1884—1966年)就把电影看作"被奴役者的消遣，给那些愚昧无知、身心交瘁、惶惶不可终日的可怜虫们散心用的娱乐……它既不能拨弄出心中的火花也不能唤醒任何希望"。这种观点代表了大多数知识分子对电子媒介的态度，认为大众文化不存在任何救赎价值。阿多诺和霍克海默则批评广播以一种极权威的方式迫使人们都收听完全一样的节目，使言谈者的空辞由虚假的圣训变得绝对正确，这无异于法西斯主义。1936年，本雅明发表了《机械复制时代的艺术作品》，他从平民主义的立场出发，看到了艺术的机械复制对艺术精英主义的冲击，艺术从而走向了世俗文化。他也阐述了人们过于热衷于媒介社会许多新奇点所带来的众多问题。加拿大的麦克卢汉在仿像时代到来之前，就对此有了认识。他认为我们的时代已到了媒介时代，地球已成为一个小小的地球村。电子媒介使信息传播瞬息万里，地球上的重大事件借助电子媒介已实现了同步化，空间距离和时间差异不复存在。媒介是人的延伸。电子时代的人成了感知整合的人，现在的人生活在一个封闭的由电子媒介调节的空间里，而这些空间又受到形象的管束。丹尼尔·贝尔解析资本主义的文化矛盾时则认为，当代文化正在变成一种视觉文化而不是一种印刷文化。他说："电视新闻强调灾难和人类悲剧时，引起的不是净化和理解，而是滥情和怜悯，即很快就被耗尽的感情和一种假冒身临其境的虚假仪式。"①影像产业，是现代社会和消费社会的产物，它通过工业的生产，广泛地影响到现代社会。复制把古典的艺术从传统的领域中解脱出来，取代了原作的独一无二的存在和价值。由于它使复制品能为接受者在其自身的环境中去加以观赏，因此就使复制对象产生了新的活力，导致了传统艺术观念的崩溃。复制打破了传统艺术作品的唯一性，变成了大众唾手可得的东西，最后机械复制和资本主义的意识形态结合，终于谋杀了客观的实在性，创造了仿像的现实。

法国后现代著名思想家鲍德里亚，像本雅明一样洞悉媒介文化的意蕴，同时又像批判的社会理论家阿多诺那样对世俗文化甚为反感。他紧盯电视荧屏，决意要揭示其所以为现代人沉迷的原因。他认为，现代传播媒介从根本上瓦解了现代社会和现代主义。他说："如今，媒介只不过是一种奇妙无比的工具，使现实与真实以及所有的历史和政治之真全都失去稳定性……我们沉迷于媒介，失去它们便难以为继……这一结果不是因为我们渴求文化、交流和信息，而是由于媒介的操作颠倒真伪、摧毁意义。人们渴求作秀表演和仿像……便是对历史及政治理智的最后通牒做自发的全面的抵制。"②对现代媒介社会进行的全面分析，使鲍德里亚概括出现代社会图像制作的拟像性，于是他宣布，我们的时代即后现代是一种仿像社会。

尽管鲍德里亚在20世纪80年代才开始采用后现代的话语，然而在20世纪60至70年代他的一些著作中，已经包含许多后现代的主题。他讨论了消费社会及其符号的迅速增长，媒体与信息、环境设计与自动控制系统、当代艺术与符号文化等问题。鲍德里亚的研究主题是由马克思主义所

---

① [美]丹尼尔·贝尔著，赵一凡等译：《资本主义的文化矛盾》，北京：生活·读书·新知三联书店，1992年版，第157页。

② [美]马克·波斯特：《让·鲍德里亚文选》。

论述的生产工业资本主义以及符号的政治经济学所支配的现代性纪元已告结束，与此相对应，一种类像和新的技术、文化和社会形式所构成的后现代纪元业已降临。鲍德里亚对现代社会影像文化的开拓研究，大力推进了西方思想界对这一问题的深入研究。鲍德里亚认为，仿像的产生，在西方经历了三个环境的阶段：

> 仿真的三个序列与价值规律的嬗变相对应，自文艺复兴以来，依次递进：(1)仿造是从文艺复兴到工业革命的"古典"时期的主要方式。(2)生产是工业时代的主要方式。(3)仿真是被代码主宰的目前历史阶段的主要方式。

第一序列的拟像遵循自然价值规律，第二序列的拟像遵循商品价值规律，第三序列的拟像遵循结构价值规律。[①] 鲍德里亚认为，当代社会是由符号控制的历史阶段，此时的基本形式就是"仿像"。鲍德里亚发现，从符号是现实的反映到符号与现实的毫无关系，当代的影像文化演变为仅仅为影像生产影像，影像已与现实毫无关系，生活的方方面面都演化为一种模拟，而且这种模拟不是采取虚幻的形式，而是采取力图比现实更加真实的形式，即"超现实"(hyperreal)。他说："仿像不再是对某个领域、某种指涉对象或某种实体的模拟。它无须原物或实体，而是通过模型来生产真实：一种超真实。""从今以后，那些通常被认为是完全真实的东西——政治的、社会的、历史的以及经济的——都将带上超真实主义(hyperrealism)的类像特征"。[②] 在仿像的社会中，模型和符号构造着经验结构，并销蚀了模型与真实之间的差别。借用麦克卢汉的内爆(implosion)概念，鲍德里亚认为，在现代世界中，形象与仿像、真实之间的界限已经内爆，与此相伴，人们从前对"真实"的那种体验以及真实的基础也均告消失。鲍德里亚在《仿真与拟象》(Simulacra and Simulation)(1981 年)一书中概括了他的理论。他认为传统的客体与表征、事物与观念之间的区分不再有效，在这

---

① [法]鲍德里亚：《象征交换与死亡》，载《让·鲍德里亚文选》。

② [法]鲍德里亚：《仿真与拟象》，载《让·鲍德里亚文选》。

些地方，鲍德里亚揣摩出一个由仿像模式构建而成的奇异的新世界代替了这些区分方式，而仿像除了自身之外在任何“现实”中都不具有指涉对象或可依据的基础。鲍德里亚引用了《圣经·传道书》的话：“拟像从不掩盖真理，倒是真理掩盖没有真理的地方。拟像是真。”他为我们讲了一个关于地图的仿真的寓言。他说：“今天的抽象之物不再是地图、副本、镜子或概念了。仿真的对象也不再是国土、指涉物或某种物质。现在是用模型生成一种没有本源性或现实的真实，超真实。国土不再先于地图，已经没有国土，所以是地图先于国土，亦即拟象在先，地图生成国土。”鲍德里亚分析了神圣形象的非指涉性。如果佯装是假装没有，而仿真就是假装有。从医学上看，拟仿病人会使自己身上出现某些症状；拟仿已怀孕的妇女，自己会产生呕吐，并出现肚子膨胀。在电视剧里的医生或模拟的医生，就被当成真正的医生，因而扮演威尔比医生的罗伯特·杨就收到了上千封求医问药的信，后来他竟然出现在广告中，向人们推荐起脱咖啡因的咖啡来了。成功地扮演过律师培里·曼森和侦探艾伦塞德的雷蒙德·布尔曾收到数千封寻求法律咨询和侦破帮助的信函。[①] 在宗教中，这种仿像更大行其道，从来就没有什么上帝，只有上帝自身的拟像，偶像崇拜者却把形象里的影子当作上帝本身来崇拜。在鲍德里亚看来，迪士尼乐园中的美国模型要比社会世界中的真实美国更为真实，就好像美国正变得越来越像迪士尼乐园一样。对鲍德里亚而言，超现实是一种模型取代了真实的状态。例如：妇女生活杂志或生活方式杂志中鼓吹的理想居家；性生活手册或人际关系杂志中描绘的理想性模式；广告或时尚电视剧中宣传的理想服饰；计算机手册中提供的理想计算机技术，等等。在这些例子中，模型成了真实的决定因素，超真实与日常生活之间的鸿沟被夷平了。模拟出来的东西成了真实本身的判定准则。对形象从真实到拟像的发展过程，鲍德里亚排列出四个承递阶段：

1. 它是对某种基本真实的反映。

---

① 参见［美］道格拉斯·凯尔纳、斯蒂文·贝斯特著，张志斌译：《后现代理论》，北京：中央编译出版社，1999年版，第154页。

2. 它掩盖和篡改某种基本真实。

3. 它掩盖某种基本真实的缺场。

4. 它与任何真实都没有联系，它纯粹是自身的拟像。①

由此我们可以认为，鲍德里亚的没有指涉对象的幻象世界，是将后结构主义对意义和指涉关系的批判推向极致的产物。一方面他指出我们时代的一些本质的特征，另一方面他流露出一种悲观主义的情绪。在1995年推出的《完美的罪行》一书中，他对人们把虚拟当作实在、把幻觉当作现实、把拟像当作实情、把现象当作本质……做了进一步的哲学分析，揭露了时代认识的误区，旨在消除人们对世界的激进的幻觉，引导人们探索世界的本质。过去，一个重大的哲学问题是："为什么是有而非无?"而今天，真正的问题是："为什么是无而非有?"鲍德里亚说："事物本身并不真在。这些事物有其形而无其实，一切都在自己的表象后面退陷，因此，从来不与自身一致，这就是世界上具体的幻觉。而此幻觉实际上仍是一大谜，它使我们陷入恐惧之中，而我们则以对实情表象产生的幻觉来避免自己恐惧。"②但是，在我们不断积累、增加、竞相许愿的现代性中，我们已忘掉的是：逃避给人以力量，能力产生于不在场(absence)。虽然我们不能再对抗不在场的象征性控制，我们今天还是陷入了相反的幻觉之中，陷入了屏幕与影像激增的、幻想破灭的幻觉之中。在我们生活的世界里，符号使实在消失并掩盖了它的消失。鲍德里亚向我们展示了"完美的罪行"的另一面：

依靠虚拟，我们不仅进入了取消现实和参照系的时代，而且跨入了消灭他者的时代。

这是种族净化的同义语，它不仅会涉及一些特殊的民族，而且会穷追猛打所有相异性的形式。

---

① [法]鲍德里亚：《仿真与拟象》，载《让·鲍德里亚文选》。

② [法]鲍德里亚著，王为民译：《完美的罪行》，北京：商务印书馆，2000年版，第7页。

死亡的形式——人们以顽强的治疗避免死亡。

脸形和体形，人们通过外科美容术追求着。

世界的形式，人们通过虚拟实在使人忘却了。

每个人的形式，某一天将通过克隆个体细胞而取消之。

如果说信息是完美的罪行对抗实在的场所，那么沟通就是罪行对抗相异性的场所。

不再有他者：沟通。

不再有敌人：谈判。

不再有掠夺者：友好相处。

不再有消极性：绝对的积极性。

不再有死亡：伤风败俗的克隆。

不再有相异性：同一性和差别。

不再有诱惑：性冷淡。

不再有幻觉：过度实在，虚拟现实(Virtual Reality)。

不再有秘密：透明。

不再有定命。

完美的罪行。[①]

世界进入仿像文化中，向进一步走向现代化、完成现代性进程的中国文化提出了挑战。传统的中国古典造型艺术是以实在的真实为前提的，尽管我们也追求诗的意象性、意境的美，给想象和幻想以合法的空间；追求“超以象外”“韵外之致”的超凡脱俗，但那是天道的合一和人道的合一，是主体和客体、人与自然的天然联系。仿像文化的时代形成的幻觉，也在冲击着中国传统的审美观念，摄影、电影、电视、VCD、广告、仿真雕塑等种种形式的类像产品也在中国迅速流行，中国传统的意象为主的文化正在被仿像为主的文化所冲击和消解。这是中国传统文化的衰落，还是传统文

① ［法］鲍德里亚著，王为民译：《完美的罪行》，北京：商务印书馆，2000年版，第107页。

化又一次新的复兴呢？

仿像的时代是一个消费的时代，但我们消费的往往不是物品的使用价值而是其仿真的符号价值。生产也不仅是生产产品，而是生产形象。企业花钱找明星做广告使自己企业的形象无处不在，人们把大量的时间和金钱花在诸如美发、美容、化妆、装潢上面去了。这是一个美化外表的时代，各种证书、评奖、排名代替了实际的能力。儿童游戏不再走向大自然，而是在电脑中进行，破坏、过关、狂喜。上网者可以在网上结婚、生子，并过着一种仿真的家庭生活。仿像不仅是一个符号创造的空间，而且就是我们生活的世界。实在的世界在仿像中退隐。人们不再追求真理，而只体验当下；人们不再追求实在，而仅沉溺于情感；人们告别了崇高，而走向了媚俗；人们不再钻研经典，而走向漫画和图片。

在短短的篇幅中，对人类几千年或上万年的视觉文化的历史范型做惊鸿一瞥，是大题小作还是小题大作？历史总是在它的一个圆形的结构中运行。事物有时复杂得使人无法认识，细致的分析可以无穷无尽，简单的概括却只有阴阳两极。我们在人类无穷的视觉文化中概括出三个关键词，略做解说，描述了视觉文化的三种范型。图腾是人类的最原始的意识形态，其靠视觉图像使其信仰无处不在，作为一种标志符号及象征，在创造的神灵的幻觉图像中发挥其功能。图像是人类理性逐渐发展起来的产物，并与科学技术的发展同步，它是靠真实的实像的存在为基础的，于是就有了“镜与灯”的象征和隐喻。通过形象可以表现人的审美感情。科技也许是一个潘多拉的匣子，其对图像的无限制的复制和传播，已使原始的幻象、造型的实像转化为现代的仿像。人们只求生活在无实在的仿像之中，仿像造成的社会幻影真正成为一个“超真实”。图腾之神抽身而去，实在被谋杀在阴影之中，无穷的影像造成一个新的“图腾”。它吸引人的不再是神的灵力，而是在美的外表中直达欲望本身。支撑人类生命的究竟是什么？对批判的文化社会学者来说，这仍是一个值得探究的问题。

（原载《文学前沿》2002 年第 5 辑；
人大复印《文艺理论》2002 年第 11 期）

浪漫型艺术的现代转型

黑格尔提出浪漫型艺术终结的命题，终结意味着艺术的转型。20 世纪艺术发生了两次转型，一是现代主义的转型，另一次是后现代主义的转型。两种转型是浪漫主义极端推崇个体体验的结果。现代的先锋派艺术，抛弃了传统的美学原则，而使艺术呈现了一种丑的震颤。20 世纪丑的全面侵入是人类生存状态的形象体现。这不仅是一个艺术事件，也是一个美学事件。社会有极强的能力使艺术体制化，但我们对科学技术所造成的现代的“仿像社会”，必须保持高度的警惕。

一、浪漫型艺术的转型

我们这个时代的一般状况是不利于艺术生存的，因此，黑格尔宣布艺术在发展到浪漫型以后将走向终结。艺术有没有终结，以及如何终结曾引起国内外学术界的热烈讨论。[①] 但这只是黑格尔意义上的终结，终结只是

① 参见［美］阿瑟·丹托著，欧阳英译：《艺术的终结》，南京：江苏人民出版社，2001 年版，第 74 页。

转型的一种话语模式。随着社会的不断发展，机器复制艺术的迅速增值[①]，艺术已深入人类生活的大地，成为人生的一部分。艺术并没有终结，却有艺术史家惊呼“艺术史终结了”[②]。

黑格尔关于艺术发展的象征型、古典型、浪漫型三大系列的观点虽然提出了一些深刻的美学见解，[③] 但是，它是否符合艺术史的实际却值得怀疑。后现代艺术精神的发展，打破了历史决定论的迷梦。艺术所具有的个体创造性，使艺术充满直觉、灵感、偶然与断裂。艺术的转型不是历史的必然，恰恰是历史断裂的呈现。艺术的最高价值并没有高低之分，在艺术的类型之间也不存在孰优孰劣，而只存在人的判断力的差异和个人主观兴趣的爱好。艺术史的面貌是由不同的风格组成的，风格来源于时代的精神状况和天才艺术家的独创性。这一独创性以打破旧的束缚，形成新的风格作为标志。

继浪漫型艺术以后，现代主义、后现代主义的先锋艺术异军突起，逐渐成为时代的大潮。20 世纪的艺术家们再也不囿于古典艺术概念的束缚，而是采取一种反传统和反常轨的艺术观念，同传统的艺术背道而驰。“艺术并没有死亡。结束的只是其作为不断求新的进步过程的历史。”[④]艺术已不纯是诗意的，而成了散文形式；艺术不再追求纯美，而是呈现丑恶；艺术不仅表现崇高，也表现媚俗；艺术不仅表现现实，更多是表现幻想。艺术的种种悖论在现代艺术中并存。

仔细研究黑格尔以后浪漫主义艺术精神的发展，我们可以看到现代主义和后现代主义的两次转型。

先谈第一次转型。浪漫主义精神根源于中世纪的罗曼司，在德国哲人

---

① 参见［德］本雅明著，王才勇译：《机器复制时代的艺术作品》，杭州：浙江摄影出版社，1993 年版，第 4 页。

② 参见［德］汉斯·贝尔廷等著，常宁生编译：《艺术史终结了吗?》，长沙：湖南美术出版社，1999 年版。

③ 参见［德］黑格尔著，朱光潜译：《美学》第二卷，北京：商务印书馆，1979 年版。

④ ［法］埃尔韦·费舍尔：《艺术史的终结》，巴黎，1981 年版，第 106 页。

的沉思中则化为一种美学原则。[①] 有人把浪漫主义概括为“现代性”的第一次自我批判。尽管法国的卢梭是浪漫主义的直接先驱，德国古典哲学却是哲学领域里的浪漫主义运动，德国人的哲性思维、宗教神秘感的情绪，天生便具有浪漫主义的气质。但叔本华、尼采、狄尔泰、齐美尔在哲学和社会学中使浪漫主义得到新的表达。浪漫主义美学传统张扬这样的价值：人生应是诗意的而不是散文化的，精神生活应该以本真的情感为出发点，人应以自己的灵性作为判断事物的根据，人的直觉和信仰比起知性来，更接近人的真实。科学技术使人和自然分离，人应该与大自然达到统一。浪漫主义企图拯救被工业化和数字化所淹没的人的内在灵性智慧。浪漫主义的这一特点和先锋派艺术的追求是一致的，先锋派几乎是浪漫主义美学原则发展的一个必然。英国社会学家伯尼斯·马丁教授对第二次世界大战以来当代西方世界的文化艺术流变的过程做了研究，他将“战后数十年的文化变革视为浪漫主义原则持续发展的产物”[②]。他着重探讨了 20 世纪 60 年代末期的“反文化”风潮，认为它是某种至关重要的浪漫主义价值观的突出表现，并在 20 世纪 70 年代融入我们的文化机制中。

浪漫主义产生的直接后果是现代主义。黑格尔说：“浪漫型艺术的真正内容是绝对的内心生活，相应的形式是精神的主体性，也即主体对自己的独立自由的认识。”[③]朱光潜先生在翻译了黑格尔《美学》中的《浪漫型艺术的解体》后评论说，黑格尔“指出浪漫型艺术的基本出发点是主体性原则，亦即精神集中到凝视它自己内心生活的原则，这就导致实体性内容的放弃，主体与客体的分裂和各自独立，内容与形象的分裂，艺术家的创作能力和技巧成为艺术中的主要因素，为什么运用某一种内容和采取某一种形式，都听命于偶然和主体的任意幻想。这就是浪漫型艺术解体的根本原因”[④]。从诗学的意义上看，现代艺术推崇主体性的绝对自由的观念是浪漫

---

① 参见［德］本雅明著，王炳均、杨劲译：《经验与贫乏》，天津：百花文艺出版社，1999 年版，第 27 页。

② ［英］伯尼斯·马丁著，李中泽译：《当代社会与文化艺术》，成都：四川人民出版社，2000 年版，第 1 页。

③ ［德］黑格尔著，朱光潜译：《美学》第二卷，北京：商务印书馆，1981 年版，第 276 页。

④ ［德］黑格尔著，朱光潜译：《美学》第二卷，北京：商务印书馆，1981 年版，第 385 页。

型艺术精神发展的结果。

西里尔·康诺利在1965年出版的《现代运动：英国、法国和美国一百部重要作品，1880—1950》中说："法国人是现代运动之父，这个运动慢慢移到海峡对岸，然后穿过爱尔兰海，直到美国人最后继承下来，并把他们自己的魔力、极端主义和对异常事物的趣味带入这个运动之中。"赫伯特·里德说："我们已经看出，当代的变革有着不同的性质：它并不是暗示倒转，甚至倒退的变革，而是解体，是退化，有些人会说是崩溃。它的特点是灾难性的。"[①]这是一个与一切传统猝然决裂的运动，欧洲人五个世纪努力的目标被公然地放弃了。在那个时代产生了过去任何一个时代都没有的作品，如印象主义、后印象主义、表现主义、未来主义、象征主义、意象主义、立体派、达达主义、超现实主义的作品，这些作品以艺术家独特的感觉和情感宣泄方式，以十分怪异而又令人着迷的艺术形式，表现了一个时代和个体的全新的感觉。罗兰·巴特说："传统的写作崩溃了，从福楼拜到今天的整个文学都成了语言的难题。"一种新的时代的异端风格，成了"想象的博物馆"，构成了文化的地震学。它记录了文学艺术和思想史上的感情变化和转移的过程。时代的更迭稍纵即逝，思想情感的变化层出不穷，历史与现实悠然脱节，传统价值瞬间崩溃，启蒙以来的理性大厦颓然倒塌，过去时代的广大领域化为一片废墟。现代主义已经形成了一种无形的社会风格。[②] 这个词语，曾被用来涵盖各种破坏现实主义或浪漫主义激情的运动，它与实验艺术或先锋艺术引起了人们的关注，成为20世纪艺术的一个中心。

现代主义是我们这个时代的一个形象体现，它形成了一种独特的风格，朝着内在性、技巧表现、内心自我怀疑方向前进。它不仅是一种新的艺术形式，也是一种艺术的极大的灾难。它不仅表现了实验的、先锋的、嬉皮士的人生观念，而且代表着存在的深奥、困难和新奇；它也表明凄凉、黑暗、异化和崩溃。它是我们这个时代的唯一的与混乱情景相应的艺

---

① ［英］赫伯特·里德：《现在的艺术》，伦敦，1960年版。

② 参见［英］马尔克斯·布雷德伯里、詹·麦克法兰编，胡家峦等译：《现代主义》，上海：上海外语教育出版社，1992年版，第3—38页。

术。现代艺术不是艺术的自由，而是艺术的必然。所以现代艺术是一种非人性化的艺术，艺术成了骗局、颠倒、怨恨和反讽，反时间、反大众、反历史、反人性。现代主义包含着一个信念，即记载现代意识或经验不是表现上的问题，而是深奥的文化和美学上的问题，是结构形式、语言表现、形式统一的问题，是艺术家的生命存在和社会存在的意义问题，是艺术作品的存在价值的问题。现代艺术是一种正在迅速现代化的世界的艺术，是工业、科学技术高速发展，全球一体化进程和文化相对主义抬头，世俗文化成为中心的世界的艺术。正是在这个意义上说，浪漫型艺术终结了。

如果我们把现代主义看作浪漫型艺术的第一次转型的话，那么后现代主义则是这一艺术的第二次转型。关于后现代主义的讨论风起云涌，形成了 20 世纪文化变革中的又一重要思潮。几十年来中国学术界也紧跟世界潮流，对这一问题展开了讨论，但什么是后现代主义，它与现代性的关系及其美学特征仍然是歧异纷呈的。尽管有像哈贝马斯这样的哲学家提出后现代只是现代性的一部分，是其的自我反思，但是利奥塔等后现代的思想家则要“重写现代性”①，后现代主义从时间、价值和思维上与现代主义都是有很大不同的。后现代思潮已经形成了一个巨大的网络，它对启蒙的现代性以来提出的种种真理、价值、美学观念进行了反思和解构。如果说现代主义的特征是对基础、权威、统一的迷恋，视主体性为基础和中心，坚持一种抽象的事物观，面对这一切质疑构成了后现代主义的主要特征。后现代主义终结了现代主义的霸权，不再假设有一个基点来支撑真理和秩序的合法化，伟大的目标、伟大的航行消失了，人们不再相信那些所谓的历史上的伟大主题和英雄主角，他们在一个“被粉碎的时代”，看到的是理性的死亡，因此他们持一种历史悲观主义的态度，要在语言游戏的撒播中消解自己。

在后现代主义思想家哈桑那里，后现代主义有下列特征：(1)不确定性。它包括多元论、反叛、随机性、分化、模糊和破裂。(2)破碎性。这包括对综合和总体性的不信任。(3)反正统性。对权威的挑战是其主要内

---

① 参见[法]利奥塔著，罗国祥译：《非人——时间漫谈》，北京：商务印书馆，2000 年版，第 25 页。

容。(4)非我性。抛弃将主体等同于实体的传统。(5)内在性。反对超验性，强调心灵与语言的自生能力。[1] 我们这个时代，是由支离破碎的片段组成的，一切都走上"不归路的时代"，一切都变得不确定了，一切都是游戏。

后现代主义的文学使真实和虚构模糊不清，时间和空间杂糅重组，多元和平面相辅相成，艺术品在机械的复制中失去了韵味，一切走向了不确定性。虚构演变成了真实。后现代艺术就走向一种反艺术、无艺术的艺术；艺术走向了世俗，走向了日常生活。黑格尔曾预言的艺术的消亡已经开始了，艺术演化到生活的各方面去了。后现代的美学也是一种反美学，也就是一种与传统美学决裂的美学，是一种后现代的美学。这种美学消解传统美学家人为设置的种种界限，取消美学与非美学的区别，艺术的消亡与真实世界的审美化，成为不可改变的历史进程，审美观念已逾越了艺术的界限，渗入社会的各个层面。后现代美学重新审视了美与丑，将美与丑等量齐观；重新审视了艺术与非艺术，生活中的物品被命名后就可成为艺术品，如波普艺术；重新审视艺术与生活，艺术绝不是生活的再现和模仿，"文艺是对生活的增补"，不是艺术模仿生活，而是生活模仿艺术。后现代主义反对文化的精英化，而走向一种世俗，过去艺术和审美仅是艺术家和美学家谈论的事，后现代推倒了艺术博物馆的围墙，把艺术还原为生活本身。从吃喝玩乐到衣食住行，从城市建设到两性关系，从卡拉 OK 到 MTV，从广告生活到形象设计，审美无孔不入。

二、美与丑的互文性阐释

黑格尔认为，古典型艺术是一种美的艺术，其理念内容和其感性显现是相吻合的，艺术的形式完全显现了理念的内容。到了浪漫型艺术，观念则大于形象，浪漫型艺术推崇个性的感受性，并把其合法化。结果，精神欲望的过度张扬，导致了艺术中的丑。黑格尔说："在浪漫型艺术的表现里，一切东西都有地位，一切生活领域和现象，无论是最伟大的还是最渺

---

① 参见［美］哈桑：《后现代转向》，俄亥俄州立大学出版社，1987 年版，第 168—173 页。

小的，是最高尚的还是最卑微的，是道德的还是不道德的和丑恶的，都有它们的地位。特别是艺术愈变成世俗化的，它也就愈来愈多地栖息于有限世界里，爱用有限事物，让它们尽量发挥效力。”[①]黑格尔预言了传统浪漫型艺术终结后的艺术将呈现出世俗的、个体的、丑的形态，这一点有其合理的一面。

鲍桑葵在他的《美学史》中对西方美学史中丑的历史进行了追溯和论述。他认为，在古希腊尽管有一些有关丑、悲剧和罪恶的描写，但它们是以和谐一致为基础的。到了近代，随着19世纪浪漫主义运动的兴起，美才不断失去它往昔的光彩，而丑走进了历史的前台。黑格尔时代文化人类学还不发达，人们对人类原始艺术的知识还是很少的。他不理解原始艺术中的丑是一种必然。原始人因自身还未获得自身的本质力量而把自然与社会环境看成是异己的，因此产生了种种怪诞的信仰，创造了种种丑怪的形象是很自然的。玛克斯·德索认为，原始艺术无论在过去，还是在现在看，都不是一种美的艺术，而是一种丑的艺术，原始人的自我丧失，必然导致原始艺术以丑怪的形式出现。黑格尔从欧洲中心主义出发，以古希腊艺术作为立论的根据，把人类的古典艺术看成和谐的。尽管现代先锋派艺术看上去往往是不美的，或者是丑的，但丑决不仅仅是现代艺术的唯一特征。丑是一个历史范畴，还是一个逻辑范畴。近现代艺术中的丑，往往是历史回归的表现。先锋派艺术张扬一种原始主义、野兽主义、超现实主义的情结，就是这一情结的具体表现。靠人类的梦和幻想，人类把现实状况和原始社会血与火的搏斗以及对未来理想的追求和憧憬，定格在同一平面的图像上。

丑是古今中外皆有的，关于丑的探讨则是近现代的产物。康德和黑格尔在其美学著作中，都没有把丑作为一个重要的、独立的问题来进行探讨。但康德论述了崇高，黑格尔则提出了浪漫型艺术，其中都包含有丑的美学问题。伏尔泰、卢梭、莱辛、雨果等则开始讨论丑的问题。1853年，罗森克兰兹出版了大约是人类历史上探讨丑的第一本专著《丑的美学》，但作为黑格尔的信徒，他的审丑观仍局限在旧的美学之内。他认为：“丑本

① ［德］黑格尔著，朱光潜译：《美学》第二卷，北京：商务印书馆，1981年版，第365页。

身是美的否定”，丑“不在美的范围之内”，“产生美的那些因素可以倒错为它的对立面，这就是丑”。艺术不仅要描述美，也要描述丑，因此“艺术就不能忽略对于丑的描绘”。他认为，“如果艺术不想单单用片面的方式表现理念，它就不能抛弃丑”。但他仍未能突破传统的“丑服从美”的老原则。他认为“吸收丑是为了美，而不是为了丑”，丑只是作为美的衬托物才被吸收入艺术中，描写丑并不是目的。因此，从中可以看出，罗森克兰兹的审丑观还是古典型的，他对丑的重视则隐约地表现了以丑为美的现代性艺术的产生。

鲍桑葵在批判了罗森克兰兹的审丑学说后，提出自己的一些看法，他认为：“如果要想把具有全部戏剧性深度的心灵和自然纳入表现中，就决不能忽略自然界的丑的东西，以及恶的东西和凶恶的东西。希腊人尽管生活在理想之中，还是有他们的百手怪、独眼巨人、长有马尾马耳的森林之神、合用一眼一牙的三姊妹、女鬼、鸟身人面的女妖、狮头、羊身、龙尾的吐火兽。他们有一个跛脚的神，并且在他们的悲剧中描写了最可怕的罪行（如在《俄狄浦斯》和《俄瑞斯特》中），疯狂（如在《阿瑞斯》中），令人作呕的疾病（在《斐洛克特蒂斯》中），还在他们的喜剧中描写了各种罪恶和不名誉的事情。”①我们对原始艺术进行探讨后就会看到，原始艺术无论在过去还是现在，往往都是不美的；恰恰相反，丑怪却是其最根本的表现形式。②各民族的图腾神、祖先神，埃及、印度、玛雅和中国原始的造型艺术，往往是丑怪杂糅的。在《山海经》中，记载着九头的兽，三足的鸟，一头双身的蛇等“丑类恶物”。先秦时代的审美理想是“铸鼎象物，使民知神奸”。古代的丑怪是原始人对异己的自然神秘力量的恐惧的图像呈现。

浪漫主义的艺术家们，深切感到丑的力量，他们把激情放在重要的地位，在极端体验中便通晓了丑的魔力。他们不仅描绘了艺术中的种种丑，而且在理论上也加以张扬。丑在浪漫主义以后极度升值，价值愈来愈高，并不断获得学术力量。雨果在《〈克伦威尔〉序言》中提出美丑对比的法则，并指出了近代艺术中丑的合法性侵入。他说：“近代的诗神也如同基督教

① ［英］鲍桑葵著，张今译：《美学史》，北京：商务印书馆，1986 年版，第 516 页。

② 参见朱存明：《中国的丑怪》，徐州：中国矿业大学出版社，1996 年版。

一样，以高瞻远瞩的目光来看待事物。她会感到，万物中的一切并非都是合乎人情的美，她会发觉，丑就在美的旁边，畸形靠近着优美，丑怪藏在崇高的背后，美与恶并存，光明与黑暗相共。”自然丑怪无处不在，因此“诗着眼于既可笑又可怕的事物”，把丑作为模仿的典型，把滑稽丑怪作为艺术的要素。这不仅区分了古典主义和浪漫主义，这“跨出决定性的一大步，这一步好比地震的震撼一样，将改变整个精神世界的面貌。”“美只有一种典型；丑却千变万化。”研究滑稽、丑怪在近代的运用和发展，是一件有趣的事。它侵入、涨溢、泛滥，终于像一道激流冲破堤防。[1] 雨果以艺术家的敏锐，对他那个时代艺术由美向丑的转型做了天才的感悟和预测。浪漫主义艺术中已经出现了一些丑怪和滑稽形象。到了现代主义则成为时代的潮流了。如果说雨果以其自身的创作体现了这种美丑对比的审美精神的话，到波德莱尔则是以丑为美了。他的《恶之花》一个多么现代性的书名，是我们这个时代以丑为美的象征。罗丹以交际花罗米埃尔为题材的雕塑《老妓女》则完全抛弃了美。

20 世纪现代主义艺术的发展史，也可以说是一部丑日益升值、日益膨胀、最终占据优势地位的历史。过去丑是美的陪衬，现在却完全相反了，美则成了丑的陪衬；或者，艺术家干脆抛弃了美，让丑出尽了风头，独领风骚。丑再也不仅是艺术的一个契机，而“呈现出一种在本质意义上新的和不同的功能”。在现代艺术中，丑的和声学的观点已经破灭。丑不是近代的产物，恰恰相反，丑是最古老观念的现代复活。阿多诺分析说：

> 丑的事物的确是一个历史的和中介的范畴(historical and mediated category)。该范畴或许是在古风艺术向后古风艺术过渡时期出现的，因此随后一直标志着古风艺术的永恒再生。这正是它为何与普通的启蒙辩证法(艺术是其组成部分)关系密切的原因。原始崇拜对象的面具与画脸所体现出来的古代丑，是对恐惧的实体性模仿，一般散布在忏悔的形式之中。随着神秘的恐怖性逐渐淡化与主观性相应增强，古代艺术中的丑的特征变为禁忌的目标(尽管这些特征原本作为强化禁忌

---

① 参见［法］维克多·雨果：《论文学》，上海：上海译文出版社，1980 年版，第 30、37 页。

的载体)。继主体及其自由感形成之后，和解的思想随之诞生，丑也随之展露出自己。尽管如此，旧的妖魔鬼怪并未从此销声匿迹。历史并未履行关于自由的承诺。相反地，主体作为不自由的代理人，使这一神秘的魅力得以永存，对其既抵触又屈从。有关尼采(Niefzsche)之格言与谢林(Schelling)之洞见的经验主义基础，很可能就是艺术的历史；前者宣称所有美好的事物曾一度是可怕的事物，后者断言开初就存在恐怖。①

阿多诺从他的否定辩证法来观察美和丑，认为美也是历史的产物，是在遥远的历史时刻，在大众对可怕的神秘力量感到厌恶的条件下出现的，而那些神秘的力量回想起来则被视为丑。丑的歧义性源自下述事实，即主体将所有认为需要的东西，包括从变态的性欲、摧残性的压抑与死亡等一系列东西，全部纳入主体性的抽象和形式范围之中。丑借否定而被挪用，故作为美的对立面。在艺术史上，美的观念已经被吸收到“丑的辩证法”中了。人们有时把那些伪劣媚俗的作品——即纯化的美，视为丑，并设下审美的禁忌，在此禁忌中伪劣媚俗的作品便被判定为丑。阿多诺认为，丑与美之间在形式区别上的潜在内容具有一种社会的维度或层面。艺术应当追究那些被打上丑的烙印的东西的起因，不应当借助幽默的手法来消除丑。“艺术务必利用丑的东西，借以痛斥这个世界，也就是这个在自身形象中创造和再创了丑的世界。”这是因为，在艺术中丑恶与残酷并非单单是对丑恶与残酷事物的描绘。尼采认为，艺术自身的姿态就是残酷的姿态。王国维论述了“媚美”的炫惑说，实际上是对20世纪艺术中丑的全面侵入所做的天才的预警。从美学和道德的方法看，“媚俗艺术是虚假艺术，是一或大或小的规模生产形形色色的‘美学谎言’”②。

阿多诺对丑的分析是深刻的，充满一种辩证法的因素。丑是一个历史的范畴，它有一个发展的过程。丑在原始艺术中是恐惧的表现，以后转化为美。但在现代艺术中，丑一直是一个原型和阴影。现代主义艺术中的原

---

① [德]阿多诺著，王柯平译：《美学理论》，成都：四川人民出版社，1998年版，第84—85页。

② Calinescu, M. *Five Faces of Modernity*, Durhan: Duke University Press, 1987, p. 261.

始文化因素，概源于这个原型。人们把艺术视为理想的美的化身，是人们在幻想状态下对世界理想图像的描绘，它的表现形式往往是丑的。先锋派艺术与现代主义就是以丑为美，丑在现代艺术中化为一种审美的呈现，因为它表现了人类生存的恐惧和残酷。鲍桑葵看到20世纪艺术中丑的主导地位，但他并不悲观，他在《美学史》的结尾处说："即令我们被我们自己所制造的丑包围起来，我们也有了更大的和更锐敏的美感。"①

在科技不断发达，全球一体化的进程中，社会的不断规范化带来体制中的种种问题。艺术牺牲了美而走向了丑，不能不说是一种历史的遗憾。人类靠艺术的感性化、边缘化、破碎化、感官化、解构化、拼贴化、平面化来表现生存者的种种状态以及张扬生命的张力和个性的意义。原始的欲望、扭曲的灵魂、碎片化了的生命、存在的虚无、弃世者的厌恶、性欲的倒错、生命的迷茫，使艺术呈现了丑的辉煌。

三、两种现代性

现代性理论在自我发展中，孕育着一种不断的自我反思、自我批判和自我超越的过程。卢梭首先使用现代性的概念并对其保持着警惕。他的结论是：科学技术的发展并没有敦风化俗，反而使社会风气堕落。马克思分析了资本主义高度发达的生产力，但指出它造成了空前的阶级对立。革命曾打碎旧的国家机器，但到目前为止我们还未找到使社会保持平等的合理方式。马克思·韦伯分析了现代性所形成的社会生活的合理化、体制化，同时又揭露了官僚化的压制和服从，使合理化异化成了"铁笼"。现代性的艺术，一方面极端张扬个性精神，另一方又呈现了人性之恶。因此现代性的两难，表现了现代性文化和人生存之间的紧张的对抗关系。

理论家们重新审视现代性问题，认为存在着两种现代性，一是启蒙的现代性，另一种是浪漫的现代性。两种现代性表现了两种不同的价值：启蒙的现代性是建立在启蒙运动以来理性主义之上的一种观念，它是科学主义、基础主义、乌托邦主义的现代主义，其特征是追求数学上的精确性和

---

① [英]鲍桑葵著，张今译：《美学史》，北京：商务印书馆，1986年版，第597页。

明晰性，追求形而上学的绝对性和合理性，要求社会的体制化官僚化。这种现代性是资本主义制度发展的必然产物。“浪漫的现代性”是一种审美的现代性，它的着重点不在科学和技术的发展给社会带来的变革，而是注重启蒙运动以来的文化价值，对资本主义依据科技的现代性铸就的社会持一种批判和否定的态度。尼采曾要求重估一切价值；马克思要推翻一切人压迫人的制度；阿多诺要否定资本主义的文化产业；马尔库塞要建立一种“新感性”来拯救“单向度的人”；利奥塔否定“非人”的现代性；鲍德里亚揭露了现代社会创造的消费的幻象，以及一些无政府主义、存在主义、自由主义在现代主义艺术中的种种呈现，都是这种浪漫的现代性的表现形态。卡利奈斯库在《现代性的五张面孔》[①]中对此分析道：现代艺术是浪漫的现代性或审美的现代性的基本表现形态，它与启蒙的现代性有明显的对立冲突。现代主义艺术也存在着两种不同的形态，早期现代主义的先锋派明显地反对现存的资产阶级的价值观和意识形态的倾向性，所以曾一度被当时一些流行意识形态的代言人视为颓废艺术。而在极盛期的现代主义，则逐渐被资本主义体制化了。早期的现代主义，以康德的无功利引申出的艺术的自律性，使艺术为自身立法。艺术家可以站在社会的对立面，以一个批判者的姿态站在一个不合作的立场上，使艺术还保留一些警惕性。极盛的现代主义则和先锋派艺术处在一个对抗的状态，它已经被社会制度所同化，成为流行意识形态的一部分。先锋艺术则异化为一种软弱无力的自言自语，或个人生存欲望的无意识呈现。有时甚至不断以展示自身之丑来表现社会之恶。

现代主义艺术的产生和发展，往往具有一种巨大的颠覆性，就是以一个社会批判者的眼光对现存的文化规范和基本精神进行否定。因此，现代主义艺术的基本精神乃是一种对不合理的制度的反抗。但随着资本主义的发展，社会到了晚期资本主义时代，随着“消费社会”[②]的来临，文化成为一种产业，货币交换已经转换成一种哲学话语[③]。随着社会的公共机构对

---

① Calinescu, M. *Five Faces of Modernity*, Durhan: Duke University Press, 1987, p. 40.

② [法]波德里亚著，刘成富、全志钢译：《消费社会》，南京：南京大学出版社，2000年版。

③ 参见[德]西美尔著，陈戎女等译：《货币哲学》，北京：华夏出版社，2002年版。

现代主义艺术的认可、接受和赞扬，现代主义艺术也被同化了。如塞桑、毕加索、马蒂斯、梵·高的绘画在现代的审美观念中已成为经典，不仅在大学的课堂上被讲授，在拍卖行里被炒作，在美术馆里被收藏，而且成了大公司或富有者的收藏与装饰。昔日批判的表征，已经成为炫耀财富和地位的符码。

但真正的反抗现实的浪漫主义的精神并没有泯灭。尽管社会有强大的要求和能力来把一切所谓的先锋艺术变为体制化的附属物，艺术要求的创造性、感性化，仍使艺术呈现一种批判的精神。作为社会良心的知识分子，也在反思这个充满怪异的社会。伯尼斯·马丁对20世纪60至80年代的文化艺术进行的分析是一个很好的例证。西方在20世纪60年代形成了一种反文化的运动，其核心任务是专门猛烈攻击那些既定的界限和结构，这场改革运动旨在将阿里尔、非限定物和表现性的混沌状态引入日常生活。服从幻觉剂、追求性刺激、穿异装、反英雄的喜剧和反文化的讽刺作品，形成了一场“表现方式的革命”。

20世纪60年代，马尔库塞的“新左派”影响更大。“新感性”成为一个口号，以存在主义和主观主义哲学进行说教，反对理性。然而，他们又认为文化精英的表现性和象征性活动是一切事物的主宰。在文化上的策略是把表现主义、超现实主义、达达主义以及先锋派艺术当作进行心理瓦解和革命性的再社会化的武器。这遭到阿多诺的严厉批评，他认为把解除对感性和文化的抑制当作政治解放的前提的观点是极不成熟的。20世纪70至80年代，通货膨胀加剧，失业严重，人们开始怀疑表现性价值的假设。20世纪70年代，新教伦理观的部分复兴，许多嬉皮士转化为耶稣颓废分子。到了20世纪80年代，在标新立异运动中发展起来的那些以破碎性和歧异性为特征的摄影与叙述技法，被大量用于妇女杂志和流行的电视节目中。20世纪80年代裸体女郎在报刊上已司空见惯。20世纪60年代反文化运动中的大量现象，在80年代不知不觉已成为被接受的事物。20世纪50年代文化市场所拒绝的东西却在现在大众传播业中成为主要的精神食粮。20世纪90年代世界文化又呈现了不同的景象，冷战政治已转向“泡沫经济”，全球一体化进程的加快，网络时代的到来，虚拟社会的形成，都使生命本身的存在进入另一个“镜像”阶段。快速生长，迅速腐朽，无穷的消费欲望和不断被克隆的产品，使现代人的生活几乎被一种商品的审美主义所笼罩。生命不再承受形而上学的压力，死亡也已构不成对我们的威胁，社会道德败坏，金钱、权力、肉欲膨胀。艺术走出纯诗，诗人被迫自杀，小男人、小女人进行私人化的写作，自暴自弃，甘心平庸。在大众传媒中，借色相而制造欲望，媒体在镜头的选择中生产谎言。文学批评成了一场表演，美术成了制造事件。一个解构的时代已经到来。

这一演化的过程说明，社会在发展过程中，总存在着一种体制化和非体制化的矛盾运动的过程。浪漫主义的现代性，以想象、夸张、幻想、破坏，总想表现一种生命的本真的偶在性、个体生存的感性性、不受任何羁绊的自由性、生存状态的荒诞性以及强调生命肉体的快感性。如果说早期现代主义艺术是一种精英文化的话，那么后现代主义艺术就是一种日常生活的艺术；如果说现代主义艺术是标新立异的话，那么后现代主义艺术就是崇拜熟悉的俗套。波普艺术是其主要代表，它追求的是世俗的艳俗和奢华，要求的则是作品的流行与时尚，达到的审美境界是眩惑。波普艺术消解了艺术和生活的界限，通过蒙太奇的手法将不同时空的东西组合在一个影像的世界中，最终导致了一个仿像文化的大发展。在这里自然的主题已经隐匿，代之的则是人造符号。实体的物质已经消退，电子媒介和机械复制物开始急剧增长。我们每天穿梭在广告和报纸、摄影和杂志、电影和电视、荧屏和网络所组成的视觉世界中，我们不断地从电影、电视、杂志、广告、时装、化妆中选择形象，它们代表了现实，并形成了现实，成为经验的符号和自我的符号。

鲍德里亚认为，当代媒体社会是一个模拟的符号世界，这就构成了一个仿像的世界。计算机、信息处理、媒体传播、自动控制以及按类象符码和模型而组成的社会组织，已经取代了生产的地位，成为社会的组织原则。这是一个由模型、符码和控制论所支配的信息与符号的时代。传媒以“超真实”的画面切换，遮蔽了真实的不在场，镜头代替了任何批评的理论模式，符号仅指涉符号本身的真实性。传媒日日夜夜不停地狂轰滥炸，已使私人空间公共化和世界“类象化”。从此，由“反美学”便走向了“超美学”。鲍德里亚已经洞悉了后现代传媒在社会心理和个性心性的健全方面造成的威胁，并对这种文化工业制造的“完美的罪行”进行了清算，可谓后现代理论又重整启蒙现代性的精神，对过于“浪漫的现代性”的棒喝。

（原载《东南大学学报》2007 年第 4 期；

人大复印《美学》2007 年第 6 期）

中国文艺中的怪诞

一些理论家在研究中国古代美学思想时认为："乐，内心的乐，是中国美学的核心和基本精神。"[①]我们不能说这种观点是错误的，但正如鲁迅先生所说，"中国人又很有些喜欢奇形怪状，鬼鬼祟祟的脾气"[②]。中国文艺中的那些怪诞，几乎没有人给予足够的重视。人们专注的是中国人"天人合一"的世界观、感性直观的悟性思维方式；欣赏的是"有意味的形式"[③]的"线的艺术"；推崇的是儒家的审美理想。但"自古以来，中国的统治阶级依靠儒教来进行统治，普通民众信仰的是道教及其他的巫术礼仪"[④]。除了儒、道学说外，在中国古代艺术精神中还有大大早于儒、道学说的史前意识。鲁迅先生曾致力于中国小说史的开辟工作，他正是从巫术礼仪、原始神话及派生出的"搜神""志怪"来探讨中国小说艺术中的怪诞的。朱光潜认为，鲁迅先生的这种研究方法，没有得到很好的继承，"它们对建筑、雕

---

① 李戏鱼：《建立中国美学体系刍议》，载《中国古代美学史研究》，上海：复旦大学出版社，1983年版，第58页。

② 鲁迅：《鲁迅全集》第四卷，北京：人民文学出版社，1981年版，第616页。

③ ［英］克莱夫·贝尔，周金环、马钟元译：《艺术》，北京：中国文艺联合出版公司，1981年版，第4页。

④ ［日］中村元著，吴震译：《比较思想论》，杭州：浙江人民出版社，1987年版，第170页。

塑、绘画及至诗、乐、舞各方面的影响还有待专业研究工作者去清理”①。有感于斯，笔者将从怪诞的审美范畴出发，来探讨一下中国文艺中的怪诞精神。

一、 怪诞在西方的形成发展及与中国古代艺术的关系

怪诞不是荒谬绝伦、乱七八糟的东西，作为一种艺术手法，它历来就为中外文艺家们所采用。我们从拉伯雷的小说中，从莎士比亚的戏剧中，从马雅可夫斯基的诗歌中，都可以看到怪诞。但对怪诞做系统研究却是近几十年的事。当代德国批评家沃尔夫冈·凯泽尔 1957 年发表了著名的《美人和野兽——文学艺术中的怪诞》②，追溯了“怪诞”一词的历史，讨论了西方各个历史时期的怪诞作品。但对中国艺术中的怪诞，还很少有学者进行过系统的研究；也没人会想到，西方怪诞的审美范畴内，还包含中国古代艺术的影响。

下面我们先追溯一下怪诞在西方的形成及其美学内涵。

(一)作为艺术装饰风格的怪诞

作为艺术装饰风格的怪诞，来自意大利语。意大利的 La Grottesca 和 Grottesco 是 15 世纪末期新造出来，用来描述当时发掘出来的一种装饰风格的词。在那些装饰画中，画着怪模怪样的叶子和涡形物、从根上开出来的花，花顶上无缘无故地画着不和谐的由花茎支撑着人头或兽头的半身雕像，虽然当时维特鲁维亚的评论以真实为准绳对这种怪诞的装饰风格予以谴责，却无力阻止它的发展。到 1515 年拉斐尔把这种怪诞装饰画布满罗马天主教堂的回廊柱子上的时候，其名声和影响更加深远了。文艺复兴时期的艺术家们，最初赋予“怪诞”一词的意义就是指来自古典时代的特别的装

① 朱光潜：《中国古代美学简介》，载蒋孔阳主编《中国古代美学艺术论文集》，上海：上海古籍出版社，1981 年版，第 2 页。

② [德]沃尔夫冈·凯泽尔著，曾忠禄、钟翔荔译：《美人和野兽——文学艺术中的怪诞》，西安：华岳文艺出版社，1987 年版。

饰风格。这种“怪诞”风格在16世纪与“阿拉伯风格”和“摩尔式风格”相融合形成“涡型风格”后又得到进一步发展，到了17世纪则演变为软骨装饰的怪诞风格。当这种风格在其他国家逐渐消失的时候，又在素有神秘主义色彩的德国繁荣起来。1610年出现了雅姆尼泽尔的《新怪诞画集》。在这里，动物和妖怪的头和四肢缠绕在一起，到处冒出新的嫩枝、肢体或者赘生物。到18世纪初，富有才华而早逝的德克尔创作了八卷本的《怪诞》一书，书中第一次在西方把中国式主题引入怪诞装饰中。

在17、18世纪，中国的大批瓷器、漆器、绘画等传到了欧洲，各国都以收藏中国古代艺术品作为一种荣耀。[①]于是，“怪诞”一词的意思因被用于描绘某些中国古玩而得到扩展。在当时西方人的眼中，中国古玩的装饰，把不同领域的东西融合在一起，各组成部分具有怪异的品质，有的秩序和比例被颠倒了。席米德林宣称：“中国人走得如此之远，画中的房屋和风景可以在空中飞翔或者从树上长出来。”默尔泽在1761年写的《丑角哈乐昆》中声称：“即使中国人的怪诞的盆景也使庭院生辉……”[②]可见在西方人的眼中，中国的古玩(特别是青铜纹饰)及瓷器等物上的装饰，是怪诞的。

(二)西方文学中的怪诞

作为装饰风格的怪诞的内涵不断发展，首先侵入漫画领域，以后又用来分析某些用漫画手法创作的文学作品。人们发现塞万提斯的《堂·吉诃德》和斯威夫特的《格列佛游记》都有一种类似漫画的怪诞在里面。18世纪70年代，格斯顿贝格宣称，他在莎士比亚的戏剧中发现了“怪诞精神”。他认为《皆大欢喜》中的雅克为一个怪诞的人物。在德国狂飙突进运动中，歌德也是热衷于怪诞的文学家之一，其作品中有一头住在森林里的半人半羊的动物。

18世纪末19世纪初，浪漫主义逐渐兴起，怪诞的美学原则在浪漫主义者的作品中得到前所未有的强调，维克多·雨果在为1827年的剧本《克

---

① 参见沈福伟：《中西文化交流史》第十章，上海：上海人民出版社，1985年版。

② [德]沃尔夫冈·凯泽尔著，曾忠禄、钟翔荔译：《美人和野兽——文学艺术中的怪诞》，西安：华岳文艺出版社，1987年版，第20页。

伦威尔》所作的序言中，把怪诞作为从古以来的所有艺术，包括中世纪艺术的标志。他称赞莎士比亚是唯一一个在戏剧中把崇高同怪诞、恐怖与滑稽、悲剧同喜剧结合起来的伟大作家。他分析希腊悲剧《海伦》的第一幕和《奥特莱斯特》第五幕认为："海神、半人半羊的神、独眼巨人都是丑怪的形象，人鱼、罪罚女神、司命神、人面鹰身的三妖妇也都是丑怪的形象；波吕斐摩斯(Polyphemus，希腊传说中的独眼巨人)是一个可怕的怪物，西莱尼(Silene，希腊神话中的一个小神，酒神的同伴)是一个怪诞的丑类。"[①] 1817 年霍夫曼创作了充满怪诞元素的《黑夜故事集》；1840 年爱伦·坡紧步霍夫曼的后尘，写了短篇小说集《怪诞和阿拉伯风格故事集》，进一步发展了一种充满怪诞成分的故事。司各特在他写的评论文章中，称霍夫曼是在作品中表现梦幻的或者超自然怪诞的第一位杰出的艺术家。

在现实主义文学中，英国作家狄更斯的作品，俄国作家果戈理和契诃夫的作品都程度不同地存在着怪诞的元素。19 世纪现实主义文学领域中的这种怪诞，差不多只是浪漫主义创作模式的翻版，而且这种翻版还是打了折扣的。但到了 20 世纪，无论是在绘画还是在文学领域中，怪诞已经成了先锋派艺术家们创作的源泉了。在卡夫卡的《变形记》《城堡》中，在托马斯·曼的《浮士德博士》等作品中，我们都看到一个对资本主义异化世界中怪诞的描绘。在超现实主义者，如达利根据弗洛伊德的理论而创作的类似梦境的绘画中，也同样表现了这种异化的怪诞。在戏剧领域中，则有荒诞派的戏剧，更为人们所熟知。

(三)作为审美范畴的怪诞

在艺术与文学中存在着怪诞，理论家们便对这种风格进行理论的概括，于是怪诞便演化为一种审美范畴。

沃尔夫冈·凯泽尔认为：在意大利语中，怪诞"这个词表示的是某种滑稽的欢乐，无所顾忌的古怪和面对着一个完全陌生的世界时产生的一种

---

① ［法］雨果著，柳鸣九译：《雨果论文学》，北京：人民文学出版社，1980 年版。

不吉祥、险恶的预感”①。德语把人和非人的东西怪异的结合看作怪诞风格最典型的特征。1694年版的《法国研究院词典》，释“怪诞”为“在比喻说法中指愚蠢的、稀奇古怪的、放肆的”。18世纪德国作家维兰特认为，真正怪诞的作品中，艺术家“无视真实的原则，让奇思怪想尽情驰骋（如所谓的要命鬼儿鲁盖尔），其唯一的目的就是让读者看着他的不自然的、荒唐的想象炮制出来的，可怕而粗鲁的怪物哈哈大笑，恶心呕吐或者大吃一惊”②。狄德罗对此评论说，维兰特发现了怪诞作品的核心，恰好在于它超然独立于现实之外。雨果则认为：“怪诞……，它一方面创造丑陋和恐怖的东西，另一方面又创造喜剧性的滑稽的东西。”他还把怪诞与崇高相比较，认为崇高把我们的观点引向一个更高尚的超自然的世界，丑陋可怕的怪诞则显示一个非人的、阴森的、深不可测的王国。③ 黑格尔在他的《美学》第二部中，在对印第安艺术进行分析后认为，这是一种怪诞的艺术。它有三个特征：（1）不同领域的事物不合理的融合；（2）极端和歪曲；（3）不自然的“同功能事物的增殖，众多的手臂、头颅的出现，等等。在任何一种情况下，怪诞都意味着具体形式向超自然领域的飞跃”。另一个美学家菲舍尔也认为，怪诞是不同质事物融为一体的结果，在怪诞的艺术中，有一种奇特的、不祥的、深不可测的品质。

可见，在西方怪诞最初是指15世纪的一种装饰风格，在浪漫主义时代它已形成一种审美范畴，经过现实主义的低潮，到20世纪在先锋派艺术中则占有极重要的地位了。但这一追溯又是不能令人满意的，因为早在15世纪以前，人们就开始创造“怪诞”的艺术品了。沃尔夫冈·凯泽尔也不得不承认：“很明显，怪诞这一现象比我们分配给它的更古老。一部全面的怪诞史，需要研究中国的、伊特拉斯坎·阿兹台克的、古日耳曼的艺术，希腊（阿里斯托芬）和其他民族的文学”。理论上的概括则也是很不够的。黑

---

① ［德］沃尔夫冈·凯泽尔著，曾忠禄、钟翔荔译：《美人和野兽——文学艺术中的怪诞》，西安：华岳文艺出版社，1987年版，第10页。

② ［德］沃尔夫冈·凯泽尔著，曾忠禄、钟翔荔译：《美人和野兽——文学艺术中的怪诞》，西安：华岳文艺出版社，1987年版，第21页。

③ 参见［法］雨果著，柳鸣九译：《雨果论文学》，北京：人民文学出版社，1980年版，第20—86页。

格尔指出了怪诞的特征及其内涵，但对于怪诞会引向超自然的观念，他并没有揭示。沃尔夫冈·凯泽尔在追溯怪诞的发展过程后，也企图给怪诞确定性质，他认为：怪诞是一种赋予并表现世界恶魔般的品质，并加以克服的尝试，“怪诞是一种结构，它的性质可以用一句经常向我们暗示的话来总结：怪诞是异化的世界”①。怪诞创造的异化世界使人们感到恐惧，但由于它以滑稽的手法把恐怖带到了事物的表面，从而又消除了人们的恐惧。他把怪诞同异化联系起来，是有开拓意义的。但是，是什么招致了异化，他无法解释，最终陷入了神秘主义的不可知论，认为“这些问题仍然没有答案”，“这不是人力所能及的事”。②我们认为，马克思关于异化的理论才能真正揭穿“怪诞”的美学实质，我们将在论述中国艺术中的怪诞的同时阐述这一理论。

二、 中国古代文艺中怪诞的源流

在汉语中，怪诞指离奇荒诞，怪指离奇非常。《庄子·齐物论》：“故为是举莛与楹，厉与西施，恢诡谲怪，道通为一。”《论语·述而》有：“子不语怪、力、乱、神。”《史记·大宛传》说：“《禹本记》、《山海经》所有怪物，余不敢言之也。”《晏子春秋》：“其言间枣及古冶子等，尤怪诞。”唐韩愈《游青龙寺赠崔大补阙》云：“忽惊颜色变韶稚，却信灵仙非怪诞。”可见怪诞在中国古已有之。但它决不仅是审美领域的，而是与超自然的灵魂、神灵、鬼怪联系在一起。孔子的时代，是中国人性觉醒、不断摆脱原始神话时代而步入人的时代的转折时期。孔子不语怪、力、乱、神，就是这种风尚的反映。可见中国上古有一个崇尚怪、力、乱、神的时代，孔子只是不愿去谈论它们。怪诞艺术的起源就深深扎根在荒蛮无涯的史前意识中，受人们原始思维“互渗律”的支配。③

---

① ［德］沃尔夫冈·凯泽尔著，曾忠禄、钟翔荔译：《美人和野兽——文学艺术中的怪诞》，西安：华岳文艺出版社，1987年版，第195页。

② ［德］沃尔夫冈·凯泽尔著，曾忠禄、钟翔荔译：《美人和野兽——文学艺术中的怪诞》，西安：华岳文艺出版社，1987年版，第196页。

③ 参见［法］列维-布留尔著，丁由译：《原始思维》，北京：商务印书馆，1981年版，第62页。

无疑，怪诞的历史与人类的历史一样古老，但这是在接受美学意义上的。在原始人那里，他们对自己创造的奇异世界是深信不疑的，只是随着社会的不断进化，科学战胜了神话，对异化的神的世界的信仰才转化到纯审美的或艺术的领域。怪诞的产生与人类的原始宗教密不可分。因为原始宗教是人类最初的完形的意识形态，人类的思维的进化使人产生了自我的异化，人把人自身的能力异化到一个幻想的世界中去，便创造了种种神灵及古怪的崇拜仪式。哲学最初是在宗教中形成的。艺术大约也起源于这种仪式。[①] 我们看到的原始艺术中的种种怪诞，都是人们早期宗教信仰所产生的。在原始宗教中，原始人把自己的经验幻想成为一种活的灵性力量，并把它想象成为一个神，人成了神的崇拜者。在这种意识下，原始人便把动物甚至植物相混同，图腾便是这种意识的反映。根据这种世界观，原始人便“把自然力加以形象化”，创造了一个超自然的怪诞的神话世界。

根据这个理论，我们可以把中国艺术中的怪诞大体上分为三个时期：春秋战国以前为怪诞的滥觞期，表现为神话时代的怪诞，源于人类史前的巫术礼仪时代，它构成了以后中国艺术中怪诞的“集体无意识”领域；秦汉至隋为怪诞的发展期，表现为随着人性的觉醒，随着人们远离神话时代，真正现代意义上的艺术开始兴盛，加上异域的影响，建立在原始神秘“互渗律”基础上的怪诞不断退化，怪诞逐渐演化成了一种艺术风格；唐宋以后至清，为怪诞的衰退期，同时又是现代意义上怪诞概念的形成期，真正超自然领域的由宗教异化出的怪诞完成了向艺术审美领域的飞跃，并且和日益兴盛的崇尚个体创造意识相联系，怪诞成了一种艺术风格，外化为形式的东西。

(一)中国艺术中怪诞的滥觞期

这首先表现在原始人的图腾意识中。那时的人们相信，自己的氏族与某种动物甚至植物拥有共同的祖先，并按想象创造这种祖先形象或神的形象。因而在神话传说中，或在陶器上，就出现了人兽杂糅的怪诞形象。如西安半坡出土的彩陶盆上的人面鱼纹图像，在阴阳人面上，戴有巫术意义

① 参见朱狄：《艺术的起源》第三节，北京：中国社会科学出版社，1982年版。

的饰帽，人脸左右各有一条鱼。在这里，人和鱼产生了互渗，人们分不清这个怪诞形象表现的是人还是鱼，显示了人兽未分时代人的思维特征。在半山、马厂等地出土的陶塑人像，饰以虎纹之类的兽皮花纹，便是《山海经·大荒西经》记载的“人面虎身有文”的写照。这种人兽杂糅的形象，《山海经》中有大量的记载，真实地反映了上古图腾制的面目。如“其状如鱼而人面”“龙身而人面”“其神状皆鸟身而龙首”(《南山经》)，“其神状虎身而九尾，人面而虎爪”(《西山经》)；其余的还有人面马身的(《西山经》)，有人面牛身、四足一臂的(《西山经》)，有羊身人面的(《西山经》)，有彘身八足蛇尾的(《北山经》)，有人身羊角的(《东山经》)，有人面鸟身的(《中山经》)，有豕身人面的(《中山经》)，有人面三首的(《中山经》)。这种形象也见于其他典籍，如“蚩尤兄弟八十一人，并兽身人语”(《史记·正义》引《龙鱼河图》)；“庖牺氏、女娲氏、神农氏、夏后氏，蛇身人面、牛首虎鼻”(《列子·黄帝》)；“古者黄帝四面”(《太平御览》卷七十九引《尸子》)。这些怪诞的形象几乎占据了中国古史及神话传说的所有领域。传说中的三皇五帝、文化英雄都有这种特征。这种人兽不分的形象，不仅在中国存在，在古埃及也有狮身人面雕像斯芬克司，古希腊也有人面马身等半人半兽的怪诞形象。

在连云港将军崖岩画中，人和植物杂糅在一起，一组八个人面像和地下的草丛结合在一起，一直茎穿过人面，而且八个人面也相联系。有人称这种怪诞的形象为谷神、农神或稷神①；有人认为这是一幅巫师作法图，其中五个形象明显作鸟喙形，可能是表示“日中乌”的太阳神；还有人认为是“庄稼生人”的神话反映。②无论从考古文物还是从神话传说看，中国史前艺术表现的是一个人神杂处、人兽结合、怪诞奇异的世界。

到了夏铸九鼎时代，随着文明的起源，远古的宗教意识被有意用来维护统治阶级统治。为了“使民知神奸”便把“魑魅魍魉”的怪诞形象铸在青铜礼器上，以“协于上下，以承天休”(《左传·宣公三年》)。青铜纹饰以饕餮

---

① 俞伟超：《连云港将军崖东夷社祀遗迹与孔望山东汉佛教摩崖造像》，载江苏省《文博通讯》第24期，1980年，第6页。

② 朱狄：《原始文化研究》，北京：生活·读书·新知三联书店，1988年版，第565页。

形象为主，这是一种兽面纹，有人认为是牛、羊、龙、鹿、山魈头的正面形象，实际上“它是用‘百物’来组成的，即包括虫、鱼、鸟、兽的部分形体特征，可能是虎的头，或牛的头、羊的角、鸟的羽和足、蛇的身等器官拼凑而成的。”[①]而整个青铜器纹饰，或以云雷纹、窍曲纹、圆涡纹、重环纹作为素材，或表现夔龙夔凤、鸱枭夜鸣、虎头牛首，无不使人感到畏怖、恐惧、残酷和凶狠，形象怪诞，境界神秘。这种“神秘的威力和狞厉的美”，并“不在于这些怪异动物形象本身有如何的威力，而在于以这些怪异形象为象征符号，指向了某种似乎是超世间的权威神力的观念”。[②] 因而怪诞的神祇便成了原始先民的保护神，怪诞的形象由审美的领域便转化为崇高。这和《荷马史诗》、非洲面具、玛雅石碑的作用是相同的。当18世纪的欧洲人看到中国文物中这些神秘诡谲的形象时，当然叹称其为“怪诞”了。

中国艺术中的怪诞，在《楚辞》中有典型的表现。先秦时期，以屈原为代表的南方楚文化一直保存中国南方远古巫觋文化的特征，《楚辞》就是这种文化的产物。如据王逸《楚辞章句》的解释，屈原的《天问》就是屈原在楚国看到“先王之庙及公卿祠堂，图天地、山川、神灵、琦玮谲诡及古圣贤、怪物”等之后有感而发的。从1942年长沙子弹库楚墓中被盗掘出土的帛书中，我们看到12个神的图像，其形状怪诞奇异，有三首、鸟身、珥蛇，在帛书四角又有植物枝叶图像。[③]《离骚》中描述的“美人香草、百亩芝兰、芰荷芙蓉、芳泽衣裳、望舒飞廉、巫咸夕降、流沙毒水、八龙婉婉……”不正是这样一个怪异的幻想世界吗？《天问》曰：

焉有石林，何兽能言？
焉有虬龙，负熊以游？
雄虺九首，儵忽焉在？

① 张光福：《中国美术史》，北京：知识出版社，1982年版，第29页。

② 李泽厚：《美的历程》，北京：文物出版社，1981年版，第37页。

③ 此帛书约900余字，原件现为美国私人收藏。帛书摹本最早见于1944年蔡季襄的《晚周缯书考证》，1973年湖南省博物馆发掘该墓，判明其年代在战国中晚期之间。

何所不死，长人何守？

这仍是描述怪异的神话世界。屈原毕竟是伟大的诗人，他的作品表现了南方楚人的“集体表象”的神话世界，同时又体现了他个体意识觉醒的主体精神，所以他的作品感情才那么浓厚、醇烈，想象才那么瑰丽、丰富，个体的生命律动，已经和文学的追求水乳交融，以至怪诞的形象描绘，反而成了表现个人情感的外在形式。

以上我们看到，中国艺术中的怪诞，本是源于原始先民的宗教信仰，是原始人意识的必然产物。由于人把自身异化到神的世界中去，靠想象来征服自然力，便产生了各种艺术中的怪诞形象。这种怪诞，大约是人与动物还未完全脱离的意识产物。英国学者比尼恩分析中国人的这个特征时说：“这个民族似乎在其连续不断记忆里一直保留着它原始时期的经验，中国人似乎把他们早期与动物世界的友善关系从最遥远的上古一直带到了文明时代。”[①]

（二）中国艺术中怪诞的发展期

秦汉至隋为中国艺术中怪诞的发展期。鲁迅先生概括此时中国文艺的精神说：“中国本信巫，秦汉以来，神仙之说盛行，汉末又大畅巫风，而鬼道愈炽；会小乘佛教亦入中土，渐见流传。凡此，皆张皇鬼神，称道灵异，故自晋讫隋，特多鬼神志怪之书。”[②]鲁迅追溯了中国小说发展的轨迹，对起源于原始巫术信仰的神话以及搜神、志怪类的古代小说进行了系统论述。他认为，“在古代，不问小说或诗歌，其要素总离不开神话”[③]。欧阳修为《新唐书》作《艺文志》已收晋至隋时志神志怪者 15 家，115 卷。明胡应麟《少室山房笔丛》，已列“志怪”一类。清《四库全书总目提要》分小说为三派，“记录异闻”也为其一。鲁迅先生综合分析后认为只存两类，一是杂

---

① [英]劳伦斯·比尼恩著，孙乃修译：《亚洲艺术中人的精神》，沈阳：辽宁人民出版社，1988 年版，第 12 页。

② 鲁迅：《鲁迅全集》第九卷，北京：人民文学出版社，1981 年版，第 43 页。

③ 鲁迅：《鲁迅全集》第九卷，北京：人民文学出版社，1981 年版，第 70 页。

录，二是志怪。《山海经》《穆天子传》《神异记》《搜神记》《续齐谐记》《博物志》《述异记》《酉阳杂俎》等当为“志怪”之书。

在造型艺术中，这种怪诞的风格，则以直观的形象呈现在我们面前。带有原始巫觋文化特征的楚文化对汉文化产生过重要的影响，以至有人称“汉文化就是楚文化”[①]。汉高祖归故里时还高唱带有楚音的《大风歌》。我们从马王堆出土的“T”形彩绘帛画，可以看到当时人心目中地下、人间和天上的景物：

> 上段绘天界：右边有日，金乌和扶桑树，左边有月、玉兔、蟾蜍和嫦娥；正中是人首蛇身的女娲，其下有神兽及天门神。中段画墓主人拄杖而行，前后有男女数人相迎和相随。下面还有一组准备宴飨的人物，并饰以谷璧交龙，华盖五磬。下段画一巨人，立双鱼上，两手托物，各段间还穿插描绘着羽人和怪兽。帛画的主题是“引魂升天”。[②]

1976年发现的洛阳卜千秋墓壁画中，描述了墓主夫妇在仙翁、仙女的送迎和神异怪兽的陪同下升入天界的情景，与上述帛画类似。

帛画因质地易腐传世不多，汉画像石、砖则保留较多。我们从这些画像中可以看到，在汉人的观念中弥漫着从远古留下来的神话故事。人面蛇身的伏羲女娲，虎齿豹尾的西王母，双臂化为两翼的不死仙人以及奇禽怪兽、赤兔金乌、凶狮猛虎、蛟龙巨象、大龟小虫、猪头鱼尾……组合在一起，其怪诞的形象和抽象的符号，表现了深刻的喻意和神秘的象征，在一个神话的巫术世界里，体现了当时人们的艺术精神。到了东汉，艺术中则出现了原始图腾、谶纬迷信与儒家学说的交织。在汉画中，除了继续描述马驰牛走、鸟飞鱼跃、狮奔虎啸、凤舞龙潜、雷公雨师、风伯电女、人面兽身等神异世界外，又逐渐加进历史故事和人间场景。如“周公辅成王”“荆轲刺秦王”“管仲射桓公”“狗咬赵盾”“高祖斩蛇”“完璧归赵”以及当时人

---

① 李泽厚：《美的历程》，北京：文物出版社，1981年版，第70页。

② 天津艺术学院美术理论教研组编：《中国古代绘画百图》第七图及文字说明，北京：人民美术出版社，1978年版。

们的祭祀、宴乐、起居、出行、狩猎、仪仗、车马、建筑、庖厨、冶炼、收割、屠宰、打柴、舂米、舞刀、走索、扛鼎、杂戏以至鸡舍、猪圈、火灶、谷仓等。

更为奇特的是，15 世纪在意大利用“怪诞”所描述的那种装饰风格在汉画中也能见到。比如绥德出土的一块画像石中，便刻画着缠绕涡旋的植物图案，植物上生长着奇禽怪兽，有三足鸟、飞雁及猛狮奔虎。榆林出土的一块画像石中，在怪异的弯曲的植物上，生长着龙头、神鹿、翼兽、羽人、六足怪物等。①

这种神话世界的描绘，不仅出现在汉代帛画、壁画、汉画像石中，而且也见于漆画、铜镜纹饰及汉代的建筑上。东汉王延寿的《鲁灵光殿赋》描述当时的建筑雕塑彩绘时说“奔虎攫拏”“虬龙腾骧”“朱鸟舒翼”“白鹿孑蜺”“五龙比翼，人皇九头，伏羲鳞身，女娲蛇躯”“图画天地，品类群生，杂物奇怪，山神海灵”。

汉代艺术中的鬼神、灵异，目的都是表现一个超现实世界与现实世界的联系，为死者或者生者祈福。汉以后，墓中的画像石沉没，代之以在帝王贵族墓前置守墓石兽，到南朝时达到高峰。如梁代贵族南康简王萧绩墓前的石兽，造型类似狮子，作张口吐舌状，两肩刻有飞翅，四腿粗壮、体形高大，显得凶猛、威武，令人望而生畏。此种兽又称“辟邪”，含有巫术意义。以后，这种辟邪又演化为“镇墓兽”，其形象往往故意塑造得怪诞、凶狠，以便驱逐邪恶。如西安附近唐墓山土的一件镇墓兽，采用猛狮的鬣毛，强化成火焰在燃烧之状，加上两只锐利的尖角，手如利爪，足踏野猪，一派凶煞气势，张口扬臂，如闻其声。

以上我们可以看出，此阶段中国艺术中的怪诞是中国固有的原始宗教、巫术信仰和佛教影响在新的历史条件下的发展，它描绘的是超现实的神话世界，表现的是人对未来世界的渴望和追求。但其中描绘的超自然境界，已经和现实世界交融在一起了。原始的宗教信仰，只是在表现死后生活或升仙成神的世界里存在着，而世俗的领域也在逐渐扩展。

---

① 参见张万夫编：《汉画选》，天津：天津人民美术出版社，1982 年版，第 90 页。

(三)中国艺术中怪诞的衰退期

这一阶段指从唐至清的时期。小说发展到唐产生了传奇。鲁迅认为，“传奇者流，源盖出于志怪”。像传奇中的《古镜记》《白猿记》等“还不脱六朝志怪底流风”①。但唐人则有意为小说了。文章渐长，且情节曲折有趣多了。到宋时则演化为话本，世俗的内容在不断增加，遂脱原始巫术的影响，怪诞慢慢演化成一种文艺风格了。

在理论上，唐时古文运动的领袖“韩愈及其追随者们便推崇一种不同寻常的奇怪之美，突出地发展了文艺上的崇高风格”，他们把“可畏、可惧、可惊、可怪的事物”②视为美。司空图在《二十四诗品》中推崇一种所谓“畸人”“高人”“幽人”“可人”的荒诞之美。

在唐代诗歌中，李白就常利用怪异的神话题材来表现自己的个性。诗人李贺，一向被称为有“牛鬼蛇神”之“鬼才”，他的诗中也常常出现怪诞的意境，如著名的《梦天》《苏小小墓》《天上谣》等。钱锺书对此评论说：“若咏鬼诸什，幻情奇彩，前无古人，自楚辞《山鬼》《招魂》以下，至乾嘉胜流题罗两峰《鬼趣图》之作，或极诡诞，或记嘲讽，而求若长吉之意境阴凄，悚人毛骨者，无闻焉尔。”③

明代中国的长篇章回小说大为发展，如《三国演义》《水浒传》这样的讲史小说，也多少存在着怪诞的元素。如《水浒传》首回便是“洪太尉误走妖魔”，把梁山泊一百零八条好汉看成是天上的三十六天罡星七十二地煞星下凡，使“宛子城中藏虎豹，蓼儿洼内聚蛟龙”。鲁迅先生认为，《三国演义》对诸葛亮的机敏描绘近妖。而神魔小说则是明之小说两大主潮之一。鲁迅先生在《中国小说的历史变迁》中就论及《西游记》《封神传》《三宝太监西洋记》；《中国小说史略》又论及《四游记》《上洞八仙传》《华光天王传》《玄天上帝出身传》《后西游记》《续西游记》等，其中最有影响的是《西游记》。实际上，在《西游记》中，多有取材神话和佛道的怪诞故事。如小说中的主

① 鲁迅：《鲁迅全集》第九卷，北京：人民文学出版社，1981 年版，第 313 页。

② 李泽厚、刘纲纪：《中国美学史》第一卷，北京：中国社会科学出版社，1984 年，第 41 页。

③ 钱钟书：《谈艺录》，北京：中华书局，1984 年版，第 49—50 页。

人公孙悟空、猪八戒、牛魔王等本身都是人兽杂糅的形象。其他如人神变化、人兽变形、植物成精、神怪斗法、错投猪胎、腾云驾雾、上天入地、呼风唤雨、起死回生，无不荒诞无稽。唐僧、八戒误饮子母河水坐胎，蜘蛛精从肚脐中吐出黏糊糊的丝尤为怪诞。然而几百年来，《西游记》成了脍炙人口的小说，那是因为“承恩本善滑稽，他讲妖怪的喜、怒、哀、乐，都近于人情，所以人都喜欢看”。神魔小说几乎同于现在的童话。在人们不相信超自然的神灵观念时，由异化产生的超自然世界中的怪诞就转化成了滑稽。这就是为什么今人还乐于欣赏神魔小说的原因。在清之拟古派小说中《聊斋志异》与《西游记》比，有异曲同工之妙。蒲松龄所叙，也多为神仙、狐鬼、精魅等故事，但作者“描写详细而委曲，用笔变幻而熟达”，“说妖鬼多具人情，通世故，使人觉得可亲，并不觉得很可怕”，而且“多借狐鬼的话，攻击社会”，所以，虽涉及怪诞，而总也归于讽喻和滑稽，怪诞成了象征体，故影响至今不衰。至于《红楼梦》中的一僧一道、青埂峰、无稽崖、太虚幻境、风月宝鉴，也无不含有某些怪诞的元素，但因整部书内容的深广、反映生活的深厚，这方面的内容则没能引起人们的普遍注意。

在造型艺术中，五代画家贯休追求一种人物造型的怪诞风格，他传世的著名作品有《十六罗汉》，个个画得庞眉大目、朵颐隆鼻，极度夸张，故显得奇怪不凡。清初的画家八大山人，由于不满清朝的统治，落发为僧，佯作狂态，疯疯癫癫，终日布帽、长袍、烂鞋、爱哭、好酒。他人怪画风亦怪。早期的山水画，尽是残山剩水，一片荒凉，“是真零碎山河颠倒树；不成图画更伤心”(见《溪山雨过图》)。他画的龟、八哥、鸭子、猫，都昂着头，特别是眼睛部分夸张奇特，有时甚至画成方形的，眼珠画得又黑又大，显示了“白眼看青天”的神情。孔雀本是美丽的，但在八大山人的《孔雀图》中，孔雀看上去像落水的鸭子，尾巴上有两根羽毛，立在将坠的怪石上。怪诞的夸张，变成了丑陋与滑稽。因为他用孔雀来象征那些没有骨气的达官贵人，故他的怪诞画风，颇含有倔强、坚韧的战斗性，因而这种画又类似于现在的漫画了。

清代乾隆年间，扬州有一批画家，由于以一种特异于保守派的手法进行创作，故被称为“怪”，遂有“怪以八名”之说。看这些人的绘画，或放纵恣肆、苍劲老辣；或造型奇古、用笔简朴；或粗笔挥写、以简驭繁；或遒劲潇洒、天趣横溢；或挥写自如、清妙多姿；或摹写鬼怪、讽喻社会；或萧疏闲逸、自然生动；或取材琐屑、涉笔成趣，其实并不为怪。但“扬州八怪”的名称，影响深远，表现了当时审美领域的一种风尚。那种“不趋时流”的“独诣”精神的创作，以特异手法抒发个性解放的作品，便被拟古主义者视为“怪”了。

所以到了这一阶段，由原始宗教意识产生的怪诞，便完成了向艺术风格的转移。怪诞由荒唐世界的超现实领域便转向了个体的独特风格。

（原载《徐州师院学报》1991 年第 4 期）

墨子与卢梭的艺术否定论之比较

自从人类脱离动物，从自然界中分化出来以后，美和艺术便逐渐产生、发展起来，以至于到了现在，美和艺术已成为人们生活中必不可少的东西了。从古今中外的一些美学理论中，也可以看到学者对美和艺术所做的研究、分析和思考。美和艺术的观念和理论已经深入人心，被不同的国家、民族和人民所接受、运用。美和艺术培养了民族的审美能力、文化素养、高尚的情操和规范的道德伦理观念。美和艺术已经和人类结下了不解之缘，凡有人的地方，就有美和艺术存在。

但是，翻一翻哲学家、美学家与文学艺术家的著作，对艺术和美持保留态度，甚至全然反对的大有人在。美和艺术自然成了人们生活的一部分，成为培养人的情感、道德、伦理的一种必不可少的东西，那么为什么还有一些人持反对态度呢？对这种艺术否定论及否定的否定做一个实事求是的分析，指出他们否定艺术的原因，及其所表现的时代、阶级的特征；把它们提到历史的高度来加以论述，指出它们的合理成分及偏颇之处，对美学史的建立、美学思想的发展是大有裨益的。

一、从墨子的“非乐”谈起：对历史上艺术否定论的考察

春秋战国时代，是一个思想大解放的时代，诸子百家蜂起，各种学术

观点应运而生，形成了“百家争鸣”的局面。这一阶段，虽然是我国古代美学思想发展的初期阶段，但它为以后形成中国民族传统的哲学、美学、文学等思想奠定了基础，后代的思想几乎都可以在先秦诸子百家中找到源头。

我们把先秦诸子的美学思想做一个比较，便可明显看出他们对美和艺术的基本观点。先秦美学思想可以分为两个大的派系：一派是以孔子为代表的儒家；一派是墨家、道家与法家的合流。前者对艺术大力提倡、竭力鼓吹，把艺术作为治国、修身、养性的必要手段；后者由于种种原因，则对美和艺术持保留态度或全盘否定，认为艺术乱国坏家、劳民伤财，败坏了人的德性。

孔子以前，美和艺术的观点，往往和宗教信仰交融一体；到了春秋战国之时，艺术审美才开始摆脱宗教神话的束缚，走上现实人生的道路。孔子赞赏的是“文质彬彬”的君子，对艺术，他推崇的是“尽善尽美”的“韶”乐。他欣赏的是“乐而不淫，哀而不伤”的像《诗经》中的《关雎》那样的作品。他指出艺术的功用在于“兴、观、群、怨”，培养人们“中庸之道”的品性，目的在于实现他的政治理想——“复礼”。孟子继承了孔子的思想，在评价人的精神方面，提出了“充实之谓美”的观点，并指出耳有同听，必有同悦，说明不同阶级可以有共同的美。到了荀子，则提出了“全粹为美”的评价人的思想的标准，并提出了“水玉比德”“同类同情者，其天官之意物也同”等美学思想，把儒家对美与艺术的看法，大大提升了一步。儒家的这种美学思想，对形成中华民族传统的文化心理结构，有着极为重要的意义。

与儒家的美学思想持对立态度的，有墨、道、法诸家。而比孔子稍晚，在当时影响较大的则是墨家。墨子的许多理论，几乎都是针对儒家学说的。比如儒家主张“泛爱”，他就提出一个“兼爱”；儒家主张“义者，宜也”，他就提倡“义，利也”；儒家主张“三年之丧”，他就主张“三日之丧”；儒家主张“作乐”，他就主张“非乐”，等等。

在古代，乐不仅仅具有今天音乐的意思，还包括诵诗歌舞等方面的内容。乐，是一种艺术的综合体。墨子的“非乐”，就是指出乐的“不是”，反对进行“作乐”活动。但墨子并不否认乐是美好的，墨子在《非乐》一开始就说："之所以非乐者，非以大钟鸣鼓琴瑟竽笙之声，是以为不乐也；非以刻镂华文章之色，以为不美也；非以籥豢煎炙之味，以为不甘也；非以高台厚榭邃野之居，以为不安也。虽身知其安也，口知其甘也，目知其美也，耳知其乐也，然上考之，不中圣王之事：下度之，不中万民之利。是故墨子曰：为乐，非也!"这段话，不仅表明了"非乐"的基本原因，也比较完整地表达了墨子的美学思想。他并不否认乐是一种美的存在，它可以成为人们审美享受的对象，但一般的平民百姓连生活的保障都没有，哪里还有审美的享受呢？实际上，他反对的是"王公大人""当今之主"所独占审美对象的不合理现象。

在评价墨子的"非乐"思想时，历来存在一些片面性。荀子批评墨子的学说"蔽于用而不知文"，"欲使上下勤力。……而不知贵贱等级之文饰"，最后判定"墨子之道"是"役夫之道"(奴隶们的道理)。近代梁启超等人又认为，墨子的"非乐"思想，是"毫无审美观念""反对文化"等。多数人则认为墨子的"非乐"不过是"救时之弊，矫枉过正"。这些观点，都是由没有分析墨子的美学思想所代表的阶级的社会历史原因造成的，不能不说有失公允。

老子对艺术持否定态度。他认为社会的争乱在于五音、五色、五味和奇物的发明和享受。这些发明和享受，破坏了人的自然本性，只有否定了全部的艺术与审美，社会才能安定。庄子则直接承袭了老子的思想，提出"文灭质，博溺心"的观点。他认为，时代的衰退、人情的堕落、动乱的兴起，就在于艺术和智慧的技巧的出现和发展。庄子认为，"文"带来了感觉的退化和情欲的增加，"博"则破坏了心地的统一，带来了争权夺利和奸诈虚伪。因此，他要毁掉一切艺术和技巧，这样才能实现他理想的社会。韩非则从激进的思想出发，反对文饰礼乐，极端崇尚功用。他认为"文害用""文害法""文害德"，因此要加以禁止，要以法为教、以吏为师。

在西方，对艺术持否定态度的也大有人在。首先是柏拉图，他推崇超自然的"理式"，鄙视现实，更鄙视以现实为对象的艺术。他认为，艺术是不能反映客观真实的，如果说事物是理式的影子，而艺术则是对影子的模仿，成了影子的影子；再者，艺术不能形成良好的社会效果，它刺激人性中鄙俗的情感恶性发展，一任欢乐与痛苦的迸发。因此，除少数以描写

“善德”为内容的艺术外，其他艺术统统要从“理想国”中驱逐出去。

古希腊、罗马衰落以后，在西方紧接着的就是黑暗漫长的中世纪，僧侣教会的权力恶性膨胀，上帝与神的观念统治了一切。他们宣扬人世的罪恶，为了赎罪来世进入天堂，人必须摈弃一切人间的幸福与欢乐，实行禁欲主义。美和艺术统统被扣上“纵欲”的帽子而被扼杀了。

中世纪以后的文艺复兴，人们都竭力鼓吹文化艺术。到了18世纪，在法国启蒙运动中出现了卢梭。他对文化艺术持否定的态度，使当时的社会舆论界为之哗然。卢梭在他第一篇论文《论科学与艺术的复兴是否有助于敦风化俗》中，极端否定地回答了这个问题。在法国启蒙运动的时代，以狄德罗为首的一群优秀的才智之士，认为千方百计地发展科学、文化以战胜愚昧无知，以万能的理性战胜迷信暴政是唯一出路。而卢梭却高声反对文化，反对科学的发展，反对以冷静的理智战胜人类最热烈的感情。卢梭的这一观点立即在法国内外引起轩然大波，自命为科学、艺术发展保护者的资产阶级感到惶恐不安，也刺痛了某些“有学问”的贵族集团。反对卢梭的人中，有他的战友、法国百科全书派的作者们，有法国知识界的各方面的人物，甚至还有波兰国王。这个问题的公开提出及作者的决然口气，使所有的人都感到惊讶。卢梭立刻成了著名的人物。这篇论文，奠定了卢梭一系列著作的基础。卢梭毕生都在不倦地强调，人类文化的进步和发展并没有给人类带来幸福。他在以后写的著作《论人类不平等的起源和基础》以及《爱弥儿》中继续批评文明的有害性，但措辞已不如先前那么激烈。

对卢梭这一思想的论述，正如对墨子的“非乐”思想的评价一样，存在着种种误解、分歧甚至是截然相反的论点。伏尔泰就说过，卢梭使他产生了用四只脚跑进森林去的欲望。有些历史学家则把卢梭看作一个具有双重性的角色：一方面在政治上是一个极端的革命分子，另一方面在文化上却是极端的反动分子。对卢梭这种思想的评价，笔者相信，今天仍然可以引起争论。

二、墨子及卢梭艺术否定论的民主倾向

历史上对艺术持否定论的大有人在，我们不能详尽论述。这里把墨子

与卢梭的观点做一个比较，分析他们艺术否定论的民主倾向。

(一)从社会性上看

墨子姓墨名翟，鲁国人，出身为贱人，他曾骄傲地承认自己为贱人。他当过造车的工匠，手艺相当不错；他还能制造在天空中飞翔的木鸢，技艺也很精湛。他曾说："翟上无君上之事，下无耕农之难。"可见他既不是当权者，也不是直接参加农业劳动的生产者，而是属于"士"这个阶层的人。他说"民有三患"，即"饥者不得食，寒者不得衣，劳者不得息"(《非乐》)，可见他对下层人民是同情的。他的政治社会思想都是从小生产者的功利主义的观点出发，来进行论证的。他的美学、艺术思想当然也不例外。

墨子非乐思想的社会根源，在于他站在士的立场上反对统治者过度玩弄音乐。音乐对百姓是不利的，他说：王公大人造乐器，"将必厚措敛乎万民"，所造的乐器，只供给王公大人来享受，无益于百姓的饥寒；还有乐器制成了，演奏的不外乎劳动人民，"使丈夫为之，废丈夫耕稼树艺之时；使妇人为之，废妇人纺绩织纴之事"，所以乐是有很大坏处的。

卢梭是18世纪法国伟大的思想家，法国资产阶级的先驱。但更重要的是，他代表了被"旧制度"压在底层的人的立场，表达了他们的感情和要求。卢梭出身于瑞士日内瓦的一个钟表匠家庭，12岁就开始当学徒，16岁流浪到巴黎。他进过教会的收容所，做过家庭仆人，他的后半生几乎全是靠替人抄写乐谱生活的。法国上层社会的挥金如土、豪华奢侈，和他的生活形成了鲜明的对比，因此他心中积蓄着一团愤怒的烈火。他要控诉、揭露这个富人欺压穷人、强者欺侮弱者的社会。他感到文明社会并不比野蛮社会好多少，有些地方甚至远不如野蛮社会。他尽情地发泄了自己的感情，直述了他见到的真理。他把文明社会和自然状态完全对立起来，人本天生自由，但文明社会中却无处有自由；德性与良心本来人人皆有，但在文明社会中却因科学艺术和财富奢侈密切联系在一起，便风气变坏。因此，与其有知识或有科学、艺术而无道德，还不如有德性无知识或无科学、艺术。卢梭曾说："人民拥立国君是为了保护自己的自由，而不是为了毁灭自己，这是无可争辩的事实，而且是整个国法的基本原则。"这样看来，卢梭是站在一般平民的立场上来反对科学和艺术的。

(二)从社会根源上看

儒、墨在先秦是两个相互对立的学派，斗争非常激烈，墨家的“非乐”美学观与当时的儒家美学观有很大差异。墨子曾批判“儒之道足以丧天下者四政焉”：一是“以天为不明”，二是“厚葬久丧”，三是“位歌鼓舞”，四是“相信天命”。孔子祖上是贵族出身，在当时礼崩乐坏的时代，他要恢复周公那套制度，竭力维护一个统一和谐的社会。而墨子则代表了“农与工肆之人”的要求，他反对周制，要建立一个他们理想的社会，于是对儒家的理论进行了猛烈的抨击，这是社会原因之一。另一方面，墨子目睹当时统治者的纵耳之所欲听，纵目之所欲视，纵口之所欲尝，纵身之所欲安，骄奢淫逸，从无满足之心；而当时的百姓则处在苦难的深渊，统治者还要“掠夺人民衣食之财”来“撞巨钟、击鸣鼓、弹琴瑟、吹竽笙而扬干戚”，过着荒淫无道的生活，所以他要“非乐”。

18世纪的法国，继文艺复兴以后，出现了新古典主义的思潮，并因服从封建统治者的思想而得到发展，上层统治者穷奢极欲，而下层人民则贫困交加。这时出现了启蒙运动的思想家，他们批判了封建制度的腐朽，努力用科学文化启发群众。作为启蒙运动的领袖之一，卢梭试图探求一条新的道路。他和其他启蒙运动思想家的思想，在反对旧制度方面是一致的，不过开的药方各有不同罢了。卢梭是从人的幸福这个中心问题出发，来解决文化问题的。他得出了与别人迥然不同的结论。卢梭比其他启蒙运动思想家更伟大的地方，就在于他的强大的叛逆精神。

对卢梭来说，他思考的问题是文化能给普通人带来什么好处。它能否改变人的命运，比如它能否建立一个没有贫穷、痛苦、暴力和剥削的社会？这种正在发展的科学能增进人类的幸福吗？它能把流浪街头的孤儿的眼泪擦干吗？它能使不幸的寡妇——她的丈夫为国王的利益而阵亡在战场上——的痛苦减少吗？或者能增加她辛苦地为得到自己糊口的口粮的那点可怜的工资吗？为什么需要这种辉煌的技术发展呢？它能减少人的苦难吗？能在这个不幸的世界保障他的那份幸福吗？对卢梭来说，这些都是基本问题。通过历史和现状的研究，卢梭做出了否定的回答。科学文化的发展，在更多的方面产生的消极后果，给人们带来无穷的苦难和无限的烦恼。当然，卢梭对科学文化的结论，有许多是错误的，但他思考问题的方法，就是对当时社会关系的坚决的批评。

卢梭崇尚的是未经“人化”的自然状态，而对人类科学文化的发达所创造的一切，他认为给人类带来的好处还不如坏处大，而之所以追求科学文化这些使人不幸的东西，是人盲目地迎合诞妄的自豪感和某种空虚的自我崇拜的恶果。

(三)否定艺术的理由

墨子在《非乐》中提出了“为乐非也”，理由有五。实际分析起来，可以归纳为三条。

第一条：“厚措敛乎万民”“上不厌其乐，下不堪其苦”。

音乐活动要有乐器，乐器要人制造，又要人演奏，演奏音乐的人必须年轻力壮、体态优美，还要吃得好、穿得漂亮，这就要花费大量的人力物力，浪费了东西、妨害了生产，又没有实用的价值。统治者每进行一次盛大的“为乐”活动，要有几十到几百人为其服务，还有他们的左辅右弼、侍从嫔妃簇拥陪伴，其排场与耗费是惊人的。如《韩非子·内储说上》就记载“齐宣王使人吹竽，必三百人”，可见其声势之大。

第二条：“国家乱而社稷危。”(《非乐》上)

统治者“为乐”活动的结果，必然加深社会的灾难。“为乐”浪费了众多的人力、物力与财力，统治者只好横征暴敛，残酷剥削普通百姓，在逼得百姓走投无路的情况下，社会矛盾就会被激化，因此，不利于社会的安定。墨子还指出，人与动物不同，动物依靠自然界恩赐给它们的生存条件就可以生存发展，而人则必须通过自己的劳动创造才能生活下去。“赖其力者生，不赖其力者不生。”如果人们把精力和时间更多的用来寻欢作乐，势必削弱人类社会赖以生存的物质基础。再说“当今”战乱频繁、民不聊生，“仁者”就更应该千方百计消除战乱、兴利除害，使人民的生活有所保障。而“作乐”的结果是暴夺民之财，不但不能“兴利除害”，而且加重人民的负担，与“治乱”无补。

第三条：“察九有之所以亡者，徒从饰乐也。”

墨子总结了历史上的经验教训，认为乐是一种“亡国之物”。他在《公孟》篇指出：“古者三代暴王，桀纣幽厉，为声乐，不顾其民，是以身为刑僇，国为戾虚者，皆从此道也。”历史上那些亡国之君，大都是淫乐之徒，三代“暴王”是典型的例子，他们之所以身败名裂，正是他们纵乐无度的结果。他总结夏启的教训，认为他晚年“淫溢康乐”，结果弄得天怒人怨，致使叛乱滋生。所以他警告“当今”的统治者，在动乱迭起的时代，就更不能沉溺于声色犬马之中，以免重蹈三代暴君垮台之覆辙。

和墨子相同，卢梭也是提倡“非乐”的，并否定了整个科学、艺术。他否定科学、艺术的理由，不同于墨子从人民的生活、国家的安定来立论，而是从揭露、控诉当时社会的罪恶，从而论述了科学、艺术的产生是怎样败坏了风俗的。

第一，在卢梭的眼里，科学和艺术的发展是与闲逸和奢侈联系在一起的，但奢侈和良好的风俗是“不相容的”，因此他认为科学和艺术起着有害的作用。卢梭进一步指出：“奢侈削弱着国家的力量”，“奢侈永远也不能与正直和睦地相处”。卢梭用愤怒的、充满激情的话痛斥了与奢侈联系在一起的文化。他看到，艺术为富人的客厅服务。天才的艺术家，为了服从暴君，为了适应当时社交界起领导作用的贵妇人的观点，仅仅创造在他生时被赞美的艺术奇迹。卢梭用鹰一样敏锐的眼光审视了艺术，并做了无情的判决。

马克思曾说：“统治阶级的思想在每一时代都是占统治地位的思想。这就是说，一个阶级是社会上占统治地位的物质力量，同时也是社会上占统治地位的精神力量。支配着物质生产资料的阶级；同时也支配着精神生产的资料，因此，那些没有精神生产资料的人的思想，一般是受统治阶级支配的。”[①]一些平庸的艺术家囿于统治者的压力，总是牺牲自己的艺术天才而趋于时俗，只有个别的人才可超越他们的时代，而卢梭则通过对科学、艺术的抗议而使他名垂千古。关于科学和艺术，卢梭愤怒地写道：“它们是在用花彩去装饰锁着人们的铁链，压抑人们的自由感（他们似乎是为自由而生），迫使人们热爱自己的奴隶地位，创造所谓文明人民。需要，

① 《马克思恩格斯选集》第三卷，北京：人民出版社，1982年版，第52页。

建造了宝座，科学和艺术把这宝座加固起来。”①

卢梭在全面地反对文化时，着重指出了文化当中为统治者所特有的那些消极方面，而这些消极方面，是与科学和艺术的发展不可分割的。但他对“风俗的这样真正的败坏”的批评的全部性质，是在揭露腐朽的贵族制度，以及这种制度下的统治者的最丑恶、最庸俗的伪善。卢梭的伟大之处不在于指出了社会的腐败和虚伪，他还寻找了这些缺陷之所以存在的原因，并且在财富和奢侈中找到了这些原因。他宣称，奢侈是大量财富集中在个别人手中的结果。在他对波兰国王的回答中，他指出奢侈使所有的人腐化，不论是享受它的富人，还是竭力追求它的穷人。他对德波尔德的责难直截了当地回答说，如果人们认为必须指出奢侈养活了穷人，那么，他对此可以回答说，如果没有奢侈，那也就不会有穷人。

第二，卢梭把人类原始的自然状态与把人类陷入灾难和耻辱的深渊之中的文明社会加以比较，得出了在自然状态下人只是按照自己的本能、服从自己的天性而生活着，因而是幸福的，从而否定科学和艺术的结论。在自然状态中，人类还没有体验到获得文化的可怕后果，没有任何超出其狭小生活范围的需要，因而就不需要积累任何财富。人在自然力面前是平等的，他们只是在自己体力和获得生活资料的灵巧方面有所差别。在这种状态下，人是自由的，是脱离对他的个人的任何利害而自主的。

卢梭彻底批评了当时社会的缺陷，揭露了文化本身，把人类的知识与大多数劳动者的境况对立起来，把教育与原始人的愚昧无知、但同时也是幸福的状态对立起来。这个论点，最初引起了人们异常的惊讶，继而引起越来越多的愤恨，终于导致对他最粗野的嘲笑和令人难堪的咒骂。实际上，这些人并没有理解卢梭，卢梭论说的自然状态，是建立在假设基础上的，只是为了论述的方便，为了和文明社会的种种罪恶形成鲜明的对照而设立的。

卢梭又说，他之所以提出了许多关于人类原始生活的假设情况，乃是因为必须消灭以前的迷误和根深蒂固的偏见。

很多人指责卢梭是个原始主义者，要人回到那种原始状态中去，实际

---

① ［法］卢梭著，何兆武译：《论科学与艺术》，上海：上海人民出版社，2007 年版，第 4 页。

上这是对卢梭的误解。卢梭早就预见到这些人的偏见。他在《论人类不平等的起源和基础》的附录中写道：

> 那么，又当如何呢？难道必须毁灭社会，取消“你的”和“我的”这种区别，再返回森林去和熊一起生活吗？这是按照我的论敌的想法得出的结论，我愿意先把它指出，也愿意我的论敌得出这样的结论而感到羞愧。①

不管人们如何谈论科学与艺术的必要性，卢梭始终给自己保留了蔑视这样一种社会的权利：在其中少数人过着奢侈的生活，沉溺在极其讲究的恶习里，而大多数人却在穷困中混日子。这就表明了卢梭对科学与艺术的否定中的一种合理的民主主义倾向。卢梭的哲学对 18 世纪末和 19 世纪初法国和全欧洲的社会思潮发展的巨大影响就可说明这个问题。

卢梭对科学与艺术的看法，很容易使人想到老子和庄子的文艺否定观。老子是提倡无为而治的，他要求回到原始社会淳朴的生活状态中去，因而反对文化艺术。他说：“为学日益，为道日损，损之又损，以至于无为。”他开的药方是“绝圣弃智，民利百倍”。他反对艺术的理由是：“五色令人目盲，五音令人耳聋，五味令人口爽，驰骋畋猎令人发狂。”(《道德经》)道家在反对人类文化的同时，也主张返回自然、清静无为。老子说：“天法道，道法自然”“复归于朴”。如果说卢梭描述了自然人的状态是为了衬托当时社会的腐朽、堕落、不合理，表现了民主主义倾向的话，道家的复归自然则更多表现了消极避世、与世无争的思想。

墨子、老子、庄子、韩非、柏拉图、卢梭等人都是文艺否定论者，但他们否定的角度又有所不同。墨子是从社会、政治角度来“非乐”的，这和卢梭有相同的地方，意在指责当时社会的不合理性。墨子并不否定艺术本身的美，只是否定人对现实的审美关系，而卢梭则指出了文化给人类带来的灾难，全盘否定文化。墨子要求回到远古的原始状态，而卢梭则把原始

---

① [法]卢梭著，李常山译：《论人类不平等的起源和基础》，北京：商务印书馆，1962 年版，第 166—167 页。

的自然状态和人类社会的种种罪恶做深入的比较。当然他也崇尚人类的自然状态。而老子和庄子则从哲学、心理学的角度来否定艺术和美感享受，这又有点与柏拉图反对人的美感享受有许多相同的地方。老子和庄子要求人回到与自然合一的混沌状态中去，这比墨子和卢梭走得更远。韩非则从政治法律的角度来否定艺术，这与柏拉图把诗人从理想国中开除出去的政治设想是一致的，这是从统治阶级的利益出发而采取的残酷的措施。如果说墨子、卢梭的艺术否定论给人的印象是揭露了当时社会的黑暗，韩非的艺术否定论则给暴君提供了压制人的工具，而老子和庄子则教人躲避到原始森林中去，脱去衣服，披上兽皮，再去重新体验一下原始人的生活。

三、艺术否定论的合理成分及局限性

根据以上分析，对艺术否定论不能一概而论，其中有的表现了一种消极颓废的情绪，有的是对社会不平等的愤慨，有的则是为了统治者的需要而采取的权宜之计。仔细研究他们的思想，可以看到阶级的、社会的、政治的、历史的原因所起的作用。他们大多数代表的是下层人民的愿望，表现出对上层社会奢侈、浮夸的极乐主义的否定。但他们往往也犯了一个很大的错误，那就是在否定当时社会审美关系的同时，也否定了美与艺术本身。这个观点不利于科学、文化艺术的繁荣，但从反面也刺激了统治者收敛自己的“淫乐”。更可贵的是，艺术否定论者在论述他们的观点时，往往有些辩证法的思想，表现了部分真理的东西，可以启发我们的思考，甚至与马克思主义的观点有一些相同的地方。我们可以举几个例子来看这个问题。

例一：墨子认为美感和艺术必须建立在一定的物质生活的基础之上。墨子虽主张“非乐”，但他并不否认“美”及“美感”。那么在什么情况下他才“求乐”呢？墨子说：“故食必常饱，然后求美；衣必常暖，然后求丽；居必常安，然后求乐。为可长，行可久，先质而后文，此圣人之务。”

这种“先质而后文”的思想是正确的，墨子道出了一个真理，就是“求美”必须有一定的物质条件保障。在墨子所处的时代，劳动人民不是不需要艺术，而是没有条件要，他们连基本生活都无法保障，哪有更多的物质财富来保障艺术享受呢？正如恩格斯的一句名言："人们首先必须吃、喝、住、穿，然后才能从事政治、科学、艺术、宗教等等。"[1]

例二：墨子把他的"三表法"贯彻在美学思想中，具有唯物主义经验论的意义。"何谓三表？子墨子曰：有本之者，有原之者。有用之者，于何本之？上本之于古者圣王之事；于何原之？下原察百姓耳目之实；于何用之？废以为刑政，观其中国家百姓人民之利。"这里的"本""原""用"，都落脚于现实生活的物质利益上面，用"国家百姓人民"的物质利益和实用效果来检验是非好坏，以决定取舍。这里他提出了一个比较进步的唯物主义的批评原则，这在中国美学史上具有不可忽视的意义。

再举一个卢梭的例子。卢梭对科学与艺术的否定，是针对当时法国贵族与富人们的穷奢极欲的生活而发的，是他整个思想体系中的一个环节。与其说卢梭在否定科学与艺术，不如说他在否定当时法国的上流社会。他看到私有制得以产生的条件，与"铁与谷物"的应用有关，和"一个人据有够两个人吃的粮食"有关，剥削与压迫就以此为基础，同时也为文明社会一切罪恶活动提供了条件。也就是说，社会意识的产生和存在与社会物质有关。正如普列汉诺夫指出的那样，卢梭见到了一些唯物主义的真理。恩格斯说："卢梭把不平等的产生看做一种进步。但是这种进步是对抗性的，它同时又是一种退步。……文明每前进一步，不平等也同时前进一步。随着文明产生的社会为自己建立的一切机构，都转变为它们原来的目的的反面。"[2]我们理解了恩格斯的这段话，才能领会卢梭为什么反对科学与艺术。但他并不是一个悲观主义者，更不是原始主义者。正如卢梭在给波兰国王的信中说的："回到原始自然状态的原始阶段，是无法实现的，历史是不会倒退的。纵使人类能够退回到野蛮人的状态，他们也不会因此就更幸福些。"

卢梭关于自然人的理论，使我们想到马克思关于资本主义劳动异化的理论。马克思在《1844年经济学—哲学手稿》中指出：在资本主义制度下，"劳动者在自己的劳动中并不肯定自己，而是否定自己，并不感到幸福，

① 《马克思恩格斯选集》第三卷，北京：人民出版社，1982年版，第574页。

② 《马克思恩格斯选集》第三卷，北京：人民出版社，1972年版，第179页。

而是感到不幸，并不自由地发挥自己的肉体力量和精神力量，而是使自己的肉体受到损伤，精神遭到摧残”。这里我们要指出，私有制下的劳动都是异化劳动，那么什么样的劳动才不是异化劳动呢？劳动作为生活的第一需要，在劳动时感到无限快乐，感到自己是个人，只有在自然状态下才是可能的，卢梭以他特有的辩才向我们论述了这种自然状态下人的生活。马克思讲到要消灭私有制，才能实现人性的复归，这里指的是抛弃一切异化，使人变成真正自由的人，但是，自由的人只有在自然状态下才是可能的。在阶级社会中，人总要受社会关系的制约。由此看来，马克思早年复归人性的思想，仍然是人本主义的。马克思又说：“劳动为富人生产了珍品，却为劳动者生产了赤贫。劳动创造了宫殿，却为劳动者创造了贫民窟，劳动创造了美，却使劳动者成为畸形。”[①]这可以帮助我们理解为什么卢梭对艺术持否定的态度。从一定的意义上讲，艺术活动促进了人类的文明，同时也使社会腐败日益加深。这正应了中国的一句古话：“有一利必有一弊。”如果用康德的术语来表示，这就是一个“二律背反”。

艺术否定论也表现了相当大的局限性。

墨子把美和艺术与人们的物质生活联系起来是正确的，但他又把两者绝对对立起来，认为“为乐”就必然影响人们的物质生活。他还不理解艺术有相对的独立性，有它自己内部的规律。正如“为乐”不能代替人们的物质生活一样，物质生活也不能代替人们的精神生活。物质生活在于维持人的生命，没有了生命也就没有了艺术；但对人类来说，光有生命，没有艺术也不行。实际上，原始人也是有艺术活动的，法国和西班牙的原始洞穴壁画就可证明这一点，艺术并不仅仅是文明社会才有的。墨子不懂艺术和政治的辩证统一关系，从而把两者完全对立起来。他对儒家的礼乐进行批判，着眼点在它浪费财富和时间上，他看不到乐与一定的政治内容有关，对利用乐为政治服务也没有认识到。另外，墨子把劳动人民的贫困说成是“为乐”造成的，实际上是以事物的表面现象代替了事物的本质。统治者利用音乐这种艺术形式享乐腐化，不是由音乐这种艺术形式造成的，而在于

① [德]马克思著，刘丕坤译：《1844 年经济学—哲学手稿》，北京：人民出版社，1979 年版，第 46 页。

制度不合理。他把制度和音乐作为一个东西加以谴责，混淆了两者的区别。因此，墨子的“非乐”思想对后世的影响不是太大。

在这个问题上，卢梭犯了同样的错误：他在否定当时社会审美关系时，把科学、艺术本身也否定了，他没有把科学、艺术本身是无阶级形式的，同造成社会败坏的制度本身分开。因此，他做出了极端的论断：科学、艺术是人类堕落的根源之一。

总之，艺术否定论不利于艺术的发展，虽然艺术否定论者在表述自己的观点时或多或少表现了一种民主主义的倾向。这种观点被历来的文学家、艺术家所不屑，但是作为美学史、艺术史上的一种思想，还是可以启发我们思考许多问题的。

（原载《外国美学》第七辑）

汉代书法理论中的美学

中国的书法是通过书写文字的点、画、线的组合而构成的一种具体的造型艺术，其图像可表现人们对事物抽象的审美感觉，体现事物平衡、倚侧、协调、变化、疏散、急缓的意象，以此展现作者的情感与品格修养。

中国文字的书写发展为一种高级的艺术，经历了一个漫长的历史过程。陶器上的刻画符号、甲骨文的刻画已经明显包含有美的因素，其后青铜器的铭文、秦代的刻石记功等都对书法艺术的发展起到了推动作用。但书法真正被当作一门独立的艺术来看待，是从秦汉时代开始的。这一时期出现了中国书法美学史上的一些书法理论，产生了深远的影响。

书法是以文字为其存在形式的，文字是记录语言的，因此书法与文字总是相辅相成的。中国的文字虽然来源于图画，却又不同于绘画的直接摹仿现实的物象，而是运用抽象的符号来营造意象。中国的书写工具是毛笔，毛笔具有弹性，可伸可屈、可疾可徐、可粗可细、可干可枯，交错运用，变化无穷，故生意蕴，即形成书法艺术。

一、秦汉书法艺术

秦汉时书法已有“八体”之说，东汉许慎在《说文解字序》中说：

> 秦始皇帝初兼天下，丞相李斯乃奏同之，罢其不与秦文合者。斯作《仓颉篇》，中车府令赵高作《爰历篇》，太史令胡毋敬作《博学篇》，皆取史籀大篆，或颇省改，所谓小篆者也。是时秦烧灭经书，涤除旧典，大发吏卒，兴戍役，官狱职务繁，初有隶书，以趣约易。而古文由此绝矣。自尔秦书有八体：一曰大篆，二曰小篆，三曰刻符，四曰虫书，五曰摹印，六曰署书，七曰殳书，八曰隶书。[①]

“八体”即八种书法的特点和风格。汉代小篆比较流行，并出现隶书，还有由隶书演化而来的“分书”[②]，以后又演化为章草、今草、行书、楷书(亦称隶楷)。这种演化与社会生活的实际需要相关，也与统治者的提倡分不开。汉高祖刘邦就曾与卢绾一同学书。[③] 汉代的开国勋臣萧何、张良等也皆善书，并有论书的著述。羊欣《笔阵图》说：“何深善笔理，尝与张子房、陈隐等论用笔之道，何为前殿、覃思三月，以题其额，观者如流水。”至东汉光武帝后，章帝、安帝、灵帝都雅好书法，尤其是灵帝设立鸿都门学，善书之人云集，争工笔札，极一时之胜。康有为评论此时的书法说：“书至汉末，盖盛极矣。其朴质高韵，新意异态，诡形殊制，融为一炉而铸之，故自绝于后世。”[④]汉代是中国书法艺术逐渐自觉的时代，书法渐渐摆脱纯粹的实用意义，而有了独立的、较高的艺术价值。

汉代的书法理论，是中国书法理论的源头，虽然一些理论尚不够成熟，但是为后来的书法理论奠定了基础。东汉后期形成比较系统的书法理论，在音乐文学之外，开拓了书法美学的领域。

二、“心画”说与“象形”说

“心画”说由扬雄提出。扬雄是当时著名的古文字学家，曾著有《方言》

---

① 崔尔平选编、点校：《历代书法论文选续编》，上海：上海书画出版社，1993 年版，第 7 页。

② “分书”，亦称八分书，“八”为相背之意，其笔法左右分布相背。

③ 《汉书·卢绾传》。

④ (清)康有为：《广艺舟双楫》卷二，成都：四川美术出版社，2003 年版。

等著作，史传他多识奇字。平帝元始中，召集天下通小学者数百人征字于未央宫中，扬雄取其有用者，编成《训纂篇》三十四章。他对文字学和书法都有很深的造诣。

在书法理论上，他在《法言·问神》中提出著名的“心画”说：

> 言不能达其心，书不能达其言，难矣哉！惟圣人得言之解，得书之体，白日以照之，江河以涤之，灏灏乎其莫之御也。面相之，辞相适，捈中心之所欲，通诸人之嚍嚍者，莫如言。弥纶天下之事，记久明远，著古昔之㫚㫚，传千里之忞忞者，莫如书。故言，心声也；书，心画也。声画形，君子小人见矣。声画者，君子小人之所以动情乎？

这里扬雄所说的“书”，是相对于“言”来说的，指书写的文字言辞，本不专指文字本身的造型艺术，但他提出“书”是“心画”，则被后世许多人视为书法理论了，因为文字的书写，必然包括书法在内。他还认为，这种“心画”是可以使人“动情”的，因此被后人看成广义的书法美学。宋代的朱长文说：“子云以书为心画，于鲁公信矣。”(《续书断》)清代刘熙载说：“扬子以书为心画，故书也者，心学也。”(《艺概·书概》)扬雄“心画”说影响深远，中国书论重视书法家个性、品格与书风的关系就滥觞于此。扬雄强调，人们通过言来表达情感、交流思想，通过“书”来记载古往今来，天下事物，达到沟通古今的作用。然而言和书都是人们心灵的表现，故书品与人品是相通的。“心画”说与汉代“情动于中而形于言” 的诗论也是相通的，它启示了书论中关于形神的关系问题。扬雄认为，“心”与“神”是统一的，万物的神理是通过人的心去体会的，这种体会可以通过人的“书”表现出来。扬雄的“心画”说，开辟了书法与情感、人格关系的探讨，指出了书法的抒情表意的性质，强调了书法表现的个性特征。

“象形”说是由许慎提出的。许慎(约公元 58—约公元 147 年)是东汉著名的经学家、文字学家，他的《说文解字》一书影响深远。许慎论书的核心是指出了中国书法的“象形”意义。他认为中国的文字是通过“象形”“取物”形成的。《易传》的作者认为，八卦的符号起源于人对自然万物的模拟，圣人正是以“观物取象”来达到对“意”的表达。许慎认为中国文字的本源在“象形”。他说：

> 古者庖牺氏之王天下也，仰则观象于天，俯则观法于地，视鸟兽之文，与地之宜，近取诸身，远取诸物，于是始作《易》八卦，以垂宪象。及神农氏结绳为治而统其事，庶业其繁，饰伪萌生。黄帝之史仓颉见鸟兽蹄之迹，知分理之可相别异也，初造书契。[①]

许慎认为，中国文字是从摹仿自然物象开始的，所以一开始就具有造型艺术的特点，具有艺术的特征和审美的价值。

许慎说：“仓颉之初作书，盖依类象形，故谓之文”“文者物象之本”。“文”即指错杂成纹，与“画”的意义相近。《说文解字》说：“文，错画也，象交也。”“文”具有“纹饰”“装饰”的形式美特征，这种主张开启了中国后来的书画同源论。

“象形”说还表现在许慎对文字构成的“六书”理论中。“六书”为六种造字的规律，分别为指事、象形、形声、会意、转注、假借。在“六书”中，“象形”是最基本的构字依据。所谓“画成其物，随体诘诎”，说明文字取法物象，与画相通的特征。再如“指事”，许慎的解释是“视而可识，察而可见”，也说明形象的重要。这开了后代书论中“尚象”理论的先河。许慎重视文字的效用，他说：“盖文字者，经艺之本，王政之始。”因为文字可以记录历史、经验，可以跨范围传播，所以阐道翼教、治乱兴度，都可落实到文字的使用上。

三、崔瑗的《草书势》

崔瑗，字子玉，涿郡安平(今河北深州市)人。汉代著名书法家，尤善草书，师承杜度，书史上并称“崔杜”。他对后代草书影响很大，张芝即取法于崔、杜而成为汉代草书的集大成者。他的《草书势》是第一篇专论书法

---

① 崔尔平选编、点校：《历代书法论文选续编》，上海：上海书画出版社，1993年版，第3页。

艺术的文章。它的出现，表明书法进入了一个自觉的时期。书法脱离了作为学术和文字附庸的地位，而成为一门独立的艺术，这种自觉是随着草书的成熟而出现的。《草书势》原作已佚，目前见到的是《晋书·卫恒传》中保留的文字，可能已经后人修改。文章开始讲到文字的产生，接着讲草书：

> 草书之法，盖先简略；应时谕旨，周于卒迫。兼功并用，爰日省力。纯俭之变，岂必古式？观其法象，俯仰有仪；方不中矩，圆不副规；抑左扬右，望之若崎；竦企鸟跱，志在飞移；狡兽暴骇，将奔未驰。或黜点染，状似连珠，绝而不离，蓄怒怫郁，放逸后奇。或凌邃而惴栗，若据槁而临危。旁点邪附，似蜩螗而揭枝；绝笔收势，馀綖纠结，若杜伯揵毒缘巇，螣蛇赴穴，头没尾垂。是故远而望之，摧焉若沮岑崩涯；就而察之，一画不可移。几微要妙，临时从宜。略举大较，仿佛若斯。①

崔瑗认为，草书的产生是社会发展的需要，在满足文字的实用功能之后，就追求其审美价值了。首先，草书之美在其意象表现了动态美，表现了书写者高度的自由精神，这是“古代”的篆、隶等无法比拟的。其次，他提出“观其法象”的观点，指出了草书抽象符号中与各种现实中事物的意象联系，在“同形同构”中产生美感。再次，他指出了草书能够表达创作者情绪与意志的特征，可以起到宣泄某种情绪的作用，观者通过欣赏可以感受到某种情绪。这样，崔瑗的草书理论就把书法从单纯的模拟再现物象，提高到能表现作者个性特征，达到一种意象结合的抒情艺术的高度。这一理论对后代的书画理论产生了广泛而深远的影响。

四、蔡邕的书法理论

蔡邕(公元133—192年)，字伯喈，东汉陈留圉(今河南杞县)人，是汉末的著名文学家、书法家，还是一位“妙操音律”的音乐家。蔡邕是一个兼

---

① 董治安主编：《两汉全书》第十八册，济南：山东大学出版社，2009年版，第11042页。

通多种艺术的人物。熹平四年(175 年)，汉灵帝诏诸儒正经文字，蔡邕用古文、篆、隶三种字体书丹于石，镌刻后立于太学门外，世称“熹平石经”。据说，他曾于鸿都门见工匠用帚写字而获得灵感，创造出别具一格的“飞白”书体。

蔡邕不仅擅书能文，而且谙于书道，留下了不少论述书法的文章。据《后汉书》记载，他写有《篆势》，原作已佚，但卫恒《四体书势》中的《篆势》，指明为蔡邕所作。[①] 另有《笔势》《九势》两篇，见于宋代陈思的《书苑菁华》，后人虽怀疑不是蔡邕原文，但其观点与蔡邕相合。蔡邕另著有《笔赋》，被收入《艺文类聚》等类书中。

首先，在书法理论上，蔡邕提出“势”的审美范畴。他的《九势》曰：“夫书紧于自然，自然既立，阴阳生焉，阴阳既生，形势出矣。藏头护尾，力在字中，下笔用力，肌肤之丽。故曰：势来不可止，势去不可遏，惟笔软则奇怪生焉。”[②]从中可见，他的“势”包含了字的形体与用笔两个方面的因素。中国书法，肇始于自然，自然物象，分阴分阳，刚柔交错，故书法要讲究形体之势和运笔之势。在点画和笔势上要讲究运动感和力度，使书法的“势”具有生命力。蔡邕继承了崔瑗《草书势》的理论，确立了书论中“势”的美学范畴。

其次，蔡邕指出了书法创作与作者情感之间的关系。他在《笔论》中说：“书者，散也。欲书先散怀抱，任情恣性，然后书之；若迫于事，虽山中兔豪不能佳也。”[③]他认为，书法的创作关键在于书者的心态要“散”，也就是要保持感情的散淡、神意舒缓，然后才能使写出来的字不粘不脱、聚散自如。他认为，书法创作不能急功近利、迫于书写、急于求成；而要摆脱功利，进入无功利的纯艺术阶段才能达到探妙自然。这种艺术精神，与庄子的美学追求是一致的。庄子认为，人要从社会和自然的束缚中彻底解脱，进入一种“游”的境界，才能进入纯艺术的境界。庄子提倡“心斋”“坐忘”，提倡艺术创作要“解衣般礴”，这才是真正的艺术创作的心态。蔡

① 《晋书·卫恒传》。

② 《历代书法论文选》，上海：上海书画出版社，1979 年版，第 6 页。

③ 《历代书法论文选》，上海：上海书画出版社，1979 年版，第 6 页。

邕的艺术观以儒家为主，兼取道家哲学。

再次，蔡邕继承了“法象”理论，强调书法的象征意义。他说：“为书之体，须入其形，若坐若行，若飞若动，若往若来，若卧若起，若愁若喜，若虫食木叶，若利剑长戈，若强弓硬矢，若水火，若云雾，若日月，纵横有可象者，方得谓之书矣。”[①]中国的文字起源于象形，因此，书法虽然以文字为书写对象，但文字所象征的自然万物，如日月星辰、山川河流，动态的、静态的都可以成为文字取法的对象，所以书法与自然之间有某种必然的联系。人们在欣赏书法作品时，往往会联想到自然物在人心中所引起的美感。

蔡邕在《篆势》中描述道：

> 字画之始，因于鸟迹，仓颉循圣，作则制文，体有六篆，巧妙入神。或象龟文，或比龙鳞；纡体放尾，长翅短身；颉若黍稷之垂颖……延颈胁翼，势欲凌云。或轻举内投，微本浓末，若绝若连，似冰露缘丝，凝垂下端。从者如悬，衡者如编。[②]

蔡邕以自然界的物象来比喻书法的体势。在自然界的物象和人的心象以及文字的体势上，当构成一个“力场”的时候，书法的内在生命力才能被表现出来。蔡邕的结论是“纵横有万象者，方得谓之书矣”。这里蕴含着书法的书写符号与外在自然之间的联系。许慎以“象形”论构字法，崔瑗以“观其法象”论书写，蔡邕从“法象”论走向一种“象征”论。他们从物理、事理和心理的统一“力场”中找到了书法的内在一致性。

蔡邕的书法美学，涉及书法的体势、运笔、情感、自然等多方面的内容，并在一个统一的框架内做了各种关系的论述，对书法美学的发展做出了自己的贡献。

---

① 《历代书法论文选》，上海：上海书画出版社，1979年版，第6页。

② 董治安主编：《两汉全书》第二十四册，济南：山东大学出版社，2009年版，第13835页。

徐州出土汉兵马俑的审美价值

1984 年的冬天，考古工作者在徐州市东郊狮子山西麓发掘出三处长方形西汉俑坑，出土了彩绘兵马俑数千计。对这一消息，世界许多国家都做了报道。徐州这次发现大量兵马俑，在中国考古史上有一定的地位。像这样多的兵马俑的出土，在我国还是第四次。那么，几千年前作为殉葬品这些兵马俑有什么审美艺术价值呢?

一、从俑看汉人的审美态度

俑，是我国古代墓葬中摹仿先人的形象而制作的一种陪葬品。《礼记·檀弓下》谓“为俑者不仁”，郑玄注：“俑，偶人也。”俑一般是木制或陶制，也有石雕的，在我国东周墓中出土渐多，汉代至唐代盛行，宋代以后，因纸冥器流行，木俑或陶俑在一般的墓中逐渐减少。俑最多且艺术水平最高的是秦汉和唐代，其中尤以陶俑的数量最多，也具有极高的审美艺术价值。

俑，作为古代遗留下来的一种陪葬品，是在一定的文化历史背景下由艺术家或工匠制造的。俑虽是殉葬品，在创作时仍是根据现实生活中的人形象而制。所以，作为一种历史文物，我们可以通过它了解古人的文化思想、社会风貌、心理意识、艺术风格、衣饰穿戴，还可以考察人们在创作这些俑时所遵循的美学思想。俑作为一种艺术品，集中表现了那个社会中，人与世界、社会、生活的审美态度，是当时审美观念的一种物化形式。

公元前3世纪，汉高祖统一天下，建立了一个封建大帝国。从那时起，中国封建时代的艺术进入了一个上升阶段。汉承秦制，同时把先秦时的一些迷信思想也继承了下来。秦始皇为了求长生不老，曾派人东渡海外寻觅长生不老药，还要为自己建造规模宏大的陵墓，想到另一世界里继续自己在世的权势、享乐。从已发掘的陕西临潼秦始皇兵马俑坑出土的数以千计的陶俑也可看出这种情况。如一号坑，约有6000件同真人一样大小的武士俑，组成了由战车步兵相间编列的严整的方阵；二号坑地面上排列了兵马俑1000多件，主要由战车、骑兵、弩兵、步兵等兵种混合编组成曲形阵；三号坑正中排列有战车一乘，沿坑壁周围排列了68个武士俑，组成一个禁卫森严的阵容。这些兵马俑的布阵原则，构成了一个完整的、威武壮观的军阵图。犹如秦始皇完成统一后的胜利检阅，兵马俑反映了封建社会上升时期，第一个统一王朝生机勃勃的精神面貌和时代特征。制作这些俑的思想根源就是当时人们对未来天国的迷信。

到了汉代，这种对社会人生的审美观念仍然根深蒂固，虽然有人反对建立在迷信基础上的厚葬制，但从皇帝到大臣以至普通的老百姓，仍然实行厚葬。《后汉书·郡国志》载：孝文窦皇后父，隐身渔钓，坠渊而卒。景帝即位，后为太后，遣使者更填父所坠渊而葬，起大坟于县城南，民号曰窦氏青山。卫青的墓像庐山，霍去病的墓像祁连山，这是众所周知的了。《潜夫论·浮侈篇》曰："其后京师贵戚，必欲江南檽、梓、豫、章、梗、柟之木，边远下土，亦竟相仿效。伐之高山，引之穷谷，入海乘淮，逆河泝洛。工匠雕刻，连累日月。……费力伤财于万里之地。"又云："今京师贵戚郡县豪家，生不极养，死乃崇丧。或至刻金镂玉檽梓楩柟。多埋珠宝、偶人、车马。造起大冢，广种松柏。庐舍祠堂，务崇华侈。"《盐铁论·散不足篇》说："厚资多藏，器用如生人。"统治阶级的大大小小的人物，都想把生前享受到的东西，统统带到他们梦想的死后的天国里去继续享用。他们把一切难以入墓的东西，如乐舞百戏、重楼仓库、车马舟船、门庭护卫、奴婢小吏、军队武士均制成陶塑随葬。他们还把死者生前的生活、死后的愿望，制作画像石、砖随葬，以求永存(山东、河南、四川、徐州等地保存了许多这样的汉画像石、砖)。徐州出土的汉兵马俑也属这种情况，死者生前可能统率过军队、打过仗，于是他想死后也不要失去自己的权势，便陪葬了大批的兵马俑。

西汉这样大批的陶俑群，考古学上还有发现。如1956年陕西咸阳杨家湾出土了西汉早期彩绘陶俑。这个不知名的大墓的随葬坑出土了500多件骑兵俑，他们排列有序、整齐划一，俨然一个庞大的军旅。除雄壮的骑兵队伍外，还有许多步兵，他们执戈扬盾，肃然行进。1968年，在陕西咸阳以北的“塬上”，汉高祖的长陵附近，发现了一个姓名无考的大墓的随葬坑，出土陶俑达3000件，有陶人、陶马，有持盾的兵士和骑兵，还有类似指挥者的俑。徐州出土的俑中有一部分是武士俑，他们或立或跪，有的还头戴战盔、身背箭壶，组成齐整的方阵。他们和一些丫鬟、奴婢参差排列。女俑服装不同，发髻各异。北边的坑中间部位还有一位特别高大突出的女子，可能是死者的妻妾或奴婢的首领。这些俑的右手都放在胸前，拳头紧握，中间有孔，也许原来每人都拿有小旗或其他什么东西。徐州出土的兵马俑的排列与以前出土的兵马俑不同的是，武士与女仆的混合编队。

汉代的殉葬以俑代人，在表现人和现实审美态度上，已经不同于先秦的人殉制。人殉制是建立在对鬼神世界的确信无疑的基础上，所以人殉才那样残酷。它带有远古图腾时代灵魂崇拜、宗教仪式的色彩。连商周青铜器上的饕餮纹，都向人们传达着神秘、恐怖、威严的审美观念，表现出一种无限深渊的原始力量。汉代虽然也殉葬，但汉俑与汉画像石表现的现实和人生、历史和神话的图画，远古时人们精神上巨大的压力感淡化了，人的意识在觉醒。这是一种时代的渴望，是对生前死后都有永恒幸福的祈求。汉代人之所以把家庭收入的三分之一用来营造墓穴，是人们没有放弃或否定现实人生的观念，希望个人的生命能够永恒延续，是对人生的全面肯定。徐州出土的兵马俑，从时代的审美态度上来看，也同样表现了人们对生前美好生活的渴望和对自己生活的肯定，并想把这种生活带到死后的“天国”里去。

二、从俑看汉代的艺术风格

由于汉代离古风时代还比较接近，一方面人们的头脑中还存在着万物有灵、原始思维的传统，巫术宗教、图腾禁忌、神话传说充满当时人们的思想领域；另一方面，汉文化吸收了南方楚文化的精神，并与楚文化逐渐融合在一起，形成了一种新的时代审美风尚。汉代所留下的各种艺术种类中，不论是绘画、雕塑还是文学，都充满了一种神秘怪异的浪漫主义精神。正是在这样的时代氛围中，才形成了汉代的独特艺术风格。

徐州是汉高祖的家乡，早在战国就是有名的富庶之地。汉高祖平英布叛乱归来，路过沛县曾酒酣击筑而歌，留下流传海内的《大风歌》。汉代徐州有鱼盐之利，经济上特别发达，皇亲贵族也很多。由于汉代崇尚厚葬，所以徐州留下的汉墓很多。汉画像石，在汉代艺术中特别突出。从徐州出土的汉画像石看，它的题材极其广阔。这里有描写墓主生前生活的，如宴会、出行、祭祀、弈棋、百戏、歌舞、庖厨、耕种、渔猎、采桑、纺织、战争等；有历史故事寓意于劝诫的，描绘的是古代忠臣、义士、孝子、烈女的故事；有神话传说寄托祈福与谶纬思想的，如伏羲、女娲、雷公、雨师、风伯、海神、东王公、西王母，以及龙凤、玉兔、蟾蜍、巨龟、灵芝、扶桑、金乌、花卉等。此外，还有从日常生活及宗教图腾而演化成的装饰纹样。汉代艺术中如此丰富的题材和对象，在后世的艺术作品中就难以再看到了。

李泽厚说："汉代艺术的这种丰富生活场景也同样意识着对自己征服世界的社会生活的歌颂……这是一个幅员广大、人口众多、第一次得到高度集中统一的奴隶帝国的繁荣时期的艺术。辽阔的现实图景、悠久的历史传统、邈远的神话幻想的结合，在一个琳琅满目五色斑斓的形象系列中，强有力地表现了人对物质世界和自然对象的征服的主题。这就是汉代艺术的特征本色。"①

汉画像石没有颜色，但当时的建筑、雕塑、壁画却是五彩缤纷的，徐

① 李泽厚：《美的历程》，北京：文物出版社，1981年版，第78—79页。

州出土的兵马俑是彩绘的，由于久历岁月色彩脱落，殊为可惜。如果拿徐州出土的汉俑和唐宋的俑比较，可以明显地看出，汉代艺术尽管由于处在草创阶段，显得幼稚、粗糙、简单和拙笨，但是，正因如此，才显出其优越和高明。汉俑的轮廓写实，对细部不做忠实的描绘，形象看上去那样笨拙，姿态不符常情，长短不合比例，直线、棱角、方形又是那样突出，缺乏柔和，正是这一切，构成了汉俑的“古拙美”和“气势美”。汉俑虽然表面看上去是静态伫立，但充满着雄浑、厚重、古朴的气势、包含着内在的运动、力量。如徐州出土的陶马，昂首挺立、胸体宽阔、双目圆睁、额宽腰短、威风凛凛，充满生气。唐三彩马俑，尽管色彩斑斓、鲜艳夺目，比起汉马俑造型的气势、力量和运动感都相差很远。徐州出土的陶俑或立或跪，无论是丫鬟奴婢还是武士兵卒，个个凝神冥思、静穆庄严、凝重含蓄、简约有力、古朴稚拙。宋俑尽管刻画工整、细致入微、面容姣好、秀色纤纤，比起汉俑来未免纤弱无力，缺乏生气，艺术价值相差很远。汉代艺术尽管拙、粗、笨、重、陋，然而不华丽却古朴、无细部而洗练，以简化的轮廓为形象，使粗犷的气势不受束缚。这是一种写意的艺术，表现的艺术，但又不同于后世文人的写意画。它呈现了汉代统一后蓬勃向上的民族精神，以及由楚汉文化而来的天真狂放、奇幻多变的浪漫主义气质。汉俑和汉画像石、汉墓壁画帛画、汉赋、汉隶、汉乐府、汉镜、汉瓦、汉陶瓷及其他工艺品所表现的时代的艺术风格是一致的，那就是一种充满了浓郁的浪漫主义色彩的古朴、气势的壮美。

三、从俑说中西雕塑的异同

中国是一个诗的国家。从先秦时中国就有一个传统：行动上崇尚伦理，思维上注重直觉，艺术上讲究表现，既认识到世界对立的两极，又力主中庸、平和。入世则兼济天下，处处以政治伦理为本，艺术上则崇尚“文以载道”；出世则独善其身，每每抒发心中的逸气。从思想上看，这是受儒道影响的结果，所以有人讲，中国人积淀在心理深层的是儒道互补的思想，许多封建时代的知识分子是外儒内道，或在两者中间徘徊。中国人又十分注意实利，注重人际关系，在思维形式上往往要和具体的事物联系在一起，他们似乎不重视玄妙的、纯思辨性的、形而上的思考。

这种思想在中国的小说、戏剧、绘画、雕刻等艺术形式中都有反映。所以，中国古代几乎没有哲理小说，多的是志怪、言情、公案、讲史、谴责等小说，只是到了《红楼梦》才有所突破。中国最发达的文学是抒情诗，表现的是“借物抒情”“托物言志”“情景交融”“化情为物”“物我两忘”。在绘画上，中国画家不重事物的刻画，而倾向用抽象的笔墨表达人格意境与情感；不讲究焦点透视，而是散点透视。艺术上讲究“骨法用笔”“气韵生动”“虚实相生”“画龙点睛”“超以象外”。雕塑上不重视圆雕式的浮现，而是忽视透视法、解剖学，讲究形式与线条。所以中国的雕塑与中国画相似，不是纯粹的雕塑。在中国古代的文论、画论、乐论、曲论中，也充满着感觉的成分，多采用比喻的形式，如“水中之月，相中之色，镜中之影”“羚羊挂角，无迹可求”等，带有极大的不确定性。

西方雕塑的基础在古希腊。希腊民族是艺术和哲学的民族，而古希腊最有代表性的艺术便是建筑与雕塑。古希腊的雕塑，取法自然标准人体，以创造出逼真、酷似的艺术品为最佳，艺术品以反映自然人体为艺术的最高目标。这就决定了希腊艺术理论强调摹仿自然。美学思想上则提出和谐为美，注重匀称、整齐、静穆。哲学家也在探求宇宙本体的“理念”（如柏拉图），或宇宙的基本结构，数量比例中的和谐（如毕达哥拉斯学派）。这一传统在西方影响极广，源远流长。文艺复兴时期的绘画、雕塑，如达·芬奇的绘画、米开朗琪罗的雕塑，包括以后罗丹的雕塑、现实主义的文学以及西方流行的现代派过后向超级写实的回归，都与古希腊的这种传统有关。所以在西方，艺术在于摹仿的理论影响了两千余年（车尔尼雪夫斯基语）。这种美学思想，现在美学界通常认为是一种“再现”艺术，只是到了近代，西方现代派艺术的兴起，才使西方的艺术产生了翻天覆地的变化。但在哲理性的探求上，仍与古希腊的精神是一致的，只是在表现形式上有所不同罢了。

中国的雕塑，来自中华民族的原始信仰、丧葬习俗。远在秦汉时代，陵墓雕塑就有了高度发展。但总的说来比较幼稚，没达到西方雕塑的那么高的科学程度，也没有那么讲究明暗、形体、解剖以及圆柱似的空间感。中国雕塑的渊源却系在远古的石器、原始社会的陶器、殷周的青铜器上，与中国传统封建思想密不可分。它不是把表现“人体美”作为最高目的，而是为伦理的、政治的、宗教的精神而设的陈列品。它以道德为准绳，把艺术作为调节的手段，作为表现宗教的工具。所以中国的雕塑除用于冥器之外，就是依附于寺院庙廊、石窟庭堂。它们大多不是设在光天化日之下，而是深埋在冥冥墓穴之中，不是为了大众欣赏、装饰房间，而是为死者所设，与尸骨相陪，或作为膜拜信仰的偶像。徐州出土的兵马俑，也正表现了这一点。

虽然西方的许多雕塑也是为了宗教服务，表现宗教的内容，或设在神殿庙堂之中，但它们多为真人的再现，仍然表现着人的色彩。米开朗琪罗的《大卫》虽取材于《圣经》，但他塑造的却是一个充满战斗精神的现实的青年；拉斐尔的圣母像，不过是人文主义思潮下人性已觉醒的农村少妇而已。中国众多的雕塑，则是庙廊中所供的偶像，是人们幻想的充满宗教色彩的世界里的一尊泥胎。它们故作姿态、怒目横视，但并不使人感到恐惧，而颇有滑稽之感。中国还有些雕塑，不过是皇陵前摆设的“辟邪”“寿龟”，是站在陵墓前，依然为死去的封建主子磕头称臣的文武百官。所有这些，都是封建专制制度下产生的艺术，是牺牲了个体的一切而成为封建主义的真正的殉葬品。即使是一尊守在宁荣两府门前的石狮子，也不过是封建衙门威严的象征，而这种石狮子在中国随处可见。

中国古代的雕塑，当然也有其独立的艺术价值，那就是一种“表现”的精神。它不求刻意写实，不求“纯真”，而以简练、夸张、变形、抽象的手法，去表现要表现的内容。它省略了一些细节，突出了所要表现的重点，处处表现了作者的意趣，抒发了自己的感情。这与西方现代派的表现手法有些相通之处，西方的一些现代派大师们，正是从东方艺术中汲取了创造精神和表现手法的。同时，中国雕塑中伦理的、善的观念，又是西方雕塑很少表现的。现代派艺术的消极悲观、毁灭厌世的情绪，在中国古代的雕塑中也是很难找到的。

中国自古讲中庸之道，平和、冲淡、朴素自然的美学观占一定的地位；同时又对人生有强烈而执着的追求，把一切都伦理化，一切思想艺术理论的创造是以政治功利和宗法伦理的“正义”为其始点，要求艺术创作的结果“有补于世”。这种思想，固然牺牲了个体，为封建制度钳制人的思想起到一定的作用；同时，对人生的苦苦追求，坚信人生的美好，又是生活所必需的，它是人生存的动力。

徐州出土的汉兵马俑的审美艺术价值是多方面的，对它的揭示要从历史的、政治的、经济文化的、宗教艺术的、思想形式的等各个方面展开；要从它与各种艺术种类的比较中，从中西美学、艺术风貌的不同中来揭示。这样才有可能探到它的本源。

（原载《美术史论》1988 年第 2 期；
人大复印《造型艺术研究》1988 年第 8 期）

饕餮源流小史

在青铜器所铸的“百物”中，以饕餮一物最为出名。考之文物和文献，饕餮如一巨大的怪物，在中国文化中时隐时现。它瞪着两眼，张着大口，好像随时都会从黑暗深处出现。人们不知饕餮为何物，却处处感到它的存在。现代不少学者运用民族学、民俗学、神话学、语言学、宗教学、艺术学的各种手法，企图解开饕餮之谜。饕餮无疑是一个巨大的丑怪，但现代人却能从中感到一种“狞厉”的美。它究竟是代表了怪神之丑恶，还是表现了善兽之祥瑞？

饕餮之名本于《吕氏春秋·先识览》：“周鼎著饕餮，有首无身，食人未咽，害及其身，以言报更也。”宋人将青铜器上表现兽的头部，或以兽的头部为主的纹饰都称饕餮纹。它表现的是各种各样动物或幻想中的怪物头部的正视图案。

宋以后，青铜器上兽面纹以饕餮来命名的影响极大。现在通常认为，饕餮是一种兽的正面形象，有些两侧各有一身，有曲有直，也有的无身而有腿。饕餮可归纳为五种类型：

第一类，有廓具象型。它的头面、身尾等所有部分均有明确的轮廓，有单层的，纹地与器表相平；有复层的，形象部分浮出器表一定高度，呈阶台状，并在嘴边、角尖等处做不同的翘曲。多数以器物扉棱作为鼻梁，两眼球再做一层半球状凸起。

第二类，无廓分解型。这类没有整体轮廓，各局部器官按应在位置散列，并浮出器面呈弧面凸起，空地部分填满云雷纹，其他与前者接近。这一类多无身。这种形式可能是受当时骨牙器、漆木器镶嵌工艺的影响。

以上两类乃是代表殷墟青铜器主要特征的复层纹饰（又称“三叠层”饰纹或“三层花”），它们多安排在器物较宽阔而显眼的位置，构成装饰的主纹。

第三类，细线云雷纹型。中心以一条竖棱或器物的扉棱、把手为鼻，两眼做半球状凸起，有的勾出眼睑轮廓，有的只具眼球。其他地方均为细线云雷纹，靠云雷纹的大小和形状的不同，隐现出脸、身体等各部分的轮廓。

第四类，宽线云纹型。除两个圆角方形眼明确外，其他部分均为云纹，整体形象接近几何化，较抽象。其云纹形状以两条较长的线将身体分成上、中、下三等分，形成上中下三排云钩，靠近中间上排左右各两个表现角，下排各三个，靠近中间的两个表现鼻，靠外的各两个表现嘴，其他的不甚明显。

第五类，双体云纹型。中部头面处与四类相似，身体部分向左右展开的两条粗线纹，上面的外端收拢成刀形，线段中间有云钩，下面的外端卷尾，线段中间有的为云钩，有的是腿和足，空地填细线云雷纹。

其中第三类可大可小，多饰于腹部，觚、爵使用较多。第四、第五类多呈带状纹，饰于器物的颈、肩部。第五类还用于圈足。[①]

尽管一些研究者不同意用饕餮称谓商周青铜器上的怪物纹饰，而以兽面纹命名之，但我们认为这一名称既然已被约定俗成，便可继续沿用。许多美学家和艺术史家，对饕餮的审美价值进行了研究。在欧洲、美国、日本等地，都有一些人类学家、文化工作者对饕餮的美感发表了自己的看法。

法国的雷奈·格鲁塞教授是一个博学多才的东方文化研究专家，他著有专门研究东方文化艺术的四卷本巨著《东方的文明》，其中第三册是讲

---

① 参见张孝光：《殷墟青铜器的装饰艺术》，载中国社会科学院考古研究所编著《殷墟青铜器》，北京：文物出版社，1985年版，第108—110页。

《中国的文明》，在这本书中他对中国古铜器装饰题材中的“饕餮”进行了分析，他指出：

> 另一古典题材是“饕餮”。这是一个只有巨头而无显著身形的怪物，好似印度艺术中的“克尔提木卡”(Krirtimukha)，或哥伦布以前中美洲的某些怪头。在周代铜器表面上，我们将看到，遍布有“饕餮”的各部器官——图钉般凸出的眼睛，中间突起鼻梁以及几何螺旋纹的双角——仿佛这怪物从器物中潜出，略现形踪，一瞥即逝。①

格鲁塞认为，“饕餮”的怪兽头在中国美术作品上广泛流行了逾20个世纪，它实际上就是由几何的“强有力线条表示的传统式的龙，露出吓人獠牙的大张着的龙口”。到了商周时代，这一“潜身匿迹于物体之中，仅许对其可怕的原形加以揣测或略得一瞥的怪物‘饕餮’，即以此种形式存在下来”②。他认为不应到中国以外去寻找这种怪物的根源，它是中国天才的标记。在商周时代，中国人的观念中存在着许许多多的精怪，人们生活在无所不在的威胁之中，潜伏暗藏的恐怖之中。人们在面对自己命运时处处遇到一种压倒一切的神秘力量，这一切靠艺术的方式表达出来了，这一表达的唯一目的，不是现实主义地再现真实的世界，而是去表现一个变动不定如浮云般的信仰世界。所以我们看到，“饕餮”有各种动物的器官，似乎有一种动物的模样，但那不是一个真正的野兽，因为它表现的只是那个时代经常萦绕在人心头的暗示，并使人心头的恐惧化为一种神物的形貌出现。

这种艺术的法则表现为：一方面以某些骇人的精怪暗示一种不可思议的观念，而又不肯赋予它们具体形象，致使减消其恐怖效果；另一方面则极力宣示天命的令人敬畏和王权的凶恶可怕，人在下面都被压倒碾碎，而同时又不得对这些权力充分暴露使人能直面神秘及恐惧。二者即构成了这

---

① [法]雷奈·格鲁塞著，常任侠、袁学礼译：《中国的文明》，合肥：黄山书社，1991年版，第12—13页。

② [法]雷奈·格鲁塞著，常任侠、袁学礼译：《中国的文明》，合肥：黄山书社，1991年版，第12—13页。

野蛮年代的全部灵感。

苏联科学院东方学研究所高级研究员列·谢·瓦西里耶夫在其《中国文明的起源问题》一书中，对商周装饰艺术中的动物和怪物，如鸟、蛇、龙、蝉、象、龟等进行了研究。他认为："在殷代浮雕中，作为主要图像起中心作用的，总是饕餮纹——一种双眼圆睁、大角丫杈的怪物，有时还带大嘴、大鼻和兽身(通常是龙)甚至人身。"[①]他认为饕餮应是殷人的至尊神上帝(殷人视为传说中的始祖)的画像。但他又认为，这种饕餮纹是古代中国人受到了古埃及和苏美尔同类图形影响的结果。

日本学者林巳奈夫《所谓饕餮纹表现的是什么——根据同时代资料之论证》[②]一文，对饕餮纹的产生发展、在青铜器上的地位等都进行了深入的研究。他也认为，饕餮应是殷人的上帝的图像，而魑魅魍魉等乱神怪兽，都是饕餮的侍从或下臣。他对饕餮的分析极为精当，认为不应把所有兽面纹都视为饕餮，只有在兽面纹的兽头上部饰有被他称为"篦形饰"的才是饕餮。而且，他从龙山文化的鬼神像、良渚文化伴有前肢的鬼神面以及商代的玉饰等方面进行了相关论述。

在国内，不少美学家、艺术史家也对饕餮的审美价值进行了论述。李泽厚指出："各式各样的饕餮纹样以及它为主体的整个青铜器其他纹饰和造型，特征都在突出这种指向一种无限深渊的原始力量，突出在这种神秘威吓面前的畏饰、恐惧、残酷和凶狠。……它们之所以具有威吓神秘的力量，不在于这些怪异动物形象本身有如何的威力，而在于以这些怪异形象为象征符号，指向了某种似乎是超世间的权威神力的观念。"[③]他正确地指出了饕餮纹可以使我们产生一种超世间的神力观念，饕餮的审美价值正是它可以把我们引向一种无限深渊的原始力量，它实际是一种原始祭祀礼仪的符号标记，呈现给现代人的是一种"神秘的威力和狞厉的美"。原始人无限的、原始的、还不能用概念语言来表达的原始宗教的情感、观念和理

① [苏联]列·谢·瓦西里耶夫著，郝镇华等译：《中国文明的起源问题》，北京：文物出版社，1989年版，第325页。

② 该文载[日]樋口隆康主编，蔡凤书译：《中国考古学研究论文集》，香港：东方书店，1990年版，第135—199页。

③ 李泽厚：《美的历程》，北京：文物出版社，1981年版，第36—37页。

想，都被那些怪异形象的雄健线条、深沉凸出的铸造装饰表现出来了。

著名青铜器研究专家马承源先生指出：“商和周初青铜器动物纹饰都是采取夸张而神秘的风格。即使是驯顺的牛、羊之类的图像，也多是塑造得狰狞可怕。这些动物纹饰巨睛凝视，阔口怒张，在静止状态中积聚着紧张的力，好象在一瞬间就会迸发出凶野的咆哮。在祭祀的烟火缭绕之中，这些青铜图像当然有助于造成一种严肃、静穆和神秘的气氛。奴隶主对此尚且作出一副恭恭敬敬的样子，当然更能以此来吓唬奴隶了。”[①]刘敦愿先生也认为：“进入青铜时代，商周奴隶主阶级的宗教与艺术，继承了史前时期的某些历史传统，加以利用改造之为自己的神权统治服务，可能更附加了一些新的属性，情况虽然不详，估计无非是想说明‘聪明正直为神’，神也无所不在，监临下民，叫人恭敬严肃，小心畏惧，兽面纹之普遍见于鼎彝之类‘重器’之上，居于如此显著地位，反复出现，或者就是为了这个原因。”[②]

饕餮形象有一个由美到丑的转化过程。早在1979年，于民先生就著文对饕餮形象之审美特性进行了分析，他把饕餮视作正面的美的形象看待。在《春秋前审美观念的发展》一书中，他进一步分析后认为：“饕餮的基本特征是一个带角的综合性的兽头，并始终处于青铜器的显著位置，与其他纹饰结合一起，整个给人以神秘敬畏的感觉。殷代青铜器上的这个饕餮形象，完全是一个正面的形象，而无‘周鼎著饕餮，有首无身，食人未咽，害及其身’的反面形象之感。”[③]他认为饕餮是一定氏族图腾进一步演化的产物，它是由夔的形象演化而成，而夔是殷人的祖先神，是他们的古老的图腾；饕餮的狰狞，是殷代王权、神权发展的一定体现，是适应王权的突出和暴力的需要的结果。因而饕餮又是处在统治地位的奴隶主阶级的一种化身。到了西周时期，饕餮的性质发生了转变，从西周的青铜器看，饕餮转入了次要的地位，并变成了反面的丑恶的形象，这在《左传·文公十八年》记载的鲁太史克回答鲁宣公时说的一段话以及《吕氏春秋·先识览》中都有

① 马承源主编：《中国古代青铜器》，上海：上海人民出版社，1982年版，第34—35页。

② 刘敦愿：《吕氏春秋“周鼎著饕餮”说质疑》，《考古与文物》，1982年第3期，第87—88页。

③ 于民：《春秋前审美观念的发展》，北京：中华书局，1984年版。

反映。在周人眼中，饕餮成了四凶之一，成了“食人未咽，害及其身”的贪婪成性的、不得善终的恶类。这是周人灭殷后，一再宣扬天命，说殷纣违背天帝的意志，昏暴贪婪造成了他们的毁灭，并告诫人们要接受教训，切勿贪得无厌，以免像殷人一样丧失社稷。这种观念表现在青铜器的艺术中，就出现了饕餮由恐吓之意转化为鉴戒之义。随着奴隶制进入后期，统治阶级由事神而转入德治，饕餮失去原先的功能，便下降到从属的地位，它的狰狞恐怖的特征也就不再成为正面的审美形象，而成一种丑恶的象征了。

于民先生结合奴隶制的“血与火”的搏斗来探讨饕餮由美到丑的转化有一定的意义，但我们认为，在殷商时饕餮为美的形象，而到了西周便转化为丑的形象的截然划分是不够准确的。在我们看来，饕餮形象从史前形成之始，其内涵就包括美丑及相互转化的两个方面。作为一种图腾神或祖先神及保护神，它代表了人类企图认识自己及自身来源的本质力量，但人类又幻想出一种超自然的神灵凌驾于自身之上，这便是人的本性的丧失。前者使饕餮形象具有了美的价值，后者则使这种美本身便包含一种丑。对奴隶主来讲，饕餮的狰狞使他们获得来自超现实的神灵的权威，以恐吓奴隶，他们视饕餮为美；对奴隶们来讲，面对狰狞恐惧的饕餮他们感到害怕，加深了他们的驯服意志，并从对超现实的威慑中巩固了这种意志就是丑的观念。对今天的人们来说，正是饕餮的这种亦美亦丑的巨大的历史文化内涵，使我们的审美意识发生偏差。由于逝去的历史已经久远，往古的观念已经成为烟云，只留下了饕餮神秘怪异的形象本身。当我们面对这一巨大的怪物时，我们的直觉已变得模糊不清，历史的积淀虽然形成了一定的心理结构，但正是因为形成了结构才失去了其真正的起源。我们只能依靠我们自己的悟性，去描述这一巨大的怪物给我们的感觉。

要真正理解饕餮的美学价值，我们必须对其做文化人类学的追溯。根据我们的研究，古文献中饕餮指人名、族名或国名、兽名。

第一，饕餮指人名。“饕餮”一名，最早见于《左传·文公十八年》：“缙云氏有不才子，贪于饮食，冒于货贿，侵欲崇侈，不可盈厌；聚敛积实，不知纪极；不分孤寡，不恤穷匮。天下之民以此比三凶，谓之饕餮。”据《世本》记载：“缙云氏，姜姓也，炎帝之苗裔，当黄帝时，在缙云之官。”《说文解字》称：“缙，帛，赤色也。从系，晋声。”缙云氏当崇拜赤云为图腾。《左传·昭公十七年》称黄帝以云名官。翦伯赞认为：“黄帝之族，恐怕是由几个胞族组成一个部落，所以其中有属于一个胞族的五个氏族，是以云为图腾，他们以青云、缙云、白云、黑云、黄云为相互间的区别。”[①]夏天之云多赤色，故叫缙云氏。关于缙云氏的地望，《史记正义》云：“今括州缙云县盖其所封也”。括州缙云县，即今浙江缙云县。有学者考证，“缙古当为晋，缙云氏初居地，当今山西晋水。太原的晋水，当为缙云氏的始居地”[②]。晋水源出太原西南悬瓮山，东流入汾河。汾水上中游正是古代姜戎分布之地。而晋南曲沃、翼城一带的滏水，古也叫晋水，附近有绛山，山下有绛水，春秋时晋国都城曾迁到绛水滨的绛邑。绛，《说文解字》也作“大赤”，绛山、绛水也皆作赤色，故名。这条晋水，当是缙云氏之后南迁而带来的地名。

第二，饕餮指族名或国名。《尚书·尧典》曰：“窜三苗于三危。”注曰：“贪财曰饕，贪食曰餮。三苗缙云氏之后为诸侯，号饕餮。”而《释文》引马融、王肃云：“国名也。缙云氏之后，为诸侯，盖饕餮也。”又《左传·昭公九年》孔颖达疏：“先儒皆以为……饕餮三苗也。”《吕氏春秋·恃君览》亦云：“雁门之北，鹰隼所鸷，须窥之国，饕餮、穷奇之地，叔逆之所，儋耳之居，多无君。”这里饕餮便被认为是三苗的一支，或称为国名，或族名。

第三，饕餮为兽名。从饕餮的形象考证，不少人认为饕餮是一种怪兽形。《左传·文公十八年》服虔引《神异经》曰：“饕餮为兽名，身如牛，人面，目在腋下，食人。”《山海经·北山经》云：“钩吾之山……有兽焉，其状为羊身，人面，其目在腋下，虎齿人爪，其音如婴儿，名曰狍鸮，是食人。”郭璞注曰：“为物贪婪，食人未尽，还害其身，像在夏鼎，《左传》所谓饕餮是也。”这些说法都把饕餮看作一种兽类，它面目手足都具有人的形状，虎齿，身像牛羊，有翼又不能飞，这正是对怪异图腾神的形象描绘。

自从北宋吕大临的《考古图》，以及《宣和博古图》等书把著录的青铜器

① 翦伯赞：《中国史纲》，北京：商务印书馆，2010年版。

② 何光岳：《南蛮源流史》，南昌：江西教育出版社，1988年版，第88—89页。

上的兽面纹称为饕餮以来，在青铜器纹饰研究中，此名称一直沿用至今。《考古图》曰：“又癸鼎文作龙虎，中有兽面，盖饕餮之象。”许多考古学家、金石学家认为，这里的“饕餮之象”，即《吕氏春秋》等书中的饕餮。

现代人对饕餮研究有以下几种观点：

第一，饕餮为兽面。中国现代考古学的奠基人之一李济在1964年认为，近三十年来，有两部研究青铜器花纹的著作，为学术界所重视，一部是容庚的《商周彝器通考》，另一部是高本汉在《远东博物馆馆刊》第23期(1951年)讲青铜器花纹的文章。容庚在论述花纹的一章中，把青铜器上的兽面纹分为饕餮纹和蕉叶饕餮纹两类，并分析了它们的19种形式。后来他在《商周青铜器通论》一书中又归为12种形式。高本汉在1937年发表的《中国青铜器的新研究》一文，把1288件传世的青铜器的纹饰分为3类，饕餮面、分解饕餮、变形饕餮。1951年高本汉又发表了《早期青铜器纹饰的规律》一文，探讨了连体饕餮及各种变化的规律。

对青铜器上兽面纹称为“饕餮”也存在一些异议。李济就不赞成用饕餮这个传统名称，而称之为动物面。因为李济认为，高本汉和容庚把连体的兽面纹称为饕餮，与《吕氏春秋》称饕餮有首无身的说法相抵触。因此他根据《山海经》的记载而称之为“肥遗形”图案。① 中国社会科学院考古研究所的陈公柔、张长寿在系统考察殷周青铜器上兽面纹的断代时，也不同意用饕餮这一传统名词，而称之为“兽面纹”。② 张光直则把传统的饕餮纹称之为“动物纹”。③ 马承源也称这种纹饰为“动物纹”，并指出：“兽面纹一概称为饕餮纹，乃是宋代金石学家观察不够缜密之故。”因此，他们不愿意再沿用饕餮这一名称。

第二，饕餮为何兽面。大多数研究者认为，饕餮本为兽面或动物面纹，但是为何兽面，则存在明显分歧。孙作云认为：“饕餮所象之物为蛇，夔也为蛇，饕餮纹仅存蛇首，间亦有身。”孙作云并具体指出饕餮即蚩尤之

---

① 参见李济：《殷墟出土青铜礼器之总检讨》，载张光直、李光谟编《李济考古学论文选集》，北京：文物出版社，1990年版，第745页。

② 陈公柔、张长寿：《殷周青铜容器上兽面纹的断代研究》，《考古学报》，1990年第2期。

③ 张光直：《商周铜器装饰花纹中的动物纹样》，《考古学报》，1981年第2期。

图像，其先原为夏氏族之图腾标识，其后递降而为有辟邪意义之美术花纹。[①] 德国学者夏德认为，饕餮纹为长毛猎犬或西藏獒犬。卫聚贤也认为饕餮是狗形之变化，为西南民族之图腾。[②] 丁山认为，饕餮纹中的角当为羚羊之角，他指出："饕餮纹是人面环角的羊头，名为'枭羊'可也，名为'苋羊'也可。"[③]何光岳则认为，饕餮"大概是戴着猪头的头饰"[④]。

第三，从原始风俗推演饕餮纹之起源。一些人认为，饕餮纹为人头纹演化而来。郑师如在《饕餮考》一文中曾介绍蒋焕章疑饕餮纹原为人头纹。他进一步说："饕餮纹初为人头纹当无疑义。"[⑤]他并且引用了林惠祥的著作中所叙台湾番族之馘首（即猎头风俗）为证。这颇与《吕氏春秋》谓"食人未咽"之意合。古书上也有以头骨为酒器之资料。《战国策·赵策》记载了赵襄王怨恨知伯，而将其头以为饮器的事。沈钦韩引《吕氏春秋》说，汉时胡人尚有此俗。日本学者田边考次也认为"饕餮为表示大眼开口之人兽面"[⑥]。

第四，对饕餮的功能的研究。一些学者对饕餮纹饰的功能进行了研究，认为"饕餮纹表现什么，一直是有争议的问题，但有一点大家是同意的，就是它含有某种神性，有着崇拜的意义"[⑦]。

杜廼松在《中国古代青铜器简说》中认为：

> 在商周铜器上，最常见的纹饰是饕餮纹，俗称兽面纹。这种兽面纹变化很多，其基本形象是很像牛头、羊头等动物颜面。推测这些用来祭祀或宴享的青铜"礼器"上的兽面纹，可能与包括"牛、羊、豕"的"太牢"或"羊豕"的"少牢"有关。……这些青铜礼器主要是在大典礼或祭祀时使用，可想而知，这是一种很严肃的场面，如果青铜器上的纹

---

① 参见孙作云：《饕餮考——中国铜器花纹之图腾遗痕的研究》，《中和月刊》，1944年第5卷第1期。

② 参见卫聚贤：《饕餮》，《说文月刊》，第3卷第1期。

③ 丁山：《中国古代宗教与神话考》，上海：上海文艺出版社，1961年版，第294页。

④ 何光岳：《南蛮源流史》，南昌：江西教育出版社，1988年版，第90页。

⑤ 郑师如：《饕餮考》，《东方杂志》，1937年第28卷第7号。

⑥ 参见《世界美术全集》第二册解说，第37页。

⑦ 参见《李学勤集·古玉上的鹰和人首》，哈尔滨：黑龙江教育出版社，1989年版，第72页。

> 饰很庄严，就会增强祭祀的气氛，这样也就更显得奴隶主贵族对祖先或天帝的虔诚；同时也显示出奴隶主贵族的“尊严”和“威严”。……具有恐怖感的青铜器纹饰所代表的意义，实际上是奴隶制国家巩固其反动统治的一个重要手段，借助于神鬼、上帝来恐吓和欺骗奴隶。①

有些学者也注意到饕餮与图腾的内在联系。日本的田边考次说：（饕餮）“未知是否为中国人创作之怪物？今南洋土人屋前之图腾，其名其物，亦与饕餮相类似。”法国著名人类学家列维-斯特劳斯在分析了亚洲与美洲的“拆半表现”后指出，这种相同的表现手法，可能是“亚洲主题传播到极东地区的一个证据”。他认为：“人们毫不犹豫地把古代中国青铜器上的饕餮面象看作是面具。”②

何光岳结合中国古籍及史前民族史的资料得出结论说：“图腾是中华民族上古时代的一支原始氏族的称号，以后传播到四方，然后于近代又回流传入我国。图腾本系饕餮氏。”③

饕餮是上帝吗？苏联著名汉学家列·谢·瓦西里耶夫认为：“对于饕餮之谜，中国艺术史和宗教史的专家们作过多年讨论，但不知为什么谁也没有按逻辑推想到底，因而没有把饕餮同殷人的至尊神上帝（帝）相比。然而，许多考虑却有力地说明，饕餮纹恰恰是这个神（殷人视为传说中的始祖）的画像。”④因为在殷代的几乎任何器皿（不管它是青铜的还是石头的或白陶的）上或其他祭祀用具上，中心母题都是饕餮纹——或正面，或侧面，或富于写实感，或极度图案化。如果同意饕餮纹就是上帝的画像这一论据，许多事情就有头绪了。列·谢·瓦西里耶夫从逻辑上推论出，饕餮之所以在殷代的各种器物上表现出来，正是因为它是殷人的上帝，但他没有展开详细的论证。

---

① 杜迺松编著：《中国古代青铜器简说》，北京：书目文献出版社，1984年版。

② [法]列维-斯特劳斯著，陆晓禾等译：《结构人类学》，北京：文化艺术出版社，1989年版，第105页。

③ 何光岳：《南蛮源流史》，南昌：江西教育出版社，1988年版，第87页。

④ [苏联]列·谢·瓦西里耶夫著，郝镇华等译：《中国文明的起源问题》，北京：文物出版社，1989年版，第325页。

日本学者林巳奈夫则分析了青铜器上饕餮纹和其他次要纹(如牛、羊、象、鹿)等的关系后认为，饕餮是商人的“物”，“物”就是上帝。其他动物纹处在次要地位，是方国的祖先神、图腾神。并且，他从河姆渡文化中的双鸟纹进行了追溯。他最后得出结论：凡饕餮额上有“篦形饰”的就是上帝。典型的篦形饰出现在殷代中期，直到西周后期仍在使用。这个篦形饰一旦加上眼、口等便成了饕餮，它是饕餮的核心象征性符号。林巳奈夫说：

> 饕餮被较大地装饰在青铜器上并享受等级很高的待遇，因之装饰有大饕餮的青铜器便是高等级的器物。这与那些在青铜器的一隅用带纹表现的鬼神和象征性的记号形成了鲜明的差别。可以认为后者是方国之“物”，前者相对于后者是统治者的“物”，即是帝。作为这个帝的图像的饕餮渊源于公元前5000年的河姆渡文化的太阳神图像，而后，在变化了的形象上又加上了脸，成为龙山文化的鬼神像，这种鬼神像又翻新成了殷代样式。作为太阳神生产力的象征——冒着火焰的形状，依照以倒梯形的篦形的形式被保持了下来，可以说就是在象征性意义上的传统也持续了下来。到了殷代这一形象中又加上了牡羊、水牛、虎等野生动物的因素。①

意大利汉学家安东尼奥·阿马萨里则与“饕餮即上帝”的观点相反，他认为：饕餮的形象极为古老，在公元前3000多年的龙山文化的一把石斧上就有它的形象。实际上，饕餮不是无身的，它有时也被表现为龙、虎、牛、鹿、鸟、羊等，甚至有时为人面。饕餮不是某一地区的，而是地上所有方向的人的吞食者。它是上帝——人和地的四方的主人——的敌人。作为动物，它生活在地上，而不是生活在天上和地下，它的人脸又表明，它

① [日]樋口隆康主编，蔡凤书译：《中国考古学研究论文集》，香港：东方书店，1990年版，第184页。

有着神的一些属性。[①]

这样问题就凸显出来了：饕餮是上帝还是上帝的敌人？殷人有上帝的观念，殷墟卜辞中有帝或上帝的名称，这一点是没有人否认的，但学者们对帝的象形文字的看法却缺乏统一的认识。“帝”字在甲骨文中写作“”等。一种观点认为，帝可能相当于蒂，它由花的梗和根茎和木字组成，字上部的“一”，表示天。第二种观点认为，“帝”字是用“H”捆在一起的一捆木柴（米）或一捆树枝、一捆茅草，或用柴草扎制成的偶像，这相当于朿。捆起来的木头或树枝燃烧，烟升上天空，相当于古代的“燎”祭。第三种观点认为，帝可能是一个祭坛——“示”，被木柴支持和包围着，上面放置供品和用来点燃的木柴。第四种观点认为，“帝”字中的“H”应释为“方”，是处在森林四方和大地中央的树木顶端最高位置的那个人的名称。

可见，学者对“帝”字阐释的分歧是很大的。“帝”这个字，可能与“商”字是同源的，金文中的“番”，丁山释为“适”，康殷释为“褚”，实际上是“商”字。《说文解字》中有一金文“商”字作“审”，似乎可以看出其与饕餮纹的关系。“帝”和“商”，都从“辛”，“辛”在金文中写作“”等，这颇与饕餮纹中的“篦形式”形状相似。所有的“帝”下都从“爪”，像“木”字的下半部分。也许“帝”最早是以木制的牌位作为其象征的，到了“以金为兵”的时代，便在青铜器怪物饕餮的头上刻上这一神圣的符号，以示对怪物的镇服。因此，饕餮即上帝的看法是错误的，饕餮纹中的篦形饰乃是表示上帝的符号也许说出了事实的真相。根据以上资料，做综合分析，可得如下结论。

饕餮本为人名，是黄帝胞祖缙云氏不才子，其地望最初在今山西晋水。按当时的社会风俗，饕餮也指国名、族名，即以饕餮图像作为图腾面具和族徽。后与华夏族发生矛盾，舜便把其流放到四裔，成了三苗的一支。另有一些部落在以后的迁徙中云散各地，有的甚至达到了东南亚以及南北美洲，把“图腾”信仰传播到遥远的异域。由于饕餮族为积聚财物发动战争，便成了贪婪的象征。在原始思维中，其图像便含有神秘的巫术意

---

① 参见［意］安东尼奥·阿马萨里著，刘儒庭等译：《中国古代文明——从商朝甲骨刻辞看中国史前史》，北京：社会科学文献出版社，1990年版，第64—65页。

义。在举行部落的祭祀、战争、娱乐中，用以装扮自己与神相通、悦神避邪，使民知神奸。饕餮的宗教意义加强了对人兽的威慑作用。到了商周时，已把它符号化，并在饕餮的头正中，饰以商人观念中的上帝符号，使饕餮具有了一种抽象意义上的价值，其表现方式便可多种多样。泛化的结果是一些不同图腾的部落氏族均以此形象装饰“圣物”，如青铜礼器、玉器、骨器等，或把一些被打败或消灭的氏族的图腾作为“奸”铸于青铜器，以便于人们躲避。由于表现方法的差别，便使饕餮的组成方式千变万化，或为龙、为牛、为羊、为猪、为鸟等，其中不少是展示辟邪怪兽之颜面，以寄托信仰。饕餮开始可能是一个正面的美的形象，不然何以作为人名和国名、族名，但由于其贪得无厌、发动战争，周以后便成为贪欲的代名词，成了丑恶的化身，其形象也变得怪异起来，有的竟以怪兽食人为特征。

由于古人缺少人类学、文化学、美学的知识，很难系统地认识饕餮的真正起源和意义，也很难看清饕餮形象中所包含的美丑观念。现在，我们从新的文化知识背景上来透视怪物饕餮的千古之谜，才能揭示其真正的起源。但由于年代的久远、资料的贫乏，关于饕餮仍有许多问题尚待有识之士去探究。

（原载《文史知识》1992 年第 10 期）

古代艺术中的拆半表现及其审美

一、何为拆半表现

美的事物和丑的事物，都以它的形象直观性呈现在我们的面前。内容决定形式，形式往往又有相对的独立性，有时甚至形式占主导的地位；形式一旦形成，又往往对内容产生反作用。

一些怪物的起源，当然有内容的关系，如在图腾信仰中把自己的祖先看成是某一动物，便有同化于图腾神的风俗，于是产生一些人兽杂糅的形象，表现在图像及文献资料上，便会产生现在看来的怪物。再如在原始人的巫术思维下，由相信超自然的神灵的感应而导致的怪异行为，也会产生许多今天看来怪诞的事情。但除此以外，一些艺术表现手法，也可能导致今天看来丑怪的产生。如三足鸟，本是二足的鸟制成的鸟形器，因为二足不牢固，故制成三足(后一足为附加的支撑物)，这样久而久之，便成了三足鸟。由于鸟与太阳是东夷部落的图腾，以鸟象征太阳。到了汉画中，便产生三足乌(鸟)蹲坐在太阳中的图像。山东大汶口文化出土的陶鬶、陕西华县太平庄墓出土的陶尊都是三足，殷代铜尊往往也是三足。有些以鹰、鸮形象做成的器具，往往把鸟的尾部做成足的样子，使其向下，以与前两腿一起形成三个支撑点，以保持其稳定性。

在神话的起源上，英国学者麦克斯·缪勒曾创立一种语言学说，认为神话产生于“语言弊病”。据说，原始人如古雅利安人，借助于隐喻性的代称或修饰语，凭借某些具体的征状，来表述抽象的概念。后来，诸如此类隐喻性的代称或修饰语竟被人遗忘或渐趋朦胧；于是伴随着上述词语的变异，神怪遂应运而生。[①] 麦克斯·缪勒的看法引起很大的反响，几乎是毁誉参半。我们也不想争议这个问题，只是认为，最早的语言表述与现代人思维的差别，是神怪产生的一个原因；我们也认为，一些艺术表现手法，也可导致神怪的产生。

如受到人类学家十分重视的艺术中拆半表现手法的运用，就可导致那些怪异的增肢或减肢怪物的起源。对这种方法进行研究，可以破译不少古代怪物之谜。

艺术中拆半表现技法的运用，是整个环太平洋文化的特征，它在古代中国、美国西北海岸、西伯利亚、新西兰，也许还有印度和波斯的艺术中都存在过。过去曾有人对这种原始艺术进行过比较研究。美国著名人类学家弗朗兹·博厄斯和法国结构主义人类学家列维-斯特劳斯等人都出版过很有影响的著作。我们在此是为了讨论中国的丑怪，因此不可能对世界其他国家或地区的这种表现手法做全面论述。列维-斯特劳斯说：“西北海岸的艺术与古代中国艺术所呈现的相似之处不可能不给人留下深刻的印象。”[②] 当我们把美国西北海岸的艺术作为主要参照系来论述时，事情就变得简单了。弗朗兹·博厄斯曾对北美洲北太平洋沿岸的艺术做过系统研究，对拆半表现的技法做了精彩的论述。

早在19世纪末，博厄斯在《北美洲北太平洋沿岸印第安人的装饰艺术》中，在分析一种银手镯的装饰图案时指出：有些土著艺术家采用了以下的表现方法：表现的动物被从头到尾切成两半，只在鼻部和尾尖处会合，形成一个可以容手通过的圆圈(见图1)。

---

① 参见[英]麦克斯·缪勒著，金泽译：《宗教的起源与发展》，上海：上海人民出版社，1989年版。

② [法]列维-斯特劳斯著，陆晓禾等译：《结构人类学》，北京：文化艺术出版社，1989年版，第81页。

图 1　纳索河印第安人在手镯上表现熊的图案

（选自弗朗兹·博厄斯《原始艺术》）

从手镯纹样发展到平面绘制或雕刻动物并不是很困难，而且可以使用同样的处理原则：有时动物是以劈成两半、当中相连的两个侧面来表现；有时表现为头部的正面和互相连接的身体的两个侧面。在上述例子中，动物形体是从嘴到尾尖全部切成两半，头尾两处保持完整，整个动物铺在一条圆圈、圆锥或棱柱的面上。

倘若装饰面是接近于方形的，则不易采用这种方法。在这种情况下可以把坐姿的四脚动物照上述方法切开，然后把整个动物展开，鼻子和嘴保持完整，背上的中线贯穿左右两端(见图 2)。

1　　2

图 2　拆半表现的熊图案

（选自弗朗兹·博厄斯《原始艺术》）

弗朗兹·博厄斯分析图 2-1 说："熊从背后到前身切成两半，只有在头部的正面保持完整，下颚也是分成两半的。黑色线条表示熊背，上面的细线代表熊毛。钦西安人把这种图案称为'合熊'，好像图中表现的是两只熊。"①

① ［美］弗朗兹·博厄斯著，金辉译：《原始艺术》，上海：上海文艺出版社，1989 年版，第 209 页。

有些图案中切割动物身体的方法与上述情况相反，整只动物从胸到背切开，展开以后动物躯体的两半在后背的中线结合，这种图案见于海达人的刺纹(见图3)。

1

2

图3 拆半表现的鸟纹

(选自弗朗兹·博厄斯《原始艺术》)

弗朗兹·博厄斯对美国西北海岸原始艺术的天才分析，启发了很多中国商周青铜器的研究者。他们发现了公元前1000年商代的装饰纹样与美国西海岸的纹样有许多相同之处。殷商青铜器上的兽面纹正是拆半表现的艺术。

H.G.克里尔指出："商代装饰艺术最突出的特征之一就是用平面或球面来表现动物的独特方法。仿佛有一个人抓住这只动物，把它纵长拆半分开，从尾端几乎一直到鼻尖，然后把这两半撕开，把这只平分为两半的动物面朝外地平放着，分开的两半只在鼻尖连接。"[①]他分析了安阳发掘出的一青铜器：

> 在器面中间，是一幅没有下颌的拆半饕餮面像，第一幅面像的耳朵组成在它上面的第二幅面像。第二幅面像中的两个眼睛也可认为是由第一幅面像的两个耳朵所表示的两条小龙的眼睛。这两条小龙呈侧面，而且面对着面，一如在这器面上部的那些面像。后者也可看作是

---

① 转引自[法]列维-斯特劳斯著，俞宣孟等译：《结构人类学》，上海：上海译文出版社，1995年版，第85页。

一幅山羊正视图面像，双角由龙身来表示。盖子上的图案也可作同样的解释(据 W. P. 耶茨：《安阳——回顾》)。①

中国现代考古学的奠基人李济在分析要在平面上表现立体的形态时认为，最简单的方法就是："将立体的动物，分割为相等的两半，拼成平面。由这种新的纹样配列法更进一步的演变，就是将同一动物的身体各部分予以重复；或将甲动物的一部分配合于乙动物另一部分；或夸张其身体之一部而忽略他部；由此形成各种复杂的纹样。"②他并指出："把一个动物的两个侧面合成一个正面，中间再加(或不加)若干不同的联系，我们称它为联合动物。"他在专门讨论殷墟出土的觚形器的报告中，讨论其花纹制造方法时说："花纹的内容，若以腹饰论，除了一件标本由几何形纹组织的周带外，其余的都由'动物面'两个单位构成。……每个单位也代表动物侧面，但对称排列，两单位代表一动物正面。"③

张光直分析青铜器上的花纹说："铜器花纹的基本构成常是环绕器物成为二方连续带，以铜器的角棱隔成若干单元，每个单元中有一个动物的侧面轮廓。如果一个单元中的兽头向左，则其左面邻接单元中的兽头通常向右，二个兽面面对面地接到一起，以角棱为兽面的中线。从中线上看，左右的兽形可说是一个兽形从中劈分为二再向左右展开，但也可以说是两个动物纹样在面中部接合在一起的结果。换言之，饕餮面和肥遗都可以说是两个动物在中间合并而成，也可以说是一个兽面或一只动物从当中劈为两半所造成。"④

对商周青铜器上各种动物的表现方式，在不少考古学家那儿都进行了类似的描述。

---

① 转引自[法]列维-斯特劳斯著，俞宣孟等译：《结构人类学》，上海：上海译文出版社，1995年版，第85页。

② 李济：《安阳遗址出土之狩猎卜辞、动物遗骸与装饰纹样》，载张光直等译《李济考古学论文选集》，北京：文物出版社，1991年版，第885页。

③ 李济：《殷墟出土青铜礼器之总检讨》，载张光直等译《李济考古学论文选集》，北京：文物出版社，1991年版，第742页。

④ 张光直：《商周青铜器上的动物纹样》，《考古与文物》，1981年第2期。

邵大地先生指出，在青铜器装饰纹样中，有一种为“两尾龙纹：其状一首居中，两尾分列左右，有四足的，也有无足的”①。

杜廼松先生认为：“饕餮是幻想的神话动物，形象的基本特征是仅雕有动物的颜面，圆眼突出，常以浮雕出的扉棱为颜目的鼻、作卷曲的眉和耳。有的饕餮纹是用相对称的一对夔纹组成的，多以云雷纹为衬托。”②

张孝光先生认为，饕餮纹“是一种兽的正面形象，有些两侧各有一身，有曲有直，也有的无身而有腿”③。

马承源先生认为：“兽面纹的特点是以鼻梁为中线，两侧作对称排列，上端第一道是角，角下有目，形象比较具体的兽面纹在目下还有眉，目的两侧有耳，多数兽面纹有曲张的爪，两侧有左右展开的体躯或兽尾，少数简略形式的没有兽的体部或尾部，所有兽面纹基本上是按一模式塑造的，只是在表现方法和技巧上，随着时代的发展而有所不同。”④

对商周青铜器上兽面纹的研究，诸家都认为是一种“拆半”的艺术表现技法。这一点是没有什么疑问的。

一个动物如何拆半表现，这要看兽面纹装饰在什么地方。假如是装饰在一个比较窄长的地方，那么兽身就被拉长，以便形成一个环带状；如果是装饰在比较方正、宽阔的地方，身体就变短，或者使身体向上或向下；当为了突出正面的兽面时，身体则被省略或只把身体分解后放在兽面的旁边，还有的把另一兽身对称地放在兽面的空白处。

有人对青铜器上的兽面纹做了详细的分类，搞得比较繁杂，但如果我们对各种兽面纹再做归纳抽象分析，可以说绝大部分兽面纹均为拆半表现的兽面或连体兽面形象。

---

① 邵大地：《青铜器装饰纹样选》文字介绍部分，天津：天津人民美术出版社，1984 年版。

② 杜廼松：《中国古代青铜器简说》，北京：书目文献出版社，1984 年版，第 118 页。

③ 张孝光：《殷墟青铜器的装饰艺术》，载中国社会科学院考古研究所编著：《殷墟青铜器》，北京：文物出版社，1985 年版，第 108 页。

④ 马承源主编：《中国青铜器》，上海：上海古籍出版社，1988 年版，第 319 页。

二、拆半表现的类型

中国的青铜器达到那样的精美程度，不得不使人认为它应有个长期的发展过程。尽管有些学者已注意到青铜器与诸如木器、石器、陶器、玉器等的关系，但还没有人对其进行历史发生学的追溯。只有了解了其起源，才能认识其本质。我们应明确，“拆半”表现不仅只出现在青铜器的纹饰中，而且在其他器物的纹饰中也常见。“国之大事，在祀与戎。”[①]一方面，作为祭祀之礼器的青铜器是国之重器，所以它的制造才达到那么精美的程度；另一方面，也许是一个偶然的因素，因所使用的物质材料的不同，才使青铜器成了它们的代表。实际上，我们从殷商的、甚至更早的文物中，也发现了拆半表现技法的存在。在殷墟中就曾发现过权杖、饰柄与石雕，其装饰手法与青铜器是一致的。

李济曾领导过殷墟的发掘工作，他分析了发掘出的青铜器说：“这些圆身的青铜容器大半是承袭史前陶器；而史前陶器的形制大半数仍保存在殷商时代的陶器中；其中有不少形制可以追溯到史前的黑陶及彩陶时代。”[②]李济曾在小屯村进行发掘，在那里“确实发现了豆形木器的痕迹……进一步推论应当是方形青铜器，不仅在器形上，而且在纹饰上都来源于方形木器”[③]。他认为，“在中国北部的青铜铸造之前，很可能早就广泛地存在着木刻工艺。”[④]他又提出，殷代“建筑的装饰，显然包括不少的石头雕刻的人像，神话动物一类的石雕以及刻划在墙壁上的花纹”。[⑤]进而，李济归

---

① 《左传·成公十三年》。

② 李济：《殷墟出土青铜礼器之总检讨》，载张光直等译《李济考古学论文选集》，北京：文物出版社，1991年版，第726页。

③ 李济：《殷墟出土青铜礼器之总检讨》，载张光直等译《李济考古学论文选集》，北京：文物出版社，1991年版，第941页。

④ 李济：《殷墟出土青铜礼器之总检讨》，载张光直等译《李济考古学论文选集》，北京：文物出版社，1991年版，第939页。

⑤ 李济：《殷墟出土青铜礼器之总检讨》，载张光直等译《李济考古学论文选集》，北京：文物出版社，1991年版，第809页。

纳了青铜器上装饰的三个特征："1. 保持陶器形状的圆形青铜器通常没有装饰。2. 一些青铜器依然采用仰韶、龙山陶器上相当简单的几何形图案为主要装饰。3. 安阳出土的青铜器，全身都布满了主要是动物图案的装饰。""事实使我们进一步得出如下结论：以动物为主题的花纹首先在木刻艺术发展起来，而木刻艺术在类似于16、17世纪的北美西北海岸的环境中才繁荣起来。"①

因此，青铜器上的兽面纹的表现方法，不仅在青铜器上存在，而且也在当时的其他各类艺术中存在。虽然李济、李学勤、张光直等人都注意到了这一点，但他们并没有进行具体的分析，也没有从美学的角度进行考察。下面我们就对拆半表现方法进行探讨，并分析这种方法怎么导致了"一头双身"或"双头一身"等怪物的起源。

原始器物上的怪异的装饰纹样，历来是一个争论很大的问题。前面我们已从内容方面进行了分析，现在我们将分析这种怪异的装饰纹样表现手法的审美意义，以及由这种表现手法的演变而可能造成的文化观念上的改变。

从20世纪50年代开始发现的"人面鱼纹"，不仅在西安半坡，而且在临潼姜寨村、宝鸡北首岭、汉中西乡县何家湾等处也都有发现，其形式大同小异(见图4)。

有一些学者认为，人面鱼纹是巫师面具的形象。实际上，巫师面具形象应有个原型，这个原型就是鱼。人面鱼纹，应看作鱼纹拟人化的产物。巫师在举行原始通神仪式时，戴着制作的面具，是其交通图腾神或祖先神的一部分。仰韶文化中人们制作的面具已不复存在，但绘在陶器上的面具给我们透露了一定的信息。从中我们可以分析出"人面鱼纹"组成方式的演化轨迹(见图5)。

① 李济：《殷墟出土青铜礼器之总检讨》，载张光直等译《李济考古学论文选集》，北京：文物出版社，1991年版，第942页。

图 4　文物中的人面鱼纹

图 5　拆半表现鱼纹的演化图

图 5 中的 1、2、3 图为侧面表现的鱼；6、7 图原绘在陶盆的外侧面，为横排式，可以看作一条鱼从一侧面拆开，在头部相连，然后平放在一平

面上的产物；5 图是一拆半表现的鱼，在头部的侧面相连，而使身体平行放置。这样，我们似乎可以看到原鱼头部和“人面鱼纹”之间的关系了。当把这个图案拟人化，头部变为圆形（见 10 图），原来拆半表现的鱼身，便简化为“人面鱼纹”的额部和额部上的冠状物。在大量人面鱼纹的嘴的左右，有边线带齿状的三角形饰物，应看作正面表现的鱼鳍。其头上的冠状物，实际上是图案化了的鱼身。我们从 12 图便可看到这一点，该图是从临潼区出土的史家型葫芦瓶上的人面鱼纹图案，其头上的冠状物带有鳞片纹，当为两拆半表现鱼身的平面图。所有的人面鱼纹，都不是表现人的形象，而是巫师所使用的拟人化了的鱼的形象。当把鱼装饰在比较窄长的地方时，便出现了图 5 中 6、7 图的样式，它们可以看作一条鱼从尾部向头部剖开，然后拉平放在一个平面上的产物。8 图是一个拆半表现的鱼头，它可以看作两个侧面的鱼头，又组成一个正面的鱼头的形象，它与 7 图中鱼的头部的样式是一致的。再行抽象就可形成图 5 中 9、10 图的样式。图 5 中 4 图则向我们展现了从 1、2、3 图向 7 图乃至向 11 图过渡的形式。可见拆半表现的手法，在中国已有六七千年的历史，在仰韶文化中就已成熟。而这一手法，到了公元 15 世纪，才在太平洋西海岸的雕刻艺术中成熟地表现出来（见图 6）。

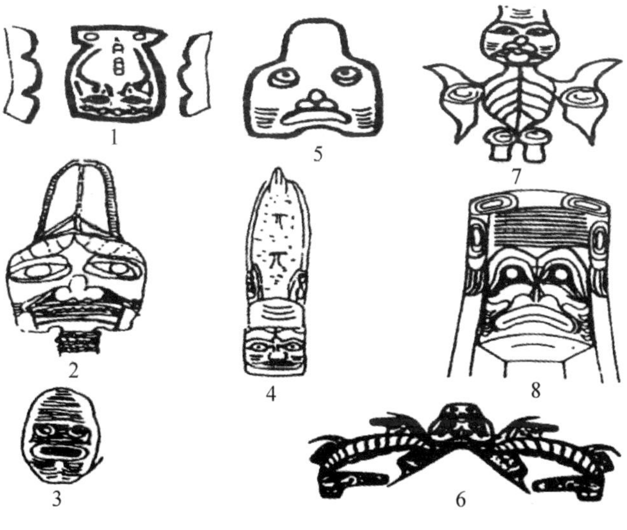

图 6　太平洋西海岸拆半表现的鱼纹

（选自弗朗兹・博厄斯《原始艺术》）

我们把图 5 中的 6、7 图和图 6 中的 6 图进行比较，可以看出它们都运用了一种正面形象的拆半表现技法。这种表现技法是横向排列的，既表现了头的正面形象，又表现了身体的两个侧面，适应了所装饰的器物的造型需要。我们再把图 5 的 5、12 图，图 6 的 1、2、5、8 图相比，其都为竖排式的。这种表现技法的不同，主要是由装饰的空间决定的。它与横排式在内容上不应有差别，只是装饰物的形状和质地决定了其表现方法。

笔者认为，“人面鱼纹”上的三角冠状物应为鱼身，在国外我们也发现类似的表现技法。荷鲁美斯在《志利魁省之古代艺术》一书中，详细比较了巴拿马海峡沿岸的印第安人的陶器图谱，发现其中的种种几何纹样，实际是从鳄鱼演变而来。他将这一纹样的演变情况列了一张表。我们看到，最初的鳄鱼纹样，只是背上有点的三角开张带以表示鳞，口中以一列楔形代表牙齿。①

实际上，我们比较“人面鱼纹”的不同表现，也可明白这一点。如有些人面鱼纹在左右耳部饰一上弯的线，有的线上还有小点，而有的则换成了左右贯耳的鱼。所有的人面鱼纹都没有画耳朵，只是在耳部以鱼饰之。这与《山海经》等古籍中记载的“珥两蛇”的意义是一致的，大概是可以听到作为图腾神灵的召唤，是“灵感”的一种形式。因为耳聪目明在原始人那里指一种特殊的交通神灵的方式。正像澳大利亚的某些土著妇女声称，她们能像听见一阵微风那样听见神的降落。秦家懿指出，中国古代的圣人，本义是指那些通灵的人：“甲骨文里的圣字由一只大耳朵和一张小口组成，可能意味着聆听(也许是指聆听神灵的话)和传播听到的话。……圣人可能是神的代表，也可能是人神交流的中介或是祖先的亡灵。”②

拆半表现可以导致双头一身怪物的产生。海达人表现鸭子和渡鸦的形象由于拆半表现，形成了看上去是双头的怪物。在仰韶文化的鱼纹中，已有用这种方法表现的怪鱼；在河姆渡文化及汉代画像石中，也有用这种方

---

① 转引自徐一青、张鹤仙：《信念的活史：文身世界》，成都：四川人民出版社，1988 年版，第 157 页。

② 秦家懿、孔汉思：《中国宗教与基督教》，北京：生活·读书·新知三联书店，1990 年版，第 16—17 页。

法表现的怪鸟(见图 7)。

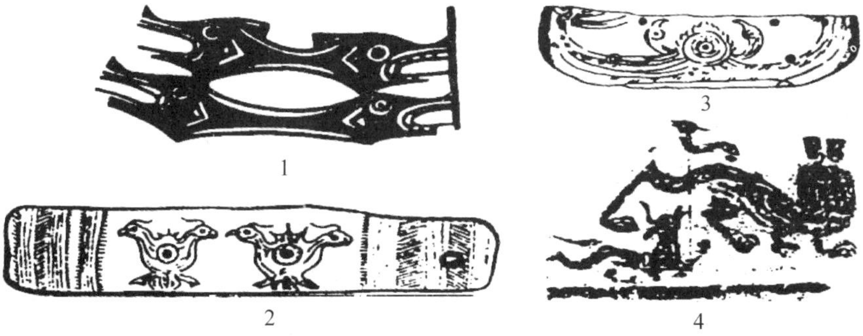

图 7　中国古代的双头怪纹样

实际上，参考博厄斯的论述，我们可以把这种双头怪鱼看作一条从头部用刀向尾部剖开，然后拉平放在同一平面上的产物。拆半的鱼装饰在器物上，如果是头正中相连，就是图 5-7 一头双身式；如果在尾部相连，就是图 7-1 双头一身式；如果在头侧部相连，鱼身平行放置，就是图 5-5 式。明确了双头怪鱼的表现方法，就可以破解一身双头怪物的起源之谜了。图 7-2 式是处于长江流域河姆渡文化遗址中出土的物品，上刻有两个双头一身的凤鸟。图 7-3 是一象牙雕刻的蝶形器，上刻有“双鸟朝凤”的图案。拿它的表现技法和海达人表现鸭子和渡鸦的技法看，是极其相似的，其内涵也是表现太阳神鸟的文化母题。从表现形式讲，它已开了饕餮表现技法的先河。

到了殷商时代，在青铜器的纹饰中，这种表现技法已达纯熟并有了更多的变化及组合形式(见图 8)。

图 8 中的 2 图，左右各为一身双头的夔龙，从中间看，又是左右有首的夔龙组成的饕餮纹；图 8-1 则是图 8-2 的抽象化；图 8-3，则是显示了一身双头夔龙的头一为侧视，一为正视；图 8-4，为双侧视图；图 8 中的 5、8 图则把一龙一凤组合在一个身体上，显示了龙凤艺术到殷代已趋于融合的历史趋势，其余的更趋抽象化。

从石器时代到青铜时代，许多石器、青铜器中出现许多双头一身的怪

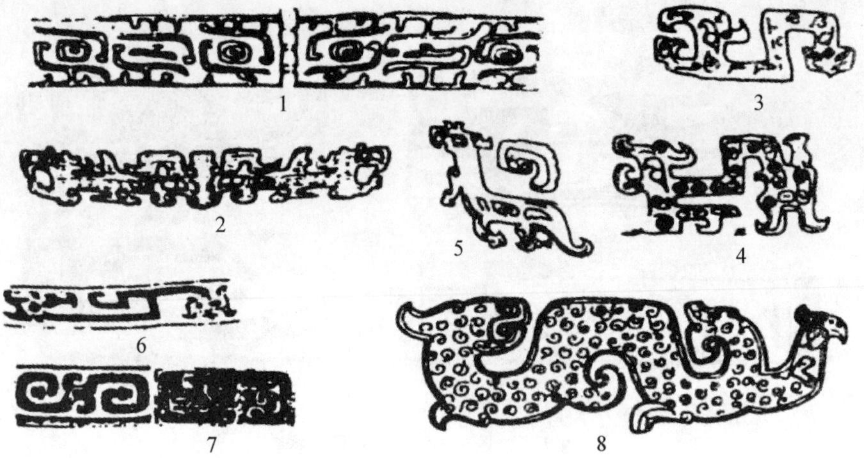

图 8　殷商青铜器、玉器上的两头怪装饰

物，被命名为璜(如图 9)。郭沫若指出，战国玉璜为“二首一身之龙形”①，杨建芳先生认为，“璜两端作龙首或兽首”②。在《山海经》里有左右有首的延维(委蛇)，在甲骨文、金文中有“虹”字，其字形如璜，为两首蛇虺。这种两首怪物与拆半表现技法存在着内在联系。一直到现在，在民间艺术中，仍存在这种表现技法。笔者曾在陕西咸阳农村搜集到一些布制玩具，其鸟为拆半表现，可以看作一只鸟被劈成两半，在胸部相连，然后平放在一个平面内。这种技法在剪纸等艺术形式中也很常见。

上面已讲到，李济等考古学家对宋以来许多人把青铜器上的兽面纹称为饕餮持反对意见，他认为，许多兽面不是有首无身，而是有首有身，并且多是左右各为一对面相连的动物，两个对面相连的动物头部又组成一个正面的兽首。根据《山海经》的记载，他称这种兽面纹饰为“肥遗形”图案。

《山海经·北山经》载：“有蛇一首两身，名曰肥遗，见则其国大旱。”《山海经·北山经》又云：肥水“其中多肥遗之蛇”。③《山海经·西山经》曰：

---

① 郭沫若：《金文丛考》，北京：人民出版社，1954 年版，第 44 页。

② 杨建芳：《中国史前五种玉器及其相关问题》，《新亚学术集刊》，1983 年第 4 期(中国艺术专号)，第 16 页。

③ 袁珂：《山海经校注》，上海：上海古籍出版社，1980 年版，第 90 页。

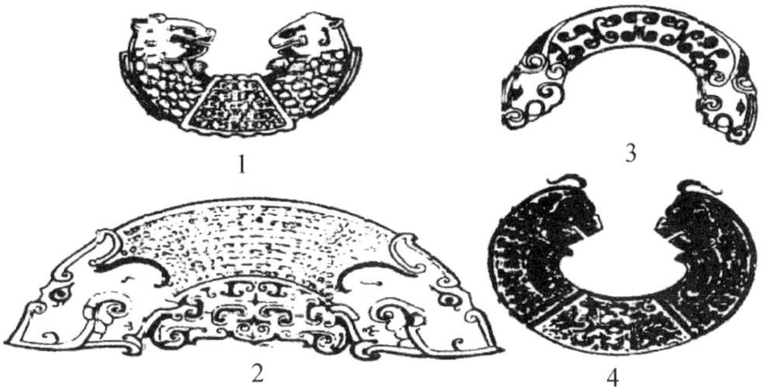

图 9　玉璜中的双头怪图案

图 10　清人所绘一头双身的肥遗图案

“太华之山，削成而四方，其高五千仞，其广十里，鸟兽莫居。有蛇焉，名曰肥遗(虫遗)，六足四翼，见则天下大旱。”可见肥遗为一蛇名，其特征就是出现变体，最主要的就是“一首两身”。

光绪二十一年(1895 年)刻本《山海经存》(作者汪绂)，插图肥遗为图 10。这个插图运用了现代人的透视法画出了一头双身的蛇，实际上已失去了肥遗的原意。结合古代装饰纹样，肥遗应为拆半表现的蛇(见图 11)。

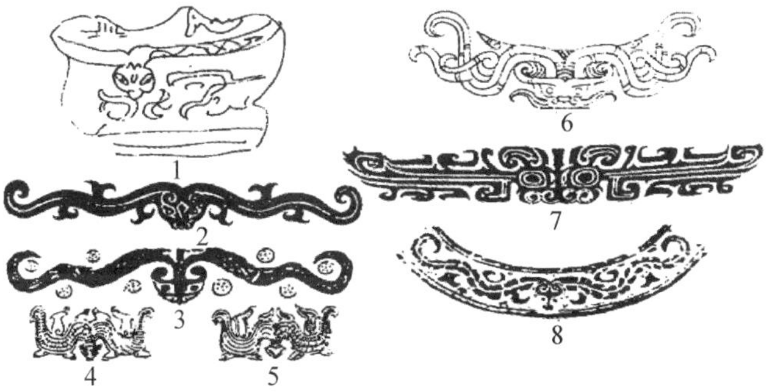

图 11　陶器和青铜器上的一头双身肥遗蛇图案

图 11-1 为在中原地区发现的二里头文化的两块“龙纹”陶片，时代距今约 4000 年，其形象已表现为“一首双身”，当为早期的肥遗形象。此陶片可以证明早在二里头文化中就已存在这种表现方法了。到了殷周时代，这种表现方法就更加普遍了。我们从殷墟妇好墓出土的一件方壶的中间部位，可以看到装饰着高浮雕的一头双身的肥遗。对动物的这种表现，不仅表现在“龙纹”上，在其他动物上也能见到。如商代一些青铜器上装饰的虎食人纹饰(见图 12、图 13)。

图 12　安徽阜南出土龙虎尊上的虎食人图案

1　　　　2

图 13　商代青铜器上的虎食人图案

图 12 的虎为拆半表现的典型代表。一只老虎被从尾部向头部劈开，身体被拉平放在左右，虎在头部相连，从头看为一正面的虎头，虎头下有一身体布满花纹的人。图 13 的装饰纹样也是拆半表现的结果，其内容和图 12 是一样的，只是拆半表现的方法不同，其不同的表现方式主要是由图案所在的空间决定的。李学勤分析这种技法说：“上述各器上面的虎形，或

双身或相对，是求取平衡的艺术手法。妇好钺的铭文，为求平衡，将‘好’字写成两个女相对，正证明了这一点。”

在某种意义上讲，传统上所认为的饕餮纹，与肥遗图案是相同的。战国时这种表现技法也存在，如河南辉县出土的属战国时期的铜奁，下方为一人面双身怪兽，实际上是动物的拆半表现，头部拟人化的结果（见图 14）。

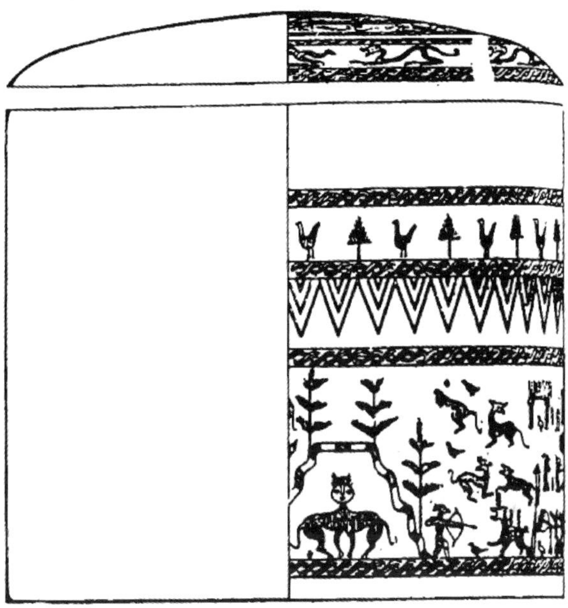

图 14　河南辉县出土战国铜奁

三、 拆半表现的起源

博厄斯不仅指出了北美洲西北海岸艺术中存在的拆半表现，而且企图说明这种表现技法的起源。他从艺术表现的具体材料出发，认为拆半表现原则逐渐出现在从角形物体到圆形物体，从圆形物体到平面的转换过程中。例如一个方盒有四个侧面，要在这四个侧面上表现立体的动物，最好的办法就是使方盒的四个侧面适应动物的四面——前面与右侧、后面与左侧。而在圆镯中不存在这种明确的分界线，因此艺术地连接这四个侧面就极为困难，但连接两个侧面并不存在这种困难。设想动物从头到尾分为两部分，使这两半只在鼻尖和尾梢上相连，手穿过这个洞，于是动物就绕着手腕。采取这种姿势，动物可在手镯上表现出来。于是从手镯转到平面上的动物绘画或雕刻，也就不难了。[①] 在从圆形到平面的转换过程中，把连接的尾部拆开，然后使现在处于游离状态下的两半身体在齐脸的平面上往左右前方拉平。博厄斯的分析是具体的，启发人的。

列维-斯特劳斯则从他的结构主义人类学的原则出发，结合原始文化中的图腾信仰、面具文化、文身黥面等分析古埃库鲁艺术、毛利艺术，认为“拆半表现看来是两个文化重视文身的结果”[②]。因为要在脸部画出图腾形象或装饰图案，其最基本的技法就是把脸看成两个毗连的侧面。他分析了毛利人的图腾柱和卢浮宫收藏的一件中国青铜器——它看上去像是一根雕刻柱子的缩制品相比较，认为“其造型与风格表现仅仅是人体形态模仿的具体表达”。

列维-斯特劳斯遇到的困难在于人的文面是否早于器物上的装饰。并没有资料可以证明，人类的装饰是从文面开始的。文面可以是拆半表现的，但并不是拆半表现的根源，也许恰恰相反，人的文面是在一定的宗教神话的背景上开始的，在文面以前也许人类早就在洞穴岩壁或陶器木器上涂画了。博厄斯的研究力避抽象空洞的泛论，紧密联系北美洲西北海岸的艺术，但对中国艺术来说，他没有涉及，这的确是一大遗憾。

结合中国古代艺术，我们将探求拆半表现可能的起源。

首先，拆半表现与对称。无论是狰狞的饕餮或双身的肥遗，无论是神秘的图腾柱或怪异的面具，其表现技法为拆半的。拆半表现技法的最大特征就是它的对称性。对称性的追求是一个恒常的课题。从审美心理发生学上追溯拆半表现技法的起源，就追溯到了对称美的产生。

博厄斯指出：“自古至今，一切民族的艺术品中均可看到许多特征，其中之一即是对称。即使在最简单的装饰艺术的造型里，也可以看到对称

---

① 参见［美］弗朗兹·博厄斯著，金辉译：《原始艺术》，上海：上海文艺出版社，1989 年版，第 208 页。

② ［法］列维-斯特劳斯著，陆晓禾等译：《结构人类学》，北京：文化艺术出版社，1989 年版。

的形态。”[①]美国当代著名美学家阿恩海姆对原始艺术研究后认为：“总的看来，原始艺术都是平板的或二度的，而不是立体的或三度的；多运用直线和规则的曲线（如圆的和螺旋形的），而很少见到倾斜的线和不规则的曲线；普遍都具有对称性、重复性和节奏性特征等等。”[②]

在古代民族中，苏美尔人是喜爱对称的。从约公元前2700年出土的银瓶上显示出一个展开翼的正面的狮头鹰，它的每个爪子紧握着一只呈现侧面形状的牡鹿，牡鹿又各遭到一只狮子的攻击（见图15）。在希腊特洛伊的迈锡尼狮门上的图案以及史前秘鲁的图案，为了保持对称，蛇均为左右有首，一身两头。甚至在拜占庭的艺术中，绘画大都是对称性的。

图15　苏美尔人史前艺术中的对称构图

无疑，对称和美学是紧密相连的。德国著名科学家H.魏尔在其专著《对称》一书中指出：“对称性，不管你是按广义还是按狭义来定义其含意，总是一种多少代以来人们试图用以领悟和创造秩序美和完善性的观念。”[③]阿恩海姆则认为：“在原始人心目中，原始艺术呈现出了规则、对称、简洁的图形，就等于在迷乱中创造了秩序、在混沌中创造了世界，在黑暗中

① [美]弗朗兹·博厄斯著，金辉译：《原始艺术》，上海：上海文艺出版社，1989年版，第23页。

② [美]阿恩海姆著，滕守尧译：《视觉思维——审美直觉心理学》，北京：光明日报出版社，1987年版，第11页。

③ [德]H.魏尔著，钟金魁译：《对称》，北京：商务印书馆，1986年版，第5页。

创造了光明。”[①]但随着艺术的发展，对称性在艺术中越来越少见了，当人们对社会秩序有了科学的把握，对称则成了呆板或僵死的表现，艺术一旦脱离了原始期，严格的对称便逐渐消失了，渐渐被平衡所代替。

魏尔进一步分析道：

人们也许会问，对称性的美学价值是否依赖于它的生命价值；究竟是艺术家发现了大自然按照某种固有规律赋予它的创造物以对称性，然后把大自然以不完善形式表现出来的这种对称性加以摹制与改善呢？还是对称性的美学价值有一个独立的根源？我倾向于柏拉图的想法，即数学观念是两者的共同根源：制约着大自然的数学规律是自然界中的对称性的根源，而创造性艺术家心灵中对数学观念的直观的领会，则是艺术中对称性的根源。不过我准备承认，在艺术中，人体外形的左右对称性这个事实是一种附加的刺激因素。[②]

博厄斯也表示了类似的看法：

对称造型的使用何以如此广泛，其原因很难探索。人体的生理结构决定了手臂的对称运动。左右两臂很自然地以对称的方式运动，这种运动的方式不仅对称而且富有节奏。我想，可以把这种现象认为是产生对称现象的重要因素，其重要性不亚于人类或动物躯体的对称。问题不在于人们是否用左右两只手同时进行绘画，而在于左右两侧动作的感觉造成了人类的对称感。[③]

自然界的万事万物，大到星系小到树叶，都是以对称的面目出现的，禽兽鸟虫及我们的人体，也都是对称的。对称无疑是进化历史上的奇异现

---

① [美]阿恩海姆著，滕守尧译：《视觉思维——审美直觉心理学》，北京：光明日报出版社，1987年版，第11页。

② [德]H. 魏尔著，钟金魁译：《对称》，北京：商务印书馆，1986年版，第6页。

③ [美]弗朗兹·博厄斯著，金辉译：《原始艺术》，上海：上海文艺出版社，1989年版，第24页。

象，其必然有数学的根据。艺术中的对称是这种自然力和自然中生命力的必然显现，是人适应自然的一种必然反映。当人类社会从无序的状态走向有序的时代来临以后，在人类早期的原始艺术中普遍存在一种对称的艺术就毫不奇怪了。拆半表现的审美根源就深深扎根于大自然的生命力的结构模式中。

其次，拆半表现与原始透视法。绘画就是要在一个平面的二维空间表现处在三维空间的立体事物。在今天，这一表现靠透视来完成。西方人崇尚科学理性，因此他们创造了焦点透视，使人们从窗户框里看到的景色，可以在一块画面上呈现。在中国古代的绘画中，多用散点透视，好像一个人不是从一个窗户框里去看世界，而是把许多角度的观测组合在一个画面上。在人们懂得科学透视法以前，应有一种原始透视法，这种方法在原始艺术及儿童绘画中采用过，并且曾产生深远的影响。而且，随着西方现代派艺术的兴起，这一影响也许会更加久远。

图 16 画的是一个方形的池塘以及周围的树木，1 是用焦点透视法画出的，2 是用古埃及绘画技法(代表了原始艺术的一个方面)画出的。在古埃及人看来，图 16-1 是错误的，它看上去极其混乱，池塘成了不规则的四边形，树的高低也不一样，有些树跑到水里去了，树和地平面的交角也是倾斜的，现实中的池塘完全不是这样的。一个西方画家听了上述评论后认为，古埃及人所画的池塘只有从飞机上往下看时，才是那个样子，因为池塘周围的树看上去都像是躺在地上似的，这是怪异的。①

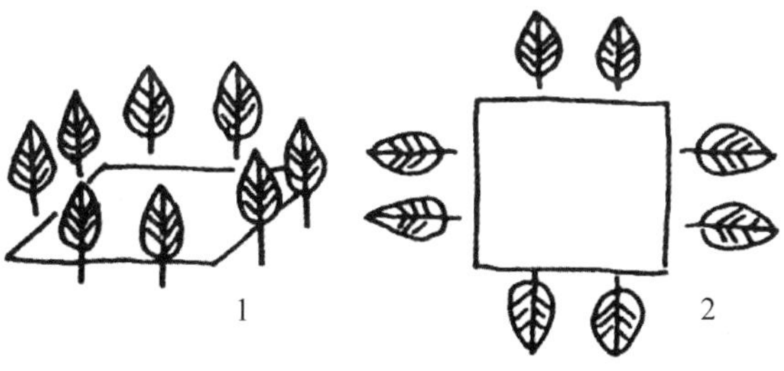

图 16　原始透视法说明图

① [美]参见阿恩海姆著，滕守尧译：《视觉思维——审美直觉心理学》，北京：光明日报出版社，1987 年版，第 135 页。

在最早的绘画还没有从装饰艺术中分离的时候，要在平面上表现空间的形象，曾采用图 17 所示的表现法。如在原始洞穴壁画和岩画中，表现动物多采用正侧面的描写。图 17-1 表现两匹马拉的车，其马为侧面形象，为了形式美而一个面向左，另一面向右；车是俯视的，轮子则是侧视的。图 17 中的 2、3 为两个动物的侧视图，它们在吻部相连，很像拆半表现，它又可以看作两匹马、两只羊。图 17-4 是 5 人的圈舞，均在平面上表现。图 17-5 则为两个侧面表现的动物在四蹄处相连。

图 17　岩画中拆半表现的动物

（选自盖山林编《阴山岩画》）

文字是从图画文字演变过来的，在图画文字中，也留下了人类的这种古老的表现方法，如在商周的象形文字甲骨文、族徽文字中，动物也是这样来表现的。甲骨文、金文中的“车”字，最能代表这种表现方法（见图 18）。徐中舒在论古文字装饰风格时说：“甲骨文凡关于禽兽的象形字，多作侧视形，只能显其一面，因此四足的兽，只画其两足。”[①]在青铜器纹饰中，车马也是这样表现的（见图 19）。其中，如果是两匹马拉的车，则每匹马都是用正侧视来表现的，并使马背相对；如果是四匹马就是一边各两匹，仍是背部相对。无疑，战国时期铜器上的这种表现技法，是从更加远

① 河南省考古学会、河南省博物馆编：《夏文化论文选集》，郑州：中州古籍出版社，1989 年，第 4 页。

古时代遗留下来的。图 18 古文字中的“车”字(车子作俯视，轮子作侧视)，多作侧视形，只能显其一面，因此四足的兽，只画其两足。

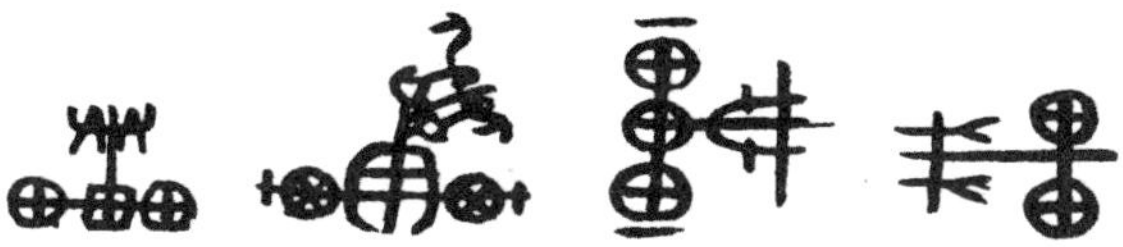

图 18 古文字中的“车”字

图 19 青铜器纹饰中的车马

当原始社会的“艺术家”们在图腾面具上、在文面中或在装饰器物时，有时不得不表现动物的正面形象，这样就产生了把动物拆半来表现的技法。从原始思维来讲，仅画一个正面的形象是不能代表这个动物的，因为动物还有身体，虽然它从正面看是被遮掩起来，变了形，但原始人记忆最清晰的仍是最能表现特征的侧面像。这样，真正的艺术家们便创造了拆半表现的技法。这在当时的人看来，一头双身或双头一身根本不是什么怪物，而只是一种自然的表现技法而已。如在一个扁平的长条地带表现一条龙、一条蛇，他们就会创造出肥遗形的图案，蛇的头做正面描写，而把身体拆半向两面拉开。对称的美学原则，在深层制约着他们的创作。特别是殷周时代，青铜礼器在人们的生活以及精神世界中有举足轻重的地位，它是国之重器，是权力的象征，其要求的是秩序、规则以及对人的威慑和震服，所以装饰便表现出极严密的规则。代表上帝、祖先、图腾或威慑力的饕餮，便成了这一切的象征。这样，我们的分析就和博厄斯以及列维-斯特劳斯的分析联结起来。我们只是把讨论的背景放得更加广阔。

装饰纹样还有更加复杂的一种，是在拆半表现的基础上演化出的一种表现手法。博厄斯曾分析夸扣特尔人住房正面绘的虎鲸的图案。他说："画中切割虎鲸的方法也很复杂，先是从虎鲸后背到正面整个劈开，头部的两个侧像按上述的方法连在一起，嘴两边的纹样代表鳃，表明这是一只水生动物。按照上述的方法，虎鲸的脊鳍应在身体的两边，但这里被切下来，放在了头部两侧像的两边。侧鳍在身体的两边，各有一点同身体相连。尾巴的两半向外扭转，形成一条直线。这种作法是为了适应长方形的门。"①

在殷周的青铜器装饰中，这种复杂的拆半表现手法也能常常见到。李济认为这表现的不是现实的动物，而是由肥遗型的神话动物演变出来的。

四、拆半表现中的丑怪

根据我们以上的分析，可以看到拆半表现代表了人类艺术创造的一个历史阶段，它有着悠久的历史传统。研究拆半表现，可以从一个侧面透视原始人审美观念的起源。历史逝去永不复返，它仅留给我们一个残缺不全的文物世界。文物中的装饰图案，向我们透露了那个神秘世界的人们的精神领域。因此，结合艺术表现，似乎可以从另一个角度去破译千古神怪之谜，揭示丑怪起源的基础，补古代文献记载之不足，进而了解哲学中阴阳化育、一分为二、合二而一观念的形成，为文化传播提供文化基因研究。

拆半表现对丑怪的研究给予许多启示。如前所述，《山海经》等古籍中所记载的一些怪物，如肥遗、双头怪鱼、双头鸟、双头蛇等，并不是现实中存在的事物，而是源于一种艺术表现手法。并不像有些人认为的那样，在自然中存在着一头双身的蛇和双头蛇，并引用道听途说的传闻为证。在科学上，这种怪物、异兽、奇禽是不会生存下来的，但在神话观念中，一

① [美]弗朗兹·博厄斯著，金辉译：《原始艺术》，上海：上海文艺出版社，1989 年版，第 222 页。

些变形动物又是存在的。神话不要求客观的真实为其存在的基础，恰恰相反，神话往往以那些夸张的、怪异的、荒诞的异样幻想事物作为自己的存在样式。现实并不是物质的实体，而是带有人的精神外化的、带有人情绪的实体。一些人之所以要在客观世界找出多头的怪物，完全是受传统哲学观念影响太深的缘故。实际上，神异的观念、怪异的丑类、灾变的妖孽，更多是属于人文精神的领域，它们只是人们想象力的产物。

麦克斯·缪勒曾提出神话产生的语讹说，并分析了由语言的讹变产生的神话。在中国有训诂学，在西方有阐释学，现在仍有一些人企图通过语言的训诂来解释神话。笔者认为，除了语言以外，一些艺术表现方式也可导致一些神话怪物的产生。艺术技法受一定时代精神的影响，一旦获得独立的存在价值，也可能导致神话观念的改变。在神话的时代，艺术方式可能吸收神话的成分，独立的艺术技巧也可能导致某些怪物的产生。如一首双身的肥遗就是表现正面的蛇，那么以后演化为怪物肥遗就展示了这一发展过程。双头怪物的起源也是如此，在现实中不可能有两头一身的怪鱼，但在仰韶文化的陶器上我们则看到了这种图像。当原始人的某种文化观念把鱼拆半后装饰在陶器上时，这种怪物就被创造出来，成了带有原始人情绪、恐惧及崇拜的第二个世界，即精神化了的世界。

如果以上分析是正确的，那么它就有了方法论的意义。恩斯特·卡西尔指出：

> 神话式概念并不是从现成的“存在”世界中采撷而来的，它们并不是从确定的、经验的、实际的存在中蒸发出来，像一片眩目的雾气那样飘浮在实际世界之上的幻想产品。……原初的“经验”本身即浸泡在神话的意象之中，为神话氛围所笼罩。……由此可见，所有那些以为通过探究经验领域、通过探究客体世界便可以找到神话起源的理论；所有那些以为神话是从客体中产生，并在客体中发展和传播的理论，都必定是片面的、不充分的。[①]

① [德]恩斯特·卡西尔著，于晓等译：《语言与神话》，北京：生活·读书·新知三联书店，1988年版，第37—38页。

这样就使我们研究问题、思考怪物的角度有所改变，我们不再仅仅从客观上来探讨怪异事物的起源，而是把客观的灾异与人的人文观念结合在一起，更多的从人的精神、思维、意识以及人认识客观怪异的主体性上来找原因。仍以《山海经》为例，其中记载了许多增肢和减肢的怪物，过去成了荒诞不经的东西，没有人去认真思考这些怪物的起源，或者仅仅从原则性上讲一下是原始人的巫术、图腾观念的反映。在笔者看来，这些增肢和减肢妖怪，大都是在原始思维状态下，是人的图腾信仰等在当时智力范围内通过一定的技巧表现的必然结果。在没有文字以前，人们更多的是用图画表现自己的思维，把客观世界三维中的事物在平面上表现所产生的讹变，也许就是诸多增肢和减肢怪物起源的基础。当有了文字，用文字去描述这些图像的时候，就会出现《山海经》中的那些怪物。有关《山海经》与山海图的争论，向我们隐约显示了远古的这一事实。古籍中的“夏铸九鼎”“铸鼎象物”“远方图物”等记载，也向我们表明在中国历史刚刚开始的时候，这已经形成了一种制度，其起源也就更加久远。从更早的陶器上，我们看到了一些图腾族徽和装饰图案，正表现了这种怪物是从原始图画的讹变中产生出来的。在原始的岩画和洞穴壁画中我们能看到这些怪物。

《山海经》中的增肢、减肢或不相类器官相互合并在一起的怪物等，就可以称为妖怪。妖怪的形状往往是千奇百怪的，妖怪的定义古往今来也歧义纷呈。其中影响比较大，又为一般人常引用的是18世纪法国比封伯爵的极简单的定义，他把妖怪分为三类：第一类是器官过多而形成的妖怪；第二类是器官欠缺而形成的妖怪；第三类是各器官颠倒或错置形成的妖怪。按比封的定义，《山海经》中的增肢、减肢，或把不同类的动物的器官结合在一起，或把动物的器官与人的头或人的身结合在一起的，无疑都是妖怪了。如猼訑，如羊、九尾，其目在背；肥遗，蛇一首两身，都属于第一类妖怪。嚣，如夸父，四翼、一目、犬尾；毕方，如鹤，一足、亦文，都属于第二类妖怪。其他如瞿如，如䴔而白首，三足人面；孰湖，马身而鸟翼，人面蛇尾，都属于第三类妖怪。

尽管中国妖怪的信仰历史悠久，源远流长，但古代多的是搜神志怪的书，真正从科学观点上研究妖怪的著作则很少见。许多谈妖怪的书是把它作为一种信仰的真实来议论的。

在日本，有不少学者研究妖怪，并且有学者试图建立一门妖怪学。其中，日本明治后半期出版的井上圆了的巨著《妖怪学》最为著名。但他所使用的“妖怪”一词，为由于文化的限制，人们难以科学解释的事物与现象。他把人们未知的事物都看作妖怪学研究的范围，把人们认识客观事物与主观难解的事物与现象都看作妖怪。作为启蒙主义者的井上圆了是以排除“愚民”的“迷误”为至高无上的目标而写此大作的，这样不免犯了把妖怪扩大化的毛病，所以受到日本民俗学家柳田国男的揶揄，因为越是要把妖怪泛化、精细化，就越失去妖怪的真实形象。[①]

柳田国男写了一本《妖怪谈义》，对妖怪谈了他自己的看法：任何人都能明确感到，在鬼怪和幽灵之间有着明显的不同。第一，前者的出入场所大抵是固定的，避免从该场所周围通过，就可免于遇鬼。幽灵则与此相反，虽传说其无足，却是一步步地向你走来。被它看到后，哪怕逃到百里之外，也会被赶上。这是鬼怪绝不曾有的。第二，鬼怪不似幽灵那样以大多数普通人为目标，它是要选择特定目标的。

柳田国男不是从妖怪的形体着眼，而是从民俗中的妖怪信仰立论，他是想以认真、彻底的态度来讲述妖怪故事。我们从《山海经》中所载妖怪与人的关系上可以看到这种意象中的妖怪。《山海经》中讲猼訑“佩之不畏”，可以看到当时人们是很害怕妖怪作怪的，但有些带有护身符类的东西，则可以逃避妖怪的危害。猼訑既然可以佩戴在身上，应不是指客观的动物，而是一种刻画有猼訑的图腾神的佩饰。当然猼訑本可以指一种自然中的动物，但当把它刻画在木制的或石制的佩饰上时，就会产生变异。那么作为佩饰中刻画的猼訑应是什么样子呢？以“如羊”看，它是一种似羊的动物，“九尾”指“纠尾”，因为“九”在古代通“纠”。在青铜器的装饰纹样中，有许多“纠尾”的禽兽，而从来没见到有“九条”尾巴的图像，凡九头、九尾皆如此，这正是后人以数之“九”误释古代“纠尾”“纠头”的又一例证。从“四耳”看，应指两个头，它们身体在尾部相交，这正是一种拆半表现技法中似羊形动物的形象描绘。所以这本来是极合情理的，但在长期的演变中，本义

---

① ［日］井上圆了的《妖怪学》的理论部分《妖怪学讲义录总论》由蔡元培先生译成中文，1920年前后由上海商务印书馆印行，取名为《妖怪学》，有1992年上海文艺出版社据第7版影印本。

逐渐失去，在人们的意象中便成了一种怪物，并且人们开始以真正怪物形象来制造它。在古希腊神话中有半人半马的怪物，在埃及金字塔前至今仍伏卧着人首狮身的斯芬克斯，这与中国《山海经》中反映的妖怪是处在同一神话历史时代的产物。

日本的中野美代子女士对中国的妖怪也颇感兴趣，1983年出版了《中国的妖怪》一书。她从中山国出土文物在日本展览中汲取了灵感，通过考察魑魅魍魉及其他怪物后认为，尽管妖怪的定义纷乱，但她把妖怪定义为“超越人类、动物、植物、有时包括矿物等的现实形态和生存形态的、表现人类观念之中的东西。再解释一句，所谓‘超越现实形态和生态’，是由于要与不同时期的规范相对应。可怕、丑陋的形态，如‘独眼’、‘无头人’等，在东方西方都属于常见的妖怪，它相对于有双目、有头的普通正常人来说，是破坏了人体协调的存在，因而可以说它是规范的存在。”[①]我们高兴地看到，中野美代子女士已经从美学的角度来思考妖怪的形象了，认为那种和正常的人体相异的、增肢或减肢、毁形的、损体的表现于人类观念中的形象就是妖怪。它给人的审美感觉是丑陋的，因为它不符合和谐的人体美的要求。

一只狐狸，当它以其自身的形态出现时，它不过是一只普通的狐狸；当它化身为一个美丽的女子时，也和普遍的人没什么两样。但这时的狐狸已经“从生存形态上超越了现实”，因此是妖怪。

在没有文字之前，源于把立体的形象表现在平面上——包括拆半表现的艺术手法——绘画装饰的形式，有可能对古代妖怪的产生起到重要作用。除了图腾信仰、巫术观念等方面的原因外，这种独立的形式也是形成妖怪的原因之一。确定了这一点，将对我们分析拆半表现起到重要的规范作用。

（原载《美学与艺术评论》第四集）

---

① ［日］中野美代子著，何彬译：《中国的妖怪》，郑州：黄河文艺出版社，1989年版，第13页。

汉画像研究的图像学与符号学方法

一、从视觉文化理解汉画像的概念

汉画像以其丰富的象征形式，表现了汉民族的审美意识，其中包含着汉民族集体无意识的原型结构，更接近汉民族精神的核心。

现代意义上的“画像”概念，来源于宋代兴起的金石学。在赵明诚《金石录》、洪适《隶释》《隶续》等书中，都使用了“画像”一词。就其本意看，“画像”指拓片上的图像，即平面上的画，并不指原石、砖上的雕刻。因为金石学家对汉画像石、砖的研究往往依靠拓片，附属于文字的研究，图像的研究并不占主导地位。顾森指出：“所谓‘画像’，就其本意来说是指拓片上的图像，即平面上的画，并不是指原砖原石。中国对汉代这些原砖原石的研究，几百年来基本上是根据拓片来展开的，而且，用拓片作图像学式的研究主要是近一百年来的事。”[①]

我们的研究不从画像所依托的材料上来对汉画像的图像进行分类，是因为它所依托的物质材料，不能决定视觉图像的本质，既不是图像形成的根源，也不是图像接受的根源。我们是从视觉文化的角度，从人的视觉图

① 参见顾森：《中国汉画图典》序，杭州：浙江摄影出版社，1996 年版。

像呈现的模式和形式上来规定汉画像。狭义上讲，“汉”是一个时代的标志，指汉朝；同时广义上讲“汉”又有汉民族、汉文化的内涵，因为一个“汉”字便包含有历史的文化因素，“汉”只是个符号，其所指的范围则是巨大的。画像，包含有“形象”“图像”“图画”“图形”等意义在内。从这个意义上使用汉画像的概念，就不仅包含各种汉画像图像的内涵，而且有这种图像怎样呈现、怎样被想象出来、怎样被观看的意义，进而把汉画像的研究推向深入。

一个民族，不仅有一个文字记载的历史，而且有一个视觉图像叙述的历史。如汉代的历史不仅有《史记》《汉书》《后汉书》以及各种铭文、碑刻所记载的历史，同时还有一个视觉图像的历史。建筑的形制、墙壁上的图画、坟墓中的画像石以及各种器物上的装饰图案和抽象的符号，都不仅是时代的反映，而且是时代精神本身。

中国文化本来是重视图像的，但后来这个传统没有得到发扬光大。《易》曰：“河出图，洛出书，圣人则之。”可见“图”和“书”在古代是并重的，而且由来久远。可惜后来，图谱日亡而书独存。宋代郑樵在《通志·总叙》中说：“河出图，天地有自然之象，图谱之学由此而生；洛出书，天地有自然之文，书籍之学由此而生。图成经，文成纬；一经一纬错综成文。古之学者左图右书不可偏废。刘氏作《七略》收书不收图；班固即其书为《艺文志》。自此以远，图谱日亡，书籍日冗，所以困后学而堕良才者，皆由于此。”竹书、帛书、纸书易毁损，流传下来不易，而汉代的画像石给我们留下了许多汉代的图像资料，给我们研究汉代人的思想观念提供了可能。

长期以来，文字资料因其符号性、便于书写，或刻于金石，或著于简牍，或书于纸帛，或制成书籍，便于携带和传播，故影响深远。图像资料，缺乏文字资料的便捷性。汉墓中的图像在古代看到实物就很难，更无法复制，只有在发明了拓片技术以后才可以在较小范围内流传。在现代雕刻印刷术、摄影术、现代电子传媒和数码技术以前，其不能被广泛的研究和认识就是一个历史的必然。视觉文化的研究与图像研究的兴起是审美现代性的一部分。正是随着现代性的不断发展，才使哲学家海德格尔在 1938

年便宣布“图像时代”已经到来。①

通过图像来研究汉文化精神，是一个新的创造和新的方法，是对仅从文字记载来研究汉文化的一种超越。汉画像表现出的汉文化，并不是文字叙述的完全的重复，而仅处在次要的地位。尽管文字和图像的表现都是当时意识形态条件的产物，但图像的直觉呈现，更接近于人类心理的“原发过程”(primary process)②，更接近于表现一个民族的集体无意识。图像与语言之间有密切的联系，语言往往使图像的意义变得鲜明，如一幅汉画像石图像可以因雕刻的“题榜”而意义鲜明。因此，比起文字来，图像更接近人类审美的本源。人类视觉的造型，往往是审美的。汉民族的文字源于图画，直到今天，许多民族的文字最终走向了一种纯粹的记音符号，汉字仍然带有图画的痕迹，汉字的图像表意的历史，构成了汉民族心理的原型结构。就在“汉文化”形成的过程中，基于图画的汉字也成了中国文化源于视觉图像的一种象征。图像看来是具体的，它可以是外在事物的摹仿与反映，也可以是心灵虚构的幻相与想象。带有幻境的审美意象一直是中国审美观念的核心，以至今天许多美学家，仍然把中国美学归为一种“意象”论。这个问题不仅在于指出中国美学是重意象的，更重要的在于揭示中国美学为什么要表现为一种意象的。

二、汉画像研究范式及其转型

从审美的角度看，汉画像是一种视觉艺术，对它的研究应放在视觉文化的宏观框架中。由于不同的时代对视觉的重视是不一样的，因此对视觉艺术的创造、欣赏、接受的方式也不一样。研究者的研究也形成了不同的研究体系和研究方法，这便形成了汉画像研究的历史范式。这种范式的形成与一定时代的精神氛围和研究者的个人嗜好相关。随着时代的变迁，研究方法的改进和不同兴趣的群体成为时代“话语权力”的代言人。对于汉画像的研究，我们可以整理出四种不同的研究范式：(1)金石学式的研究，

---

① 孙周兴选编：《海德格尔选集》上卷，上海：上海三联书店，1996年版，第885—923页。

② [美]阿瑞提著，钱岗南译：《创造的秘密》，沈阳：辽宁人民出版社，1987年版，第114页。

(2)考古学式的研究，(3)文化学式的研究，(4)艺术学式的研究。从历史和逻辑的观点看，这四种范式有纵向的历史发展过程，是一个时代学术兴趣和研究成果的不同反映；从横向上看，其又是一个时代对相同研究对象的逻辑展开，是对汉画像的不同层面的不同阐释。这四种范式当然不是一个完全的历史的替代过程，而是相辅相成、时有包容的。

汉画像研究已经取得了许多重要的成果，积累了丰富的资料，并对汉画像做了一定的文化的阐释。但这种研究又是极其不够的。金石学的研究仅重视著录、考订，脱离了对汉画像的整体理解来分析某一幅画、某一个图像，视野较狭窄。考古学的研究，重实证的考据，但对其意义的理解往往是遮蔽的。汉画像除了它的实物层面以外，还有一个意义的层面。虽然像福柯这样的思想家提倡一种“知识的考古学”[①]，但能运用这种方法进行汉画像人文科学考古的则极为鲜见。文化学的研究，重视的是从政治、经济、信仰等方面的研究，基本上是对汉画像外因的探讨。艺术学的研究虽然分析了其艺术特征，但多是从技术层面出发，还没有深入到汉代的艺术精神、审美观念上来进行研究。因此，汉画像的研究，无论从观念上，还是从方法上，都应有所突破。

基于对汉画像研究历史与现状的认识，我们的研究将在其基础上做进一步的发展。我们给自己确定的任务是对汉画像的符号象征世界进行探讨。这种探讨不再是一种著录式的，汉画像著录的终结之处，正是我们的出发点。这种研究也不是从单幅的图像入手，而是要在汉画像的总体图式与意象中去探讨其意义世界。因此，我们重视的不是图像所表现的技巧性，而是其图像的观念。汉画像是一种象征型的艺术，它表现的审美特征是一种宇宙象征主义的。不仅图像本身，从整体上分析它是宇宙的象征，而且墓穴、祠堂、石棺、石阙的形制和图像，只有放在宇宙象征主义的视角中，才能得到合理的解释，离开了整体性就会失去对汉画像艺术审美意义的真正理解。[②]

---

① ［法］米歇尔·福柯著，谢强、马月译：《知识考古学》，北京：生活·读书·新知三联书店，1998年版。

② 参见朱存明：《汉画像宇宙象征主义图式及其美学意义》，《文艺研究》，2005年第9期。

我们的研究将吸收西方的象征理论。黑格尔在《美学》中，把人类最早的艺术看成象征型的，并认为这是东方艺术的特征。中国的汉画像是符合黑格尔象征型艺术的规定的，但黑格尔仅把象征型看成人类最早的一种艺术类型，随着历史的发展将走向终结则是错误的。卡西尔所建立的象征形式主义哲学，认为人是一个符号的动物，靠符号表达一个意义世界才是决定人本质的东西。卡西尔抛弃了黑格尔，走的是新康德主义的道路。文化人类学的发展已经走向一种“象征的人类学”。格尔兹在《文化的解释》中，关于文化的定义就包含有符号、象征的内容：

> 文化是一种通过符号在历史上代代相传的意义模式，它将传承的观念表现于象征形式之中，通过文化的符号体系，人得以相互沟通、绵延传续，并发展出对人生的知识及对生命的态度。①

格尔兹把文化看成一个象征的宗教体系，通过符号承载意义，并在历史上代代相传，以此来展示在社会中的人对他们的生活和命运的看法，激励并保障人们的生命延续。从符号象征论的论点看汉画像，其表现的是汉民族初期文化精神的“镜像”阶段，是汉民族内在生命本质的图像呈现。汉民族正是通过汉画像的“镜像”来获得民族内在生命的驱动力的。汉画像是一种装饰的艺术，表现的却是一种生命意识。人只能生活在一个现实的世界，不可能生活在一个死后的世界，但人却可以幻想一个死后的世界；人只能生活在大地上，不可能升入天界，但人可以幻想羽化成仙。不死的幻想只是人对现实生活的眷恋，成仙只是人恐惧死亡的一种自我安慰。

人在宇宙中的地位是汉代人世界观的核心，天界、仙界、人界和鬼界，才是汉代人整个的宇宙。这一切都靠图像、装饰和各种符号来加以象征性的表现。美国著名人类学家罗伯特·F. 墨菲说：

> 文化是知识和工具的聚集体，我们以这些知识和工具适应于自然环境；文化是一套规则，凭这些规则我们相互联系；文化是知识、信

① Clifford Geertz, *The Interpretation of Cultures*, BasicBooks, 1973, p. 89.

念、准则的宝库，据此我们力图理解宇宙及人类在宇宙中的位置。……在一个没有天生、绝对的意义的世界上，文化使宇宙及人类在宇宙中的位置得以理解、使社会互动成为可能。①

我们将通过研究汉画像来探讨汉文化，通过视觉图像的研究来探讨汉民族的心理镜像，挖掘汉民族集体无意识的原型，从而指出汉民族审美的潜在的思维结构。而这一切，都离不开象征符号的阐释。象征不仅是一种艺术表现的手法，更不仅是一种修辞学中的技巧，而是人类用物体表现意义、用具象表现抽象、用图像表现生命的一种思维方式。

三、图像志与图像学方法

对于研究者来说，方法不仅是技术的改进和策略的调整，而且是整个思维体系的更新。历史上每一次研究的创新，总伴随着方法上的突破和更新。方法就是思考的角度，思考的角度变了，得出结论就会不同。方法就是一个视点，从不同的视点观看，事物就呈现不同的图像。不存在一个纯粹的绝对的方法，而只存在各种工具和手段。我们规定了新的目的，必须要采用新的方法。

著名的艺术史学家潘诺夫斯基认为，由于艺术史学者必须在尽可能充分地检验那些与艺术作品历史地联系在一起的文献的内在意义的同时来说明艺术作品本身的内在意义，艺术的研究就有可能为历史的研究提供一种无比丰富的材料。在某种意义上说，视觉艺术的再创(即阐释)使得历史学家能够更为整合地理解人类的历史。因而，对艺术作品的图像阐释在艺术史学科中具有极为重要的地位和意义。艺术史的图像阐释有别于其他艺术学科中的作品分析，它要求在一个客观的历史意识的共时态的平面上操作，而不是把图像从中割裂出来。②

---

① Robert. F. Murphy, *Cultural and Socia Anthropology. An overture Prentice-Hall*, Englewood Cliffs. New Jersey, 1986, pp. 24—25.

② See Erwin Panofsky, *Meaning in the Visual Arts*, New York, 1955, p. 39.

图像阐释的最早的模态，就是从貌似简单但又神秘的命名开始的。在一个遥远的时代，图像的创造和语言活动联系在一起。命名的过程就是解释的过程，如天空有雷电，原始人恐惧之，便想象有一个雷神，使用一个符号指代它，这就是阐释。原始人把想象的雷神图像化，就产生了诸如汉画像中擂鼓的雷神。这样，擂鼓的雷车就成了雷的象征物，这是一种图像的象征。① 图像的产生是一回事，图像的阐释又是另一回事。图像的阐释要根据图像的不同样式来进行，为了阐释的准确、生动，符合原始的面貌，必须参考各种文献。当然，按阐释学的原理，在阐释一个问题以前都有一个前阐释，阐释是在一个阐释的模态中进行。按海德格尔的"存在阐释学"，任何理解活动都基于"前理解"，理解活动就是此在的前结构向未来进行筹划的存在方式。在汉画像中，语词的运用就牵扯到一个前理解性的阐释。如在一幅图画上画了两组人物相拜谒，我们不知道是什么意思。汉画像上有了题榜，标明是"孔子"与"老子"，由于我们的观念中已经有了对孔子、老子的理解，又根据古籍知道，孔子曾向老子问礼，于是这个视觉图像的意义便豁然开朗。但这也仅在对这幅图像的理解上是如此，我们要理解为什么在祠堂上绘"孔子见老子"的画像，仍然需要进一步的阐释，因此阐释是环环相扣的，有一个不断循环的过程。

马克·罗斯基尔在《图画的阐释》中指出，在历史上，图像的阐释有三种模式。

第一种是"图说"，它符合解释艺术家受文学影响后用图像表达的那种再现性主题。如汉画像中一些神话故事，题榜已向我们指出所画图像的故事内容。儒家经典中的一些寓意故事，如表示忠勇、孝慈的叙事作品，仅取其一个瞬间的图像来表现。图像实际上是故事的象征，它以一个图像的表象表示一个寓意。

第二种是诠释，根据图像的形式和与此有关的文献材料，来分析图像

---

① 福柯在《词与物》中论述到图画是一种符号时引用了《波一鲁瓦亚勒逻辑学》中所举的例子说："第一个符号实例，并不是词，并不是叫喊声，并不是记号，而是空间的和图解的表象——作为地图或图画的图案。这是因为，实际上，除了所表象的东西以外，这个图画不再有其他内容了，可是，这个内容之所以能呈现出来，是因为它被表象所表象。"（参见［法］福柯著，莫伟民译：《词与物——人文科学考古学》，上海：上海三联书店，2001年版，第86页。）

的意义。如在汉画中有“伏羲女娲交尾图”，如不进行诠释，其意义是不明的。

第三种是“估测”，因为并不是每个图像都像“孔子见老子”那样有题榜指明图像内容，对那些仅表现为视觉图像而又无法在文字里追溯缘由的，只好采用估测了。如在武梁祠历史故事画像中的一些图像，因年代的久远，原刻的题铭不可辨认，人们便不知所绘为何故事了，只好猜测。还有些图像已经不是具象的了，而变成了抽象的符号或装饰性的图案，其意义变得隐密，又没有具体的文字史料可以利用，只好进行估测，如汉画像中的“十字穿环”图像。

在研究中，这三种叙述图像的模式有一个共同点，即始终以图像的视觉特点为中心，否则就失去了图像学方法的要义。

对图像的深层研究，是与图像学的研究方法密不可分的。潘诺夫斯基把视觉图像的研究分为三个层次。[①] 我们发现，这三个层次与汉画像研究的金石学的范式、考古学的范式、艺术学的范式可以有一种内在的、类比的逻辑关系。这三个层次是：

第一，前图像志描述，是以“实际经验为基础，解释初步的或自然”的题材。如依照常识可以辨认的图像中的人物、对象和母题等。这类似于中国早期金石学的阶段，如郦道元《水经注》中对汉画像的记录、戴引之《西征记》中对汉画像的叙述。他们记录了汉画像的自然存在和现实的存在，是对汉画像的事实性处理。

第二，图像志分析，这种方法关注的是能通过文字资料知识来发现的“次要的或习俗的含义”。潘诺夫斯基说：“图像志就是对各种形象的描绘和分类。”他又说：“图像志是一种有局限性的、辅助性的研究，它能够告诉我们一些特定的题材是在什么时候、什么地方通过特殊的母题被形象地表现出来的。”这里图像志一词，英文作“Iconography”[②]，其后缀 graphy (写法、写作)是从希腊文“写作”发展而来的，表示描述性方法——有时甚

---

① 潘诺夫斯基在他的《图像学研究》(1939 年)、《哥特式建筑与经院哲学》(1951 年)、《早期尼德兰绘画》(1953 年)和《视觉艺术的含义》(1955 年)等著作中，奠定了图像学方法的基础。

② 在傅志强所译《视觉艺术的含义》中，把它译成“肖像学”。

至是叙述性的方法。后期金石学家对汉画像的著录，已含有这种观念。在现代的考古学中，对美术的考古，往往走这条道路。如各种对汉画像的发掘报告中对汉画像的著录，其首要任务是弄清事实，而不是文化的阐释。弄清事实有时比文化的阐释更重要，因为事实就包含文化在内。

第三，图像学阐释，在更深一层的图像志的基础上，指向一种内在意义的独创性关联。这一层次要求我们要通过图像去发现形成这种图像的民族精神的根源和个人心理的特征，指向图像的深层意义世界。一旦对图像的阐释深入到内在意义上，就完成了从图像志分析到图像学分析的转换。这里的图像学一词，英文作"Iconology"，从字源看，Icon 就是希腊文的"偶像、肖像、形象"。因此，Iconology 就是形象的研究，在审美的领域，它是对视觉艺术含义进行研究和阐释的学科。在对图像的阐释中，符号和象征的方法起到重要的作用。由于图像的"内在的意义"是一种"象征性地显现出来的"形式化的价值，它凝聚了特定时代的意识形态诸方面的特征，因而相应的阐释就特别困难。阐释者不仅要有文献的广博的知识，了解和熟悉时代的精神氛围，而且要对艺术有敏感的感受力和精细的分析思辨力。由于图像本质上是符号象征的，所以，图像学的研究通过视觉图像的符号去破译其象征内涵就是研究的中心和重点。当然，图像不是文献的视觉化，图像的象征内涵和意义也不是文献的意义可以包容的。图像本身可以构成一个完整的世界，确定图像本身的意义就是图像学要达到的目的之一。

在潘诺夫斯基的图像学阐释中，有一种历史还原主义的信念，即把图像阐释的真理性，归为阐释者对历史文献的掌握程度。这种观念受到后结构主义理论的挑战。历史中不存在一个纯粹的、绝对的唯一，一切都有偶然性。不仅什么样的图像会被我们今天重新发现和认识成为偶然，研究者的兴趣爱好与知识结构及其话语方式，都直接与新的阐释有关。我们所面对的图像的意义空间并非是自足的、封闭的和有限的，而是多向度的、开放的甚至是无限的。相关的阐释不仅是原意的、视觉表征的或心理学式的，而且是各个方面的相互融合和补充。

图像被制作出来，在时间的长河中会产生意义的流变。汉画像在今天重新被发掘出来，其面对的世界和观看者都已经愈越千余年，历史的视角早已转移，阐释的环境也已不同。因此，古老的图像在现代社会遭遇了一个新事件。传统的阐释学排斥那种历史地形成的“噪音”，而把“效果的意识”也放在其中，“接受美学”的流行就是这种历史话语的呈现。

西方语言学转向带来的对话语的重视，使艺术学也不能不对图像意义阐释活动所运用的话语本身有所反思。英国艺术史学者格丽丝尔达·波洛克教授认为，艺术史学者运用符号学以及福柯的哲学理论阐明艺术史就是一种特殊的话语实践。汉画像是以视觉性作为主宰因素的，而对任何图像的阐释又总是话语性的活动，因而两者的不同无所不在。“据哈贝马斯的定义，必须把话语看作提出有效性主张的语言形式。”①图像尽管有可能含有深刻的寓意，但诉诸人的总是视觉的、直觉的，而观者在面对整体的视觉反映总是直接的、完整的，甚至一目了然的，观看者在相对整体的图像面前产生的意义也是一种直观的印象。德里达说：“所有这些直觉主义——拉丁文中，直觉指的就是‘看’，因此直觉主义一直就是这样一种观念，它认为在思想中有某个时刻事物是直接地被提供给看的。”②

语言是以语言或文字形式，在时间之线上的叙述，而文字的书写则是一种“涌现”。德里达在《论文字学》中认为：符号不过是所指事物的替代品，必然意味着所指事物的不存在。符号与所指既相异(differing)又相斥(deffering)——即所谓的“延异”(difference)，因而符号和它所要到达的事物总是有差距的，而阐释或许是因为符号文本具有这种本体的不足而产生的。严格地说，阐释不会有什么穷尽的时候，它只表明一点，即阐释的“中心”正是“无中心的系统”。图像艺术的主要特征是视觉化，而对图像的阐释总是字斟句酌地阐明线条、构图、创作技法、色彩以及其相互组合的特征，或者有时是从语言资料上去寻找图像与其他事物之间的特殊的关系。因此，话语对图像的阐释总是相隔一层的。视觉图像的直接性和话语的叙述性之间永恒的异质感，好像在一些研究者那里根本就不是一个问

① [德]曼弗雷德·弗兰克：《论福柯的话语概念》，载汪民安等编《福柯的面孔》，北京：文化艺术出版社，2001年版，第84页。

② [法]德里达著，张宁译：《书写与差异》上册，北京：生活·读书·新知三联书店，2001年版，第17—18页。

题。从此看来，话语的阐释不是对图像意义的“解”，而只是对它的“再思”。①

另外，话语的使用者总是一定文化体系中生活的个体，这就使话语有了个人的色彩，尽管个人可能受传统意识形态的规训，但其总包含情感的特征已和生命的感悟直接相连。有时艺术家个人的特定文化情境的境遇能引导对一种艺术理解的深入，但话语的个体性特征有时也走向对图像理解的偏狭。

四、象征符号分析法

尽管汉画像中有些内容是来源于现实的，但我们却不能满足于从中分析出图像与现实的对应关系。汉画像的许多内容在现实中并不能找到其来源，有些装饰性的图案、抽象的符号、怪异的幻想物等，不是传统的模仿论可以真正解决的。汉画像创造的是一个符号象征的世界，所以汉画像的研究可以采用象征符号分析法，以求达到对其隐蔽的深层世界的领悟。

潘诺夫斯基在寻求图像内在含义或内容时说：“这样，认识到纯形式、母题、形象和寓言是那些根本原则的显现，我们也就等于把这些因素解释成恩斯特·卡西尔的‘符号性’价值了。”②卡西尔所创造的象征形式哲学，对潘诺夫斯基和图像学研究无疑是一个理论的出发点。卡西尔把符号象征的功能提到规定人的本质的高度。他认为，人与其说是“理性的动物”，不如说是“符号的动物”，亦即能利用符号去创造文化的动物。在卡西尔看来，人、符号(象征)、文化成了三位一体的东西。尽管卡西尔是新康德派的代表，但他把康德的“知识批判”或“理性批判”的范围大大地拓展了。他把康德的“理性批判”转型成一种“文化的批判”。我们面对的不仅是一个自然的世界，而且是一个文化的世界。文化的世界不是自然的对等物或模仿

---

① 丁宁：《绵延之维——走向艺术史哲学》，北京：生活·读书·新知三联书店，1997 年版，第 273 页。

② ［美］E. 潘诺夫斯基著，傅志强译：《视觉艺术的含义》，沈阳：辽宁人民出版社，1987 年版，第 37 页。

物，而是人创造的符号象征物，因此，哲学以及认识论的研究起点，不是“纯粹科学认识”，而应是人类智慧的起点——语言与神话。人类的文化活动不是纯理性的、纯认识性的，而是“神话思维”和“隐喻思维”。人类的全部知识和全部文化从根本上说并不是建立在逻辑概念和逻辑思维的基础之上，而是建立在隐喻思维这种“先于逻辑”的概念和表达之上。卡西尔的这种理论与维柯《新科学》中的论述如出一辙。在列维-布留尔的《原始思维》和列维-斯特劳斯的《野性的思维》中，我们也能看到对这种原始思维的重视。

那么，反映在汉画像中的中国人的思维方式是什么样的呢？我们在列维-布留尔的《原始思维》的后记中看到，他正是在读了司马迁的《史记》后，看到史学家把天文的变化与人事的变化相对应，才萌发了研究原始思维的念头。[①] 由于他存在逻辑先验主义和逻辑中心主义的信念，对中国文化产生许多误解是难免的。相似的一个例子是福柯的名作《词与物——人文科学考古学》，也是萌发于他对中国一本百科全书对事物分类的震惊。福柯在交代自己研究的灵感来源时说：

> 博尔赫斯(Borges)作品的一段落，是本书的诞生地。本书诞生于阅读这个段落时发出的笑声，这种笑声动摇了我的思想(我们的思想)所有熟悉的东西，这种思想具有我们的时代和我们的地理的特征。这种笑声动摇了我们习惯于用来控制种种事物的所有秩序井然的表面和所有的平面，并且将长时间地动摇并让我们担忧我们关于同(le Même)与异(I'Autre)的上千年的作法。这个段落引用了“中国某部百科全书”，这部百科全书写道：“动物可以划分为：①属皇帝所有，②有芬芳的香味，③驯顺的，④乳猪，⑤鳗螈，⑥传说中的，⑦自由走动的狗，⑧包括在目前分类中的，⑨发疯似地烦躁不安的，⑩数不清的，⑪浑身有十分精致的骆驼毛刷的毛，⑫等等，⑬刚刚打破水罐的，⑭远看像苍蝇的”。在这个令人惊奇的分类中，我们突然间理解的东西，通过寓言向我们表明为另一种思想具有的异乎寻常的魅力的

① 参见［法］列维-布留尔著，丁由译：《原始思维》，北京：商务印书馆，1981年版，第498页。

东西，就是我们自己的思想的限度，即我们完全不可能那样思考。[①]

福柯的研究方法是一种知识考古学的，他不是要确立一套理论原则、创立理论或为理性辩护，也不像康德那样对人的理性能达到的边界进行划限。他建立的是一个“谱系学”的“真实的历史”。他在人们已司空见惯的理性、传统、历史学的神话下发掘间断性、断裂、界线、裂口、个体性、转换、差距、力量关系，区分、分离和分散事物，释放歧异性和边缘因素，凸显的是无先验主体的分散的、散乱的、非中心的、充满偶然性的多样化的空间。中国百科全书的分类使按西方分类标准思考的人感到“可笑”，却引起福柯的思考，而这才是真实的。哈贝马斯曾形象地解读福柯发掘的“真实的历史”：它是一座由任意的话语形式构成的移动着的冰山，这些话语形式前后涌动、上下起伏，不停地变化和重组，而无连续性。

福柯所描绘的就是这样一个象征和隐喻的世界，而符号在其中起到了重要的作用。与一般的教科书把符号的概念追溯到索绪尔的《普通语言学教程》中不同，福柯把符号追溯到16世纪古典时代的观念上。[②] 当一个表象与另一个表象相联系，并在其自身内部表现这个联系，就存在着一个符号。从此观点看，图画、图表、图案都是象征性的符号，而不能说仅仅是记号和语言才是符号。

符号要承担意义，没有意义是外在于或先于符号的，在符号与符号的内容之间不存在中介因素，不存在不透明性。因此，除了主宰符号内容的那些规律以外，符号就没有其他规律了。任何符号分析，无需进一步探究，同时成了对它们想说的一切的辩护。在16世纪，“符号学”与“释义学”是重叠的。意义只不过是连贯地得以展示的符号总体性，意义会在完整的

① [法]福柯著，莫伟民译：《词与物——人文科学考古学》，上海：上海三联书店，2001年版，第1页。

② 福柯说：“从古典时代开始，由于符号是可表象的，所以符号成了表象的表象性。”因此，他假定了“符号是复制其自身的表象”。福柯引用了《波一鲁瓦亚勒逻辑学》的观点：“当人们只能把某物体看作是表象了另一物体，那么，人们便拥有的关于该物的观念就只是一个符号的观念，第一个物体就被称作符号。”([法]福柯著，莫伟民译：《词与物——人文科学考古学》，上海：上海三联书店，2001年版，第86页。)

符号图表中给出。但索绪尔以后，古典的符号学理论发生变化，走向了“能指”与“所指”的二元分裂。罗兰·巴尔特在《符号学原理》中说：“我们将把这些符号学基本要领依照结构语言学分为四类：(1)语言与言语；(2)能指与所指；(3)系统与组合；(4)外延与内涵。可以看出，这些分类都表现为二元对立的形式。”[①]这样，意义和其符号之间的关系就被断开了，并在断开处生出了无数的表达形式。能指与所指的区别，把表达层和内容层分开了，给分析符号的内涵发掘了研究空间。

罗兰·巴尔特指出，符号一词，随作者们的意愿而被置于一系列既相似又相异的词项之中：信号、征象、象征及寓象等，它们是符号一词的主要竞争对手。[②] 这个词项所包含的共同因素，都必然反映出两个相关物之间的关系。这种关系包含着“心理再现”的、“类比性”的、“直接的或是不直接”的“实在性”的联系等。因此，符号主要表现为一种征象及象征上。

从词源上看，在中国“象征”表示人的身份、命相学中的征兆或下层社会中的暗语记号等。记得小时候在公共场所寄存物品时，对方给你的是一个分成两片的竹牌。竹牌上用火烙了几道横纹，然后劈开，双方各持一半。只有在两片完全相对的情况下，才能确定你的身份。这便是一种象征。象征要有一个实物，这一实物要有一定的代表作用。在文化的发展史上，一个具体的东西，如图像、记号、符号等可以表示其他的东西，或承担一定的意义，这就是符号的象征。

但是，象征作为含有认识论问题的理论意义，却没有在认识论里得到很好的阐释，象征作为形象的表达也未能在美学领域占据重要地位。中国文化是最具有象征性的，如原始彩陶图案、原始岩画图像、汉字、青铜器装饰、《周易》的符号象征世界、汉画像中的图像等，但在中国的文化研究中，对象征文化的探讨还是极不够的。在精神分析学和人类学领域，象征则得到较多的研究和阐释。弗洛伊德使用象征的升华来说明心理对无意识

---

① [法]罗兰·巴尔特著，王东亮等译：《符号学原理》，北京：生活·读书·新知三联书店，1999年版，第6页。

② [法]罗兰·巴尔特著，王东亮等译：《符号学原理》，北京：生活·读书·新知三联书店，1999年版，第25页。

压抑的呈现。拉康则在人的精神三层次(形象、现实、象征)上突出象征经验的重要性。荣格的学术生涯表明，象征是人类全部活动的基础。在晚年，荣格组织编写了《人类及其象征》一书，认为人的每个表现形式都同原型本身有象征性的关系；象征是自然的产物，也体现了文化的价值。他还给象征下了一个简捷有力的定义："当一个字或一个意象所隐含的东西超过明显的和直接的意义时，就具有象征性。"[①]荣格还分析了原始文化和人类梦境中的许多象征符号。他认为，原始艺术是象征性的，由个人无意识创造的艺术品是符号性的。苏珊·朗格继承了卡西尔的象征理论，并运用于美学研究，认为艺术形式是一种情感的符号象征。

现代象征学研究的另一个重要的领域是人类学。[②] 象征现象包括象征物、象征意义、象征方式和象征环境。法国的涂尔干开其先河，研究了群体和社会中的象征主义。他强调了象征与社会因素的关系，指出一些持久性的象征"向社会记忆提供连续性"，认为社会生活的各个方面都是建立在一个广大的象征系统上的。[③] 我们可以大致分辨出两种象征观或倾向，一个是以列维-斯特劳斯为代表的结构主义人类学派，其研究的重点是神话中的象征的分类；另一个以V. 特纳为代表，其研究的重点是重视庆祝和祭祀及其具体过程。象征人类学的领域和取得的成果还包括道格拉斯的象征论，她在《自然象征》《纯净与危险》中企图寻找出象征体系的特点与社会制度的特点之间的趋势和相互关系，认为"身体的象征论和宇宙论类型是社会结构的一种反映"[④]。米尔恰·伊利亚德则创立了宇宙象征论。他认为，"象征符号基本上指示的是一种宇宙结构的构成"。通过宗教的象征，把杂七杂八的现实世界统而合一，原始人就是生活在一个被神圣化的宇宙之

① [瑞士]荣格等著，张举文等译：《人类及其象征》，沈阳：辽宁教育出版社，1988年版，第2页。

② 庄锡昌、孙克民编：《文化人类学的理论构架》，杭州：浙江人民出版社，1988年版，第190页。

③ 参见[法]爱弥尔·涂尔干著，渠东、汲喆译：《宗教生活的基本形式》，上海：上海人民出版社，1999年版。

④ [英]布林·莫利斯著，周国黎译：《宗教人类学》，北京：今日中国出版社，1992年版，第300页。

中。而斯佩伯摒弃了对象征论的符号学的研究方式，他提出，只有把象征主义看作一种知识的形式，象征论才能得到更清楚的认识。[①]

美国人类学家斯皮罗在他的《文化与人性》中，归纳了三种不同的研究文化象征和象征系统的人类学方法：(1)关于象征的哲学含义的现象学分析；(2)关于各种象征的逻辑关系的结构分析；(3)关于各种象征的分类图式语义学分析。[②] 我们的研究是把象征符号作为研究的方法，来破译汉画像的象征世界，而无暇对象征本身的理论做必要的探讨。但对每一种象征理论的熟悉及其运用能力，则直接影响到我们对方法的运用。方法在任何时候都不仅是一种技巧的运用，而是一种哲学观念。

中国人传统思维的模糊性、非逻辑性和非理性，使中国人的传统文化充满种种感性特征。同时，中国汉代所形成的大一统的帝国，又要求社会结构上的统一，便形成了一个奇异的符号象征的世界。如在城市、房屋、墓穴、祠堂甚至棺材上都要重现一个丰富的象征模式。在天地人鬼之间产生一种象征性的互文结构，自然社会历史和人伦被放在一个宇宙的结构图式中，把现实世界、死亡的世界和成仙的世界组织在一个画面上。中国汉文化的象征文化的图式便呈现出来。

（原载《艺术与科学》第三卷）

---

① ［英］布林·莫利斯著，周国黎译：《宗教人类学》，北京：今日中国出版社，1992 年版，第 327 页。

② ［美］M. E. 斯皮罗著，徐俊等译：《文化与人性》，北京：社会科学文献出版社，1999 年版，第 360 页。

汉画像的宇宙象征主义图式及其美学意义

汉画像是汉民族集体无意识的图像呈现，表现为一种宇宙象征主义的图式。这一图式不仅表现为人与现实世界的生活图景，而且表现为人对死后世界的理想建构。汉画像审美的根源是符号性的隐喻象征。宇宙象征主义发轫于人和宇宙的关系，是人对外在世界关系反思的结果，根底却在人的社会关系上，宇宙的秩序只是人的社会秩序的象征表现。在汉画像中表现为一种“天地相通”的巫术观；“天人合一”的哲学观；“天人感应”的历史观；“尊天听命”的命运观；“不死升仙”的宗教观；“天遣祥瑞”的吉凶观；“天道自然”的审美观；等等。汉画像的宇宙象征主义具体表现在宇宙形态、天圆地方、法天则地、阴阳气化、升仙之路等方面。

一、宇宙象征论

汉画像是由一系列的图像、符号、语言及其象征、隐喻的内容所组成的。汉民族从古到今都注重人在宇宙中的地位，并以此作为安身立命的根本。中国古人认为，作为有灵性的生命体，外在世界又必须转化为文化中的信仰与知识才能被人所信奉和理解，因此建立在自然之道上的知识体系，是人文创造的另一世界。

汉画像属于黑格尔的象征型艺术，它表现了汉民族源于远古神话时代的民族的集体无意识领域，构成了民族的心理原型。给宇宙一个固定的模式，并按这一模式的演变来生存，是人类原始文化的表现。中国古代文化表现为一种宇宙象征型的，就是一个必然的选择。人类对宇宙的兴趣与生俱来，而且经久不衰。千万年以来，对宇宙的言说一直是人类最激动人心的一个事件。汉代的画像艺术具有神圣性，每一种图像归根结底都有"象征的"含义，因为每个图像、符号都有超验的价值观念隐喻其中。世界被纳入一个统一的体系中，这一体系具有了宇宙象征的意义。在这一体系中，不仅可以容纳合理的，有秩序的事物，甚至连各种怪异的、矛盾的、邪恶的事物都在这一宇宙统一的整体中得到表达和综合。①

汉代的人"就是生活在一种神圣化的宇宙之中"，他们对世界有一种基本的态度。汉代人给世界一个基本的结构，并在生活的实践中再造一个类似的结构，把它作为安身立命的根本。② 在汉代，中国人特别重视人在宇宙中的地位，天人关系一直是学术探讨的对象与政治信念的支撑。民俗中充满宇宙的象征主义信仰。作为表现死亡的艺术，汉画像表现了那个时代人的宇宙观。从地下的墓穴到地上的祠堂画像，都是宇宙象征的表现。汉画像中的典型图像，如天文图、祥瑞图、升仙图、庖厨图、乐舞图、狩猎图等无不是在一个宇宙象征的模式中加以图式化的。

伊利亚德的学生布鲁斯·林肯是芝加哥大学宗教史教授，他继承了老师的学术观点，又有所发展。他探讨了死亡与丧葬的宇宙起源论，描述了人对天堂的想象、阴间的冥王以及死亡之河与摆渡死者的艄公。③中国汉代

---

① 参见［罗马尼亚］米尔恰·伊利亚德著，王建光译：《神圣与世俗》，北京：华夏出版社，2002年版。

② 伊利亚德认为：宗教思想和原始文化都是以一种作为基础的结构性纲要为其特征的，这种纲要通过象征文化把存在的各个方面都结合进一个宇宙论的整体之中。他说："我所可以称之为象征的思想，使得人类可以从现实的一个层次自由地移向另一个层次……象征符号把各种层次等同起来，一致起来和统一起来。"（［英］布赖恩·莫里斯著，周国黎译：《宗教人类学》，北京：今日中国出版社，1992年版，第248页。）

③ 布鲁斯·林肯说："从一系列描述死者的经验和智慧如何不是永远归于遗忘，而是以记忆的形式返回生活的想象中，我得到了慰藉。……因为，研究死亡标志着是人皆有死的事实所唤起的一种普遍的慈悲心。"（［美］布鲁斯·林肯著，晏可佳译：《死亡、战争与献祭》，上海：上海人民出版社，2002年版，第2—3页。）

人的丧葬习俗，与他的描绘有许多惊人的相似之处。

在远古，中国人把天穹当作宇宙。人类对宇宙的认识是随着人们对宇宙的观测和建立的知识结构相联系的。“宇宙”一词，起于春秋战国时期。[①]到了汉代，人们的宇宙观，首先是怎样理解宇宙的形态问题。

《淮南子》说：“往古来今谓之宙，四方上下谓之宇。”[②]宇宙的词义是建立在一种象征之上的。“宇”字原指屋檐。《易传·系辞下》曰：“上古穴居而野处，后世圣人易之以宫室，上栋下宇，以待风雨。”“宇”之古文即含有空间范围之意。这反映了古代人把建筑物看作宇宙象征的文化观念。城市、房屋、宗教遗址、祠堂、庙宇、坟墓，都有着宇宙象征主义的根源。“宙”在古代有多层意思。《说文解字》：“宙，舟舆所极覆也。”《后汉书》卷二八引《仓颉篇》：“舟舆所届曰宙。”《淮南子·览冥训》：“而燕雀佼之，以为不能与之争于宇宙之间。”高诱注：“宇，屋檐也；宙，栋梁也。”东汉著名文学家张衡在《灵宪》中说：“宇之表无极，宙之端无穷。”可以观测的天地是有限的，但不能说宇宙是有限的。可见，宇指空间，空间是实在的，但无定处可求；宙指时间，时间是延长的，但无始终可说。这肯定了空间的实在性和时间的延续性，以及两者的无限性。

二、天地图像论

在汉代，“宇宙”的概念有时是与“天地”概念相等的。“天”指人头上的含有日月星辰、风雨雷电的天体及广阔的空间；“地”指人立足的大地，是由山岳平原和江河湖海构成的。“宇宙”与“天地”概念的等与不等取决于人们对天地时空范围的认识。不过，汉代宇宙论的主要内容仍是关于天地的理论。

---

① 《庄子·齐物论》云：“旁日月，挟宇宙”。《庄子》本文对宇宙一词未有解释。《释文》引《尸子》云：“天地四方曰宇，往古来今曰宙。”(参见清郭庆藩：《庄子集释》第一册，北京：中华书局，1997年版，第100—101页)另外，《文子·自然》篇解释宇宙之义时也说：“四方上下曰宇，往古来今曰宙。”(《文子》二十二子本，上海：上海古籍出版社，1986年版，第855页)可见春秋战国时，宇宙一词已被大家所运用。

② 《淮南子·齐俗训》，见《诸子集成》卷七，上海：上海书店，1986年影印版，第179页。

中国古代的宇宙学说，实际上只是人们对于天和地的看法。[①] 但是，宇宙包含的时空内容并不是“天地”的概念能完全包容的。天地更多的是一种直观的认识，宇宙则是一种理性的理解。对天地的认识是一个符号象征的过程。符号的确立，来源于人的直觉经验以及对这种经验的象征表现。

在中国文化中，天地不仅是天文学研究的主要对象，也是古代哲学、美学探讨的主要课题，许多思想家、文学家都经常“谈天说地”，如屈原的《天问》等。这种对宇宙的追问，实际是对人自身的追问，不了解中国人的宇宙观，就不能了解中国文化的本质。

李约瑟说：“对于中国人来说，天文学曾经是一门很重要的科学，因为它是从敬天的‘宗教’中自然产生的，是从那种把宇宙看作是一个统一体，甚至是一个‘伦理上的统一体’的观念产生的，……这是从最早的时期开始就已贯穿在中国历史中的一条连续的线索。”[②]中国古代的天文与人文是相联系的，没有一门纯粹的自然科学性质的天文学，探讨天的问题，目的也是落在人事上。从西方科学主义的世界观来观察中国人的天文学，就必然产生许多误解，列维-布留尔就把《史记·天官书》的记载，看成是一种“原始思维”的表现。法国汉学家施舟人认为，西方的控制论和宇宙论都与中国思想有着至关重要的关系。荣格的宇宙论，就是通过威尔海姆(Richard Wihelm)翻译的道家书籍与中国哲学有着直接的关联。[③] 他研究《老子中经》认为，中国人的“宇宙观建立在人类自身的基础之上，通过想象人体内存在一个内宇宙，并以此观察天地境界的对象”。他设想通过一些图片可以了解宇宙的景象，并提出“汉墓中出土的神明图，都可与《中经》进行比较的研究”[④]。

天空给古人的印象是一个中部隆起，四周下垂的半球形，这就是天穹。太阳、月亮以及所有的行星，似乎都是在天穹上运行的。半球形天穹

---

① 金祖孟：《中国古宇宙论》，上海：华东师范大学出版社，1991年版，第9页。

② [英]李约瑟著，《中国科学技术史》翻译小组译：《中国科学技术史》第四卷《天学》，北京：科学出版社，1975年版，第1—2页。

③ 参阅[瑞士]荣格著，杨儒宾译：《东洋冥想的心理学——从易经到禅》，北京：社会科学文献出版社，2000年版。

④ [法]施舟人：《中国文化基因库》，北京：北京大学出版社，2002年版，第109页。

的最高点，就是天顶。无论观测者处在何地，任何一个观测者都好像处在半球形天穹的中心，又是圆而平的地面的中心，天顶始终位于他的头顶上。这就是天和地给古人的直觉印象。

三、天圆地方论

在中国古代，天地的形态往往被概括为“天圆地方”。表现在符号和图像上，便用圆和方作为宇宙模式的象征。汉代典型的墓穴往往做成上圆下方的形状，复杂一些的大型墓室的主室一般有拱形的穹窿顶，便是“天圆地方”宇宙论的象征表现。[①]

天文考古学已经证明，墓穴再现“天圆地方”的宇宙模式，可以追溯到遥远的古代。1987 年 6 月在河南省濮阳市的西水坡发现了 45 号墓，墓作盖天图式，墓主骨架两侧发现用蚌壳精心摆塑的龙虎图案。经研究，“这种奇特的墓穴形制，正是古老的盖天宇宙学说的完整体现”[②]。苍龙、白虎象征天象，同时龙虎又有沟通天地的功能，墓象征人死后升天的原始信仰，其年代大约在公元前 4400 年左右。可见，汉画像中的龙虎图案以及升天的观念，是有极悠久的历史文化背景的。20 世纪 80 年代初期，在辽宁省建平县牛河梁发现了红山文化晚期的“积石冢”及祭坛，其祭天的坛作圆形、三环，祭地的坛作方形、两环，也是古代宇宙观的形象体现。[③] 原始思维认为，事物形状的相似，就是属于可以产生交感巫术效应的事物。[④]另外，安徽含山凌家滩出土的公元前 3000 年的洛书玉版也是天圆地方的象征。[⑤] 太湖流域发现的良渚文化中的大量的玉琮，外方内圆，被看作一种

---

① 参见朱存明：《汉代墓室画像的象征主义研究》，《民族艺术》，2003 年第 1 期；《汉代祠堂画像的象征主义研究》，《民族艺术》，2003 年第 2 期；《汉代棺椁画像的象征模式》，《民族艺术》，2003 年第 4 期；《四川石棺画像的象征模式》，《民族艺术》，2004 年第 4 期。

② 冯时：《中国天文考古学》，北京：中国社会科学出版社，2010 年版，第 289 页。

③ 方殿春、魏凡：《辽宁牛河梁红山文化“女神庙”与积石冢群发掘简报》，《文物》，1986 年第 8 期。

④ [法]列维-布留尔著，丁由译：《原始思维》，北京：商务印书馆，1981 年版，第 71 页。

⑤ 张敬国：《安徽含山凌家滩新石器时代墓地发掘简报》，《文物》，1989 年第 4 期。

宇宙的象征，是沟通天地的一种礼器。1978 年在湖北省随县擂鼓墩发现了公元前 5 世纪的曾侯乙墓，出土的器物中有一漆箱星象图，被看作古人宇宙观的形象表现。①

战国末期和两汉时代，在宇宙论和天地观方面，曾展开过热烈的讨论。公元 180 年前后，蔡邕在上皇帝的书中，总结了当时形成的三家学说：

> 言天体有三家：一曰周髀，二曰宣夜，三曰浑天。宣夜之学绝，无师法。周髀术数具存，验天然多所违失，故史官不用。唯浑天者，近得其情。

周髀学派以后被称作“盖天学派”。盖天说是最古老的一种宇宙学说。《周髀算经》记载周公和商高的对话，商高提到“方属地，圆属天，天圆地方”。②

关于“天圆”的看法，根源于古人对天穹的直观感受，对这种感受的表达只能通过比喻或象征。所以有人用蛋壳、覆碗或盖笠、车盖来加以比喻。关于“地方”的理解存在很大分歧。有人把地方看成地是方形的，并用棋局、切得像豆腐块那样来形容大地。《大戴礼记·曾子天圆》记载单居离问曾参：“天是圆的，地是方的，真有这回事吗?”曾参说：“如果天是圆的地是方的，那么，圆的天就掩盖不了地的四角了。”曾子又说：“我曾听孔老夫子说过，‘天道是圆的，地道是方的’。”这里，“天圆地方”转化为一种人文意义的象征表现。③ 实际上，关于盖天的种种隐喻的说法，都是天的象征符号。天的形状是不好表达的，只好用语言的符号来传达，隐喻的结

---

① 谭维四：《乐宫之王——曾侯乙墓考古大发现》，杭州：浙江文艺出版社，2002 年版，第 105 页。

② 《吕氏春秋·有始》对盖天说有简要描述：“极星与天俱游，而天极不移。冬至日行远道，周行四极，命曰玄明。夏至日行近道，乃参于上。当枢之下，无昼夜。白民之南，建木之下，日中无影，呼而无响，盖天地之中也。”(见《诸子集成》卷六，上海：上海书店，1986 年影印版，第 126 页)

③ 祖冲之的儿子祖暅之在《天文录》中说：“盖天之说，又有三体，一云天如车盖，游乎八极之中；一云天形如笠，中央高而四边下；一云天如欹车盖，南高北下。”

果总是发生错位，在喻体和本体之间，有时有某些相同，在能指和所指之间，意义有时却是“延异”的。[①]

中国古代的宇宙论，以论天三家影响最大。盖天说出现最早，在汉以前占统治地位，在神话传说、文艺作品、汉画像中有相当多的表现。浑天说出现于汉代，其萌芽也可以追溯到先秦，它的天地模式与现在球面天文学相类似，它是基于人的直觉观察而建立的一套象征模式，这一套象征模式能被实验证明，并能预告日食、制定历法。但浑天说也是建立在人为建构的一个虚拟体系上的，只是人实践经验的知识建构。中国古代的宇宙论，不只是一个纯自然科学的概念和范畴，还是人文科学的一个对象。天地的认识是直接与人生紧密联系在一起的。我们提出的中国古代的宇宙象征主义就是建立在这样一种人文科学基础之上的。中国早期天文观，带有强烈的政治色彩，当天盖与地舆分离后，天地之间的联系则靠巫觋一类的人物来完成。河南濮阳西水坡45号墓发掘的龙虎图像说明，在公元前四五千年，人是怎样把自己的墓穴建成宇宙象征主义图式的。在《国语·楚语下》和《山海经》等古籍中，记载有群巫通天的事。人死后的世界，是对人生前宇宙的模拟。人的灵魂借灵物而升天，生前靠通天权的独享而获得政治地位，死后也要居住在宇宙的中央。

上古时代的天有双重意义，一是指有人格的上帝，一是指与地相对的天空。那时的人认为天是有意志的，人的行为应该向天学习，出于“敬顺昊天”“法天则地”的观念，中国自商周以来即有“制器尚象”的传统。所谓“制器尚象”，就是依照天地的形象来制造各种器具或建筑物，体现了一种

---

① 德里达认为，传统西方文字中的“差异”(différence)并不足以正确表达差异本身。所以他发明了新的表达差异的概念“产生差异的差异”(différance)，即“延异”。参见冯俊等编：《后现代主义哲学讲演录》，北京：商务印书馆，2003年版，第319页。

宇宙象征主义的文化观念。如古代礼制中的“明堂”，即是宇宙象征型的。[①] 明堂是“享上帝、礼鬼神”“顺四时、行月令，祀先王、祭五帝”[②]的神圣空间，它的形状是“上圆下方”的，是仿照宇宙的样子设计的，是那种神圣空间的典型代表。

我们对汉代墓室的形制进行研究就会发现，汉代的那些因夯筑而得以残留的封冢遗址以及更晚的穹窿顶墓室结构都是天圆地方观念的直观反映。汉代墓室建筑几乎没有完全一样的，但进行分类归纳，汉墓室及其画像则是汉代人生死观和宇宙观的体现。像人类历史上的其他宗教艺术和祭祀艺术一样，汉画像石是一种因循性和传承性非常强的艺术，在其存在和发展的几百年间，尽管其题材内容在种类和数量上始终不断增加，但从其本质意义和所表现的宇宙范围来看，可以说自始至终绝少变化。“这是因为，汉画像石并不是一种自由创造的艺术，它是严格按照当时占统治地位的儒家礼制和宇宙观念刻在石结构墓室、石棺、祠堂和墓阙上的。”[③]

这种象征不仅表现在丧葬习俗中，而且还表现在其他事物中。如《周礼》还记载了“圭形方以象地，璧形圆以象天”，称“轸之方也以象地也，盖之圆也以象天也”。秦始皇陵出土的铜车马正是这样一个底方盖圆的样子。汉画像石中众多的车马出行图，也可见车的底方上圆的形状。安徽阜阳双固堆汉墓出土的“六壬占盘”和“太一九宫占盘”都是由上下两块构成，上层的盘是圆形的，可以转动，分别标有北斗七星、二十八宿和九宫；下层的盘都是正方形的，标有二十四方位。这正是“天圆地方”宇宙观的体现。汉画像中的一些抽象的图案，如“十字穿环”“莲花纹”“柿蒂纹”等都是宇宙象征主义的符号表现，其他如系壁纹、墓室穹窿上的顶心石等，大都作内圆

---

① 汉代李尤《明堂铭》云：“布政之室，上圆下方。体则天地，在国正阳。窗达四设，流水洋洋。顺节行化，各居其房。春恤幼孤，夏进贤良。秋厉武人，冬谨关梁。”《大戴礼记》：“明堂者，古有之也。凡九室，一室而有四户八牖，三十六户，七十二牖。以茅盖屋，上圆下方。明堂者，所以明诸侯尊卑。外水曰辟雍。”参见(清)王聘珍：《大戴礼记解诂》，北京：中华书局，1983年版，第149—150页。《淮南子·主术训》：“明堂之制，有盖而无四方，风雨不能袭，寒暑不能伤。迁延而入之，养民以公。”参见《诸子集成》卷七，上海：上海书店，1986年影印版，第128页。

② (清)孙诒让：《周礼正义》第14册，北京：中华书局，1987年版。

③ 信立祥：《汉代画像石综合研究》，北京：文物出版社，2000年版，第59—60页。

外方形，也是“天圆地方”宇宙观的符号体现。

四、宇宙生成论

汉代人不仅重视天的形态，而且重视天地的生成。天地的生成是人的经验之外的事，人无法观察到天地的生成过程，因此天地生成只能是理性思辨和天才想象的结果。汉代人宇宙生成论是一种气论的哲学。这一哲学范畴源远流长，它来源于原始人“万物有灵”的崇拜，在老子的学说中，演化为一种宇宙生成论。《老子》曰：“道生一，一生二，二生三，三生万物。万物负阴抱阳，冲气以为和。”(第四十二章)战国时期《易传》又提出一种以“太极”为天地本原的天地生成论。《系辞上》曰：“易有太极，是生两仪，两仪生四象，四象生八卦。”

在这里，天地的本原是“太极”，由太极而生天地，由天地而生四时，由四时而生八大类事物。汉代人认为，宇宙的生成是元气运行的结果，人的生命也是元气的结果。《管子·枢言》：“有气则生，无气则死，生者以其气。”[①]。《庄子·知北游》提出“通天下一气”的命题：“生也死之徒，死也生之始，孰知其纪？人之生，气之聚也，聚则为生，散则为死。”

在这种宇宙生成论的影响下，汉画像中常有“云气”的图像和符号，其象征阴阳二气或弥漫于宇宙之间的真气。《汉书·郊祀志》：“文成言：上即欲与神通，宫室被服非象神，神物不至，乃作画云气车。”我们在山东嘉祥武氏祠前石室顶前坡东、西段画像中可以看到这种云气图。这里的天界神人，都笼罩在云气之间。云气的象征意义是明显的。汉代人认为，气为天地万物的本原，有“元气”才有万物。人的生命来自于元气，人死了气就不存在了。人的精神和人的灵魂，都是气的表现形式。王充《论衡·论死》曰：“人未生在元气之中，既死复归元气。元气荒忽，人气在其中。”武氏祠前石室顶前坡东、西段画像中的这种云气图是汉代这种天地观的符号象

---

① 《管子·内业》亦云：“凡物之精，此则为生。下生五谷，上为列星。流于天地之间，谓之鬼神；藏之胸中，谓之圣人，是故名气。”参见《诸子集成》卷五，上海：上海书店，1986年影印版，第268页。

征表现。

河南永城西汉梁王陵墓地也发现了“云气图”。柿园汉墓的棺床室四壁及顶用泥涂平，在主室西三分之一部分顶部及南、西壁上绘有面积30平方米的彩色壁画，在壁画的四周边框及龙虎图像的周围绘有大量的云气和缭绕的装饰图案，被确定为《汉书》记载的“云气画”①。这种云气图像，在陕北榆林、绥德、神木大保当的画像中也常见。其画像围绕墓门展开，门上有日月星辰、神灵仙界，左右门柱上有奇禽异兽、仙草树木，往往有云气缭绕其间，贯通天地。

气又可以分为阴阳二气，《老子》曰：“万物负阴抱阳，冲气以为和。”说明阴阳二气相交便可产生万物。《系辞上》曰：“一阴一阳之谓道。”《说卦》云：“立天之道曰阴曰阳，立地之道曰柔曰刚，立人之道曰仁曰义。”韩康伯注云：“在天成象，在地成形，阴阳者言其气，刚柔者言其形，变化始于气象而后成形，万物资始乎天，成形乎地，故天曰阴阳，地曰刚柔也。”战国末年的邹衍以善谈阴阳被称为阴阳家。汉代的董仲舒将阴阳学说纳入自己的思想体系，建立了一套阴阳哲学。汉画像受到这种阴阳观的影响，往往用一些图像加以象征性的表现，如用伏羲女娲交尾图像象征阴阳。

五、人的生死论

扬雄在《法言》中说：“有生者必有死，有始者必有终，自然之道也。”人是有反思能力的，死在人的思考中占有极大的位置。人虽然不知道自己什么时间会死，人却能确信自己会死。别人的死是可见的事件，它只确定了人自己也会死的信念。但人又有生的本能来排斥死亡。② 于是人类形成了种种丧葬习俗、灵魂信仰、祖先崇拜以及有关永生的追求。在民族的信

---

① 河南省商丘文物管理委员会：《芒砀山西汉梁王墓地》，北京：文物出版社，2001年版，第356页。

② ［美］诺尔曼·布朗著，冯川、伍厚恺译：《生与死的对抗》，贵阳：贵州人民出版社，1994年版，第8页。

仰中死亡已经转化为一种文化。

根据“二元对立”的观点，人们相信死后也有一个世界，生界和死界构成一个完整的宇宙。《列子·天瑞》说：“死之与生，一往一反。故死于是者，安知不生于彼?”但死后的世界只能是一个幻境，是人的生存的现实世界的一个摹本。在佛教和基督教的天堂、地狱、上帝、轮回等观念没有进入中国人的信仰时，中国人更注重人在宇宙中的地位，在营造的一个个小宇宙的模式中生存。人们相信自己营造了宇宙的图式，就掌握了无定数的命运。

人喜生而厌死，但是死亡仍然要来临。为了摆脱死亡的恐惧，人幻想出一种不死的信仰，这就是升仙。在汉代画像中，有相当一部分是关于神仙和升仙的图像。这种图像存在于墓室画像、祠堂画像与椁棺的画像中。

汉代人把宇宙看成天圆地方的，墓室图像都模仿这一图式；汉代人又根据宇宙生存论的“元气”说，往往在图像中刻画“云气”形象。但人们对宇宙的认识和生成的认识，都不是人认识世界的目的。宇宙只有成为人类的生存环境，并根据天地的自然之道而为人所利用时，宇宙论才对人生有意义。升仙图就要放在这个宇宙论的图式中，才能显示其巨大的价值。中国古代没有创造出一个一神教的唯一的上帝，而是在个体生命的基础上创造了神仙的信仰和传说。在两汉的信仰中，神仙的信仰是极盛的，羽化成仙不仅是封建帝王、豪门贵族追求的目标，而且也成了平民百姓的理想。

中国古代关于成仙的神话传说，有着宇宙论的根源。宇宙的图式有二维的和三维的，二维平面的图式便是太极、两仪、四象、八卦，是由“道”生出万事万物；三维的图式，便是有上下四方，垂直的宇宙表现为天、地、人。按照中国古代气论的哲学，天、地、人都是由气化生的，人的生命也是气化的结果。这种气，在中国古代称为“精”或“魂”，或称为“精神”和“灵魂”。按照中国古代宇宙生成论，天是清气上升的结果，地是浊气凝聚的结果。因此，人的精气在人死了以后便可以分化，融入宇宙之气中。汉代人特别相信鬼神，认为人死后灵魂仍然存在，人的灵魂属于天，形骸属于地。《淮南子·精神训》曰：“圣人法天顺情，不拘于俗，不诱于人，以天为父，以地为母，阴阳为纲，四时为纪。天静以清，地静以宁，万物失之者死，发之者生。”《淮南子》认为，天地是从混沌的虚无中产生的，人也是由阴阳二气所产生的，所以人要法天顺情、清净自守、炼气养神，才能长生。

按照汉代人的天地观，天上是诸神的世界。我们在司马迁的《史记·天官书》中看到对这个世界的描绘，那里简直就像地上的一个国家。① 司马迁说："文史星历，近乎卜祝之间。"《天官书》所描绘的天不是自然的天，而是占星术中的天。这里的天是人类社会的表现。

汉代人相信，人死了以后可以升入天上的仙界。葛洪说："按《仙经》云，上士举行升虚，谓之天仙。中士游于名山，谓之地仙。下士先死后蜕，谓之尸解仙。"据此，升仙的路又是不同的。汉画像中多描写天庭的形象。例如山东嘉祥武氏祠堂的几幅天庭的画像，河南洛阳的汉代卜千秋墓壁画的天象图，四川出土的石棺顶盖上的龙虎衔璧与牛郎织女天象图等。天界往往有主宰生死的大神西王母和东王公。羽化成仙是汉代人的虔诚信仰，这是因为在人的眼中，只有鸟儿才能在天空自由的飞翔，人要飞升，当然要生出羽毛。这是天仙。还有的图像，描绘的是昆仑山的仙界内容，东王公和西王母及其随行，端坐在昆仑悬圃之上。这里是天帝所居，仙人群集的昆仑之丘和增城的情况，有"饮之不死"的丹水、"登之乃灵"的悬圃、"众帝所从上下"的建木，还有"不死树"等。

按汉代人的生死观，人死后形体要归为幽都、地府。我们在《楚辞·招魂》中看到了作者描述的幽都，那里有"土伯九约""参目虎首"等妖怪。王逸注："幽都，地下后土所治，地下幽冥，故称幽都。"地府就是黄泉之国，是死者的世界。在汉代的墓中，发现了一些陶瓶和书铅券上有一些朱书和墨书的镇墓文，从中可以看到汉代人关于幽都、地府的观念。1916 年罗振玉《古明器图录》收录有朱书陶瓶，他说："东汉末叶，死者每用镇墓文，乃方术家言，皆有天帝及如律令字，以朱墨书于陶瓿者为多，亦有石

① 《天官书》索隐云："天文有五官。官者，星官也。星座有尊卑，若人之官曹列位。"正义引张衡云："文曜丽乎天，其动者有七，日月五星是也。日者，阳经之宗；月者，阴经之宗；五星，无行之经。群星布列，体生于地，精成于天，列居错峙，各有所属，在野象物，在朝象官，在人象事。其以神著有五列焉，是有三十五名：一居中央，谓之北斗；四布于方各七，为二十八舍；日月运行，历示吉凶也。"

刻者，犹唐之女青文也。”[1]在许多镇墓文中，可以看到“为死人解适”的话，例如：

> 立冢墓之□，为生人除殃，为死人解适。
>
> 谨以铅人金玉，为死人解适，生人除罪过。

所谓“解适”，就是解除罪谪之意。汉代人认为，人死后精灵不灭，并转到彼岸世界。镇墓文写道：“生人上就阳，死人下就阴；生人上就高台，死人深自藏。”“上天苍苍，地下茫茫，死人归阴，生人归阳，生人有里，死人有乡。”汉人认为不仅有阴间和阳间，而且阴间也有它的最高主宰。镇墓文中常提到“生人属西长安，死人属东太山。”《搜神记》曰：“胡母班死，往见泰山府君。”在汉代，泰山是幽都。从墓葬制度考察，地下的幽都对人来讲是阴森、可怕、黑暗的，而上天是光明的，因此汉人对死后世界的描绘是幻想一条升仙的路。

考察汉代墓室画像、祠堂和椁棺画像后，我们可以描绘出一条升仙之路。人死后归土，在那里肉体化为大地，但灵魂则是存在的。如果采用玉衣敛尸等方法，可以保持尸体的不朽，为灵魂找到寓所。人的灵魂乘车马出行，沿甬道进入地上的祠堂接受后人的祭祀，在祭祀以后踏上一条升仙之路。升仙的工具很多，代表性的有龙、风、龙车、鹿车、羊车等。在天上有天门，天门往往用“双阙”表现，天门前有守门的天神接应。天上有主宰生死的大神西王母和东王公。那里有奇禽异兽，有操不死药的羽人、玉兔、蟾蜍，有三青鸟和九尾狐等。那里还有装满粮食的“太仓”，有摇钱树、不死药等。这些仙界的圣物不过是人的食、色、福、禄、寿等欲望的符号表达，借升仙的信仰而象征性地传达出来。

从汉画像的图像志考察，升仙有三种样式：一是升天式，西王母是天界的主宰，她戴胜仗端坐在龙虎座上；二是登仙式，西王母及其随行安坐在昆仑悬圃之上；三是羽化成仙式，这是人生时的信仰，不要经过死亡与入土，而是白日飞升。《抱朴子》认为，仙有三等，上等肉身飞升，称“天

---

① 参见罗振玉辑《贞松堂集古遗文》卷十五，1931年石印版。

仙”；中等长生不死，优游于名山海岛，称“地仙”；下等肉身不得不死，死后身心蜕化，永生于天上、仙山或“地下主”，称“尸解”。

六、汉画像宇宙象征主义的美学意义

汉画像中的宇宙象征主义具有很高的美学意义。

对人来讲，人活着是所有人问题的出发点，生命总表现为宇宙中的生命，具体说人是生存在天地之间。因此，对天地的认识就是人类一个永恒的话题。人的生存受制于自然，白昼的转换、四季的交替对人类来讲都是至关重要的。日月星辰的移动、风雨雷电的变化，与人的生命息息相关。汉代人认识到了天的这种奉养属性，所以把天的地位放得很高。《易传》曰：“天地之大德曰生。”天的奉养属性在于它四序分明，生养万物，给人带来惠利，这样才能对人构成生活的价值。人仰观象于天，俯观法于地，靠自己的能力创造了一个象征符号的世界。在创造符号的过程中，再现宇宙的形态是一个最根本的认识冲动与审美冲动。汉代人认为天又不是一个纯自然性的天，天文和人文又是相对应的，天还有道德的属性。《黄帝内经·素问》曰：“善言天者，必应于人；善言古者，必验于今。”古人观察到自然的和谐有序，认为人的礼仪也应与天的秩序异质同构。

《乐记》认为，乐是与天地和谐相生的，人的礼义是与自然的秩序相联系的。天人同构就产生了美。[①] 宇宙是自然的，对宇宙的言说则是人文的。存在只能通过人来表现其自身。当人们把宇宙与天地当作“大道”来看待时，人对天地的看法就具有了审美的属性。早在先秦时期，庄子就极力歌颂天的大美：“夫天地者，古之所大也，而黄帝尧舜之所共美也。”[②]“天地有大美而不言，四时有明法而不议，万物有成理而不说。圣人者原天地之

---

① 《乐记》说：“天尊地卑，君臣定矣；卑高以陈，贵贱位矣；动静有常，大小殊矣。方以类聚，物以群分，则性命不同矣。在天成象，在地成形。如此，则礼者天地之别也。地气上齐，天气下降。阴阳相摩，天地相荡。鼓之以雷霆，奋之以风雨，动之以四时，暖之以日月，而百化兴焉：如此，则乐者，天地之和也。”

② 郭庆藩：《庄子集释·天道》，北京：中华书局，1997 年版，第 476 页。

美而达万物之理，是故至人无为。大圣不作，观乎天地之谓也。”[①]汉代人称赞天地时，也包含有审美的意义。《淮南子》说：“见日月光，旷然而乐，又况登泰山、履石封，以望八荒，视天都若盖，江河若带，又况万物在其间乎？其为乐岂不大哉！”对天地之美的观照是人生一大享受。《易传》曰：“悬象著明莫大于日月。”对古人来讲，日月运行就是一种大美。张衡在《灵宪》中极力赞美天的这种大美：“天以顺动，不失其中，则四时顺至，寒暑不忒，致生有节。故品以用生，地以灵静。作合承天，清化致养，四时而后育，故品物用成，凡至大者莫如天，至厚者莫如地。”在董仲舒的“天人感应”学说中，对天的审美属性也做了大量的发挥：“仁之美在乎天。天，仁也。天覆育万物，既化而生之，有养而成之。事功无已，终而复始。”[②]“天地之行美也”，在于“不阿党偏私，而美泛爱兼利”，是一种“中和”之美。后来刘勰在《文心雕龙·原道》中把这种天文地理之美作为人文之美的本原，极力赞颂这种大美。[③]

在汉人的眼中，天地是完美无缺的典型代表，人们对它的崇拜上升到一种类似宗教的地位。人们在图像中再造一个宇宙模式，以寄托自己的理想追求就成了时代精神的表现。

（原载《文艺研究》2005 年第 9 期）

① 郭庆藩：《庄子集释·知北游》，北京：中华书局，1997 年版，第 735 页。

② 《春秋繁露·王道通三》，《二十二子》本，上海：上海古籍出版社，1985 年版，第 796 页。

③ “文之为德也大矣，与天地并生者何哉？夫玄黄色杂，方圆体分：日月叠璧，以垂丽天之象；山川焕绮，以铺理地之形。此盖道之文也。仰观吐曜，俯察含章，高卑定位，故两仪既生矣。惟人参之，性灵所锺，是谓三才。为五行之秀，实天地之心。心生而言立，言立而文明，自然之道也。”参见周振甫：《文心雕龙注释》，北京：人民文学出版社，2002 年版，第 1 页。

汉代谶纬美学观与汉画像艺术的关系

两汉有三大美学思潮，一是汉初的黄老美学，二是经学美学，三是谶纬美学。学术界对前两种思潮的研究比较深入，但是对谶纬美学的研究相对薄弱，或者说基本没有进行。不研究谶纬美学对汉代美学的影响，我们就没有办法全面深入地理解汉代的艺术与审美观。

何为谶纬?《说文解字》云："谶，验也。有征验之书，河洛所出书，曰谶。"谶常常附有图，亦称为图谶；纬，与经相应，是对经文做神秘的解读。谶纬在两汉之际成为改朝换代的舆论工具。公元 56 年光武帝宣布"图谶于天下"，遂使其风靡一时。东汉以后，由于历代帝王的禁毁和经学对其的淘汰，谶纬文献几乎丧失殆尽，对其的评价也一落千丈。

本研究的意义在于：在现代图像学理论指导下，借助现代摄影、照相技术，在美术考古学、艺术人类学、艺术美学、视觉文化理论等现代学术的视野下，对中国古老的谶纬观念进行新的探讨，这对理解中华民族的独特审美观念有重要的意义，对挖掘中国传统美学的独特性起到一定的推动作用。

一、应加强对谶纬美学的研究

笔者在对中国古代的图像进行研究，特别对汉画像艺术进行了深入研究后发现，研究中国传统美学，不应该忽视谶纬的存在。[①] 从形式上看，谶纬的流行有美学的原因，表现为“谶”是借图像象征来达到一个神秘的未知世界的把握，靠图像和“隐语”来得到对未知命运的控制。这对中国传统审美精神的象征性产生深远的影响。如果说卡西尔的象征形式哲学认为的人是象征符号的动物有一定的说服力的话，那么通过研究谶纬来研究汉画像艺术就是一个具有哲学意义的事了。今天研究词语与图像的关系成为一个学术热点问题[②]，实际上却是一个古老的命题。

在汉代儒学的经学化后，便树立了经学美学的权威与正统地位。经学对儒学和孔子的不断权威化、神秘化，到西汉末期便形成了谶纬神学。谶纬神学是经学发展的支流，是一种靠图像或隐语伪托神灵来预测吉凶的预言。

“谶纬”与“纬书”这两个概念，对今天的人比较陌生，一些研究秦汉史或中国古代思想史的学者大都认为谶纬是一种汉代流行的宗教迷信，甚至有人称之为神学。任继愈《中国哲学史》有“谶纬迷信的流行”一节，认为谶是“诡为隐语，预决吉凶”的宗教预言。《史记·赵世家》曰：“秦谶于是出矣。”所谓秦谶，指的是上帝于梦中告诉秦穆公的一条预言。秦始皇时“亡秦者胡也”的预言，“祖龙死而地分”的刻石，陈胜起义时“陈胜王”的鱼腹丹书，也都是谶。这些谶与儒家的经文没有关系。纬对经而言，是用神学来解释经义并且把这种解释托之于孔子的书。纬只有在把儒家经典奉为神圣以后才出现，比谶要晚得多。谶和纬的广泛流传，在西汉哀平之际，经过王莽、刘秀用政治权力宣扬、推广，成了两汉之际的唯心主义宗教神学的主导思想。[③]

对谶纬的研究可以分为古代与现代两部分。古代的如桓谭、张衡、刘勰、郑玄、孔颖达、郑樵、马端临、赵在翰、顾炎武、朱彝尊、孙瑴等，他们或者对谶纬进行评论，或者对谶纬进行资料收集，为谶纬研究提供了

① 参见朱存明：《汉画像的象征世界》，北京：人民文学出版社，2005 年版；朱存明：《汉画像之美——汉画像与中国传统审美观念研究》，北京：商务印书馆，2011 年版。

② 参见[法]福柯著，莫伟民译：《词与物——人文科学考古学》，上海：上海三联书店，2001 年版；[法]利奥塔著，谢晶译：《话语·图形》，上海：上海人民出版社，2011 年版。

③ 任继愈主编：《中国哲学史》，北京：人民文学出版社，1979 年版，第 95 页。

历史坐标。进入近现代以后，学者对谶纬在现代学术思想指导下进行了研究与反思。如刘师培、周予同、顾颉刚、陈槃、钟肇鹏、吕宗力、王步贵、冷德熙、徐兴无等，他们或考据谶纬的产生与发展，或研究谶纬的思想与政治，或阐释其神秘思想，或揭示其内在的荒谬。2010 年笔者在台湾辅仁大学任客座教授期间，收集了台湾学者研究谶纬的著作十余种，渐渐理解了谶纬研究的重要性。

由于谶纬思想与现代相去甚远，因此理解起来并不容易。我们要理解谶纬的主要内涵是什么，解决"谶""纬"有何异同，为全面研究谶纬的图像美学奠定基础。我们要进一步研究谶纬的产生与发展，厘清谶纬观念的历史起源，并对此进行发生认识论的考察。我们要在语言与图像两个方面，揭示谶纬观念的知识论基础，研究谶纬中语言表现与图像表现的预言功能。我们还要研究谶纬图像的隐喻与象征的功能与意义，根据考古发现的汉代图像资料，如帛画、画像石、画像砖、墓室壁画、铜镜纹饰、玉器图式及其他图像，阐释其意义世界；研究作为预言的图像表现的审美性，如谶纬图像的感性、直觉性、艺术性、感染性等；研究谶纬对中国哲学与宗教的影响，对中国审美观念中吉祥、灾异、怪异、美好、丑恶等审美观念的影响；研究在神秘主义中表现的关于天文、占星、占候、占气等对于中国古代自然美与社会美的作用及其意义。

日本学者安居香山对谶纬资料的收集及对谶纬的研究，对谶纬研究的复兴起到重要的作用。他一生专注研究谶纬问题，辑有《纬书集成》[①]，著有《纬书的基础研究》《谶纬思想的综合研究》《纬书与中国神秘思想》等。他提出"汉代思想是纬书"[②]这个论断。因此，研究汉代美学，不得不研究谶纬的产生与发展以及其所体现的美学思想。因为汉代经学国教化的大师是董仲舒，他的思想是以天人合一、天人相感的神秘主义为基调的，这正是纬书的思想。

谶纬中有儒家的思想，也有超出儒家的思想，如其更古老来源中有巫

① ［日］安居香山、中村璋八辑：《纬书集成》，石家庄：河北人民出版社，1994 年版。

② ［日］安居香山著，田人隆译：《纬书与中国神秘思想》，石家庄：河北人民出版社，1991 年版，第 8 页。

术思想。孔子曾感叹："河不出图，洛不出书，吾已矣夫。"《易》曰："天垂象，见吉凶，圣人象之。河出图，洛出书，圣人则之"，这即是纬学之滥觞。孔子作《春秋》，大凡地震、山崩、星陨、火灾、大雨、李梅冬实，八月杀菽等都与人事相涉，即纬学之本旨。所以谶纬并不是背离儒教的。只是后来人的阐释，把孔子观念中的巫术礼乐观渐渐隐去，只重视其"理性"精神，突出其伦理内涵。但在汉代，经学与纬学是相辅相成的。

道家在汉代发展为道教，道教与纬书也是不可分离的。谶纬思想在道教中深深扎了根，道教的信仰是以中国人的民俗信仰为基础的，而这种民俗信仰与谶纬思想是有共同的民族根源的。[①] 近代刘师培在《谶纬论》中认为，谶纬有补史、考地、测天、考文、征礼、格物六方面的学术价值。

当代美学中"视觉文化"[②]和"图像理论"[③]的发展，为我们在一个新的视野下研究谶纬的美学意义提供了理论前提。谶纬的内容是虚幻的，其形式则是审美的。它借用形象、图式、隐喻和象征来运作一种政治观念，起到一种社会意识和个体情感的引导作用。汉画像中的许多祥瑞图，当是在此审美观念影响下的产物。如果想对汉画像诸多图像进行深入的研究，必须对谶纬图像隐寓的审美特征进行深入研究。从思维形式看，谶纬是原始巫术天命观、征兆观在汉代的复活。当新的理性精神逐渐兴起，世界的"祛魅"过程逐渐加大时，这种审美的乌托邦就受到了置疑和批判。

二、谶纬美学的特性

谶纬在汉代影响甚大，以至形成影响深远的文化思潮，其中的原因是极其复杂的。从思想上看，谶纬是对经的解释，适应的则是当时的社会思潮。从形式上看，谶纬的流行有其美学的原因，表现为"谶"是借图像象征来达到对一个神秘的未知世界的把握；靠图像和"隐语"来得到对未知命运的控制；借积极的预言来理晓神谕。从思维上讲，这都源于原始文化的

---

① 参见萧登福：《谶纬与道教》，台北：文津出版社，2000年版。

② 参见［美］米尔佐夫著，倪伟译：《视觉文化导论》，南京：江苏人民出版社，2006年版。

③ 参见［美］米歇尔著，陈永国、胡文征译：《图像理论》，北京：北京大学出版社，2006年版。

“诗性智慧”，具有审美的特征。汉代的张衡认为：“立言于前，有征于后，故智者贵焉，谓之纬书。”就像宗教中对神灵的信仰是心理的，但神像的制造则是艺术审美的，故宗教艺术在形式上能给人以美感。宗教与艺术本来有相通之处，在谶纬观念上的表现也是相互杂陈。

谶纬的审美特征在它的形象性、理想性、祥瑞性上。

谶的一大特征是靠图像来把握事物，使事物与人的设想得到验证。谶，亦称“图谶”，《后汉书》：“帝以尹敏博通经记，令校图谶。”《广雅·释诂》：“图，画也。”《说文解字》：“图，画计难也，从口，从啚。啚，难意也。”《后汉书·班彪传》注云：“图书，《河图》《洛书》也。”又《桓谭传》注：“图书即谶纬、符命之类也。”俞正燮《癸巳类稿·书开元占经目录后》曰：“《占经》中所引纬，如《孝经雌雄图》《雄图三光占》《括地图》《春秋图》。《彗星占》引《雌雄图》云‘彗星四出’，注云：‘按图如十字’。知天文地理应有图，故《河》《洛》九篇六篇，古人谓之图书。”

从中国古代审美发展史来看，审美的发生与原始巫术观念有必然的联系。没有文字记载以前，人们更多地依靠图画来表达观念，如彩陶纹饰和原始岩画。后来发明的汉字，仍然是象形、指事性的，文字与图画是密不可分的。汉字的前身就是刻画，所以谶在某种意义上是古代刻画符录，或靠图像来表达观念，以达神意的表现。在汉代那个离古代不远的时代，谶往往靠图像来表达人们的美学观是最恰当的。

“图”不仅指图画，也指天文、地理、地图等的图像符号，通过符号又表达一定的数术观念。《古微书·易河图数》：“《易》大衍之数原起《河》、《图》，故《河》、《图》难自有纬而未尝言数，此传《易》者穷其数之原也。”

谶纬中的图书、图录等，也可以说是中国传统美学的“象”。中国古典美学以“象”为中心概念展开，图像、形象、意象、象征，均是从此展开。谶纬中的“图像”的隐喻与象征功能的凸显，正是中国美学的基础。谶用“图录”，犹如《易》用“象数”、《诗》用“比兴”一样，是相通的。

与谶纬有关的图像已被考古学家大量发现。1942 年，湖南长沙子弹库出土的楚《帛书图像》绘有十二个怪异的神灵，旁边并配有文字说明，当是此类观念的早期表现，是目前看到的先秦谶纬表现的代表。考古学发现的其他汉代帛画，如在长沙、江陵、临沂、武威等地出土的帛画《天文气象杂占图》《社神图》《毛人图》《卦象图》[1]，甚至举世闻名的长沙马王堆一号汉墓中的“非衣”帛画，都与这种谶纬观念密切相关。但对这种“帛画”审美内涵的研究还很不充分。武氏祠堂刻有祥瑞图，并刻有文字记录瑞应物的名字。[2] 在秦汉时期，祥瑞观念比美更重要。

就谶纬的形式而言，它靠图像来表达观念，在形象的直觉中激发情感的体验，因而是审美性的，是审美的所以又是表现理想的，是一种乌托邦式的冲动。就像艺术是审美的，但艺术也可以为一定的政治、社会、经济等服务。谶纬的这种靠图文表达经验的形式也可以为汉代不同的政治需求服务。谶纬之所以在中国哲学史中声名狼藉，主要是因为它成了一些政治家改朝换代、制造舆论的工具。如王莽、刘秀等人，都曾利用谶语来为自己的“改制”或“登基”制造舆论。光武帝刘秀迷恋谶纬，宣布“图谶于天下”，因此，谶纬也不过是一种话语权的表现。他们把一己之理想装扮成“应天承命”的天命，宣扬的是“君权神授”的权威观，以此捞取政治资本。但它并不能否定用图像隐语来表现理想观念这种形式本身。汉画像艺术之所以在东汉时期繁荣昌盛，与这种谶纬流行的话语密切相关。汉画像中普遍存在的祥瑞图、瑞应图、吉祥图就表现了这种审美观。在两汉人的观念中，吉祥的就是美的。这种观念对中国古代民俗文化影响深远，已经成为汉民族集体无意识的原型。从汉语的造字来看，美字从羊从大，“羊，祥也”。汉画像中有许多羊的图像，就表现了这种审美观念。

从理论上讲，谶纬美学表现为一种祥瑞和灾异的观念。祥瑞就是美的，灾异就是丑的。在中国古典美学中，审美的观念往往并不通过“美”表现，而是通过一些其他包含有美的意义的观念来表现。谶纬的思想基础仍然是“天人感应”、阴阳五行的哲学。自然规律运行的结果，都要落实到与人的关系上，要为人服务，或者说要靠人来评价。因此对人有利的、有益的、好的就是善的，也是表现其与人事的意义。谶纬思想的根基和主干便是祥瑞和灾异。

---

① 参见刘晓路：《中国帛画》，北京：中国书店，1994 年版，第 143 页。

② 参见［美］巫鸿著，柳扬、岑河译：《武梁祠——中国古代画像艺术的思想性》，北京：生活·读书·新知三联书店，2006 年版，第 255 页。

《说文解字》："祥，福也。从示，羊声。一云善也。"段玉裁注："凡统言则灾亦谓之祥，析言则善者谓之祥。征兆有时也可谓之祥。"如《左传·僖公十六年》："是何祥也，吉凶安在?""瑞，符信也。"《说文解字》："瑞，以玉为信。"段玉裁注："典瑞，掌玉瑞、玉器之藏。"又注曰："瑞为圭、璋、琮、璧之总称。引申为祥瑞者，亦谓感召若符节也。"《春秋左传》杜序："麟凤五灵，王者之嘉瑞也。"《礼运》说："何谓四灵，麟、凤、龟、龙之谓。"古人把龙、凤、麟、龟都称为祥瑞之兽。汉代认为，如果帝王修德、政治清明，上天受到感动，就会降下祥瑞来赞许、应答。《史记·礼书》曰："或言古者太平，万民和喜，瑞应辨至，乃采风俗，定制作。"

在汉代，祥瑞有各种各样的种类。如罕见的天文奇观，如美丽的云彩、瑞星以及珍稀的山川草木鸟兽等的出现等。董仲舒《春秋繁露·王道》曰："王正，则元气和顺，风雨时，景星见，黄龙下。王不正，则上变天，贼气并见。"三皇五帝之治时，"天为之下甘露，朱草生，醴泉出，风雨时，嘉禾兴，凤皇麒麟游于郊"。桀纣之时，"日为之食，星霣如雨，雨螽，沙鹿崩，夏大雨水，冬大雨雪，霣石于宋五，六鹢退飞，霣霜不杀草，李梅实，正月不雨至于秋七月，地震，梁山崩，壅河三日不流，昼晦，彗星见于东方"。[①]

这种祥瑞思想起源于原始先民的征兆信仰。儒家的观念中也存在这种看法。这种观念到秦汉时越发流行了。它逐渐被皇权所利用，成为一种预言思想而流行起来。祥瑞思想并不是谶纬特有的，它是中国古人很早就认识到的一般性思想。汉代以后，祥瑞思想一直与中国思想史的发展密切相关，它是中国审美观念的一部分。

西汉昭帝始元三年(公元前 84 年)有一则记载："冬十月，凤凰集于东海，遣使祠其处。"是说这一年有许多凤凰在东海集聚，这是祥瑞，是统治者治国有方、国泰民安的表现。

在汉代的画像石上，可以看到许多祥瑞，常见的有凤凰、龙、神鼎、比翼鸟、木连理等 36 种。[②]《白虎通义》为东汉时群儒考证诸经异同的书，

---

① 董仲舒：《春秋繁露·王道》。

② 参见李发林：《汉画考释和研究》，北京：中国文联出版社，2000 年版，第 225 页。

所言祥瑞代表那时经学家们的观点，其所列的祥瑞已有明斗、光日月、甘露、嘉禾、萱荚、凤凰、鸾鸟、麒麟、九尾狐、白首雉、白鹿、景云、茂芝、黑丹、器车、泽马、黄龙、醴泉、龙图、龟书、江大贝、名珠、祥风、钟律调、化夷、来越裳、蓮莆、宾连、平露、景星、朱草31种。

祥瑞为美，灾异为丑。这都是从人事上来判断自然物与人的关系的。人生活在自然中，自然的变迁当然与人有关，自然常常会发生不利于人类生存的事，古人不理解自然运行和变化的规律，对突然的灾害和异变感到惊异、奇怪，就形成了怪异、丑类恶物等观念。中国古代有天神、天帝的信仰，而灾异就是天帝意志的表现。地上的君主自然是上天派到地下来管理百姓的，所以君主的行为也要受到老天的评价。在天人合一、天人感应的观念指导下，自然灾害就不是一种自然现象了，而是被理解为天帝意志的表现。其典型的说法就是董仲舒在《贤良对策》中论述的："国家将有失道之败，而天乃先出灾害以谴告之，不知自省，可出怪异以警惧之，尚不知变，而伤败乃至。"实际上，董仲舒是想借天帝的威望来规训皇帝，使天子经常反省自身，来抑制君权的无限膨胀。

谶纬美学是极复杂的，其中有审美的部分。它借图式、符号来表达审美的理想，借自然物和虚拟的动物植物来表达吉祥瑞应，把自然现象社会化、人事化，表现了汉代人蓬勃向上的精神力量和意志。所以汉代的艺术才显得那样刚健、雄浑、粗犷、稚拙，其中的美学价值是显而易见的。同时，这种审美又容易走向偏至，其主观目的的无限夸大就使其失去了与真实性的联系，盲目的崇拜天地、预兆、神谕，就使主体失去了自我。审美本来是人自由精神的表现，是人生命力的张扬，谶纬的滥用就走向了虚妄，这在当时就受到了一些思想家的批评。

三、谶纬与汉画像艺术的审美

随着现代考古学的发展，我们发现了大量的汉画像石，这些图像资料反映了汉代真实的思想观念，可以补文字记载的不足。或者说，我们要在文学研究与艺术研究之间架起一道桥梁，从语言与图像的关系中寻求新的审美原则。汉画像不仅是汉代社会生活的反映，而且是当时人们审美幻想的表现。作为刻画在祠堂、墓室、石棺、石阙上的图像，汉画像艺术系统地表现了汉代人的宇宙、时空、生死、人鬼、仙妖等观念。天、地、人等都在一个大的象征系统中得到符号的呈现。汉画像审美的根源是符号性的隐喻象征。

汉画像内在的结构可以从两个方面来理解。一是指世界的构造及其形式在人心中的呈现。人的生命存在总依附于自然环境，时间空间是其存在的基本形式，对世界的理解和形象的呈现，就构成人赖以存在的基础，所以汉民族从古到今都注重人在宇宙中的地位，并以此作为安身立命的根本。二是指作为有灵性的生命体。外在世界又必须转化为文化的存在才能被人所理解和掌握，因此建立在自然之道上的文化体系，是人文创造的另一世界，它表现为人的语言、符号、图式。世界与心灵相遇，通过人的直觉、符号、意识和无意识达成一种隐喻的象征表现，构成了中国文化的根基与审美的根基。

中国汉代特别重视人在宇宙中的地位，天人关系一直是学术探讨的对象与政治信念的支撑。民俗中充满宇宙的象征主义信仰。[①] 晚近的象征人类学认为，人的本质性的规定就是人采用象征的符号来掌握世界。人类的知识不是一个逻辑的建构，而是一个实践的创造，在客观化的行为模式中创造一个符号的世界来加以象征。因此，文化就是象征性的。不同的文化类型，只是这一象征不同层面的展开。但文化总是具体性的，各时代和各民族文化有很大的不同，象征便有了多种多样的表现形式和表现方式。国内学术界认识到“象征，是中国文化中最为普遍但又未被充分重视和理解的文化现象之一”[②]。文化象征来源于极古老的文化传统，远古的巫术、神话、仪式、宗教、民俗、信仰，往往是文化象征的源头。中国审美文化的一个很大的特点就在它的象征性，了解中国文化首先就是要从人类大量的历史材料中去梳理出一条象征符号的线索，从知识考古学方面来确定其象征内涵。费迪南德·莱森(Ferdinand Lessing)曾说：“中国人的象征语言，

---

① ［英］杰西卡·罗森著，邓菲等译：《祖先与永恒——杰西卡·罗森中国考古艺术文集》，北京：生活·读书·新知三联书店，2011年版，第307页。

② 居阅时、瞿明安主编：《中国象征文化》，上海：上海人民出版社，2001年版，第1页。

以一种语言的第二种形式，贯穿于中国人的信息交流之中；由于它是第二层的交流，所以它比一般语言有更深入的效果，表达意义的细微差别以及隐含的东西更加丰富。”①

汉代图像为我们从一个新的视角研究古代审美观提供了新的研究对象。传说中就有夏“铸鼎象物”的审美观。“图”和“书”在古代是并重的。《山海经》本来就是图文并茂的。可惜后来，图谱日亡而书独存。

汉画像包括汉画像石、画像砖、壁画、帛画等图像资料。这是一个图像学的概念，与传统金石学、考古学中的画像石、画像砖的概念有一定的联系，但也有一定的区别。画像石、画像砖和帛画等是根据不同的物质材料进行的划分，其制作方法也有所区别。画像石是在墓室墙壁、棺椁和祠堂等的表面上的镌刻，而画像砖则是印模、压模及窑烧的结果，帛画则是在绢帛上的绘画。汉画像是对不同物质材料和形式表面图像的概括。它的侧重点在视觉图像的表现方式和接受方式上，因为只有这种方式才具有决定图像本源的意义。实际上，把画像石、画像砖说成是汉画像是不确切的，因为有些汉画像石是浮雕或半浮雕的，与其说是“画像”，不如说是“雕刻”，但传统上汉画像石、画像砖的流行和鉴赏主要依靠拓片，故约定俗成地称其为“画像”。

从本质上看，文字与图像的表现形式都是象征。理解象征是我们理解汉画像的意义世界的关键。在中国，“象征”是表示人的身份的符征，命相学中的征兆或下层社会中的暗语记号等。据说最原始的象征例子是一枚钱币或指环，它被一分为二，使其互为标志以证明持有者的身份。中国古代的“兵符”即属此类。

通过对谶纬图像美学的思考，我们进而可以思考文学研究与艺术研究在现代学术研究领域中的分裂是不正常的；语言表达与文字记录及其图像呈现，在更古老的年代是统一的，只是现代的学术的学科化、研究领地的划分使我们的研究眼光变得日益狭窄。

① ［美］W. 爱伯哈德著，陈建宪译：《中国文化象征词典》，长沙：湖南文艺出版社，1990年版，第1—2页。

四、结论

由于历史的原因与现实的原因，由于资料的欠缺与阐释的差异，要想深入研究谶纬的图像意义并不是一件容易的事。由于谶纬在历史上的境遇不佳，东汉以后多加禁毁，资料收集及其甄别是重点、难点之一，特别是对出土的图像进行谶纬内容的定性比较困难。我们从图像志与图像学的角度研究谶纬，谶纬的神秘化与世俗化的社会与生活层面上的运作机制，如吉祥与灾异、符瑞与符命、预言与革命等，是我们研究的重点。作为汉代艺术的典型代表，汉画像艺术真实记录了汉代的思想文化与社会生活与理想的想象世界，要理解这种“不能匆匆理解的艺术”，就要深入汉代的历史真实之中，还原那个时代的精神风貌。作为一个古老的文化思潮的谶纬，是我们理解汉画像艺术的基础。从研究观念上看，如果想对汉代图像进行深入研究，必须对谶纬图像隐寓的审美特征进行深入的研究。我们要把谶纬的研究由政治术语转化为一种美学的研究，着重分析谶纬的思维特性及其对艺术的影响。谶纬的审美特征在它的形象性、理想性、祥瑞性上。谶纬中的“图像”的隐喻与象征功能的表现，正是中国美学的基础。

汉赋与汉画像艺术的比较问题

汉赋与汉画像是汉代艺术的典型代表。本文将从语言和图像的角度入手，研究汉赋与汉画像的关系。汉赋是一种语言艺术，它通过铺陈其辞表现一个文字描述的世界。汉画像是一种造型艺术，它以“画”代话，用形象化的造型语言表现一个视觉图像的世界。汉赋和汉画像通过两种不同的表现方式，共同表达了汉代人对世界的看法，展示了汉代的粗犷、醇厚的精神面貌。汉赋与汉画像在艺术形式上有一致性，对于我们理解中国美学的民族特征有重要意义。通过汉赋和汉画像的对比分析，使我们能够更好地理解汉代人崇高的审美风尚、意象的思维模式、繁盛古朴的艺术风格、华丽夸张的艺术造型。

一、汉赋和汉画像

汉赋和汉画像犹如汉代社会生活的两面镜子，全面地反映了汉代的社会风貌。汉赋是汉代最具代表性的文学形式，创作规模宏大、作品众多。其华美的语言、虚构夸张的浪漫手法，给后世文学很多启示。汉画像是刻画在石头、砖等上的图画，形象生动地表现了汉代人的生活、信仰与理想。汉画像是一种“强悍的艺术”[①]，有一种蓬勃向上的艺术魅力。汉赋与汉画像是研究汉代时代精神与美学的重要参考资料。汉代是中华民族文化历史同一性形成的时期，在中国美学发展中有重要的地位。笔者选取了汉代最有代表性的汉赋与汉画像进行比较研究，一方面企图挖掘汉民族的审美根源，另一方面试图探讨语言与图像的互文性关联，进而探讨图-文关系的文化美学问题。

20 世纪的学术研究经过“语言学转向”，进而又步入了“图像转向”。19 世纪从照相机的发明到电影的出现，从电脑的普及到电子传媒的无处不在，图像的影响力越来越大。在 20 世纪上半叶海德格尔就宣称世界“图像时代”的到来。在科学技术的条件下，语言的艺术作品纷纷改编成图像艺术。有人认为，目前我们生活在由图像、视觉类像、幻觉、拷贝、复制、模仿和幻想所控制的社会，机械复制、仿像等成为新的社会景观。文学的图像传播化，文学的形象由想象的内视图像转化为视觉观看的外视图像，由此带来的对文学艺术本质特征的美学理解已经成为学术界关注的重要问题。

在这种学术背景下，对中国传统图-文关系的研究变得更加重要。从楚墓出土的“帛书图画”，到汉画像的墓志说明；从中国图书的“左图右书”，到中国的“诗配画”“画题诗”；中国古代的文艺就有图文并茂的历史传统。对此的研究有助于我们从文化传统与人类审美本性上来理解文学与图像的(语言艺术与视觉艺术)关系。视觉文化并不是后现代文化的唯一特征，图像艺术也不是现代技术呈现的结果。视觉是人类生存的本质之一，世界就是以图像的形式进入我们的视野的。古希腊人认为，艺术不过是对我们现实世界的模仿，由于模仿的方式不同，就有了不同的艺术类型。在没有文字记载的时代，世界就被我们的先人把握为图像了。因此，不是视觉文化成就了“图像时代”的来临，而是世界本身就被我们视为视觉化的。现代技术使图像把握世界变得可能。

汉代是一个有着独特审美文化特征的时代，汉代视觉文化所表现的审美内涵需认真探讨，以揭示其文化美学的价值。汉赋和汉画像是汉文化的

---

① 顾森主编：《强悍——中国汉画像拓片精品集》，西安：西北大学出版社，2007 年版。

独特文化样式，我们把汉赋和汉画像、士人的文学与民间艺术结合起来，从一个新的角度去研究汉代的审美生活。

对汉赋和汉画像的研究一直是学术界的热点问题，但大多是对汉赋或汉画像分别研究。汉赋和汉画像不仅有史料价值，更有着深刻的美学价值，笔者将运用视觉文化和图像理论，从文字表达和图像表达方面入手，去研究汉代的时代精神、价值取向、审美观念等问题。

二、汉赋、 汉画与先秦图-文文化传统的关联

追溯汉赋与汉画像的历史渊源，我们可以把它们看成先秦文化的产物。《诗经》与《楚辞》的文学传统，成为汉赋的来源，先秦“铸鼎象物”的审美观，奠定了汉画像来源的思想基础。汉画像在形式上继承了先秦彩陶、青铜纹饰、壁画等的艺术精神，在具体艺术形式上则直接继承了楚文化的楚辞、壁画、帛画传统。

彼得·伯克(Peter Burke)在他的著作《图像证史》中，提倡将图像(images)[①]当作历史证据来使用。他认为一些历史学家局限于由官员制作并由档案馆保存的官方的传统史料，他们的研究就无法取得新的突破。而将书面资料与图像学资料加以比较研究，互相补充、互相证明，则使得历史还原达到尽可能的真实。因此，将汉赋和汉画像结合起来研究，能够重新审视汉代社会的种种现实，获得新的审美经验。斯蒂芬·巴恩(Stephen Bann)指出，尽管文本可以提供有价值的线索，但图像本身是认识过去文化中的宗教和政治生活视觉表象力量的最佳向导。康德说：“人们能够称呼想象力的这一类表象作观念；这一部分因为它们对于某些超越于经验界限之上的东西至少向往着，并且这样企图接近到理性诸概念(即智的诸观念)的表述，这会给予这些观念一个客观现实性的外观。”[②]

---

① 图像(images)一词，按照作者的界定，包括各种画像，还包括雕塑、浮雕、摄影照片、电影和电视画面等所有可视艺术品，甚至包括地图和建筑在内。参见[英]彼得·伯克著，杨豫译：《图像证史》，北京：北京大学出版社，2008年版。

② 参见胡经之、王岳川编：《西方文艺理论名著教程》，北京：北京大学出版社，2003年版，第160页。

汉赋与汉画保留着汉民族史前时代的灵感思维模式，在汉代人的社会记忆里，远古的诗性与体验任然在活跃。汉代人朴素的观念，比我们更加接近原始人的生命根底。不论在中国还是西方，人类的思维发展过程中都经历了“逻辑—非逻辑—超逻辑”的过程。① 汉赋与汉画像是汉民族一个久远的梦，是汉民族精神世界的一个镜像阶段，构成了汉民族的文化原型结构，其不变的文化母题今天任然具有重要意义。

汉赋是汉代文学的典型代表。赋的概念来源于先秦，《周礼》说太师教六诗：“曰风、曰赋、曰比、曰兴、曰雅、曰颂。”荀子的《赋篇》，是最早以赋名篇的文学作品。刘勰在《文心雕龙·诠赋》中说：“赋也者，受命于诗人，拓宇于楚辞也。”从文学上看，汉赋与楚辞有密切的关系，汉赋是楚辞文学传统的直接继承者。

刘勰指出：“赋，铺也。体物写志，铺彩摛文。”赞其艺术特色是“写物图貌，蔚似雕画”②。汉赋中的铺陈其辞是用繁密的语言对所写对象进行细致的描摹与刻画。汉赋可以完整、细致地描述出一个神奇的艺术世界，展现出强大的艺术魅力，并且使读者感同身受，在头脑中形成一幅幅的画面。汉画像石表现出的壮美与汉赋有异曲同工之妙。汉画像表现的内容也是包罗万象、丰富多彩。汉画像虽不能像汉赋那样详尽、细致地进行深入的描绘，但是直观地表现了汉代人心目中的丰富世界。

汉赋与汉画像在一个审美的层次上，表现了汉以前中国文化的精神内涵。《左传·宣公三年》载，这一年楚庄王伐陆浑的军队到了雒，在周的疆域检阅军队，炫耀武力。周定王使王孙满慰劳楚庄王，庄王向他询问鼎之大小轻重。王孙满说：

> 在德不在鼎。昔夏之方有德也，远方图物，贡金九牧，铸鼎象物，百物而为之备，使民知神奸。故民入川泽山林，不逢不若，螭魅魍魉，莫能逢之。用能协于上下，以承天休。

① 刘小枫：《敦煌早期壁画的艺术魅力之深层心理根源》，载《文艺美学》(论丛)第一辑，呼和浩特：内蒙古人民出版社，1985年版，第266页。

② 周振甫注：《文心雕龙注释》，北京：人民文学出版社，2002年版，第80页。

其中的“远方图物”很值得研究。在没有文字以前，人类有过“图物”的阶段，在中国原始彩陶艺术、岩画艺术中，可以看到这种“图物”的表现。中国文字本来就源于图画。中国古代的典籍《山海经》据说是根据《山海图》所做的文字说明部分。夏的统治者铸九鼎，以象征九州，各鼎上当有各方国的神灵的图像。“远方图物”“铸鼎象物”中的“象物”就是模拟物象铸之于鼎。饶宗颐认为：图铸象物，谓“诸谲诡异状者通曰物”[①]，汉墓、汉祠堂、汉石棺上的画像，与这种礼器的功能应该是一致的。所以先秦“铸鼎象物”的审美观，应是汉画像的一个来源。从战国时期到汉以前人物图像为主的青铜纹饰，还有一种是用錾刀或凿子雕刻而成，这种工艺不同与商周青铜器发展的主流，它是楚文化的产物。这与汉画像的线刻是一致的。楚汉文化存在着同一的“血缘”关系。汉朝的开国皇帝刘邦是楚人，他所领导的军事集团的首领，大部分也是楚人。汉代在政治上是“汉承秦制”，在文化上却是“汉承楚俗”。

“鼎”是象征权力的，陈设于宗庙内。“铸鼎象物，使民知神奸这一思想，后来逐步发展为起教化训诫作用的壁画。”[②]汉代的画像石、画像砖、壁画与这种宫庙壁画的文化传统有密切的联系。

据传，屈原的《天问》即呵壁而作，王逸《楚辞章句·天问》说：

> 屈原放逐，忧心愁悴，彷徨山泽，经历陵陆，嗟号昊旻，仰天叹息；见楚有先王之庙及公卿祠堂，图画天地山川神灵，琦玮谲诡，及古贤圣怪物行事。周流罢倦，休息其下，仰见图画，因书其壁，呵而问之，以渫愤懑，舒泻愁思。楚人哀惜屈原，因共论述，故其文义不次序云尔。[③]

考古学的研究证明，楚汉时期祠、庙、宫、屋壁画十分兴盛。考古工

① 饶宗颐：《澄心论萃》，上海：上海文艺出版社，1996年版，第266页。

② 王兴华编著：《中国美学论稿》，天津：南开大学出版社，1993年版，第21页。

③ （宋）洪兴祖：《楚辞补注》，北京：中华书局，1983年版，第85页。

作者早在殷墟就发现了彩绘墙皮①、彩绘布幔②。春秋战国时期的楚国，画像更加发达。如长沙子弹库楚墓的《人物御龙帛画》、长沙陈家大山楚墓出土的《人物龙凤帛画》、长沙楚墓出土的《帛书图画》等作品，都是久负盛名的。20 世纪 80 年代，我国考古工作者曾在秦代著名的阿房宫遗址发现丰富壮观的壁画，有《车马出行图》《仪仗图》《麦穗图》，“其构图大致如汉画像石中常见的铺排”③。屈原《天问》的创作过程，可以使我们看到汉赋与楚辞及其祠堂画像之间的关联。语言艺术与视觉艺术本来就有文化的同一性，只是在表现技法和手段上不同，在审美的根源上则是相通的。

刘师培先生在《古今画学变迁论》中说：

> 古人象物以作图，后者按图以列说。图画二字为互训之词。盖古代神祠，首崇画壁。……神祠所绘，必有名物可言，与师心写意者不同。④

从文献中也可看到先秦两汉祠画壁画的兴旺盛况。《尚书·咸有一德》：“七世之庙，可以观德。”《商书》：“五世之庙，可以观怪。”“观怪”者，就是在祠庙里绘制壁画。司马相如《子虚赋》云：“不可胜图。”注云：“图谓画物象也。”《说苑·反质》引墨子语曰殷纣“宫墙文画”。《韩非子·外储说》所记齐国画师论“画鬼魅易而犬马难”。《庄子·田子方》云：“宋元君将图画，众史皆至。”因画设官而称“众史”，可知专业画师人数不少。

《孔子家语·观周》说：

> 孔子至周，观乎明堂，睹四门，墉有尧舜之容，桀纣之像，而各有善恶之状，兴废之戒焉。又有周公相成王，抱之负斧依，南面以朝

---

① 杜石然等：《中国科学技术史稿》上册，北京：科学出版社，1982 年版，第 59 页。

② 谢崇安：《商周艺术》，成都：巴蜀书社，1997 年版，第 108 页。

③ 林树中主编：《美术辞林·中国绘画卷》上，西安：陕西人民美术出版社，1995 年版，第 41 页。

④ 刘师培：《左龛集·古今画学变迁论》卷十三，《刘申叔先生遗书》本。

诸侯之图焉。

《楚辞·招魂》曰：

> 天地四方，多贼奸些；
> 像设君室，静闲安些。
> 高堂邃宇，槛层轩些；
> 层台累榭，临高山些。

长沙马王堆汉墓出土的“T形”帛画表明：“像设君室”就是把死者的肖像画挂在居所、祠堂或墓室里。马王堆帛画中的老妇人就是这种形象，整幅图画表现的是“引魂升仙”母题。汉画像中的祠堂画像中，后壁往往有“拜谒图”，图中的主人公，往往是“像设君室，静闲安些”的典型表现。

在汉画像研究中，经常引用东汉文学家王延寿的《鲁灵光殿赋》，他描写了鲁国灵光殿雄伟壮丽的景象，其中有一段详细描绘了灵光殿的壁画内容：

> 图画天地，品类群生。杂物奇怪，山海神灵，写载其状，托之丹青，千变万化，事各缪形，随色象类，曲得其情。上纪开辟，遂古之初。五龙比翼，人皇九头。伏羲鳞身，女娲蛇躯。鸿荒朴略，厥状睢盱。焕炳可观，黄帝唐虞。轩冕以庸，衣裳有殊。下及三后，淫妃乱主。忠臣孝子，烈士贞女。贤愚成败，靡不载叙。恶以戒世，善以示后。

鲁灵光殿，是汉景帝与程姬所生的儿子后被封为鲁恭王的刘馀所建。从《鲁灵光殿赋》的描写来看，这座宫殿不是日常起居的宫殿，而应是当时鲁国的宗庙。三代以上，以神设教，秦汉时代承袭此制。天子有宗庙，郡国立高庙、郡国庙。“各自居陵旁立庙。又园中各有寝、便殿。日祭于寝，月祭于庙，时祭于便殿。”[①]宗庙中的图画天地的品类，都是为这种礼制服务的。其造型和图画，往往就是天地神灵的象征表现。其壁画，往往是神灵、祖灵、英雄故事、历史传说、道德规训的形象表现。从流传到现在的汉代祠堂画像中，我们的确可以看到类似的表现。如山东武梁祠的壁画，可以看成《鲁灵光殿赋》所描绘图画的注脚。

由此可以看出，在中国古代存在着语词与图像的复杂关系。米歇尔说：

> 语词与形象的辩证法似乎是记号之网中的恒定因素，一种文化就是围绕着它自身来编织的。变化的恰恰就是编织法的特征，是经纬关系。文化的历史部分就是图像符号和语言符号之间争取支配地位的漫长斗争的历史，任何一方都是为自身而要求一个可以接近“自然”的特权。[②]

从楚文化的《楚辞》与壁画帛画的关系中，从汉赋与汉画像的比较中，我们可以理解语词与图像之间的一场历史关联。一个民族的历史文化，表现在它的文学传统、图像造像、音乐文化等形成的符号系统中。我们可以从中国美学后来的“言意”之辩、“书画同源”“诗画一律”等美学命题中，看到其影响。

三、语言的世界与图像的世界

在没有文字之前，人类的文学形态是口头传播。人与人之间口口相传，只有面对面才能交流，“说”和“听”是人类口语文化最主要的表现方式，具有一种相对和谐和感官平衡的体验。但丁·阿利吉耶里坚信：“万

---

① （宋）徐天麟：《西汉会要》卷十四，上海：上海人民出版社，1976年版，第135页。

② W. J. T. Michell, *Iconology: Image, Text, Ideology*, Chicago: University of Chicago Press, 1986, p. 43.

物之灵绝不会先听而后说。”[①]随着文字的出现，人的视觉经验和听觉经验开始被分离，人类阅读的独立性和个体性使人逐渐脱离社会群落。有了文字以后，文化成了“读”的文化。阅读文学成为人类主要的文学活动。后现代以来，文化开始向视觉文化转变，视觉文化以图像叙事的感官性和直接性将人类从文字语言抽象概念的桎梏中解放出来。“看”是视觉文化的核心，文学渐渐被边缘化，“读文字”与“读图”成了两种不同的阅读方式。

语言与图像是脱离不了关系的，词语虽然可表示抽象的概念，但往往靠视觉的形象来支撑，不可想象完全脱离视觉形象的词语的存在。世界和观念总以其表象的形式呈现在我们的视觉中。另外，观看者的观看必须是一个存在者的观看，观看之道有一个身体优先性的原则。眼仅是人身体的一部分，是人的一个感觉器官。当然，眼以外还有心，梅洛·庞蒂的《眼与心》即探讨这一问题。人的观看，总离不开人的身体的感官效果。人类正是靠自身的外化来创立世界观的，即使在语言命名的过程也是如此。因此，世界的结构是人的内在宇宙的外化。世界的物体是和人体相对应的。希腊文化注重语言，形成一种“逻各斯中心主义”的传统。但是，德里达认为语音是不存在的形而上学，存在的只是书写的痕迹。因此，古代的文学已经转化成了“文字学”，文字都是书写的符号，书写都是个体的书写，我们对古代文学的研究也成了“阅读”。

两汉是赋体文学的繁荣时期，汉赋风靡两汉达 400 年之久，这个辞赋繁荣的时代也是汉画像石繁荣的时代。汉赋作品极其丰富，仅《汉书·艺文志》所记就有 900 多篇。汉画像的作品也是数量繁多，仅出土的就在 1.5 万余种。任何时代的审美都是以其艺术作品作为重要表征的，每一个时代的艺术形式都有其相同的时代风格。欣赏一个时代的艺术，看它们所彰显的审美理想，就可以了解那个时代的精神追求，这也是我们将汉赋和汉画像放在同一个平台进行研究的一个根据。由于汉代社会的繁荣、国家的强盛，汉赋的创作才因时趋势地迅速发展起来。[②] 汉画像的繁荣也是如此。

---

① 章安祺编订：《缪灵珠美学译文集》第一卷，北京：中国人民大学出版社，1998 年版，第 268 页。

② 龚克昌：《论汉赋在中国文学史上的地位》，《文史哲》，1987 年第 2 期。

汉赋与汉画像是时代生活环境中产生的新的思想感情的流露，是时代精神的大发扬。其中洋溢着对现实生活的渴望，对宏伟理想的追求，对最后胜利的信念，对死后世界的幻想。

赋的文体性质有四说：东汉班固《西都赋》说“赋者，古诗之流也”，把赋归为诗类。刘歆《汉书・艺文志・诗赋略》云：“不歌而诵谓之赋，登高而赋可以为大夫。”把诗赋分开，认为诗可以合乐歌唱，赋则不歌而诵。东汉刘熙《释名・释书契》云：“赋者，敷布其义谓之赋。”南朝梁刘勰《文心雕龙・诠赋》云：“赋者，铺也，铺采摛文，体物写志也。”认为赋是一种以铺陈为主要特色的文体。清代以来对赋的规范更为准确，学者们普遍认为赋是文学中的两栖类，是一种“介于诗和散文之间”的新文体。[①]

王国维说：“凡一代有一代之文学：楚之骚，汉之赋，六朝之骈语，唐之诗，宋之词，元之曲，皆所谓一代之文学，而后世莫能继焉者也。”[②]汉赋是汉代的独特的文学样式，它拥有宏大雄浑的气势、恣肆汪洋的感情、奇谲瑰丽的手法、重叠雕琢的语言、生动鲜明的形象。“汉画像是对不同物质材料和形式表面图像的概括。它的侧重点在视觉图像的表现方式和接受方式上，因为只有这种方式才具有决定图像本原的意义。”[③]“汉代图画，用笔描线极古拙雄浑，实为其作风之特点。或谓金石上之画迹，已经刻铸，面目非真，诚何足据，然加以细审，虽画经刻铸，有阴阳精粗之各异，而其古拙成风，盖其比诸三代而不如，后比诸唐宋而不类，确乎其有时代精神。而状物图事，则不避繁复而务求实在。”[④]观看汉画像艺术，仿佛感受到汉代人活生生的生活情趣、欢乐无比的幸福追求、现实的衣食住行以及死后的升仙世界。

汉画像的题材是大规模反复出现的，往往受民俗文化的影响较深。与艺术家的独立创作不同，汉画像流传久、分布广，有典型化与模式化特

① 踪凡：《汉赋研究史论》，北京：北京大学出版社，2007 年版，第 27—28 页。

② 王国维：《宋元戏曲考・序》，载傅杰编校《王国维论学集》，北京：中国社会科学出版社，1997 年版，第 49 页。

③ 朱存明：《汉画像与汉文化研究导论》，载李丕显、徐放鸣主编《审美文化丛刊》，北京：中国文史出版社，2002 年版，第 103 页。

④ 郑午昌编著：《中国画学全史》，上海：上海古籍出版社，2001 年版，第 37 页。

征。汉画像并不是一种自由创造的艺术，它是严格按照当时占统治地位的礼制和宇宙观刻画的。社会风尚和工匠的趣味与技术，导致汉画像风格的差异。如武梁祠是士人美学价值观念的体现，朱鲔祠、打虎亭汉墓壁画是汉代富豪宦臣阶层崇尚侈靡之风在艺术中的表现①，更多的则是普通民众遵循风俗习惯而为。汉画像的内容往往由流行的习俗所决定。

汉画像的内容丰富，有历史人物：河南新野汉画像砖《二桃杀三士》，重庆合川濮湖东汉晚期墓的中室南壁横额上有“完璧归赵”“荆轲刺秦王”的故事；有神仙灵异之物：河南新野汉画像砖《门吏·伏羲和女娲》《二龙穿璧·仙人·斗牛·白虎》，河南邓州汉画像砖《手搏·青龙·朱雀》；有农耕生活：四川新都汉画像砖《酿酒》《捕鱼》《农事》《播种》等；有狩猎场面：河南郑州汉画像砖《骑射》《射虎》《射鸟》；有车马出行：河南淅川汉画像砖《车马出行·门吏》；有表现战争的大场面：河南新野樊集汉画像砖《胡汉战争》、河南新郑汉画像的战争图、山东沂南画像石墓门额的汉人与胡人交战图；还有乐舞百戏的场景：山东沂南画像石墓中室东壁横额上方的《乐舞百戏》、河南新野画像砖《乐舞》《歌舞百戏》《七盘舞》《斜索戏车》以及河南郑州新通桥汉画像砖《建鼓舞》《长袖舞》等。

关于汉赋与汉画像表现的不同世界，我们可以通过例子来进行论证。

山东沂南北寨村画像石墓中室东门楣上乐舞百戏图中，有许多杂技的表现，如飞剑跳丸、走索(类似于现在的走钢丝)、戏车、马术，等等。河南新野汉画砖中的平索戏车与过桥，左边是平索戏车，右边是过桥；两驾马车，前面是一马独驾，后面二马共驾，戏车者一共有七人。李尤的《平乐观赋》中就讲到了百戏演出的盛况，有高空杂技、乌获扛鼎、吞刀吐火、走绳索、飞丸跳剑、巴渝舞、仙舞、侏儒戏、禽鹿舞、鱼龙曼延之舞，等等。《沂南古画像石墓发掘报告》中一幅鱼龙漫衍之戏的图，有豹戏、鱼戏、雀戏、龙戏等。张衡的《西京赋》：“总会仙倡，戏豹舞罴。白虎鼓瑟，苍龙吹篪。”②所说的就是“象人之戏”。“象人”指头戴假面具的角抵演员。

---

① Martin Powers, *Art and Political Expression in Early China*, New Haven, Yale University Press, 1991.

② 费振刚、胡双宝、宗明华辑校：《全汉赋》，北京：北京大学出版社，1993年版，第419页。

象人之戏中，人扮演各式各样的动物的形象，多与宗教祭祀有关。成都市郫县新胜乡的1号砖室墓中的棺身右侧有漫衍角抵图，上面共有七人，均赤足，戴不同面具，就是所谓“象人”。[①] 山东沂南汉画像石墓乐舞百戏图中有神仙戏、人物戏，如戴假面的羽人表演天上的神仙。

张衡的《西京赋》对这种表演艺术有着详细的记载，表演者或是“走索”、或是“鱼龙变化”、或是“划地成川”：

> 大驾幸乎平乐，张甲乙而袭翠被。攒珍宝之玩好，纷瑰丽以奓靡。临迥望之广场，程角觝之妙戏。乌获扛鼎，都卢寻橦。冲狭燕濯，胷突铦锋。跳丸剑之挥霍，走索上而相逢。华狱峩峩，冈峦参差。神木灵草，朱实离离。总会仙倡，戏豹舞罴。白虎鼓瑟，苍龙吹篪。女娥坐而长歌，声清畅而蜲蛇。洪涯立而指麾，被毛羽之襳襹。度曲未终，云起雪飞。初若飘飘，后遂霏霏。复陆重阁，转石成雷。礔砺激而增响，磅磕象乎天威。巨兽百寻，是为曼延。神山崔巍，欻从背见。熊虎升而挐攫，猨狖超而高援。怪兽陆梁，大雀踆踆。[②]

张衡以文学家特有的笔力，生动形象地把一场盛况空前的百戏场面展现出来，而汉画像则以形象化的手段把百戏演出刻画得形神兼备。汉代“画像中有许多音乐、舞蹈、百戏的图像，反映了文化的空前繁荣”[③]。汉画像中还有戏车的画像资料，见于《沂南古画像石墓发掘报告》，戏车豪华，有三驾龙车，车中立左右两撞，上有一人做倒立之戏。新野画像中有两辆戏车，都是一马一撞，两车相连，飞驰中一人倒挂手托双人，画面惊险刺激。山东嘉祥刘村洪福院出土的一块刻有幻人吐火的画像石。该石刻有四人，右边一人蹲在地上，双手前伸，口中吐火。[④]

我们看到，汉赋的表现是语言叙述的，它在时间中展开，随着语言阅

---

① 罗二虎：《汉代画像石棺》，成都：巴蜀书社，2002年版，第17页。

② 费振刚、胡双宝、宗明华辑校：《全汉赋》，北京：北京大学出版社，1993年版，第419页。

③ 周到、吕品：《南阳汉画像石简论》，《中原文物》，1982年第2期。

④ 参见朱锡禄编著：《嘉祥汉画像石》，济南：山东美术出版社，1992年版。

读的时间流逝，我们借助语言的符号激发出想象力，想象中的图像来源于我们积累的各种表象，如果我们没有一定的知识储备，就无法读懂汉赋的意义。汉画的表现是图像的，图像以形象的直觉作用于我们的视觉，图像的呈现是空间性的，汉画像的叙述可能有故事性，如一些汉画像中的历史故事，但是图像的叙事只是选取某一个瞬间展开，时间性靠图像的间隔与暗示象征性地表现出来。汉画像在其艺术表现中，有时采取多画面的形式表现复杂的内容，有时借助画面的分割来表现。

四、汉赋和汉画像艺术方式的异同

汉赋和汉画像采用了不同的媒介，它们没有任何物质外壳的相似，但它们选择同样的题材、相似的结构方式，具有相同的艺术风格，说明它们具有共同的价值观念和感情倾向。也正因如此，两者才有相互对话的可能。

当我们运用视觉文化的理论去看待汉赋和汉画像时，我们必须把语言与文字结合起来进行考察。汉画像是一种图像，莱辛说道："绘画由于所用的符号或摹仿媒介只能在空间中配合，就必然要完全抛开时间，所以持续的动作，正因为它是持续的，就不能成为绘画的题材。"①然而，莱辛又说："在画家作品里只能看到已完成的东西，在诗人作品里就看到它的完成过程。"②

在柏拉图的眼里，治国犹如绘画。人和神明一样，生产实物和实物的仿制品或形象；绘画属于技艺，是摹仿类的，而诗和哲学是表现人对世界的总体认识的。③ 达·芬奇提出："绘画无言，它如实地表现自己，而它的结果是实在的；而诗的结果是言词，并以言词热烈地自我颂扬。……诗用语言把事物陈列在想象之前，而绘画确定地把物象陈列在眼前……在表现

① ［德］莱辛著，朱光潜译：《拉奥孔》，北京：人民文学出版社，1988年版，第82页。

② ［德］莱辛著，朱光潜译：《拉奥孔》，北京：人民文学出版社，1988年版，第90页。

③ 参见陈中梅：《柏拉图诗学和艺术思想研究》，北京：商务印书馆，1999年版，第232页。

方面，绘画与诗的关系正如物体与物体的影子关系相似。”[1]潘诺夫斯基认为，从前图像描写到图像分析，再到图像阐释的“象征价值”世界，构成了阐释的三维模式。他说，“图像学是一种源于综合而非分析的解释方法”[2]，引发了各学科之间的合作。在米歇尔看来，视觉文化关注的是“非艺术的图像”(non-artistic image)，即世俗的图像(vernacular image)。只有认识到观者与客体之间固定的距离，使艺术家能够建构可见物体的全面而一致的形象，从而使学者能够建构关于过去各个时期的全面的概念。视觉图像是历史灵感的唯一源泉，语言与绘画是一种无限的关系。米歇尔的《图像理论》就图像提出了相同的问题，图像是形象得以出现的具体的、再现的客体，而且追溯了它们与权力、价值和人类利益的关系。其“图像理论”源自这样一种认识，即观看或许与各种形式的阅读是同样深刻的问题。

汉画像石被称为“敦煌前的敦煌”。它展现了许多绘画艺术的语言，成为现代艺术许多表现方式的先驱。“汉代画像石是用雕刻的方法制成，实为以刀代笔施于石材平面上的绘画，是汉代用于冢墓建筑和装饰的特殊石刻画。”[3]

历史学家翦伯赞说：

> 我以为除了古人的遗物之外，再没有一种史料比绘画雕刻更能反映出历史上的社会之具体的形象。同时，在中国历史上，也再没有一个时代比汉代更好在石板上刻出当时现实生活的形式和流行的故事来。汉代的石刻画都是以锐利的低浅浮雕，用确实的描写手腕，阴勒或浮凸出它所要描写的题材。风景楼阁则俨然逼真，人物衣冠则萧疏欲动；在有些歌舞画面上所表现的图像，不仅可以令人看见古人的形象，而且几乎可以令人听到古人的声音。……这些石刻画像假如把它们有系统地搜辑起来，几乎可以成为一部绣像的汉代史。[4]

---

① ［意］列奥纳多·达·芬奇著，戴勉编译：《达·芬奇论绘画》，桂林：广西师范大学出版社，2003年版，第8页。

② 范景中：《〈图像学研究〉中译本序》，《新美术》，2007年第4期。

③ 王建中：《汉代画像石通论》，北京：紫禁城出版社，2001年版，第9页。

④ 翦伯赞：《秦汉史》序言，北京：北京大学出版社，1999年版，第5—6页。

鲁迅论及汉画像曾说：一窥秦汉典章文物及生活状态；二能创作出一种新的版画，以此见出汉代石刻之深沉雄大。汉画中涌动的奔放和自信能够渗入民族的血液中，成为一种精神养料。

我们把汉赋与汉画像进行比较后，可以发现其艺术特色的不同表现在下列几个方面：

第一，叙事表现方式。汉赋具有“敷陈其事”的特点，叙事性是其主要表现方式。“布以经纬织成，铺展开来有纵横之义，其引申义与敷陈相同。倘以经为时间，纬为空间，就实质而言，铺、敷、布、陈具有在时空两个方面把事物加以展开的意义。”[①]赋为敷、陈、叙述的表现，图像则为形象、整体、直观的表现。刘勰《文心雕龙·诠赋》云：“与诗画境，六艺附庸，蔚成大国。”[②]汉赋是语言叙事，积极运用语言的魅力，极力描述所写的事物，繁复、夸张、细致、深刻。而汉画像由于受画面大小的限制，以及本身图画的表现力的关系，在一个平面上尽力描写多样、丰富的内容。即便线条简单、笔触单调，但是只用简练的线条就表现了叙事中最出彩的地方，将事件的高潮点、最紧张的时刻描绘得淋漓尽致。

汉赋作为一种陈述文体，当时的社会思潮、审美理想会深刻地濡染着其时代的叙事思想，从而形成具有时代特征的叙事特点。叙述的结构，制约着一个时期的美学体系。

人的身体是人的灵魂的最佳图像。德里达认为，在这个世界上，除了图像之外一无所有。在不同的时期，图像具有不同的用处。图像的作用是提醒、强化口头传达的信息，而不是充当独立的资料。图像叙述的故事与文字叙述的故事之间存在着一定的差异。画像揭示和暗示了各个不同时期的思想、态度和心态。

历史不仅由文字记载，也由图像表现。米歇尔指出：“图像转向不是

---

① 万光治：《汉赋通论》(增订本)，北京：中国社会科学出版社、华龄出版社，2004 年版，第 34 页。

② 范文澜：《范文澜全集》第四卷，《文心雕龙上》，石家庄：河北教育出版社，2002 年版，第 119 页。

解决任何问题的答案，它只不过是陈述这一问题的一种方式。”[1]中国古代文学中的图像叙事有其长久的存在历史，中国古代文学追求“韵外之致”“超以象外”“天人合一”的脱俗境界，追求人与自然的和谐统一。看待一个社会的历史，不仅可以借助文献资料，也可以参照图像资料，可以将两者结合起来进行比较研究。图像叙事的文本对形式美的追求最为极致。图像是在用画面说话，充满了隐喻和未知，具有无限延伸的趣味。图像叙事是视觉文化的核心手段和表层呈现。图像叙事消弭了艺术与日常生活之间的鸿沟。米歇尔指出：“语言表达中的‘图像’，无论是形式的还是语义的，都不被有意地理解为图像或视觉景观，而是相像于真正的话或视觉形象——被双重稀释的‘形象的形象’或是‘超图像’。”[2]

在汉画像研究中，经常引用东汉文学家王延寿的《鲁灵光殿赋》，他描写了鲁国灵光殿雄伟壮丽的景象。灵光殿虽然已经被毁坏，再也欣赏不到它的华贵与富丽堂皇，但是在汉赋作家的文字里再现了皇家宫殿的雄伟、壮观，昔日的一砖一瓦、一庭一阁、一楼一宇仍历历在目。在山东嘉祥武氏祠的汉画像石中可以看到其图像表现的雄奇、宏大。

第二，表现的内容。从汉赋和汉画像表现的内容看，汉赋作家们的创作涉及当时生活的方方面面，《历代赋汇·总目》给我们提供了一个想象的空间：

> 天象。岁时。地理。都邑。治道。典礼。祯祥。临幸。蒐狩。文学。武功。性道。农桑。宫殿。室宇。器用。舟车。音乐。玉帛。服饰。饮食。书画。巧艺。仙释。览古。寓言。草木。花果。鸟兽。鳞虫。言志。怀思。行旅。旷达。美丽。讽喻。情感。人事。[3]

不论他们描写的是哪方面的内容，都给我们一种强烈的“巨丽”美感。

---

① [美]W. J. T. 米歇尔：《图像转向》，载陶东风、金元浦、高炳中主编，《文化研究》第3辑，天津：天津社会科学院出版社，2002年版，第17页。

② [美]W. J. T. 米歇尔著，陈永国、胡文征译：《图像理论》，北京：北京大学出版社，2006年版，第98页。

③ 刘斯翰：《汉赋——唯美文学之潮》，广州：广州文化出版社，1989年版，第46页。

那种"包括宇宙，总揽人物"的宏大气魄，是后世所难以企及的。汉赋在中国艺术的发展史上，第一次强烈鲜明地突出了艺术作为一种自觉的美的创造的特征。[①] 元代祝尧在《古赋辩体》中说："取天地百神之奇怪，使其词夸；取风云山川之形态，使其词媚；取鸟兽草木之名物，使其词赡；取金璧彩缯之容色，使其词藻；取宫室城阙之制度，使其词壮。"《上林赋》在描写宫殿时，还突出其华丽：

> 磐石裖崖，嵚岩倚倾，嵯峨峥嵘，刻削峥嵘，玫瑰碧琳，珊瑚丛生。瑉玉旁唐，玢豳文鳞，赤瑕驳荦，杂臿其间，鼌采琬琰，和氏出焉。[②]

汉画像的内容极其丰富，它几乎涵盖当时社会的各个生活领域，现在的研究者大都是根据图像内容结合文献记载对汉画像进行分类。李发林按照汉画像的内容性质把它分为四类：(1)反映社会现实生活的(共 11 种)；(2)描绘历史人物故事的；(3)刻画祥瑞、神话故事的；(4)描绘自然景物的。[③] 蒋英炬、杨爱国也把汉画像的内容分为四类：(1)社会生活；(2)历史故事；(3)神鬼祥瑞；(4)花纹图案。[④] 信立祥则将汉画像的题材内容分为八类或九类，计五十五种。[⑤] 汉画像图像的分类是建立在汉代宇宙信仰基础上的一个象征性的谱系。我们在整体把握的基础上，可以把汉画像的谱系分为天文图像、升仙图像、历史故事图像、祥瑞图像、战争图像、狩猎图像、庖厨图像、图案与花纹等几个部分。

第三，表现的方式。汉画像构图布局上，风格为"满""大"。画面上亭

---

① 李泽厚、刘纲纪主编：《中国美学史》卷一，北京：中国社会科学出版社，1984 年版，第 443 页。

② 费振刚、胡双宝、宗明华辑校：《全汉赋》，北京：北京大学出版社，1993 年版，第 64 页。

③ 李发林：《汉画考释和研究》，北京：中国文联出版社，2000 年版，第 45 页。

④ 蒋英炬、杨爱国：《汉代画像石与画像砖》，北京：文物出版社，2003 年版，第 44 页。

⑤ 俞伟超、信立祥：《汉画像石墓》，载《中国大百科全书 · 考古学》，北京：中国大百科全书出版社，1981 年版，第 178—179 页；信立祥：《汉画像石的分区域分期研究》，载俞伟超编《考古类型学的理论和实践》，北京：文物出版社，1987 年版。

台楼阁、车马人物充塞其间、密不透风，在空白之外的纹饰中也刻以走兽飞鸟，给人以粗狂、豪放的感觉。在刻画各种形象时，汉画像往往选取最具爆发力的一个时刻，如河南新郑汉画像砖的《羽人飞天图》，画中有一老者，身上有翼，头长角，双手扶龙身，乘于龙背上，龙须上张，四爪腾起。中间一羽人头长一长角，身生长翼，两足后蹬，手扶鹿背，鹿四蹄飞奔。后有一羽人，坐于麒麟上。麒麟张口咆哮，腾空欲飞。汉画的艺术特点是构成简单，不管多么复杂的图案，都只用疏朗、单纯的线条加以描绘。有时也会大面积留白，以突出主要物象。

汉赋和汉画像通过两种不同的表现方式，共同表达了汉代人对世界的整体性、综合性的看法，展示了汉代的粗犷、醇厚的精神，对宇宙也有着更深刻的认识。

班固的《两都赋》刻画了长安皇宫建筑的“殊形诡制，每各异观”：

> 其宫室也，体象乎天地，经纬乎阴阳，据坤灵之正位，放太紫之圆方。树中天之华阙，丰冠山之朱堂，因瑰材而究奇，抗应龙之虹梁。列棼橑以布翼，荷栋桴而高骧，雕玉瑱以居楹，裁金璧以饰珰，发五色之渥彩，光爓朗以景彰。①

皇宫布局象征天地，占据正中之地。同时，班固描写了宫殿的布局以及周围的装饰物的精美，给人一种美轮美奂的感觉。

扬雄的《甘泉赋》、王褒的《甘泉宫赋》，极力描写了甘泉宫的壮丽、宏大。扬雄描绘的甘泉宫“配帝居之县圃兮，象泰壹之威神”；再则“鬼魅不能自还兮，半长途而下颠”“虽方征侨与偓佺兮，犹仿佛其若梦”；三则“闶阆阆其寥廓兮，似紫宫之峥嵘。……袭琁室与倾宫兮，若登高妙远，肃乎临渊”。②

校猎是帝王主持，大量士卒参加的大规模的狩猎活动，有着训练军队、较量武功的意图。两汉校猎活动源于商周田猎传统，与武功关系密

① 费振刚、胡双宝、宗明华辑校：《全汉赋》，北京：北京大学出版社，1993 年版，第 313 页。

② 费振刚、胡双宝、宗明华辑校：《全汉赋》，北京：北京大学出版社，1993 年版，第 171 页。

切，包括秋季的军事训练与冬季的校猎活动。但是两汉校猎多在冬季举行，地点在皇家园林。[①] 枚乘是汉赋的开创者，他创作的辞赋中表现出自由的风格。枚乘的《七发》借吴客之口讲述了听琴、饮食、车马、游观、田猎、观涛、奏方术之士七件事情。他描写的田猎，注重主观的感受，让人体会到田猎带给人们的快乐。司马相如写有《子虚赋》《上林赋》，其中子虚、乌有等都是虚构的人物。作者先叙述了子虚来齐，齐王举行大规模的田猎，以显示齐国的强大；子虚向齐王描述了楚国云梦泽之光大富有，田猎场面盛大；文章最后极力渲染天子上林苑的繁荣以及天子田猎的盛大场面。王粲的《羽猎赋》、应玚的《校猎赋》《驰射赋》等都是描绘了狩猎的场景。

汉代尚武，显示汉人的威武、雄壮，展现一种强大的生命力。扬雄的《东京赋》顺次展现了东汉元日朝会、祭祀天地、大射、校猎、大傩等仪式。他的《羽猎赋》则描绘了成帝游猎的盛大场面：

> 贲育之伦，蒙盾负羽，仗镆邪而罗者以万计。其余荷垂天之毕，张竟壄之罘。靡日月之朱竿，曳彗星之飞旗。青云为纷，红霓为缳，属之乎昆仑之虚。涣若天星之罗，浩如涛水之波。淫淫与与，前后要遮。欃枪为闉，明月为侯。荧惑司命，天弧发射，鲜扁陆离，骈衍佖路。[②]

此赋还描写了狩猎队伍之威猛：

> 壁垒天旋，神抶电击。逢之则碎，近之则破。鸟不及飞，兽不得过。军惊师骇，刮野扫地。及至罕车飞扬，武骑聿皇。蹈飞豹，绢嘄阳。追天宝，出一方。应駍声，击流光。野尽山穷，囊括其雌雄。[③]

---

① 曹胜高：《汉赋与汉代制度——以都城、校猎、礼仪为例》，北京：北京大学出版社，2006年版，第116页。

② 费振刚、胡双宝、宗明华辑校：《全汉赋》，北京：北京大学出版社，1993年版，第187页。

③ 费振刚、胡双宝、宗明华辑校：《全汉赋》，北京：北京大学出版社，1993年版，第188页。

四川成都汉画像砖《弋射收获》则是一幅欢欣的画面，一砖分成两个画面，上为“弋射”，是“田池射猎之乐”。通过寥寥几笔，却可见出当时狩猎时的盛大场面以及体会到紧张、刺激之感。不论是雄伟、宏大的建筑，还是盛大、刺激的狩猎场面，都是一种汉代力量的体现，是一种积极向上的活力，是一种“大之美”，无一不展现了汉代的强大和兴盛。

车马出行图在汉画像石中是一个重要的题材。马车的等级森严，象征着车主的身份，车骑队伍的规模也有不同。如1996年发掘的陕西神木大保当23号汉画像石墓墓门门额上、1981年发掘的陕西米脂官庄画像石墓墓门门额上、陕西绥德王得元墓前室西壁门额上的车马出行图等。

第四，夸张与写实。汉赋的夸张与繁复，借助于知识的堆砌与词采的铺陈。所谓夸张，是在图案中将对象的某一部分加以放大，使之更符合作者的艺术理想。所谓繁复，是对追求时间完整和空间完整的夸张。[①] 这些特点使得汉赋具有一种恢宏的气势，带有汉画像艺术特征的壮美。汉画像在视觉图像的构图与造型上，也极其夸张，如对西王母仙界的描绘，西王母往往端坐在昆仑玄圃之上，其周围有三青鸟、九尾狐，有的还有伏羲女娲交尾于其旁；在苏北与山东的西王母图像，其前还有鸡头人身、马头人身、人头蛇身等形象，夸张变异、怪诞异常，给人以神秘感。

汉赋铺张扬厉的原因有三个：其一，统一、富饶、先进、强盛的大汉帝国为其提供了深厚的基础；其二，汉代人们心理活动的复杂；第三，受到以屈原作品为代表的楚辞的影响。[②] 汉赋在描写宫殿、楼台等这些实物时，常常会极尽夸张，使得我们无法感知到这些实物的原本的模样。

班固在《西都赋序》中对当时作赋的盛况进行了记述：

> 大汉初定，日不暇给。至于武、宣之世，乃崇礼官，考文章。内设金马、石渠之署，外兴乐府、协律之事。以兴废继绝，润色鸿业。是以众庶悦豫，福应尤盛。……故言语侍从之臣，若司马相如、虞氏

---

① 万光治：《汉赋通论》(增订本)，北京：中国社会科学出版社、华龄出版社，2004年版，第350页。

② 参见龚克昌：《汉赋研究》，济南：山东文艺出版社，1990年版，第375页。

寿王、东方朔、枚皋、王褒、刘向之属，朝夕论思，日月献纳。而公卿大臣：御史大夫倪宽、太常孔臧、太中大夫董仲舒、宗正刘德、太子太傅萧望之等，时时间作。……故孝成之世，论而录之。盖奏御者千有余篇，而后大汉之文章，炳焉与三代同风。①

李炳海认为："辞赋的出现在中国文学史上是一次变革，这不仅因为它是一种新的文学尝试，更重要的它是文学独立和自觉的标志。"②汉赋的艺术成就展现出了汉代人的高度艺术修养和艺术创造力。"汉赋实际上是处在上升时期的积极有为的统治者直观地创造世界的伟大业绩的产物，是对汉帝国的繁荣发展所创造出来的美的世界的再现和赞颂，洋溢着宏阔明朗的信心和力量。"③

汉画像是刻画在墓室、祠堂、棺椁等表面的图像，目的是表现生时的豪华，或死后世界的幻想，总想在有限的画面中表现更加丰富的内容。

汉赋与汉画像又是来源于现实生活的，刻画生前的生活，使得汉赋与汉画像又充满一种极其精细的写实倾向，汉代的各种社会场景，都可以在汉画像艺术中得到详细的描绘。汉赋与汉画像的夸张不失真实的基础，使真实孕育在生活细节之中，成为中国古代艺术的经典。

汉赋与汉画像艺术，都是一种意象再造的艺术，遵循中国意象思维的艺术特征。意象不仅仅是再现或代替现实的第一个或最初的过程。意象是一种创新，是一种新的形式，是一种超越的力量。黑格尔认为："艺术的功用就在使现象的真实意蕴从这种虚幻世界的外形和幻相史中解脱出来，使现象具有更高的由心灵产生的实在。"④因此诗比历史更真实。黑格尔又认为："艺术作品所处的地位是介乎直接的感性事物与观念性的思想之间的"，而"在艺术里，感性的东西是经过心灵化了，而心灵的东西也借感性

① 费振刚、胡双宝、宗明华辑校：《全汉赋》，北京：北京大学出版社，1993 年版，第 311 页。

② 李炳海：《黄钟大吕之音——古代辞赋的文本阐释》，长春：吉林人民出版社，2001 年版，第 16 页。

③ 李泽厚、刘纲纪主编：《中国美学史》卷一，北京：中国社会科学出版社，1984 年版，第 443 页。

④ [德]黑格尔著，朱光潜译：《美学》第一卷，北京：商务印书馆，1996 年版，第 12 页。

化而显现出来了”。[1] 艺术的内容就是理念，艺术的形式就是诉诸感官的形象。黑格尔提出：“艺术作品的表现愈优美，它的内容和思想也就具有愈深刻的内在真实。”[2]

李泽厚从美学意义上对汉赋做了高度评价：“汉赋所表现出来的那种‘巨丽’之美，那种‘苞括宇宙，总揽人物’的宏大气魄，却是后世所难企及的。它在中国艺术的发展史上，第一次鲜明强烈地突出了艺术作为一种自觉的美的创造的特征，不再只是政治伦理道德的附庸。”[3]汉画像也以自身的生动多样、题材广泛、气势恢宏成为中国古代造型艺术的典范。创作汉画像的那些民间艺术家们，虽然很少留下名字，但他们的作品就是他们艺术才能的最好见证，成为民族记忆中永恒的怀念。

（原载《中国美学》第一辑）

---

① ［德］黑格尔著，朱光潜译：《美学》第一卷，北京：商务印书馆，1996 年版，第 48—49 页。

② ［德］黑格尔著，朱光潜译：《美学》第一卷，北京：商务印书馆，1996 年版，第 93 页。

③ 李泽厚、刘纲纪主编：《中国美学史》第一卷，北京：中国社会科学出版社，1984 年版，第 443 页。

汉代“画像镜”的图像问题

铜镜是古人用来照面、饰容的工具。中国人使用铜镜的历史极其悠久，其渊源可上溯至史前的“齐家文化”。屈原《楚辞·九辩》曰：“令修饰以窥镜兮”，可见战国时就用铜镜照容了。一面铸造精良、图纹华美、文字吉祥的铜镜，不仅有实用的功能，而且也有艺术的价值。铜镜背面装饰的精美的花纹和铭文，具有鲜明的时代特征，是我们认识和研究古代社会思想文化、社会风俗、审美意识的可靠资料。

对于铜镜的研究，前辈学者的学术成果极其丰富。如罗振玉的《古镜图录》，孔祥星、刘一曼的《中国古代青铜镜》，孔祥星的《铜镜鉴藏》，郭玉海的《故宫藏镜》，施正东的《鉴识古镜》，王趁意的《中国东汉龙虎交媾镜》，马今洪的《汉镜》，何堂坤的《中国古代铜镜的技术研究》等，介绍了中国出土铜镜历史发展与地域特色。罗振玉说：“刻画之精巧，文字之瑰奇，辞旨之温雅，一器而三善备焉者莫镜若也。”铜镜的发展与一个地区的政治、经济、原料的发展有很大的关系。根据出土与收藏情况来看，战国时期的青铜镜铸造已经得到长足的发展，南方楚地的长沙镜、淮式镜，北方三晋镜，标志着我国铜镜发展的第一个高峰。到了两汉时期，洛阳作为北方经济文化的中心，制镜业已经形成规模。日本出土的铜镜上有“铜出徐州，师出洛阳”的铭文，可见洛阳当时的制镜技术已经海内外有名。东汉中期以后，南方的经济发展较快，制镜业也有了大的发展。其中，会稽山阴(浙江绍兴)的混合型“画像镜”，就是极有特色的。

浙江绍兴出土了一批“画像镜”，这种铜镜以其图像纹饰的丰富内容与高超的艺术形式得到学术界与收藏界的青睐，影响深远。学术界有人把东汉中后期会稽山阴出土的这种铜镜称为“会稽镜”①，其装饰多为浮雕的人物、车马、歌舞、龙虎、瑞兽等题材。早在 20 世纪 30 年代中期，浙江绍兴古墓群就发现了 300 多面铜镜，日本学者梅原末治 1939 年曾编著《绍兴古镜聚英》一书予以收录。新中国成立以后，特别是近 20 多年来，随着科学考古学的发展，人们又发现一批会稽镜，我们在 2006 年出版的王世伦、王牧的《浙江出土铜镜》一书中可以看到其风采。绍兴是出土画像镜较多的地方。除浙江绍兴外，杭州、江苏扬州、南京、湖北鄂城等地，都有画像镜出土，然而在黄河流域则出土极少。

这种流行于东汉晚期的画像镜，较之前代已经有了很大的发展。其显著特点是浮雕式的技法，使装饰的纹饰突出，颇类似于汉画像石的雕刻技法；主题纹饰以神人为主，配以车马禽兽；神人或歌舞，或狩猎驰逐，西王母仙人镜画像人物旁时而有东王公、西王母、玉女等字样。此类铜镜的主题纹饰富于变化，神仙姿态生动鲜活、构思巧妙，具有很高的艺术价值。画像镜的纹饰布局，多以四乳钉分成四区，以环绕式排列；边缘饰以三角锯齿纹、流云纹、禽兽纹，直径也比较大。按照纹饰的内容，可以分为历史人物画像镜、神人车马画像镜、神人禽兽画像镜、四神禽兽画像镜。

我们看几枚汉代画像镜：

这种铜镜有圆形钮座，四颗乳钉纹将纹饰分为四组，两组为神人端坐(如图 1)，镜缘饰有流云纹。从纹饰上看，神人为西王母和东王公的造型，西王母披发戴胜，东王公手持宝剑，他们端坐在几案之上。画像镜运用了浅浮雕的技法，人物形象在写实的基础上有所抽象简化。画面构图均衡、对称，排列有序，层次分明，突出了和谐、宁静的仙界气氛。西王母和东王公的表情也亲切祥和，在线条的处理上柔和、流畅，凸显其雍容的体态和飘逸的衣袖，顺畅、生动的用线使其一气呵成。

---

① 参见王结华、毛颖、刘丽文：《古越遗珍研究》，北京：科学出版社，2010 年版，第 76 页。

图 1　东汉神人车马镜

图 2　东汉仙人神兽镜

图 2 画像镜为圆形钮，圆形钮座，边缘装饰流云纹，由四颗乳钉纹间隔点缀，内区布局了两组神仙，从铭文可以确定其为西王母、东王公。另外两组是龙虎神兽纹饰。神仙与龙虎动态传神、造型准确、线条流畅、比例协调、气氛欢腾。此类画像镜随着铸镜技术的不断提高，纹饰设计也随之复杂多样，人物和动物造型生动有力，场面热闹震撼；抽象纹饰和具象纹饰交替使用，铭文的布置别致巧妙，对称式与非对称式相结合的组织形式，使该铜镜在整个造型上既讲究方圆、动静、聚散、刚柔、疏密、收放、虚实的对比，又讲究动势、起伏、气氛上的和谐统一。

汉代画像镜的纹饰，多表现出华丽刚劲的风格及宗教神秘主义色彩，融合四方文化之长，加之同西域的往来日益频繁，故吸收了不少边塞和异国情调。受当时画像石、画像砖的影响，人物和动物装饰图案已普遍流行。徐州是汉高祖的故里，汉画像艺术比较发达，是中国汉画像艺术的发祥地之一，早期的画像镜也发现于徐州。如 1994 年徐州北郊刘埶墓出土了一面西汉早期人物画像镜，制作精美，保存完好，镜面浅浮雕物象达 77 个，其雕刻技法与早期汉画像石的平面阴刻浅浮雕风格类似。[①] 这种以人物装饰为主的画像镜在西汉中期与东汉早期就比较少见了。到了东汉中后期，这种画像镜在会稽山阴又流行起来。在画像镜铭文中，有的铸有姓名与地名，如“胡向里柏氏作”伍子胥画像镜、“周仲作”神人龙虎画像镜、“上虞杜氏造珍奇镜”，等等。会稽画像镜的图像观念来源于那个时代的思想文化与宗教观念，艺术形式来源于那个时代的汉画像石与汉画像砖。尽管二者具有一定的可比性，但汉画像石的图像基于其所依托的建筑，画面丰富、变化莫测，而画像镜要在一个圆形的图形中展现其图像内容，在构图安排上更加困难，也就显示出独特的艺术价值。

如东汉柏氏神人车马镜，直径有 20.7 厘米，浙江绍兴出土。从镜背纹饰上看，镜中心有圆形钮，连珠纹圆形钮座，四颗乳钉纹把内区等分四块，其中左边为四马驾车，两马昂首，两马回头，车后拽有长帛。右边为狩猎纹，两人骑马并列飞驰，一人手持长矛，另一人回首手持弓箭射一奔跑猛虎。下部为东王公盘坐，左右各有一侍者，右有题款“东王公”三字。

---

① 参见李银德、孟强：《试论早期出土西汉早期人物画像镜》，《文物》，1997 年第 2 期。

上部为西王母盘坐，右置一案，上放盘盏，左侧有一羽人跪地吹笙奏乐，右有一羽人倒立起舞，左下题款"西王母"三字。这种图像，我们可以在汉画像石艺术中看到。(见图 3)

图 3　汉画像石西王母与东王公

(现藏徐州汉画像石艺术馆)

西王母是汉代民间信仰的主神，她居住于昆仑山的瑶池，她的职责主要是司掌仙界、惩治妖孽、免灾除祸、引导升仙以及炼制长生不死的仙药。据说她庭院里的蟠桃，人吃了能长生不老。作为与西王母相配的男神东王公，造型完全与西王母相对称，他们这对配偶神的登场反映了汉代人阴阳相合、对立统一的观念。东王公与西王母为道教尊神，东王公又称"木公""东华帝君"。

汉代铜镜纹饰常见西王母，又往往明确题铭"西王母"。西王母作为神仙世界的领袖之一，具有丰富的文化象征意义。《史记》中屡屡说到"西王母"，也反映了当时民间普遍盛行的西王母崇拜。在画像镜描绘的神仙世界中，西王母成了中心人物，形象突出。据《山海经》记载，西王母住在昆仑山上，有三只青鸟为她取食。到了战国时期，西王母变成了一个"莫知其始，莫知其终"长生不老的仙人。她掌有不死之药，嫦娥奔月的传说中，嫦娥的丈夫后羿正是从西王母那里得到不死仙药，嫦娥偷吃后，才飞向月宫的。

从这些记载中可以看到，西王母是一个长生不老的仙人，她有不死仙药，吃了能够升仙。她掌管灾疫与刑罚。汉代铜镜铭曰："尚方作镜，明如日月不已，寿如东王公西王母。"西王母是人们期盼长生不老的化身，她是人们心中除秽纳福的女神。

至汉魏时期，西王母已经变成30多岁、容颜绝世的众仙领袖，替她取食的三青鸟、三足鸡，也变成一班侍女了。在东汉晚期，张道陵在四川传教，从此，在一般中国人的心目中，逐渐形成了东王公、西王母、黄帝以及众神众仙等道教中神人的形象。

从图像看，汉画像里随侍在西王母左右的除了取食的青鸟、打杂的三足鸡外，还有代表祥瑞的九尾狐。在《山海经》中和其他秦汉文献中，也有关于九尾狐的记载，相传以其出现为祥瑞。持不死药的西王母，是人们崇拜的对象，而象征子孙繁息的九尾狐，很自然地被当时的制镜工匠安排在西王母左右，以示吉祥。只是汉画像石由于刻画比较自由，形象组合丰富，而画像镜由于表现空间的限制，图像就相对集中与单纯。

在中国古代铜镜的发展历程中，汉代画像镜具有很高艺术价值，其装饰性在很大程度上是与雕塑艺术结合在一起的，它的美主要是一种浮雕之美。铜镜上的花纹、图案是在模子上刻出后浇铸出来的，然后经过打磨、抛光而成。这种工艺技术体现出画像镜独特的装饰风格。与汉代同时期的漆器、画像砖、瓦当等装饰艺术相比，画像镜表现出一种既凝重又灵巧的独特美感。

后　记

人生苦短，转眼已到花甲。从教已经三十五年，读书、教书、写书、编书已经成了我生活的一部分。

这本论文集是从我的130篇论文中选出的，因内容大部分和美学与艺术学有关，故有此书名。

我把书中的论文反复读了几遍，个别的地方做了部分调整。论文在发表时的摘要与关键词已删除，目的是统一书的体例。

论文的写作有的是自己的兴趣爱好，如关于灵感的研究，关于汉画像的探讨；有的与自己的工作有关，如教美学、艺术学的课程，自然要写点这方面的文章；有的已经超越了学科的限制，因为我的思索与研究兴趣，大部分时间内是不受学科限制的。正是因为如此，那些关于美的沉思、艺术的花絮、诗意的表达、短小的论文、偶感的诗作，还有一些前言后记，本书都没有收录。这可保持这本书纯学术文集的面貌，却失去了审美的愉悦与艺术快感的享受。也许有一天，我可以把自己的一些非正式的论文也集结成一本书，那有可能更像一本散步者的审美絮语。

20世纪90年代以后，我开始带研究生，将更多的精力放在培养学生上。此书中的个别论文是在与学生互动中产生的，教学就是对话，在师生的对话中走近真实。本书中的《汉赋与汉画像艺术的比较问题》是与庄文琴的合作。特此志之，以展示教学相长、师生互动的成果。

感谢首都师范大学出版社的领导，感谢董良敏编辑对此书的出版做出的积极努力，感谢研究生董雨莹、李臣等在校对方面所做的工作。

2016 年 5 月 28 日